水法规知识简明读本

任顺平　李春明　姬志宏　黎明哲　何化平
孟文琴　都金辉　辛红侠　周永清　编著

黄河水利出版社
·郑州·

内 容 提 要

本书主要通过对法学基础知识和我国《水法》、《防洪法》、《水土保持法》、《水污染防治法》等内容的介绍，对《水法》、《防洪法》、《水土保持法》、《水污染防治法》等水法规规定的制度内容进行了解读，探讨了水利立法技术、水行政执法文书的制作、水利行业规章规范性文件的制定等实践，同时对当前水利工作中的水污染事故处置及应急监测的有关规定进行解读。

本书内容全面、丰富、系统，实用性强，可供水法规建设者、水行政执法人员和水利行业政策研究工作者阅读参考。

图书在版编目(CIP)数据

水法规知识简明读本/任顺平等编著.—郑州：黄河水利出版社，2013.12

ISBN 978－7－5509－0704－1

Ⅰ.①水… Ⅱ.①任… Ⅲ.①水法－中国－普及读物 Ⅳ.①D922.66－49

中国版本图书馆 CIP 数据核字(2014)第 003291 号

组稿编辑：王路平　电话：0371－66022212　E-mail：hhslwlp@126.com

出 版 社：黄河水利出版社

地址：河南省郑州市顺河路黄委会综合楼 14 层　邮政编码：450003

发行单位：黄河水利出版社

发行部电话：0371－66026940、66020550、66028024、66022620(传真)

E-mail：hhslcbs@126.com

承印单位：黄河水利委员会印刷厂

开本：787 mm×1 092 mm　1/16

印张：19.5

字数：450 千字　印数：1—1 000

版次：2013 年 12 月第 1 版　印次：2013 年 12 月第 1 次印刷

定价：50.00 元

前 言

水是生命之源、生产之要、生态之基,水利是经济社会发展的基本条件、基础支撑、重要保障,兴水利、除水害历来是治国安邦的大事。依法治水是推进水利可持续发展的重要基础和法治保障。1988 年 1 月 21 日,第六届全国人大常委会第二十四次会议审议通过了《中华人民共和国水法》,这是新中国第一部全面规范水事活动的法律,它的颁布实施标志着我国水利事业进入了依法治水的新时期。

党的十五大报告明确提出,实行依法治国,建设社会主义法治国家,从此将"依法治国"确立为党领导人民治理国家的基本方略。九届全国人大二次会议将"依法治国"载入宪法,从而使"依法治国"从党的意志转化为国家意志。党的十六大报告从发展社会主义政治民主的高度,指出"要把坚持党的领导、人民当家做主和依法治国有机统一起来"。党的十七大报告,以科学发展观为统领,将深入落实依法治国基本方略列入实现全面建设小康社会奋斗目标的新要求。党的十八大报告,在十五大、十六大和十七大关于依法治国要求和精神的基础上,提出"全面推进依法治国","加快建设社会主义法治国家",将依法治国方略提到了一个更新的高度。

为推进依法治国,2004 年国务院颁布的《全面推进依法行政实施纲要》明确指出:"全面推进依法行政,经过十年左右坚持不懈努力,基本实现建设法制政府的目标。"

为不断提高各级水行政机关工作人员和社会大众的水法规意识,切实促进每个公民更好地学习水法规、了解水法规、用好水法规,我们组织了任顺平、李春明、黎明哲(黄委水文局),姬志宏、何化平、孟文琴、都金辉、辛红侠(黄委三门峡库区水文水资源局),周永清(黄委河南水文水资源局),编写了《水法规知识简明读本》,全书最后由任顺平、李春明、姬志宏、黎明哲统稿。

《水法规知识简明读本》内容包含了法学基础知识,我国《水法》、《防洪法》、《水土保持法》、《水污染防治法》、《河道管理条例》、《水文条例》等规范水事活动的法律法规,并进行了深入解读,提出我们自己的观点。本书知识面宽,内容精练,实用性强,是了解水法规知识不可多得的简明读本。我们希望社会大众,特别是水行政机关工作人员中的各级领导干部、水行政执法人员要加强法律知识的学习,尊重法律、崇尚法律,为推进依法行政、建设法治政府和实现社会各项工作法治化作贡献。

在《水法规知识简明读本》一书的编写过程中得到黄河水利出版社责任编辑的热忱帮助,在此我们表示衷心感谢!

由于时间仓促,加之水平有限,书中错漏之处在所难免,恳请读者批评指正。

编 者

2013 年 9 月

目 录

第一章　法学基础知识

第一节　法的基本知识

一、法的内涵

法是以国家政权意志形式出现，作为司法机关办案依据，具有普遍性、明确性和肯定性，以权利和义务为主要内容，首先和主要体现执政阶级意志并最终决定于社会物质生活条件的各种社会规范的总称。

二、法的本质

（一）法首先和主要体现执政阶级意志

所有社会规范都以调整一定范围的社会关系为己任。社会关系在阶级社会有阶级性，因此社会规范在阶级社会亦有阶级性。其他社会规范在阶级社会中可为各阶级所有，而法是执政阶级制定、认可、变动和运用国家强制力保证实施的，它首先和主要体现执政阶级的意志。

法体现执政阶级的意志，只能是指体现执政的阶级或人民的共同意志，而不是指执政阶级或人民中的个别或个别集团的意志。同时，法体现执政阶级的共同意志，并不等于任何法在实际上都能体现执政阶级的共同意志。在封建君主专制和法西斯专政的条件下，执政阶级中的个别人或者个别集团任意把他们与整个阶级的共同意志相抵触的东西变为法，强加给整个阶级，最终导致了自己的灭亡。

（二）法是阶级性和社会性的统一

阶级性是法的本质属性，它是一定社会关系的反映，是适应着调整一定社会关系的需要而产生、发展和消亡的。法是一种普遍性的社会规范，它约束全体社会成员的行为。法既要服务于一定阶级的政治统治，执行政治职能；又要处理社会公共事务，执行社会职能。

法的产生和发展与阶级的产生和发展紧密相关。法是为调整有利于执政阶级的社会关系而产生和发展的，法的阶级性是通过对社会关系的调整来实现的。任何法都有政治职能和社会职能这两种职能，前者表现为充当调整各阶级关系的工具，后者表现为充当管理社会生产、管理社会公共事务和维护社会公共秩序的角色。因此，法是阶级性和社会性的统一。

三、法的特征

（一）法是为人们提供行为标准的社会规范

法通过制定各种规范来告诉人们在作出各种行为时，什么是合法的，什么是违法的，是人们行为的标准。

(二)法以国家政权意志的形式出现

从法的产生和变动途径看,法的制定、认可、修改、补充和废止,都是由一定的政权进行的;从法的实施方式看,法是以国家政权的强制力为后盾来保证其实施的。

(三)法是司法机关办案的主要依据

司法机关的职责是依据立法机关所立的法来衡量已经发生的行为合法与否、违法与否、犯罪与否。一种社会规范不能作为司法机关办案的依据,不能在办案中加以适用,就不是法。这一点使法与其他社会规范在强制力问题上彻底区别开来。

强调法是司法机关办案依据,不等于说所有可作办案依据的东西都可以列入法的范畴。其他的一些社会规范,如道德、政策等,有时也可作为司法机关办案依据,但这些只有在法不健全或不敷使用的情况下,作为法的补充才可以,并且需要经过法的认可。例如《民法通则》* 第六条就写明,"民事活动必须遵守法律,法律没有规定的,应遵守国家政策"。

在现代国家,能够列入法的范畴的,首先是享有立法权的立法机关所制定的,可作办案的主要依据的规范性文件。在英美法系国家,典型判例也作为一种正式的法的渊源。我国目前可作为主要的、基本的办案依据的社会规范,首先是全国人民代表大会及其常务委员会制定的法律,其次是国务院制定的行政法规,再次是地方性法规、自治法规、根据授权产生的法规以及特别行政区的法律、法规。行政规章是办案的参照依据,因而它既不是典型意义上或完全意义上的法,又不完全与法无关,而是一种"准法"。

(四)法有普遍性、明确性和肯定性

1. 法的适用对象和适用范围具有普遍性

法的适用对象具有普遍性。法通常是为一般的人、抽象的人而不是为具体的人、特定的人提供行为标准的,而其他社会规范(如党、团、工会、学术委员会的章程、纪律等)是为具体的人、特定的人提供行为标准的。

法的适用范围具有普遍性。法在政权管辖范围内具有约束力,令行禁止,具有统一性。同时,法只要尚未失效,就能反复适用,而不是只适用一次或若干次。

2. 法的形式具有明确性和肯定性

法一般都以具体的形式,明确地、具体地、肯定地为人们的行为提供标准,而不是模糊的、伸缩性很大的社会规范。例如,法以具体条文的形式规定公民达到多大年龄可享有选举权、多大年龄才能结婚等。其他社会规范则有许多是没有具体的表现形式因而不明确、不肯定的,例如"热爱集体"是一条人所熟知的道德规范,却没有人会知道这条规范究竟明确地、肯定地要求人们做些什么。但是,这并不是说每个法的条文都是以明确的、肯定的形式来规范人们的行为;有的条文是用来说明法的指导思想、基本原则或有关术语的,而这些条文的存在并不妨碍法作为明确的、肯定的社会规范而存在,之所以规定这些条文,也正是为了更明确、肯定地表明法的性质、任务、效力和要求。

---

* 若无特别说明,本书中的法规均指我国颁布的,名称中编者省去了"中华人民共和国"字样,后同。

3. 法的规则或规范的分类具有明确性和肯定性

授权性规则以明确的、肯定的形式告诉人们可以做什么或有权做什么，命令性规则以明确的、肯定的形式告诉人们应当怎么行为、必须怎样行为，禁止性规则以明确的、肯定的形式告诉人们不能怎样行为。

(五)法以权利和义务为主要内容

从内容构成的角度看，法主要由规范性内容和非规范性内容构成，其中规范性内容是主要的，而规范性内容中权利和义务又是主要内容。其他社会规范有的不是规定权利和义务两方面内容的，如宗教戒律，一般要求只尽义务，不包含权利内容；有的虽然也有权利和义务的内容，如党、团组织的章程，但这些内容并不是此类规范的主要内容。

四、法的要素

(一)含义

构成法的整体的各个主要组成部分，称为法的要素，也称为法的基本成分、元素或因素。法的要素是各种法所必须具有的。

(二)种类

1. 规则

法的规则是社会规则的一种，它是国家政权中的有权机关制定或认可，规定社会主体的法定权利和义务，旨在建立和维护法的秩序的特定的行为准则。

社会规则除法的规则外，还有道德规则、宗教规则、团体规则、行业规则以及其他旨在确定和维系一定社会秩序的行为规则。在社会规则这个体系中，法的规则是体现国家政权意志，在规范国家生活、社会生活和公民生活的规范体系中具有最高地位和效力的一种规则。

2. 原则

法的原则是指法中所存在的可作法的规则的基础或本源的综合性、稳定性的原理和准则。原则不预先设定具体的事实状态，也不直接包含具体的权利、义务，但它指导和协调着某个或某些领域的法的调整。

法的原则体现着执政者或立法者的某些重要意志，是法的主旨和精神的主要所在。因此，法的原则是立法者在立法时务必充分注意的环节，也是用法者理解和运用法时务必认真把握的法的要素。

法的原则是法的解释和法的推理据以进行的重要依据和指南。在需要有法的规则作为处理问题特别是案件的依据但却没有法的规则的情况下，法的原则可起到弥补这一不足的作用。在已有法的规则作为依据但按规则办理会导致不合理、不尽公正结果的情况下，法的原则又可起到避免这种结果发生的作用。

3. 概念

法的概念是法的现象、法的实践的理性化的重要表现形式，是人们对法的现象、法的实践进行分析、归纳、抽象而产生的具有法定价值的范畴。法的规则所注重的是设定行为模式和后果模式；法的原则所注重的是从大局和根本上奠定整个法的基础；法的概念则注重对各种法的现象作定性分析，从而为法的规则、法的原则的适用确定范围和提供前提。

第二节 法的产生、发展和消亡

一、法的产生

国家和法是人类社会发展到一定历史阶段的产物。在此之前，人类曾经历了数百万年之久的没有国家和法的原始社会时期。

(一)原始社会的社会调整

在原始社会，生产力发展水平极其低下，人们共同占有生产资料，共同劳动，平均分配劳动产品，没有私有制，没有阶级和阶级压迫，因而也就不存在作为阶级压迫工具的国家和法。但原始社会存在着特定的组织形式，那就是以血缘关系为纽带而结成的氏族。氏族内部的一切重大问题均由氏族全体成员讨论决定。

氏族首领(酋长)由全体氏族成员选举产生，不享有特权，依赖氏族成员的信任和尊敬，依赖社会舆论和原始习惯来执行职务。原始社会的社会规范主要是氏族习惯，它是人们在共同生产和生活过程中自然形成并世代相传的。氏族习惯的内容很广泛，几乎涵盖了生产和生活的各个方面。除了习惯规范，还有道德规范和宗教规范。他们与习惯规范相互作用，融合在一起，共同组成原始社会的社会规范，调整着社会关系，维护着社会秩序。

(二)法的产生过程

1. 法产生的经济根源

社会分工、商品交换和私有制的出现和发展是法产生的经济根源。原始社会后期，生产力有了极大的提高，出现了剩余产品和交换，出现了商人阶层。第三次社会大分工使商业成为独立的部门。贸易的扩大，货币、高利贷、土地所有权和抵押的产生，使财富迅速积聚到极少数富人手中，穷人和奴隶的数量日益增加，对奴隶的强制性劳动逐步成为整个社会的上层建筑所赖以建立的基础。生产力水平的不断提高，导致了私有制的出现，私有制发展到一定程度，就需要一种新的行为规范来为它服务，确认私有财产权不可侵犯。“在社会发展某个很早的阶段，产生了这样的一种需要：把每天重复着的生产分配和交换产品的行为用一个共同规则概括起来，设法使个人服从生产和交换的一般条件。这个规则首先表现为习惯，后来便成了法律。”(恩格斯《政治与经济》)

2. 法产生的阶级根源

法产生的阶级根源在于阶级的出现。原始社会后期，私有制和阶级的产生，使以血缘关系为纽带的氏族组织完全解体了。氏族内部分裂出富人和穷人、奴隶主和奴隶，他们之间的阶级利益是根本对立的，矛盾是不可调和的。在激烈的阶级斗争面前，原始社会习惯显得无能为力。新兴的奴隶主阶级为了巩固自己的统治，需要建立一种新的反映本阶级意志、保护本阶级利益的行为规范。同时，奴隶主阶级内部的各个阶层、集团和个别成员之间在根本利益上是一致的，需要调整的是新兴奴隶主阶级同商人、手工业者和其他自由民众之间的关系。这种为适应调整阶级关系的需要而产生的新的行为规范就是法。

3. 法产生的标志

法的产生经过了一个漫长的过程。法产生的标志主要有:①国家的产生。法是伴随着国家的产生而产生的,国家产生的过程也正是法产生的过程。②权利与义务的分离。在原始社会,人们没有权利与义务的观念。随着私有财产和商品交换的出现,产生了权利与义务的观念。国家"几乎把一切权利赋予一个阶级,另一方面却几乎把一切义务推给另一个阶级"(恩格斯《家庭、私有制和国家的起源》),这时完整意义上的法产生了。③解决纠纷的专门机关的出现。在氏族内部,大多数纠纷由全体当事人自己解决。随着生产力水平的提高和社会关系的复杂化,解决纠纷的专门机关出现了。对违法行为的制裁转由国家专门机关掌握。

(三)法与原始习惯的联系和区别

法与原始习惯都是用来规范人们的行为,调整一定的社会关系,维护社会秩序的行为规范。法由原始习惯演变而来,与原始习惯在内容上存在着历史的连续性。然而,法与原始习惯又是性质根本不同的两种社会规范。它们之间的区别主要表现在:①两者产生的方式不同。法由国家制定或认可,并由国家强制力保证实施;而原始习惯则是自发形成并世代相传的。②两者赖以产生和存在的经济基础不同。法建立在生产资料私有制的经济基础之上,而原始习惯则建立在生产资料的原始公有制的经济基础之上。③两者体现的意志不同。法是掌握国家政权的统治阶级意志的体现,具有阶级性;而原始习惯则是氏族全体成员共同意志的体现,没有阶级性。④两者适用的范围不同。法适用于国家权力管辖下的一定领域内的所有居民,而原始习惯则适用于按血缘关系组成的氏族成员。⑤两者实施的方式不同。法以国家强制力为后盾,并由国家专门机关来保证实施;而原始习惯则是凭借人们内心的信念、习惯以及氏族酋长的威信来保障遵守的。

二、法的发展

(一)法的历史类型

法的历史类型是将人类历史上存在过的以及现实生活中仍然存在着的各个国家和地区的法律,按照法的阶级本质和它赖以建立的经济基础所作的基本分类。凡是建立在同一经济基础上、体现同一阶级意志的法律就属于法的同一历史类型。按照此划分标准,人类历史上的法可分为奴隶制法、封建制法、资本主义法和社会主义法。前三种类型的法统称为剥削阶级类型的法,而社会主义类型的法律是最高类型的法,是法的最后形态。

(二)奴隶制法

奴隶制法是人类历史上最早出现的剥削阶级类型的法。它是奴隶主阶级意志的体现,旨在确立、巩固和发展有利于奴隶主统治的社会关系和社会秩序。

1. 奴隶制法的本质

奴隶制法是奴隶社会上层建筑的重要组成部分,其本质源于奴隶社会的经济基础。奴隶社会的经济基础是奴隶主阶级不仅占有生产资料,而且完全占有奴隶的人身。奴隶主阶级和奴隶阶级是奴隶社会两个根本对立的阶级,此外,还存在着一个平民阶层。平民所处的地位虽比奴隶高,但也受到奴隶主阶级的压迫和剥削,平民成为奴隶反抗奴隶主斗争的同盟军。

2. 奴隶制法的基本特征

各奴隶制国家的法律在表现形式以及具体规定上虽然有所不同,但是,由奴隶制法的本质所决定,各国的奴隶制法又都具有以下共同的基本特征:①严格保护奴隶主所有制,确认奴隶主在经济、政治、思想方面统治的合法性,确保奴隶主的私有财产不可侵犯,维护奴隶主对奴隶的完全占有。②极端的野蛮性和残酷性。奴隶主所有制是一种公开的、直接掠夺奴隶的剥削制度,奴隶制法带有残暴、恐怖的特点,尤其是在刑罚的种类和实施方法上,广泛使用死刑和肉刑,死刑方法也名目繁多,手段残忍。③公开反映和维护等级特权。④保留某些原始社会行为规范的残余。如奴隶制法中的以牙还牙、以眼还眼的同态复仇。

(三)封建制法

封建制法是封建主阶级意志的体现,旨在维护有利于封建主阶级的社会关系和社会秩序。封建制法是继奴隶制法之后又一种剥削阶级类型的法。

1. 封建制法的本质

封建制法的经济基础是封建主阶级占有生产资料和不完全占有农民和农奴,封建主依靠封建土地所有制和经济剥削迫使农民依附于封建主阶级。封建主阶级和农民阶级是封建社会两个根本对立的阶级。此外,还存在着个体手工业者、个体农民和商人。他们同封建统治阶级之间也存在着尖锐的矛盾。封建社会后期出现的资产阶级,同封建主阶级之间也存在着尖锐的矛盾。

2. 封建制法的基本特征

封建制国家的法由于产生的具体历史条件、国内阶级力量对比以及统治阶级内部关系等情况的不同,各具特点。但相同的经济基础、相同的国家本质,又使各封建制法具有以下共同特征:①严格保护封建土地所有制和农民对封建主的人身依附关系。②公开维护封建等级特权制度。等级特权制度是封建社会政治制度的重要组成部分。③极端的残酷性。封建制法在统治手段、惩罚犯罪的方法和解决纠纷的方式等方面较奴隶制法有一定程度的进步。但是,比起资本主义法律来,仍然显得野蛮和残酷。

(四)资本主义法

1. 资本主义法的产生

西方资本主义法萌芽于西欧封建社会的中后期。资本主义经济基础最初是在封建社会内部自发产生并逐渐发展的,随着资产阶级经济力量的增长和艰苦的斗争,资产阶级的意志和要求在法律上得到一定程度的体现。由于资产阶级取得政权的历史条件不同,资本主义法产生的形式也各有特点。但有共同的规律性:①资产阶级国家取得政权是资本主义法产生的根本前提。②资本主义法在承袭旧法的基础上产生。资本主义法建立在私有制基础上,与以往剥削阶级法之间存在着继承关系。这种继承关系主要有以下形式:一种以英国法为代表,资产阶级建立政权后仍然承认封建制法的效力,但赋予它新的阶级内容,并根据自己的利益不断加以修改补充。一种以法国法为代表,资产阶级建立政权后,不承认旧政权法律的效力,但却在以前社会的法律(主要是罗马法)的基础上重新制定新的法律。

2. 资本主义法的发展

资本主义法的发展主要表现为从自由竞争时期到垄断时期的变化。在自由资本主义阶段,法制原则作为反封建的一个重要手段,以成文的方式肯定下来。这些原则包括:法律是公共意志的体现,法律面前人人平等,法律和自由不可分,罪刑法定和法律不溯及既往,无罪推定,等等。进入垄断资本主义阶段,出现了许多变化,最大的在于法律的"社会化"。在法律原则方面,将过去的"私有财产和绝对权利"改为"所有权行使的限制",将"契约自由"改为"契约自由的限制",将"无过失不负损害赔偿责任"改为"无过失损害赔偿责任"等;同时,法律在调整资本主义社会的经济、文化教育方面的作用也日益扩大,各种"社会立法"纷纷出现,特别是加强经济管理和社会福利方面的法律增多。

第二次世界大战后,资本主义国家更多地采取了改良、让步、福利主义的政策,使普通公民的政治地位有所提高,经济待遇有所改善,资本主义民主与法制有了不同程度的发展。

3. 资本主义法的本质

资本主义法是资产阶级意志的体现,旨在确立、巩固和发展有利于资产阶级统治的社会关系和社会秩序。资本主义法取代封建制法是历史的进步,但从本质而言,它仍然是一种剥削阶级类型的法。资本主义社会的经济基础,以资产阶级占有生产资料并剥削雇佣劳动为特征。资产阶级不私人占有生产者,无产阶级有人身自由,但不占有生产资料,不得不出卖自己的劳动力;而资本家则采取较为隐蔽的剥削方式,无偿地占有工人创造的剩余价值。资产阶级和无产阶级是资本主义社会两个基本的阶级,此外,还有个体农民和手工业者。

4. 资本主义法的基本特征

资本主义法属于剥削阶级类型的法,但又不同于以往的剥削阶级法,具有自己的特征。

资本主义法的特征,主要表现在以下几个方面:

(1)维护资本主义私有制。维护剥削阶级的私有财产权,是剥削阶级法律制度的核心。资本主义私有制是资本主义社会的基础,因此资本主义法也必然要确认和维护资本主义的私有制。但资本主义法是采取较为隐蔽、虚伪的形式来维护对雇佣劳动的剥削的。在自由竞争时期,私有权是绝对的、不受限制的,不受国家的干预。进入垄断阶段,国家对经济生活的干预加强,私有财产不再被认为是一种天赋的自然权利,"私有财产神圣不可侵犯"原则改为"所有权行使的限制"原则。

(2)以资产阶级民主政治的形式和法治维护资产阶级专政。在资产阶级革命时期,民主作为反对封建专制的旗帜;革命胜利后,一方面法律确认了资产阶级的统治地位,另一方面又普遍将民主的要求法律化、制度化,使之成为资本主义国家的基本政治制度。民主原则具体体现在代议制度上。代议制以公开、民主的选举制度为核心,有其历史进步性。同时,这种制度也为无产阶级提供了斗争的条件,促使无产阶级在组织上和意识形态上日趋成熟。但是资本主义的代议制本质上仍然是资产阶级统治的工具,广大被统治者由于经济方面的原因,一开始就被拒之于参选的门外,这样,政权始终掌握在资产阶级手中。

(3)确认、维护资产阶级的自由、平等和人权。资产阶级人权理论的提出有其经济、政治和思想的根源。从经济上看,在西欧封建社会末期,资本主义经济形成并迅速发展,它要求交换和竞争的平等和自由。人权理论的提出是资本主义商品经济关系在法律上的反映和确认。从政治上看,资产阶级处在第三等级,要为争取自己的政治地位而斗争,必须联合广大的农民阶级一起来反对封建统治,这就有必要提出平等、自由的口号,号召农民加入反封建的行列。从思想上看,文艺复兴时期就提出了"以人为中心,一切为了人"的思想,要求尊重人性和人的尊严;17、18世纪,资产阶级启蒙思想家系统地提出"天赋人权"学说,认为生命、健康、自由、平等、财产、追求幸福以及反抗暴政是与生俱来的自然权利。这些思想在革命胜利后,成为资本主义法的一项重要原则。资产阶级的自由、平等和人权,在反封建斗争中起了历史性的进步作用。但也有其阶级局限性。资产阶级和广大劳动人民经济上的不平等,决定了不可能存在实质上的政治和法律的平等、自由,而形式上的平等与自由,资产阶级也不能贯彻到底,他们往往制定其他法律、法规,对无产阶级和广大人民的行使权利和人身自由进行限制。

5.资本主义法的两大法系

法系,是近现代资产阶级法学家普遍采用的对各国法律制度进行分类的一种方法。一般来讲,法系是指具有某种共性和共同历史传统的国家法律的总称。大陆法系和英美法系是资本主义法的两大法系。

大陆法系,又称法典法系、罗马法系、民法法系,它是以古代罗马法,特别是以法国《拿破仑法典》为基础和传统而形成和发展起来的各国家、地区法律的总称。这一法系主要以法国、德国等欧洲大陆资本主义国家为代表。新中国成立前,我国传统上也属于大陆法系。

英美法系,又称为普通法法系、英国法系、海洋法系,它是以英国普通法为基础和传统而形成和发展起来的各国家、地区法律的总称。这一法系主要以英国为代表。

大陆法系和英美法系都属于资本主义法,它们在阶级本质、指导思想、基本原则等方面是一致的。但也存在着明显的区别。主要表现在:一是法律渊源不同。在大陆法系,制定法是主要的法律渊源,判例法不是法律的渊源;在英美法系,判例法是一重要的法律渊源。二是法典编纂不同。大陆法系国家的基本法律多采取法典的形式;英美法系国家较少采用法典的形式,其制定法多是单行法律、法规。三是适用法的原则和方式不同。大陆法系奉行"罪刑法定"、"法不明文不为罪"原则,在审理案件时,一般运用从一般到特殊的推理方法;英美法系奉行"自由心证"、"遵循先例"原则,在审理案件时,一般采取从特殊到一般的推理方法。四是法律分类不同。大陆法系国家法律的基本分类是公法和私法,英美法系国家法律的基本分类是普通法和衡平法。五是诉讼程序不同。大陆法系一般采取合议制,审理过程用审问式程序,法官居于中心地位;英美法系一般采取法官独任制,审理过程用对抗式程序,法官充当中立的角色。

数十年来,随着国与国之间交往的日益频繁以及世界经济一体化的进程,两大法系已在逐渐靠近,差距正在缩小,但基本区别依然存在。

(五)社会主义法

1. 社会主义法的产生

社会主义法是随着无产阶级取得政权而产生的。社会主义法建立在社会主义经济基础之上,反映无产阶级领导下的广大人民的意志,旨在维护社会秩序、推动社会进步。新中国法是在摧毁国民党政府法律体系的基础上创立的,是革命根据地法的继续和发展。中国经过了由新民主主义向社会主义转变的过程,法的发展也经历了曲折的过程。随着改革开放的深入发展,法在社会生活中的地位和作用不断提高,依法治国,建设社会主义法治国家已经成为全社会的共识。

2. 社会主义法的本质

首先,社会主义法是工人阶级领导下的广大人民共同意志的体现。我国是工人阶级领导的、以工农联盟为基础的人民民主专政国家。工人阶级是领导阶级,是先进生产力的代表。所以,社会主义法必须首先反映工人阶级的意志。其次,社会主义法要反映广大农民的意志。农民是工人阶级可靠的同盟军,是营造国民经济基础的主力军,是人民民主专政的基础。再次,社会主义法也反映知识分子的意志。知识分子在现代化建设中发挥着无可替代的重要作用,他们在整体上已成为工人阶级的一部分。最后,社会主义法还反映拥护社会主义和拥护祖国统一的爱国者的意志。

以工人阶级为领导的广大人民的共同意志不是自发形成的。社会主义法反映的各阶级、阶层的共同意志,是在各阶级、阶层自发、客观形成的利益基础上,通过共产党的领导,从尊重客观规律出发而形成的。共产党由于其自身的先进性,能及时、正确地认识自己的阶级利益,并领导人民群众将各阶级、阶层分散的、正确的意见集中起来,充分发扬民主,形成科学、统一的认识,再把这种认识制定为党的政策,贯彻于党的民主生活中。进而再通过民主的制度,将实践证明为成熟的、符合全国人民利益要求的那些政策,制定为国家的法律、法规。

社会主义法反映的广大人民的共同意志,归根到底是由社会主义的经济基础决定的。在我国社会主义初级阶段,实行以社会主义公有制为主体的多种所有制经济。全民所有制是主导力量,集体经济是其重要组成部分,而个体经济、私营企业、中外合资企业、中外合作企业和外商独资企业,是现阶段社会主义经济必要的、有益的补充。在分配制度上,仍以按劳分配为主体,同时肯定其他分配方式的合法性。可见,社会主义法所反映的共同意志,离不开其社会发展特定阶段的经济的制约。

3. 社会主义法的基本特征

由于各个国家走上社会主义道路的起点和途径不同,社会生产力的发展阶段和水平不同,经济和社会结构以至法律也存在差异,甚至是重大的差异。但社会主义的本质和根本任务是共同的,这就决定了社会主义各国的法具有以下共同特征:

(1)社会主义法是鲜明的阶级性和广泛的人民性的统一。社会主义法确认无产阶级及其政党在国家生活中的领导地位,法律的核心是无产阶级政党的政策精神,因而,社会主义法必须首先反映无产阶级的意志,具有鲜明的阶级性。但无产阶级的利益、意志同广大人民的利益、意志不是对立的,它们有着共同的社会主义公有制的经济基础。建设社会主义的物质文明和精神文明,实现共产主义,是无产阶级和广大人民共同的根本利益所在。因此,社会主义法所体现的阶级意志是无产阶级领导的广大人民发扬民主、集思广益并经社会实践的检验而最后形成的。

(2)社会主义法应该并可能具有完全的科学性。法律的科学性是指法律规范的内容真实地反映客观规律的要求。广大人民的根本利益同社会发展的方向完全一致,决定了社会主义法能够尊重和反映客观规律,真实反映人民的利益。社会主义法具有反映客观规律的客观可能性,但这种可能性的实现还有赖于人们的主观努力,还要通过反复的社会实践。因此,我们要坚持以科学的世界观和方法论作指导,尊重实践、尊重知识、尊重科学,并及时地将客观规律的要求反映到社会主义法中。

(3)社会主义法具有绝大多数人公认的公正性。从法律的词源看,公正是人们对法律最早的期望之一。在阶级社会,任何超历史、超阶级、绝对的公正是不存在的。资本主义法律用形式的公正掩盖实质的不公正。社会主义法律也不会有绝对的公正,但社会主义社会消灭了剥削制度,占人口绝大多数的广大人民掌握了国家政权,享有当家做主的权力,社会主义法反映广大人民的利益、要求和公正观,并在法律上规定人民享有广泛的权利和自由,从而保障法律适用上的真正公正,成为公正地维护广大人民利益的法律。

4. 社会主义法的基本原则

这里说的基本原则包括总的原则和专门的原则。总的原则是指四项基本原则,它是社会主义法的最基本的指导思想和原则。历史和现实证明,坚持四项基本原则,能保证改革开放和经济建设沿着通向社会主义根本目的的道路顺利前进。社会主义法的专门的原则是专门用于指导社会主义法、贯彻在整个社会主义法的体系中的指导思想和方针。它包括:

(1)民主的原则。社会主义法所体现的民主是社会主义民主。民主原则成为社会主义法的基本原则,是由社会主义法的本质属性和历史使命决定的。首先,社会主义法反映了占人口绝大多数的人民的意志,确认和巩固了人民在国家中的当家做主的地位,确保人民行使当家做主的权力。其次,社会主义法的最终目的是发展生产力,走共同富裕之路,这就要充分保护和扩大广大人民的权利和自由。这些,都离不开坚持民主的原则。

(2)法制的原则。社会主义法奉行法制的原则,是由社会主义法的本质所决定的。首先,社会主义经济制度要求实行法制。建设社会主义市场经济是我国经济体制改革的目标模式。市场经济就是法制经济,要求贯彻法制的原则。因为市场机制要求市场主体的独立自主,需要法制宏观的调控来加以引导。其次,人民民主的国家制度也决定必须奉行法制的原则。民主的原则是社会主义法的一个基本原则,它使人民当家做主,拥有广泛的权利和自由,但是民主总是相对的,民主的内容要得到落实,少不了法制的规范。

三、法的消亡

从法的起源可以看出,法的产生与私有制、阶级和国家的出现是不可分割的,将来,随着私有制、阶级和国家的消亡,法是否也同时消亡? 法作为国家意志的体现,与国家有着不可分割的联系。法和国家是特定历史阶段的产物,经过漫长的发展过程,完成其历史使命后,最终也将走向消亡。就目前而言,社会主义的发展只是处在初级阶段,共产主义的实现更属遥远,准确判定法消亡的条件和时机尚不成熟。从彻底消除法存在的根源这一

角度看,法的消亡,至少要具备以下几个方面的条件:

(1)经济条件。社会生产力极大发展,物质极大丰富,劳动不再单纯是谋生的手段,成为生活的第一需要,这样,原来由国家强制力保障实施,用以监督劳动和分配产品的法就成为不需要的东西了。

(2)政治条件。国内彻底消灭了阶级和阶级差别,国际上消灭了剥削制度,所有社会成员共同参与对社会公共事务的管理,国家消亡,体现国家各种职能的法就失去了存在的前提。

(3)文化条件。社会全体成员具有高度的共产主义思想觉悟和道德水平,掌握了先进的科学知识,能够自觉地运用马克思主义世界观来改造客观世界和主观世界,习惯于自觉遵守共同的社会生活准则。

当然,法的消亡并不意味着未来人类社会就不需要一定的行为规范了。到了共产主义社会,仍将存在具有某种约束力的行为规范,但这种行为规范丧失了阶级属性,其实施也没有了国家强制力的保障,与阶级社会的法有了本质的不同,不宜再称之为法。

第三节　法的功能和作用

一、法的功能

法的功能是指法作为一种特殊的社会规范本身所固有的性能或功用。法主要有以下几种功能:指引功能、预测功能、评价功能、教育功能和强制功能。

(一)指引功能

法的指引功能主要是通过法律规范对人们权利和义务的规定来实现的。它提供了三种模式:一是授权性指引,即允许人们可以这样行为的指引,而人们是否这样行为,则允许自由选择,从而保护和鼓励人们从事法律所提倡的,至少是允许的行为。二是义务性指引,即人们必须这样行为或者禁止这样行为。对法确定的这种义务,人们必须服从,不容许自由选择,其目的在于防止人们作出或者不作出某种行为。三是职权性指引,这是规定国家机关及其公务人员职务上的职权和职责的指引。这种指引功能指向职位,其主体不仅具有做某事的资格,而且承担着做某事的责任。

(二)预测功能

法的预测功能,是指根据法律的规定,人们可以预先估计到他们相互间将会怎样行为以及行为的后果,从而对自己的行为作出合理的安排。预测功能作用的对象是人们相互的行为,包括国家机关的行为。法的这种预测功能对维持社会的正常运作是必不可少的,通过相互预测对方的行为以及国家机关对这种行为的反应,人们可以建立一种基本的信任,加强对自己的行为和合法权益的安全感。正是人与人之间这种基本的信任,降低了社会运作的成本,提高了社会运作的效率。必须指出,法的预测功能是建立在法的确定性和稳定性、连续性的基础上的,正是法的这种确定性和稳定性、连续性为人们进行行为的预测提供了可能,这也就决定了法除必须明确人们的权利和义务外,还不能朝令夕改,任意变更和废除。新法未公布生效前,旧法不能中止效力;否则,人们就无法进行相互行为的预测。

(三)评价功能

法作为一种特殊的社会规范,是人们行为的准则,因而具有作为判断、衡量人们行为是否合法的标准与尺度的功能。评价功能作用的对象是他人的行为,在评价他人的行为时,总要有一定的、客观的评价准则。在现实生活中,除法这一准则外,评价人们行为的标准还有很多,如道德标准、宗教标准、风俗习惯以及社团纪律等。不同的评价标准从不同的范围和角度对他人的行为进行评价,用不同的标准评价他人的同一行为,其结果可能一致,也可能不一致。在阶级社会,法因具有较大的客观性、较强的可操作性、普遍的约束力以及国家强制力的保障而成为最权威、具有最高地位和效力的评价标准。当各种评价标准作出的评价不一致时,最终起决定作用的必然是法这一标准。当然,法只能评价人们的行为是否合法或有无法律效力,因此有很多行为虽然由法来评价,但仅靠单一的法的标准来评价是不全面的,也是不深入的。例如,对一个离婚案件,依法这一标准只能作出是否准予离婚的判断,而对离婚原因,则还需要结合道德标准加以评价。

(四)教育功能

法的教育功能是指法的实施对人们的认识和行为产生的影响。其作用的对象是一般人的行为。与在法实现之前或实现的过程中发挥作用的指引功能不同,教育功能是在法实现之后起作用的。法的教育功能主要在两个方面起作用:一方面,对违法行为的制裁,既可以教育违法者本人,同时又对那些企图违法的人起到威慑和警示作用,使其引以为戒;另一方面,对合法行为及其法律后果的确认和保护,也对人们的行为起着示范与鼓励的作用。

(五)强制功能

法具有国家意志性和国家强制性的特征,因而自然地具有强制功能。法的强制功能作用的对象是违法者的行为。任何社会的法都由国家强制力保障实施,对违法者以国家的名义加以制裁,但是不同类型的法,其强制功能的对象、范围和方式是不一样的。在奴隶社会和封建社会,统治阶级运用法的强制功能,锋芒直指奴隶阶级和农民阶级,并且是以残酷的肉刑或以肉刑痛苦相威慑来外化和显示法的强制功能。近代以来,直接的肉体痛苦强制手段逐渐由限制自由或者剥夺正常社会活动的手段所代替。我国法律代表以工人阶级为领导的广大人民的意志和利益,符合社会发展规律,能够得到绝大多数人的自觉遵守;法的强制功能主要体现在对少数违法者的制裁上,强制的对象少、范围窄,方式也比较文明,贯彻惩办与教育相结合的方针,把他们改造成为自食其力的新人。

综上所述,法的功能是指法本身所固有的内在潜能,或者简言之,是指法的用途或"使用价值"。法的指引功能、预测功能、评价功能、教育功能和强制功能这五种潜能是相互联系的,一旦发挥或释放出来,就会产生社会效应,即我们常说的"法的作用"。

二、法的作用

法的作用是指法对人们的行为和社会生活的影响和实效。在一定意义上说,法的作用是法的功能的外化或现实化。法的作用是多方面的、复杂的,它可以从不同的角度来分析。例如,根据作用的范围不同,可以分为整体作用和部分作用;根据作用的途径不同,可以分为直接作用和间接作用;根据作用的效果不同,可以分为积极作用和消极作用。笔者认为,法的作用是法的多种功能整合起来影响社会生活的多个方面的表现,它主要包括维护阶级统治和执行社会公共事务两个方面。

(一)法在维护阶级统治方面的作用

人类进入阶级社会之后,社会是由在特定的生产方式中占统治地位的阶级以国家的名义来治理的。法的作用首先表现为它可以用来确认和维护有利于统治阶级的社会关系和社会秩序。法在维护阶级统治方面的作用主要表现在调整政治关系和调整经济关系两个方面:

1. 法在调整政治关系方面的作用

法作为上层建筑的重要组成部分,在调整政治关系方面,发挥着重要的作用。

首先,法调整统治阶级与敌对的阶级、势力和分子之间的关系。掌握国家政权的统治阶级制定法律,是为了巩固政权,镇压被统治阶级的反抗,打击国内外敌对势力和敌对分子的破坏活动。不同国家的法本质不同,法掌握在谁手上,打击的锋芒指向谁是显然不同的。一切剥削阶级的法,总是把锋芒指向无产阶级和广大劳动群众。社会主义法则维护以工人阶级为领导的广大人民的利益,对占人口极少数的敌对势力和敌对分子实行专政。

其次,法调整统治阶级内部的关系。一般来说,统治阶级内部在根本利益和整体利益上是一致的。但统治阶级之间也存在着矛盾和纠纷,如果不加以调整和解决,势必影响其内部的团结,也影响统治阶级整体利益的实现。法调整统治阶级内部的关系,目的是防止内部个别成员或某些集团影响其整体利益的实现。法调整统治阶级内部关系的一个重要形式,就是确认和维护国家政权的性质和组织形式,规定国家机关的组织和活动的基本原则,使国家机关之间的关系和活动依法互相配合,互相制约,正常运行。

最后,法调整统治阶级与同盟者之间的关系。统治阶级在革命成功前要动员同盟者参加革命,取得政权以后,仍需要同盟者的支持。统治阶级与其同盟者之间既有共同的利益,也存在一些矛盾。统治阶级要运用法的形式,适当照顾和满足同盟者在政治上、经济上的某些权利,缓和自己与同盟者之间的矛盾,壮大力量,孤立敌人。在社会主义国家,法是巩固以工人阶级为领导的、以工农联盟为基础的爱国统一战线,最大限度地团结一切可以团结的力量的工具。

2. 法在调整经济关系方面的作用

法根源于经济又反作用于经济,成为服务与调整经济关系的重要手段之一。法在调整经济关系方面的作用主要表现在:

首先,确认和维护有利于统治阶级的经济基础。一种社会形态代替另一种社会形态后,旧的经济关系受到极大削弱,不再占统治地位,但仍然存在。法为了维护新的经济关系,必然要对旧的经济关系加以改造或者摧毁。例如,我国建立人民民主政权后,即运用法律手段,废除封建土地所有制,并对农业、手工业和资本主义工商业进行社会主义改造。

其次,反映经济规律。一般来说,剥削阶级的法,在统治阶级处于上升时期时,代表当时进步的生产关系,因而能在一定程度上反映经济规律的要求,有利于生产力的发展。而当剥削阶级处于没落时期,其所代表的生产关系成了生产力发展的障碍,而法还在维护过时的生产关系,便对生产力发展起阻碍作用。

（二）法在执行社会公共事务方面的作用

所谓社会公共事务，是指由一定的社会性质所决定的具有全社会意义的事务。管理好公共事务，是各个社会存在和发展的必要条件。统治阶级为了有效管理公共事务，就需要制定一系列法律，让全体社会成员共同遵守。例如，为了保障自然资源的合理开发和利用，制定各种资源保护法；为了保证交通畅通，制定交通管理法规；为了防止环境污染，以利于发展生产，保护生命安全和身体健康，制定环境保护法、医疗卫生法、食品卫生法等。当然，由于生产力发展水平和社会性质的差异，在社会发展的不同阶段，社会公共事务的内容和范围会有所不同，但可以肯定，随着社会生产的发展和社会制度的变革，这类执行社会公共事务方面的法律必然会日益增多，其在一国法律体系中所占的比重会越来越大，地位也会越来越重要。

（三）法的维护阶级统治职能与执行社会公共事务职能的关系

在阶级对立的社会中，法的作用总的来说可以分为维护阶级统治和执行社会公共事务两个方面。这两个方面的作用是并行不悖、不可偏废的。在研究法的作用问题时，必须将法的维护阶级统治职能与执行社会公共事务职能结合起来，将法的这两种职能看作法的作用的矛盾统一体，它们表现着法的本质的两个不同方面。维护阶级统治职能和执行社会公共事务职能这两个方面的法之间也存在着明显的区别，主要表现在：

（1）两者保护的直接对象不同。维护阶级统治职能的法的对象集中在阶级统治；执行社会公共事务职能的法的对象则是阶级统治以外的事务，其中包括技术规范的内容，是技术规范的法律。

（2）体现的意志和保护的利益不同。维护阶级统治职能的法只体现统治阶级的意志，保护统治阶级的利益；执行社会公共事务职能的法既维护统治阶级的利益，也考虑了包括被统治阶级的要求在内的全社会的共同需要。

（3）实施的后果不同。实施维护阶级统治职能的法只有利于统治阶级，而不利于被统治阶级；而实施执行社会公共事务职能的法不仅有利于统治阶级，客观上也会给被统治阶级带来一定的好处，有利于整个社会。

（4）可借鉴的程度不同。维护阶级统治职能的法具有强烈的阶级性，难于为其他国家或者新的统治阶级学习和借鉴；执行社会公共事务职能的法的阶级性不强，易于为其他国家学习和借鉴，甚至移植，也易于被新的统治阶级继承。

（四）法的作用的有限性

无论是维护阶级统治还是执行社会公共事务，法都可以发挥巨大的作用。但法的作用也是有限的。这种有限性主要表现在：

（1）法调整社会关系的范围有限。法是调整人们行为而不调整思想的一种社会规范。而且，法不调整人们的所有行为，它只调整立法者认为重要的、对社会生活和国家生活有一定影响的行为。

（2）法不是调整社会关系的唯一手段。调整社会关系的社会规范很多。即使是在法的调整范围以内，法也不是唯一的调整手段。除法以外，还有许多其他社会规范，如道德规范、宗教规范、习惯规范等，它们与法一起，共同调整着各种不同的社会关系。

（3）法的作用受法自身的局限性的制约。法具有抽象性、概括性和稳定性等特征，而现实生活中的问题却是千变万化、无限的,法制健全的国家也无法制定出包罗万象的法律来。而且法由人来制定,必然受到人们认识水平的限制,法往往因落后于形势的发展而带有“滞后性”。

(4)法的作用的实现需要客观条件的配合。即使是制定得很好的法律,也需要具备相应专业知识和道德水平的人去适用,并得到绝大多数社会成员的遵守,这样法才能有效地得以实施。法律的实现还受到相应的政治、经济、文化等条件的影响。

要全面、正确认识法的作用,就必须防止两种错误的倾向:一是轻视法的作用的“法律无用论”,二是过分夸大法的作用的“法律万能论”。轻视法的作用,甚至否定在建立和维护一定的社会秩序时利用法的必要性,就会增加社会的无序状况,对一个国家、民族,必然会产生严重的社会危害;反之,过分夸大法的作用,也会带来不良的社会影响。在实际社会生活中存在许多不同的社会规范,法的作用的发挥离不开其他社会规范的配合,那种认为凡事均应一一立法,或者认为一旦立了法,就什么事都解决了的思想,其危害性是显而易见的。

第四节 法的制定

一、法的制定概念

法的制定,又称立法,是指一定的国家机关依照法定的职权和程序制定、修改和废止法律规范的活动。在我国,与法分为广义和狭义相对应,立法也可分为广义和狭义两种。广义的立法既包括全国人民代表大会(简称全国人大)及其常务委员会(简称常委会)制定、修改、废止法律的活动(狭义的立法),也包括国务院、地方国家权力机关和行政机关依照法定职权和程序制定、修改、废止法规和其他规范性文件的活动。法的制定是国家实现其政治统治和社会管理职能的重要手段之一。社会关系的规范性调整和社会的规范性管理,是社会生产、生活得以进行的重要条件之一。可以从以下几个方面来理解法的制定:

第一,法的制定是国家的活动,它与国家权力相联系,是国家权力的运用。法离不开国家,国家也离不开法。统治阶级的意志要上升为法律,必须通过国家意志的形式表现出来,并且依靠国家强制力来维持,才能获得普遍遵循的效力。

第二,法的制定是一定国家机关依照法定职权和程序进行的活动。立法只能由有权的国家机关进行,除此以外的任何组织或个人都不能创制法律。国家机关在创制法律时,也必须在法定的职权范围内按法定的程序进行。

第三,法的制定是一项具有专业性和技术性的活动,需要特殊的手段、方法和技巧。

第四,法的制定是产生法或者变更法的活动,这是立法的内容和要达到的结果。制定法律规范,就是国家机关根据社会需要,运用立法技术,为人们的社会活动创造出行为规范。这种被创造出来的规范,一般都表现在国家制定的规范性法律文件之中。创造行为规范,一定要有社会的客观依据,即只能根据社会的客观需要和可能需要来进行。

二、法的制定过程

法的制定过程是指国家机关从准备制定法律到法律被公布的各个工作阶段的总和。依据对法的制定工作有无法律作出严格的程序规定为标准,法的制定过程基本上可分为两个独立的阶段:第一阶段是准备阶段,第二阶段是法的确立阶段。

对于第二阶段的工作,法律一般作出较严格的程序规定。准备阶段从提出制定新法的创议开始,主要工作包括专门国家机关接收和征集立法创议,拟定立法规划,委托和安排起草规范性文件草案,对草案征求意见和进行学术论证,修正草案,最后把草案提交创制法的机关,准备阶段即告结束。

在我国,这一过程的工作主要包括:由全国人大常委会秘书处负责征询全国人大各专门委员会、国务院有关部门、最高人民法院、最高人民检察院、中央军委法制局和各人民团体对立法的意见和建议,研究、筛选、综合这些意见和建议,拟出系统的立法项目,形成初步的规划意见,组织专家讨论和论证规划意见,拟定立法规划(草稿)交全国人大常委会,全国人大常委会审议确定立法规划,确定和委托有关国家机关、社会团体起草规范性法律文件草案等。以后的工作还有起草法律文件草案,征求意见,修改草案,由全国人大常委会专门机构组织论证验收,再由有提案权的机构向全国人大或全国人大常委会提出;草案起草人为有提案权的国家机关的,草案成熟后,可直接向全国人大或全国人大常委会提出。至此,立法的准备阶段才告结束。不是每一项法律的创制,都一定要经历上述各项准备工作,但总的来说,准备阶段总是有的。

法制定的第二阶段,是法的确立阶段或称法的讨论通过阶段。这一阶段的工作通常是很程式化的,一般都通过宪法或其他基本法律作出专门规定。这一阶段的工作一般要经过四道程序:一是法律案的提出;二是法律案的审议;三是法律草案的表决;四是法律的公布。法律的公布,结束了法的确立阶段,也结束了法的整个制定过程。

三、法的制定程序

法的制定程序,是指国家机关制定法律规范的工作顺序、步骤和方法。它一般是由法律明确规定或者是得到国家机关的确认的。制定法律规范必须按照一定的程序、方法进行,这是保证立法的严肃性和科学性的需要,因此现代国家一般都规定了较为固定的法的制定程序。我国全国人大及其常委会制定法律的程序在各国家机关创制法律规范的程序中是最为严格的,也是最有代表性的。根据我国《宪法》、《全国人民代表大会组织法》、《全国人民代表大会议事规则》和《全国人民代表大会常务委员会议事规则》及《立法法》的规定,全国人大及其常委会的立法工作,须经法律案的提出、法律案的审议、法律草案的表决和法律的公布等四道程序。

(一)法律案的提出

法律案的提出,是指有提案权的组织或人员向全国人大或全国人大常委会提出立法议案。由于全国人大和全国人大常委会都在不同程度上拥有立法权,因此法律案的提出就有两种情况,这两种情况分别是:①全国人大主席团可以向全国人大提出法律案,由全国人大审议。全国人大常委会、国务院、中央军事委员会、最高人民法院、最高人民检察院、全国人大各专门委员会,可以向全国人大提出法律案,由主席团决定列入会议议程。②一个代表团或者三十名以上的代表联名,可以向全国人大提出法律案,由主席团决定是否列入会议议程,或者先交有关的专门委员会审议,提出是否列入会议议程的意见,再决定是否列入会议议程。

(二)法律案的审议

全国人大常委会决定提请全国人大审议的法律案,应当在会议举行的一个月前将法律案发给代表。列入常委会会议议程的法律案,除特殊情况外,应当在会议举行的七日前将法律案发给常委会组成人员。人大审议列入会议议程的法律案的大致过程包括:①首先由提案人向大会全体会议作关于该法律案的说明。②由各代表团和有关的专门委员会对法律案的有关内容进行讨论,发表赞成、反对和修改意见。在涉及专门问题时,专门委员会可以邀请有关方面的代表和专家列席会议,发表意见。③由法律委员会根据各代表团和有关专门委员会的审议意见,对法律案进行统一审议,并向主席团提出审议结果报告和草案修改稿。④主席团审议法律委员会提出的审议结果报告和法律草案修改稿,并决定是否通过。如果主席团认为法律草案仍需修改,则可直接作出修改,或者提出进一步修改的意见,由法律委员会再作修改。如果主席团审议通过,则将有关文件印发会议,并将修改后的法律草案提请大会全体会议表决。至此,法律案的审议阶段即告结束。对于审议中有重大问题需要进一步研究的,经主席团提出,由大会全体会议决定,可以授权常委会审议决定,并将决定情况向全国人大下次会议报告或者提请全国人大下次会议审议决定。

(三)法律草案的表决

法律草案的表决,就是全国人大全体会议或全国人大常委会会议以表决方式决定法律草案能否成为正式法律的活动。按我国法律规定,宪法修改草案须有全国人大全体代表的三分之二以上的多数赞成,才能通过。一般法律草案要有全体代表或全体委员的半数以上赞成即为通过。会议表决的方式有投票、举手和其他方式。宪法修改草案,采用投票方式通过。一般法律草案的表决方式,由主席团或委员长会议决定,在实践中过去一般采用举手方式,现在采用按电子计票器按钮方式。

(四)法律的公布

法律草案得到通过就成为正式的法律,但只有向社会公布,法律才能在社会中产生实际的作用。所以,法律的公布,是法律制定工作中的一道必经程序,也是最后的一道程序。法律案经全国人大或者由全国人大常委会通过后,由中华人民共和国主席签署主席令予以公布。全国人大及其常委会通过的法律,以《全国人民代表大会常务委员会公报》为公布的正式刊物,同时,《人民日报》和新华社也予以发表。

四、法制定的基本原则

法制定的基本原则,是指在法的制定的整个活动过程中贯彻始终的行为准则或准绳,它是指导思想的规范化和具体化,是指导思想体现的形式和落实的保证。党在社会主义初级阶段的基本路线是立法工作的根本指导思想。因为这一基本路线的内容,是我国社会主义建设成功经验的总结,也是我国社会主义建设发展规律的反映,它的真理性已为我国社会主义建设所取得的成就,特别是改革开放以来所取得的巨大成就所证明,也为我们在背离它的要求时所遭受的挫折所反证。

我国各级立法机关在制定法律时,必须坚持下述基本原则。

(一)实事求是,从实际出发

这一原则要求我们在制定法律时,从我国国情出发,从我国现实的经济、文化条件出发,根据广大人民的利益要求及社会主义建设和发展的规律要求来制定法律。任何法律都是现实经济关系和现实社会要求的表现。科学的立法,只能是立法者在表述现实社会经济结构的要求和社会发展的要求,而且法律本身凝结着人类调整社会关系和管理社会的科学技术因素。古今中外的法学不乏人类智慧结晶,在法的制定工作中应当根据实际需要,大胆吸收和借鉴古今中外法律和法学的科学因素。要吸收和借鉴古今中外法律和法学的科学因素,就必须正确理解法律、法学与法律和法学的构成因素的关系。阶级意志是法律和法学的本质因素,但它不是构成法律和法学的全部因素,虽然构成法律和法学的所有因素(特别是构成法律的所有因素)是经统治阶级意志的选择而进入法律和法学中的,一些因素本身并无阶级意志性,但有助于研究法律规范贯彻实施的情况,以便进一步完善法律制度和改进法的创制工作。

(二)原则性和灵活性相结合

原则性,是指对于"一个中心,两个基本点"的基本路线,对于社会主义法的本质,对于社会主义法律制度的基本原则,一定要坚持不动摇。灵活性,是指工作中必须根据实际条件因时因地制宜。这两者的结合,就是要求在法的创制工作中,根据不同时期、不同区域的条件,选择不同的法律调整方法或法律制度。

原则性和灵活性是不可分的。没有原则性,就会失去目标和方向;没有灵活性,原则性也就无法贯彻,目标和方向也会落空。在两者结合的问题上,还要特别注意法制统一和法的制定权的划分问题。一方面,必须坚持法制统一;另一方面,由于各地在经济、文化发展方面很不平衡,因此法的制定不能一刀切。应当在坚持法制统一的前提下,对不同层次的地方和民族区域的权力机关和政府,授予不同程度的法的制定权。

(三)稳定性、连续性与适时废、改、立相结合

法的稳定性,是指法律制定之后,在其赖以存在的社会关系没有发生重大变化之前,不能朝令夕改,任意变更和废除,否则将会破坏法律的尊严和权威,引起混乱和灾难。法的连续性,是指在进行法的制定工作时,要考虑原来法律规范的效力,注意新旧法律规范在效力方面的衔接。一般来说,在没有新的法律规范出现以前,不要随意终止原有法律规范的效力。特别是不允许因领导人的更替或领导人的个人意见而随意改变法律规范的效力。适时废、改、立,是指立法机关根据社会发展变化情况,对法律规范进行的废除、修改、制定。在当前的改革进程中,部分法律已显示出滞后性,修改和废止这些法律已成为改革和进一步发展的要求。但不能因此忽视法律的严肃性,应当看到维护法律权威本身对社会长治久安和经济长期稳定发展所具有的价值。因此,不能因局部改革的一时之需,牺牲了国家法治的长远价值。

(四)科学的创见性

这一原则是指,我们应当根据已认识的社会规律,将社会发展的规律性要求表述为法律,用法律规范构建新的社会关系模式,去推动社会的改革和社会的发展。简单来说,就是立法要有超前性和预见性。法律是现实社会关系的模式化,是社会实践经验的总结。但法律是经过人的自觉意识活动创制的,本身体现着人的主观能动性,因此它是能够具有超前性和预见性的。不过,这种超前性和预见性是受到社会现实条件和发展规律的严格制约的,它不能超出社会的经济结构以及经济结构所制约的社会的文化发展。任何立法的超前性和预见性,只有建立在现实的经济结构和文化条件的规律性发展要求的基础上,才是现实的和有实践意义的。要保证法的制定具有科学的创见性,就必须加强对现实社会及其发展规律的研究,加强立法预测和做好立法规划工作。

(五)专门机关工作与群众路线相结合

法律规范是通过国家意志的形式表现出来的,因此制定法律规范是国家的职能活动,只能由专门的国家机关进行,除此而外的任何个人或组织无权制定法律。但是,我们的国家是人民民主专政的国家,以工人阶级为领导的广大人民群众是国家的主人,国家机关进行法的制定活动,从本质和内容上说,都是为了将广大人民群众的利益要求表现为法律,通过专门机关形成法律草案;草案形成后,再征求群众的意见,并根据合理意见作出修改;法律通过、公布实施后,还应了解法律实施的效果,即了解群众的利益要求被实现的状况,以便将来进一步完善法律。

第五节 法的效力

一、法的效力概念

法的效力是指法律的生效范围或适用范围,即法对什么人什么事在什么地方或什么时间适用,通常包括法的效力等级和区分原则。

法的效力等级,又称法的效力层次或法的效力位阶。法的效力等级是指在一个国家的法律体系中,由于其制定主体、程序、时间、适用范围等不同,各种法的效力也不同,由此而形成的一个法的效力等级体系。影响法的效力等级的因素主要有法的制定主体、制定时间和法的适用范围。正是由于这些因素的影响,形成了不同效力的法,并进而形成法的效力等级。

区分法的效力等级应遵循一定的原则,主要包括:

第一,等差顺序原则。即在遵从宪法至上原则的前提下,宪法高于法律,法律高于法规,行政法规高于地方性法规,地方性法规高于地方性政府规章。另外,在同一法律文本内,宣言性、概括性规范高于陈述性、具体性规范;原则高于规则;总则高于分则。

第二,特别法优先原则。特别法是相对于一般法而言的,适用于特别的法律关系主体、特别时间、特别地区的法律为特别法。特别法优先是指在效力地位上特别法高于一般法并优先于一般法而适用。

第三,国际法优先原则。即在涉及履行依据国际法所应承担的国际义务时,主权国家不得以国内法律、法规为由而予以拒绝。在一国国内立法涉及国际法律法规时,凡为主权国家所参加或所认可的国际条约或国际惯例,对国内法律规范也具有拘束力,国内法律规范不得与该国际条约或国际惯例相抵触。

第四，新法优于旧法原则。新法优先原则，是指在认定出自同等或同一效力层次的不同法律规范相互之间的效力地位关系时，如果依据上述诸项原则仍难以认定的话，则可以依据规范制定的时间先后来确定其优先顺序，后来制定的法律规范在效力地位上要高于先前制定的法律规范，即新法优先适用。

二、法的效力范围

法的效力范围通常包括法的时间效力、空间效力、对人的效力和对事的效力。

（一）法的时间效力

法的时间效力是指法生效的时间范围，包括法开始生效和终止生效的时间，以及对法律颁布以前的事件和行为该法律是否有效，即法的溯及力问题。法律的溯及力是指法律溯及既往的效力。法律的溯及力问题是指新法颁布以后对其生效以前所发生的事件和行为是否适用。如果适用，该法就有溯及力；如果不适用，该法就不具有溯及力。就现代法治原则而言，法律一般只能适用于生效后发生的事件和行为，不适用于生效前的事件和行为，即采取法不溯及既往的原则。世界各国在这个问题上的做法有如下几种：一是从旧原则，即新法没有溯及力。二是从新原则，即新法有溯及力。三是从轻原则，即比较新法和旧法，看哪个处罚轻就适用哪个法律。四是从新兼从轻原则，即在原则上新法有溯及力，但如果旧法的处罚较新法轻，就按旧法处理。五是从旧兼从轻原则，即原则上新法没有溯及力，但如果新法不认为是犯罪或对行为人的处罚较轻就适用新法。我国目前主要采取从旧兼从轻原则，在特殊情况下也采用从新原则。

（二）法的空间效力

法的空间效力是指法律生效的地域范围，即法律在哪些地方具有拘束力。根据国家主权原则，一国的法律在其主权管辖的全部地域有效，包括领陆、领水及其底土和领空。此外，还包括延伸意义上的领土，即本国的驻外使领馆、在本国领域外的本国船舶和飞行器。

（三）法的对人的效力

法的对人的效力是指法对哪些人有效或适用，包括对哪些自然人和法人、其他组织适用。世界各国法对人的效力的一般原则主要有以下几种：一是属人主义，又称国民主义。即法对具有本国国籍的公民和在本国登记注册的组织适用，而不论他们在本国领域内或在本国领域外。外国人即使在本国境内犯法，也不适用本国法。二是属地主义，又称领土主义。即凡在本国领域内的所有人都适用本国法，而不论是本国人还是外国人，本国人如不在本国领域内也不受本国法的约束。三是保护主义，即以保护本国利益为基础，任何人只要损害了本国利益，不论损害者的国籍和所在地域在哪里，均受本国法的追究。四是以属地主义为主、以属人主义和保护主义为补充。我国和世界上大多数国家都采用这一原则。

（四）法的对事的效力

法的对事的效力是指法在实施的过程中对哪些事项有拘束力。通常的原则是对法所规定的事项发生效力，而对不属于法所规定的事项无效力。法对事的效力应以明文规定的事项为限。《刑法》第三条规定:"法律明文规定为犯罪行为的,依照法律定罪处刑;法律没有明文规定为犯罪行为的,不得定罪处刑。"它体现了罪刑法定的精神。

法律规范对事的效力还要遵循以下两个原则:

(1)一事不再理原则。指同一机关若基于同一法律关系已作出了决定,同一机关不得再受理同一当事人所作的同一请求。

(2)一事不二罚原则。指对同一行为不得处以两次或两次以上性质相同或同一罪名的处罚。

第六节　依法治国

一、依法治国的概念及意义

1996年2月8日,江泽民同志在中共中央第三次法制讲座上发表了重要讲话,指出:加强社会主义法制建设,依法治国,是邓小平同志建设有中国特色社会主义理论的重要组成部分,是我们党和政府管理国家和社会事务的重要方针;实行和坚持依法治国,对于推动经济持续快速健康发展和社会全面进步,保障国家的长治久安具有十分重要的意义。这是党和国家领导人第一次肯定"依法治国"的方针。同年3月,第八届全国人大四次会议将"依法治国"作为一项根本方针和奋斗目标确定下来。1997年9月,党的"十五大"对"依法治国"的科学含义、重大意义和战略地位作了全面深刻的阐述。九届全国人大二次会议将"依法治国"的基本方略载入宪法,以国家根本大法予以保障,具有划时代的历史意义,它标志着我国现代化法制建设进入了一个崭新的发展阶段。

依法治国是中国共产党领导人民治理国家的基本方略,是广大人民群众的共同愿望。党的"十五大"报告指出:依法治国,就是广大人民群众在党的领导下,依照宪法和法律规定,通过各种途径和形式管理国家事务,管理经济文化事业,管理社会事务,保证国家各项工作都依法进行,逐步实现社会主义民主的制度化、法律化,使这种制度和法律不因领导人的改变而改变,不因领导人看法和注意力的改变而改变。胡锦涛指出:坚持依法治国、依法执政,是新形势新任务对我们党领导人民更好地治国理政提出的基本要求,也是提高党的执政能力的重要方面。党的"十六大"又将依法治国作为建设社会主义政治文明的重要内容。党的"十七大"进一步提出全面落实依法治国基本方略,加快建设社会主义法治国家。

实行和坚持依法治国不是一时的权宜之计,而是建设有中国特色社会主义政治的基本目标。依法治国是发展社会主义市场经济的客观需要,是社会文明进步的重要标志,是国家长治久安的重要保障,是我们建设社会主义现代化国家的必然要求。历史的经验教训和社会主义现代化建设的实践充分证明,要建设一个富强、文明的社会主义现代化国家,必须健全法制,实行依法治国。

二、依法治国的目标和任务

依法治国是一项艰巨复杂的系统工程,是人类在历史进程中经过共同努力和不断摸索所取得的文明成果，也是全人类共同的崇高理想。党的“十六大”报告在论述加强社会主义法制建设问题时指出：坚持有法可依、有法必依、执法必严、违法必究。适应社会主义市场经济发展、社会全面进步和加入世贸组织的新形势，加强立法工作，提高立法质量，到2010年形成中国特色社会主义法律体系。坚持法律面前人人平等。加强对执法活动的监督，推进依法行政，维护司法公正，提高执法水平，确保法律的严格实施。维护法制的统一和尊严，防止和克服地方和部门的保护主义。扩展和规范法律服务，积极开展法律援助。加强法制宣传教育，提高全民法律素质，尤其要增强公职人员的法制观念和依法办事能力。党员和干部特别是领导干部要成为遵守宪法和法律的模范。党的“十七大”报告在论述全面落实依法治国基本方略，加快建设社会主义法治国家问题时指出：依法治国是社会主义民主政治的基本要求，要坚持科学立法、民主立法，完善中国特色社会主义法律体系；加强宪法和法律实施，坚持公民在法律面前一律平等，维护社会公平正义，维护社会主义法制的统一、尊严、权威。推进依法行政，深化司法体制改革，优化司法职权配置，规范司法行为，建设公正高效权威的社会主义司法制度，保证审批机关、检察机关依法独立公正地行使审判权、检察权；加强政法队伍建设，做到严格、公正、文明执法；深入开展法制宣传教育，弘扬法治精神，形成自觉学法、守法、用法的社会氛围；尊重和保障人权，依法保证全体社会成员平等参与、平等发展的权利，各级党组织和全体党员要自觉在宪法和法律范围内活动，带头维护宪法和法律的权威。

(1)要继续完善社会主义法律体系。依法治国首先要求有法可依，这就要求我们加强立法，建立完备的社会主义法律体系。

(2)要继续健全民主制度和监督制度。党的“十七大”指出，要扩大人民民主，保证人民当家做主。人民当家做主是社会主义民主政治的本质和核心。要健全民主制度，丰富民主形式，拓宽民主渠道，依法实行民主选举、民主决策、民主管理、民主监督，保障人民的知情权、参与权、表达权、监督权。要保障民主，必须对国家权力的运行加以监督。因此，我国当前应加强对国家权力的立法监督、行政监督、司法监督和人民群众的监督(包括舆论监督)。党的“十七大”指出，要完善制约和监督机制，保证人民赋予的权力始终用来为人民谋利益。确保权力正确行使，必须让权力在阳光下运行。要坚持用制度管权、管事、管人，建立健全决策权、执行权、监督权既相互制约又相互协调的权力结构和运行机制。健全组织法制和程序规则，保证国家机关按照法定权限程序行使权力、履行职责。

(3)要继续加强严格公正的司法制度与行政执法制度。党的“十六大”报告就实施依法治国方略提出的又一重要任务就是维护司法公正，提高执法水平。党的“十七大”报告指出：深化司法体制改革，优化司法职权配置，规范司法行为，建设公正高效权威的社会主义司法制度，保证审判机关、检察机关依法独立公正地行使审判权、检察权。公正的司法制度是对受到侵害的人民权利给予补救的关键一环，也是维护社会公正、保障法律得以正确实施的最后屏障。行政机关的行政行为必须在法律规定的范围内按法定程序实施，严格依法行政；行政权力不得滥用，必须接受法律的制约；滥用行政权力造成的损害必须经过法定程序予以救济。同时，还应建立对行政违法责任人的追究制度。

(4)要继续培养高素质的执法队伍。党的“十六大”报告强调了“尤其要增强公职人员的法制观念和依法办事能力”。因此，实行依法治国，必须建设一支数量足、素养高的执法队伍，包括行政执法队伍、法官队伍、检察官队伍。同时，还要建立从事高质量法律服务的律师、公证员队伍。所谓素养高，包括三层含义：一是要有较高的政治觉悟和道德素质，要有忠于人民、忠于法律、忠于事实、大公无私、廉洁奉公的精神；二是要有较高的业务素质；三是要有崇高的职业道德和敬业精神，不仅要廉政，而且要勤政。

(5)要努力提高全民法律意识。建设社会主义和谐社会要通过法制宣传教育，在全社会传播法律知识，弘扬法治精神，倡导法律意识，使人民群众正确理解法律、法规和国家政策，分清合法与非法，运用法律手段，通过合法的程序解决矛盾纠纷和问题，维护和促进社会稳定。党的"十七大"报告特别强调了"深入开展法制宣传教育，弘扬法治精神，形成自觉学法守法用法的社会氛围"。

三、实行依法治国要处理好四个方面的关系

依法治国，建设社会主义法治国家，是从社会主义初级阶段的实际出发作出的重大战略抉择。依法治国是一场深刻的变革，是社会历史进步的体现，是人类文明发展的标志。完成这一深刻的变革，要处理好以下四个方面的关系。

第一，要处理好权与法的关系。目前，在我们的工作和生活中，还有权大于法的思想和言行存在，这对实行依法治国是一个极大的妨碍，必须认真对待，坚决扭转。法律的权威是我国人民的主人翁地位决定的，是我们国家的国体和政体决定的，也是我们党的性质和宗旨决定的。我国的任何权力都是人民通过宪法或法律赋予的，任何权力都要依法行使并受到法律的约束。任何人不得以权代法、以权压法、以权乱法、以权废法。

第二，要处理好情与法的关系。正如邓小平同志指出的"旧中国留给我们的封建专制传统比较多，民主法制传统很少"，目前存在的"种种弊端，多少都带有封建主义的色彩"。关系网、人情网、潜规则、行贿受贿、执法和司法队伍中的某些腐败现象，都是由私利所驱动的私情作怪的表现，是与社会主义法律公平、公正、无私、一视同仁的内涵尖锐对立的，它严重地损害着法律的权威，妨碍着依法治国方略的推行，必须坚决予以清除。

第三，要处理好依法治国与发挥个人作用的关系。依法治国是依照体现人民意志、反映客观规律的法律来治理国家。有人以为，这样做会妨碍个人作用的发挥。这是一种误解。法律要由人来制定，也要由人来遵守和执行。在合法的范围内，人的积极性、主动性和创造精神尽可以充分发挥，这两者是应该而且能够统一起来的。依法治国坚决反对的只是凌驾于法律之上的人，而在法律范围内活动的所有的人，包括领导者，不仅不妨碍他们充分发挥作用，而且为他们提供了正确发挥作用的广阔领域和有力保障。

第四，要处理好依法治国与党的领导的关系。依法治国，建设社会主义法治国家，不能离开党的领导，我们必须切实加强和改善党的领导。这是因为，我们党是执政党，在国家生活中处于领导地位。这一领导地位是党领导人民在长期的革命斗争和社会主义建设中形成的。这一领导地位决定了党是依法治国，建设社会主义法治文明的领导者和组织者，党的领导是实现依法治国，保证社会主义法治文明建设沿着正确方向发展的根本组织保证。只有正确处理依法治国与党的领导的关系，加强和改善党的领导，才能保证依法治国，建设社会主义法治文明目标的顺利实现。同时，《中国共产党章程》也明确规定，党必须在宪法和法律的范围内活动，不允许任何人有超越法律之外的特权。

第二章 行政法基础知识

第一节 行政法基础知识概述

一、行政法概念与基本原则

行政法是调整围绕行政活动而形成的各种社会关系，配置并控制行政权，确认和保障公民合法权益的各种法律规范之总和。

行政法的基本原则是贯穿于行政法的始终，指导行政法的制定和实施的基本准则或原理，是行政法精神实质的体现和行政法律规范或规则存在的基础。行政法的基本原则如下。

（一）保障公民权利与自由原则

行政规范、行政法律制度应以保障公民的基本权利和自由为出发点和归宿点，确认并保障公民在行政法上的权益得以实现。具体包括三方面内容：①行政法律制度的建立以保障公民基本权利和自由为主导，其主要内容就是将公民的基本权利和自由具体化为国家行政管理过程中应享有的各种行政实体权利、行政程序权利和其他权益，并切实保障其得以实现。②行政法不得随意限制和剥夺公民的基本权利和自由，对公民制约性、制裁性的规定虽然在行政法中不可缺少，但属于行政法的次要方面，行政法的主要方面还是着重于尊重和保护公民的基本自由和权利，不得违法予以侵害。③对侵害公民权利和自由的行政行为，行政法要确立公民的救济权，为因行政活动而受到侵害的公民提供有效的法律救济。

（二）依法行政原则

行政机关行使行政权力、管理行政事务必须依法进行。

依法行政是行政法对行政机关最基本的要求，它对行政法律规范的制定以及行政机关的具体管理活动都有指导意义。该原则具体包括三方面的内容：①行政组织法定，即行政组织的权限、中央和地方行政权的划分以及行政机关的设置、职能、编制等都要由法律设定，其他任何组织和个人都无权规定。在行政组织法定中，行政权限法定具有核心地位。②行政行为符合法律规定，即行政机关行使行政权、实施管理活动要以法律为依据，其行政行为的形式、内容、精神实质要合法，违法的行政行为无效。③行政行为所针对的公民在法律面前平等。

（三）行政效益原则

行政效益原则又称行政效率原则，是指行政法律制度要以较小的经济耗费获取最大的社会效果。其主要内容包括：①行政法律制度要符合效益要求，体现效益精神；②行政立法要重视成本效益；③行政管理及服务活动要体现效益。

二、行政主体和行政行为

(一)行政主体

行政主体是指享有行政职权,能以自己的名义行使国家行政职权,作出影响行政相对人权利义务的行为,并能由其本身对外承担行政法律责任的组织,包括行政机关和法律、法规授权的组织。

(二)行政行为

行政行为是行政主体实施的产生法律效力的行为,应当具备三方面条件:①必须是行政主体实施的;②是行政主体行使行政权力的行为(如果具备行政主体资格,但是没有行使行政权力,也不是行政行为);③是产生一定法律后果的行为。

1. 特征

行政行为是行政主体行使行政权力的外在表现形式,是行政权力的具体实施。因此,行政行为具有其自身特点:①行政行为的执行性。行政机关行使的任何权力都是执行性的权力,即执行法律。②行政行为的单方性。行政行为一般表现为行政机关依照自己单方意志作出决定的行为,不需要行政相对人的同意和认可。③行政行为的裁量性。法律一般赋予行政机关一定程度和范围内的自由裁量权,由行政机关在法律规定的幅度和范围内自行决定作出行政行为。④行政行为权力和义务的统一性。行政行为对于行政相对人而言表现为权力特征,而对于行政机关本身而言则又是行政机关的义务。

2. 分类

1)抽象行政行为和具体行政行为

这是根据行为功能的不同以及对象的不同所作的划分。

抽象行政行为是指行政主体针对广泛而不特定的对象设定具有普遍约束力的行为规范的活动,包括行政主体制定的行政法规、行政规章以及各种规范性文件等,基本属于行政立法活动;具体行政行为是指行政主体针对特定对象具体适用法律规范所作出的、只对特定对象产生约束力的行为,在功能上是具体适用法律规范而不是设定具有普遍意义的规范,而且它针对的是特定对象并且只对特定的对象具有约束力。

2)羁束行政行为和自由裁量行政行为

这是根据法律规定的行政主体的权限范围的不同而进行的划分。

羁束行政行为是指法律明确规定了行政行为的范围、条件、形式、程度、方法等,行政机关没有自由选择的余地,只能严格依照法律规定作出的行政行为;自由裁量行政行为是指法律仅仅规定行政行为的范围、条件、幅度和种类等,由行政机关根据实际情况决定如何适用法律而作出的行政行为。

3)依申请的行政行为和依职权的行政行为

这是根据行政主体行使职权的前提条件不同所作的划分。

依申请的行政行为是指行政机关以相对人的申请为前提条件行使行政权力而作出的行政行为,即没有相对人的申请,行政机关不能主动行使权力;依职权的行政行为是指行政机关主动行使行政权力而作出的行政行为。在依职权的行政行为中,不需要有相对人的申请启动行政程序,行政机关可以根据自己的判断主动行使权力。

4)单方行政行为和双方行政行为

这是根据行政行为能否因为行政机关单方意思表示发生效力进行的划分。

单方行政行为是指行政机关单方意思表示就能够产生法律效力,具有强制力、确定力和拘束力的行政行为;双方行政行为是指必须经过行政主体和行政相对人双方意思表示一致才能成立的行为。

5)要式行政行为和非要式行政行为

这是根据行政行为是否具备法定的形式所作的划分。

要式行政行为是指法律、法规规定必须具备某种方式或形式才能产生法律效力的行政行为;非要式行政行为是指法律没有明确行政行为的具体形式,行政机关根据实际需要作出的各种形式的行政行为。

3.成立要件

行政行为的成立要件是指行政行为对外发生法律效力必须具备的条件。不同的行政行为,其成立的要件也不同。

具体行政行为的成立要件包括:①行为主体是行政主体(行政主体包括行政机关和法律、法规授权的组织)。②行为本身具有行政管理的内容。行政行为必须是行政主体行使行政权力的行为,某些具备行政主体资格的行政机关虽然作出了行为,但是并没有行政管理的内容,也不能成为行政行为。③行政决定送达给行政相对人。如果行政行为采用书面形式,须将行政决定送达给行政相对人才发生效力。有些行政行为可能不采用书面形式,但是一旦实施,行政行为就开始生效。

抽象行政行为的成立要件包括:①行政主体制订了规则。抽象行政行为是行政机关制订的针对不特定的对象、调整不特定的相对人的权利义务关系的规则,主要针对未来事务的调整,因此抽象行政行为从表现形式上主要表现为各种规则和条文,而不是具体的处理结果。②行政主体制订的规则有调整行政法律关系的内容。行政主体制订的规则应当具备行政管理的内容,是行政主体行使行政权力的行为。③该规则已经公布。公布程序是行政机关执法的重要前提,也是行政相对人守法的前提条件,没有公布的抽象行政行为对于相对人没有约束力。

4.合法要件

行政行为应当符合合法要件才能是合法的行政行为。行政行为的成立要件与合法要件是不同的,有些行政行为虽然生效,但是是违法的行政行为。因此,符合成立要件的行政行为不一定是合法的行政行为。

具体行政行为的合法要件包括:①行政主体具有行政权限。“越权无效”是行政法的重要原则,某一行政机关不能行使其他行政机关的职权,不同部门的行政机关各司其职,上下级行政机关之间遵守分权范围。②行政行为证据确凿。行政行为必须有充分的根据才能公平、公正,因此要求行政机关收集的证据能够使正常人得出和行政机关一样的结论。③行政行为程序合法。行政行为必须符合法定程序,违反法定程序的行政行为无效。④行政行为适用法律、法规正确。行政机关作出具体处理决定,是根据证据适用法律的过程,因此行政机关必须正确适用法律。⑤行政行为没有滥用职权。行政行为不仅要形式上合法,而且动机和目的也要合法,行政机关没有滥用职权就成为合法行政行为的必然要求。

抽象行政行为的合法要件包括：①符合法律、法规的规定或者与法律法规不相抵触。行政机关制订的各种规范性文件，作为调整行政法律事务普遍应用的规则，首先不得违反宪法和法律。有时宪法、法律将某些立法权限授予行政机关，这时一般要求行政机关制订的规范性文件与宪法和法律不相抵触。②主体有制订权。行政机关只能在权限范围内作出抽象行政行为，不能超越职权。③程序合法。如《立法法》所规定的程序就是抽象行政行为所遵守的程序。

5. 效力

行政行为的效力是指行政机关作出的行为对于行政相对人以及行政机关本身发生什么样的影响。

1）行政行为的效力

行政行为的效力是指：①行政行为具有确定力，即行政行为一经作出并发生效力，行政机关不得任意变更或者撤销，无论行政机关还是相对人都受到行政行为确定力的约束；②行政行为具有拘束力，即行政行为生效后所具有的约束、限制相对人的效力，无论是具体行政行为还是抽象行政行为都具有这种效力；③行政行为具有执行力，即行政行为作出后相对人应当履行，相对人不履行行政行为时，行政机关有权自行强制执行或者申请人民法院强制执行。

2）行政行为的无效和废止

行政行为的无效是指行政行为自始不发生法律效力，对相对人没有约束力。行政行为违法是行政行为无效的主要原因，一般包括行政主体没有权限或者超越职权、行政行为适用法律错误、行政行为程序违法、行政行为没有事实根据、行政机关滥用职权等。行政行为因为违法会被撤销，行政行为被撤销的，对于行政相对人一方自始没有约束力。

行政行为的废止是指已经发生法律效力的行政行为，因具有法定情形而依法定程序宣布废止，使其失去法律效力。无论行政行为因为何种原因被废止，行政行为自废止之日起不再发生法律效力，但是行政行为被废止前的行为或者结果仍然是有效的。如果因为行政行为的废止给利害关系人造成损害，应当给予补偿。

第二节　行政复议法律知识

一、行政复议的概念

行政复议是指公民、法人或其他组织认为行政机关的具体行政行为侵犯其合法权益，按照法定的程序和条件向作出该具体行政行为的上一级行政机关或者法定机关提出申请，由受理申请的行政机关对该具体行政行为进行审查并作出复议决定的活动。

行政复议概念包含这样几层含义：①只能由作为行政相对人的公民、法人或其他组织提起；②只能由作出该具体行政行为的上一级行政机关或者法律授权的组织行使；③对于公民、法人或其他组织是维护其合法权益的一种程序性权利，不得被非法剥夺，但公民、法人或其他组织可以自行处分该权利（需要指出的是，如法律、法规要求必须先经过行政复议才能提起行政诉讼,即行政复议作为行政诉讼的前置程序时,公民、法人或其他组织要提起行政诉讼就必须先提起行政复议,若放弃申请行政复议,就无权再提起行政诉讼);④其对象原则上只能是行政机关作出的具体行政行为。

二、行政复议的原则

行政复议的原则是指由宪法和法律规定的,反映行政复议的基本特点,贯穿于行政复议法及行政复议活动并对其具有普遍、指导意义的原则。行政复议原则不但可以解释行政复议条文的具体含义,而且在《行政复议法》未对某些问题作出具体规定时,可以依据该原则所体现的精神来加以处理和解决。

(一)合法原则

复议机关在行使复议权时必须合法,合法原则是行政法治原则在行政复议中的体现,包括两个方面的内容:其一是行政复议机关所主持的行政复议活动应当依据法律、法规及规章的规定进行;其二是不光要符合程序法的规定,而且要符合实体法的规定,包括复议机关和复议机构主体合法、审理复议案件的依据合法、程序合法。

(二)公正原则

复议机关在行使复议权时应当公正地对待复议双方当事人,不能有所偏袒。行政复议机关的行政复议活动应当在合法的前提下尽可能做到合理充分、无偏私。

(三)公开原则

行政复议活动应当公开进行,复议案件的受理、调查、审理、决定等一切活动,都应该尽可能地向当事人、公众及社会舆论公开,使社会各界了解行政复议活动的基本情况,避免腐败现象的产生。

(四)及时原则

行政复议活动应当在尽可能快的时间内进行,要讲效率,不能拖拉。具体而言,包括行政机关受理复议申请应当及时作出决定,审理复议案件应当在法定的审理期限内及时结案,作出的复议决定应当及时,对复议当事人不履行复议决定的应当及时处理等。

(五)便民原则

复议机关在复议的一切环节和步骤上应当做到因地制宜,尽最大可能使行政复议制度真正成为人们日常生活中保护自己合法权益的经济、实用、卓有成效的救济手段。

(六)有错必纠原则

行政复议机关应当对被申请复议的行为进行全面审查,不论违法或者不当,也不论申请人是否有所请求,只要有错误,不管是违法之错,还是法律、法规规定范围内适用自由裁量权时的不当之错,一概予以纠正。

(七)诉讼终局原则

行政复议机关的复议决定不是最终发生法律效力的决定,复议当事人对该决定不服的,可以在法定期限内向人民法院提起行政诉讼,人民法院经审理后作出的终审决定才是发生法律效力的终局决定。

三、行政复议的特征

第一,行政复议具有监督行政和对行政相对人合法权益进行救济的双重属性。

由于行政复议机关可以根据法定程序对行政主体的行政行为的合法性进行审查，并对违法的行政行为予以撤销，对不当的行政行为予以变更，对行政主体不履行法定职责的还可以责令其履行法定职责，因此行政复议对于监督行政主体依法行政的作用和功能是明显的。行政复议有消灭违法、不当行政行为的效力，使其不再影响行政相对人的合法权益，从而对行政相对人的合法权益起到保护作用。另外，在行政复议中被确认是违法的行政行为如果造成了行政相对人的实际损害，行政相对人可以据此申请国家赔偿。

第二，行政复议具有准司法性。

行政复议与司法权的行使一样遵循"不告不理"规则，即行政相对人如果不依法提起行政复议的申请，就不会引起行政复议程序的开始；行政复议是以解决个案的方式来裁决争议的，不像行政立法行为那样就一般的情况作出有普遍意义的处理；行政复议的最终目的是解决争议，这与司法行为的功能是一致的。

四、行政复议的范围

行政复议范围指行政复议机关受理行政争议案件的范围，即哪些行政行为可以成为行政复议的对象。由于行政机关本身的承受力有限，行政争议种类繁多，行政复议解决方式本身的局限性等原因，并不是所有的行政争议都适合通过行政复议解决。为了保证行政复议机关能够及时准确地解决行政争议，行政复议必须在一定范围内进行。

（一）行政复议的具体范围

根据《行政复议法》及相关法律、法规的规定，行政复议的范围包括以下几类具体行政行为：①行政处罚案件，即对行政机关作出的警告、罚款、没收违法所得、没收非法财物、责令停产停业、暂扣或吊销许可证、暂扣或吊销营业执照、行政拘留的行政处罚决定不服而提起的行政复议；②行政强制措施案件，即对行政机关作出的限制人身自由或者查封、扣押、冻结财产等行政强制措施决定不服而提起的行政复议；③许可证管理案件，即对行政机关作出的有关许可证、执照、资质证、资格证等证书变更、中止、撤销的决定不服而提起的行政复议；④行政确权案件，即对行政机关作出的关于确认土地、矿藏、水流、森林、山林、草原、荒地、滩涂、海域等自然资源的所有权或使用权的决定不服而提起的行政复议；⑤侵犯法定经营自主权案件，即公民、法人或其他组织认为行政机关侵犯合法的经营自主权而提起的行政复议；⑥农业承包合同案件，即公民、法人或其他组织认为行政机关变更或者废止农业承包合同侵犯其合法权益而提起的行政复议；⑦违法要求履行义务案件，即公民、法人或其他组织认为行政机关违法集资、征收财物、摊派费用或者违法要求履行其他义务而提起的行政复议；⑧行政许可案件，即公民、法人或其他组织认为符合法定条件，申请行政机关颁发许可证、执照、资质证、资格证等证书，或者申请行政机关审批、登记有关事项，行政机关没有依法办理而提起的行政复议；⑨不履行法定职责案件，即公民、法人或其他组织申请行政机关履行保护人身权利、财产权利、受教育权利的法定职责，行政机关没有依法履行而提起的行政复议；⑩行政给付案件，即公民申请行政机关依法发放抚恤金、社会保险金或者最低生活保障费，行政机关没有依法发放而提起的行政复议。

除此之外，公民、法人或其他组织认为行政机关的其他具体行政行为侵犯其合法权益的，也有权申请行政复议。

(二)行政复议的排除范围

行政复议的排除范围指行政复议机关不予受理的行政争议事项,对于这些事项,行政相对人不得提出复议申请。行政复议的排除范围主要包括以下几个方面:①不服行政处分决定及其他人事处理决定的。行政处分决定及其他人事处理决定属于内部行政行为,因内部行政行为所引起的争议不能通过通常的行政复议途径解决,而应依照有关法律、行政法规的规定向其他有关行政部门如监察机关等提出申诉。②不服行政机关对民事纠纷作出的调解和其他处理的。根据我国现行法律规定,某些行政机关依法享有处理民事纠纷的调解处理权力。对行政机关进行的调解、处理民事纠纷行为不服的,不能申请行政复议,而只能由纠纷的当事人申请仲裁或者提起诉讼来解决纠纷。③抽象行政行为。根据《行政复议法》的规定,公民、法人或其他组织认为行政机关作出具体行政行为所依据的规定违法的,在对具体行政行为申请行政复议时,可以一并向行政复议机关提出对该规定的审查申请,由此可见《行政复议法》是把抽象行政行为纳入行政复议范畴的。但值得注意的是,并不是所有的抽象行政行为均可以申请行政复议,只有法律规定的抽象行政行为才可以申请行政复议。

五、行政复议机构

(一)概念

行政复议机关与行政复议机构是承担复议职能、行使复议审查权的组织。依法履行行政复议职责的行政机关是行政复议机关,行政复议机关内部设立的具体负责处理复议案件的机构是行政复议机构。行政复议机关是国家复议机关,对外行使行政管理职权,而行政复议机构是复议机关的办事机构,在其复议案件时只能以复议机关的名义进行。

(二)主要职责

行政复议机关的主要职责有:①受理行政复议申请,只有经审查符合申请条件的,行政复议机构才决定予以受理。②向有关组织和个人调查取证,查阅有关文件和资料。③审查被申请的具体行政行为是否合法适当,拟定行政复议决定。④处理或转送审查具体行政行为依据申请,即申请人一并提出审查具体行政行为依据申请后,复议机构有权处理该依据的,可以直接予以处理;无权处理的,应当按照法定程序转送有权国家机关依法处理。⑤对行政机关的违法行为依照规定的权限和程序提出处理建议,这是《行政复议法》专门规定的一项职责。⑥办理因不服复议决定提起行政诉讼的应诉事项。⑦法律、法规规定的其他职责。

六、行政复议的管辖

行政复议的管辖是指行政复议机关受理复议申请的权限和分工,即某一行政争议发生后,应由哪一个行政机关来行使行政复议权。行政复议管辖是行政复议机关复议活动发生的基础,也是其复议活动合法化的前提。

(一)一般管辖

(1)不服县级以上各级人民政府工作部门具体行政行为的复议申请,由申请人选择,可以向该部门的本级人民政府申请行政复议,也可以向该部门的上一级行政主管部门申请行政复议。

特殊情形:①对海关、金融、国税等实行垂直领导的行政机关和国家安全机关的具体行政行为不服的,只能向上一级主管部门申请行政复议;②对国务院所属部门的具体行政行为不服的,直接向该部门申请行政复议,若对该复议决定不服,可以向国务院申请终局裁决或者向人民法院提起行政诉讼,两者只能择其一。

(2)不服地方各级人民政府具体行政行为的,向上一级人民政府申请行政复议。但是,对于省级人民政府的具体行政行为不服的,则只能向作出该具体行政行为的省级人民政府申请行政复议,对该复议决定不服的,可以向人民法院提起行政诉讼或者向国务院申请终局裁决,两者只能择其一。

(3)不服省、自治区人民政府依法设立的派出机关所属的县级人民政府具体行政行为的,应当向其派出机关申请行政复议。

(二)特殊管辖

一般管辖之外的适用于特殊管辖。根据《行政复议法》的规定,特殊管辖主要有以下五种:

(1)不服地方人民政府派出机关具体行政行为的复议申请。对地方人民政府派出机关作出的具体行政行为不服的,只能向设立这些派出机关的人民政府申请行政复议。

(2)不服政府工作部门设立的派出机构依法以自己名义作出的具体行政行为的复议申请。若该派出机构是以设立它的行政机关名义作出的具体行政行为,则应视为行政委托,仍按一般管辖的规定确定管辖机关;若是依法以自己的名义作出的具体行政行为,则申请人既可选择向设立它的部门,也可以选择向该部门的本级地方人民政府申请行政复议。

(3)不服法律、法规授权的组织的具体行政行为的复议申请。对法律、法规授权的组织的具体行政行为不服的,分别向直接管理该组织的地方人民政府、地方人民政府工作部门或国务院工作部门申请行政复议。

(4)不服两个或者两个以上行政机关以共同名义作出的具体行政行为的复议申请。两个或者两个以上行政机关以共同名义作出的具体行政行为称之为共同行政行为,因此这些行政机关为共同的被申请人,由其共同的上一级行政机关管辖。

(5)不服被撤销的行政机关在撤销前作出的具体行政行为的复议申请。对被撤销的行政机关在撤销前作出的具体行政行为不服的,向继续行使其职权的行政机关的上一级行政机关申请行政复议。若继续行使其职权的行政机关是同级人民政府的另一工作部门,则应按照一般管辖的规定确定复议管辖机关;若继续行使其职权的行政机关是被撤销行政机关所属的同级人民政府,则由其上一级人民政府作为复议管辖机关。

(三)转送管辖

转送管辖是指接受属特殊管辖的行政复议案件的县级地方人民政府,对不属于自己受理范围的行政复议申请,应当在收到行政复议申请之日起7日内转送有关复议机关,并告知申请人。

转送管辖必须具备三个条件:①必须是属于特殊管辖的复议案件;②转送机关是县级人民政府,且对该案件没有管辖权;③受转送的复议机关对该案件有管辖权。

转送管辖对受转送的复议机关具有约束力,受转送的复议机关不能拒绝接受转送,也不能再自行转送其他复议机关。若受转送的复议机关认为对该案件确无管辖权,应当告知申请人向有管辖权的复议机关提出复议申请。

(四)指定管辖

指定管辖是指对某一行政复议案件,上级行政机关或者同级人民政府指定某一行政机关管辖,通常是由于两个或两个以上的行政机关对同一行政复议申请因管辖发生争议且协商不成,由它们共同的上一级行政机关指定管辖。①有管辖权的行政机关由于特殊原因不能行使管辖权,或行使管辖权确有困难,此时由共同的上一级行政机关或同级人民政府指定管辖。这里的特殊原因既有法律上的原因,也有事实上的原因。②行政复议机关因复议案件管辖权发生争议,争议双方协商不成时,由它们共同的上一级行政机关指定管辖。

七、水行政复议程序

(一)复议申请

公民、法人或其他组织对水行政主管部门的行政处罚不服的,可以在接到《违反水法规行政处罚决定书》之日起60日内提出复议申请。

申请人向人民法院起诉,人民法院已经受理的,不得再申请行政复议;申请人向复议机关申请行政复议,复议机关已经受理的,在法定复议期间内不得向人民法院起诉。

申请复议应当符合的条件包括:①申请人是认为水行政主管部门的具体行政行为直接侵犯其合法权益的公民、法人或其他组织;②有明确的被申请人;③有具体的复议请求和事实依据;④属于申请复议范围;⑤属于受理复议机关管辖;⑥法律、法规规定的其他条件。

(二)受理

复议机关在收到复议申请书之日起5日内,应对复议申请分别作出处理:①复议申请符合法律、法规规定和复议申请条件的,予以受理;②复议申请不符合复议申请条件的,不予受理,但要告知申请人不予受理的理由;③复议申请内容不全的,应告知申请人按期补正,过期未补正的,视为未申请。

(三)审理

行政复议一般实行书面复议的方式,水行政复议也如此。

复议机关在受理之日起7日内将复议申请书副本发送被申请人,被申请人应在收到复议申请书副本之日起10日内向复议机关提交作出具体行政行为的有关资料,并提交答辩书,逾期不答辩的不影响复议。

复议期间,具体行政行为不停止执行,但属于下列三种情况之一的具体行政行为可以停止执行:一是复议机关认为需要停止执行的;二是被申请人认为需要停止执行,申请停止执行,复议机关认为其申请合理,裁决停止执行的;三是法律、法规规定停止执行的。

复议决定作出前,申请人撤回复议申请或者被申请人改变所作的具体行政行为,申请人同意并撤回复议申请的,经复议机关同意并记录在案,可以撤回。但申请人不得以同一事实和理由再申请复议。

复议机关审理复议案件，以法律、法规、规章和上级水行政主管部门依法制定和发布的具有普遍约束力的决定、命令为依据。

（四）复议决定

复议决定是行政复议机构对案件进行初步审查、提出意见，经行政复议机关的负责人审查同意或者集体讨论通过后，就有关具体行政行为是否合法、适当所作出的书面裁决。

1. 维持决定

行政复议机关经过对具体行政行为的审查，认为具体行政行为认定事实清楚、证据确凿、适用依据正确、程序合法，从而作出否定申请人的指控，维持原具体行政行为的决定。

2. 履行决定

行政复议机关经过审查，认定被申请人没有履行法律、法规和规章规定的职责，作出责令其在一定期限内履行职责的决定。其适用的条件为：①复议申请人要求被申请人作出某种具体行政行为，有事实根据与法律、法规和规章依据；②被申请人是有权作出该具体行政行为的行政机关；③被申请人未作出有关具体行政行为无正当理由的。

3. 变更决定

行政复议机关经过对具体行政行为的审查，认为该具体行政行为违法或不当，作出改变原具体行政行为的决定。其适用条件为：①适用依据不当；②超越或者滥用职权；③具体行政行为明显不当。

4. 撤销决定

行政复议机关经过对具体行政行为的审查，认为具体行政行为违法或不当，作出否定具体行政行为的决定：可以全部撤销，也可以部分撤销；可以简单撤销，也可以撤销并责令重新作出具体行政行为。适用的条件为：①主要事实不清，证据不足；②适用依据有错误；③违反法定程序；④超越职权或滥用职权；⑤具体行政行为明显不当。

5. 确认决定

确认决定是行政复议机关经过审查有关行政机关的不作为行为或事实行为，宣布该行为违法的复议决定。《行政复议法》新增加此种决定是基于实践的需要，如《国家赔偿法》规定，单独就行政赔偿决定提起行政诉讼的，要先经行政机关确认其行为违法。

6. 责令被申请人赔偿的决定

公民、法人或其他组织在申请行政复议时可以一并提出行政赔偿请求，行政复议机关对符合《国家赔偿法》的有关规定应当予以赔偿的，在决定撤销、变更或改变原具体行政行为时，应当同时决定被申请人依法给予赔偿，可以单独作出这种决定，也可以同其他决定一并作出。此外，行政赔偿义务方可以就赔偿数额问题同行政复议申请人进行协商。

（五）行政复议决定的执行

行政复议机关应当在受理复议申请之日起60日内作出复议决定。情况复杂，不能在规定期限内作出行政复议决定的，经行政复议机关负责人批准，可以适当延长，并告知申请人和被申请人，但是延长的期限最多不能超过30日。

行政复议机关在60日内未作出复议决定的，复议申请人可在复议期满15日内，向人民法院提起行政诉讼。在这种诉讼中，原告可能会将复议机关作为被告，理由是复议机关不履行法定职责。

行政复议决定书制作完成并加盖公章后应立即送达当事人,复议决定书一经送达即发生法律效力;终局性的行政复议决定书一旦生效,当事人必须立即履行,不得再向人民法院提起行政诉讼。

申请人对复议决定不服的,可以在收到复议决定书之日起 15 日内或者法律规定的其他期限内向人民法院提起行政诉讼;如果申请人逾期不起诉又不履行复议决定,由水行政主管部门依法申请人民法院强制执行或者依法强制执行。

第三节 行政诉讼法律知识

一、行政诉讼概述

行政诉讼是指人民法院应公民、法人或者其他组织的请求,通过审查行政行为合法性的方式,解决特定范围内行政争议的活动。在我国,行政诉讼与刑事诉讼、民事诉讼并称为三大诉讼,是国家诉讼制度的基本形式之一。

(一)行政诉讼的特征

1. 行政诉讼是法院通过审判方式进行的一种司法活动

解决行政争议的方式和途径不止行政诉讼一种,还包括行政复议活动、行政申诉处理活动等,行政诉讼专指法院动用诉讼程序解决行政争议的活动。

2. 行政诉讼是通过审查行政行为合法性的方式解决行政争议的司法活动

行政诉讼以审查行政行为合法性为核心内容,虽然行政诉讼起因于行政争议,但并不以解决行政争议为核心内容。

3. 行政诉讼是解决特定范围内行政争议的司法活动

法院解决的行政争议是特定范围内的争议。按照《行政诉讼法》的规定,法院只解决行政机关实施具体行政行为时与公民、法人或者其他组织发生的争议。

4. 行政诉讼当事人的地位具有特殊性

一方面,行政诉讼的原告始终是作为行政管理相对一方的公民、法人或者其他组织,而行政诉讼的被告始终是作为行政主体的行政机关和法律、法规授权的组织;另一方面,行政诉讼当事人的权利义务具有特定性,行政诉讼原告享有起诉权、撤诉权,而被告不享有起诉权和反诉权,并对其具体行政行为的合法性承担举证责任。

(二)行政诉讼的基本原则

行政诉讼的基本原则为《行政诉讼法》所规定,属于法律原则,对行政诉讼活动具有拘束力,是支配行政诉讼活动的基本行为准则,无论是人民法院还是诉讼当事人、其他诉讼参与人以及所有的诉讼行为都必须遵守这些原则,而且其贯穿于行政诉讼的全过程。

1. 人民法院依法独立行使行政审判权原则

《行政诉讼法》规定:人民法院依法对行政案件独立行使审判权,不受行政机关、社会团体和个人的干涉。该原则包括:①行政审判权由人民法院统一行使;②法院作为一个整体独立进行审判,不受外界的非法干涉;③合议庭审判独立,即合议庭在具体办理和审判案件的过程中非依法定程序不受来自法院内部和外部的各种影响;④审判人员独立,即审判人员参加合议庭审判和审判委员会议决时,不受来自法院内部和外部的干涉,独立进行判断并完全按照自己的意志表决;⑤人民法院行使审判权不受行政机关、社会团体和个人的干涉。

2. 以事实为根据、以法律为准绳原则

以事实为根据原则要求人民法院审理行政案件时:①应当查明行政机关自身所调查的证据是否合法、客观、充分及其认定的方法和结论是否正确;②在必要时还应当进一步查明行政案卷是否有真实反映或者遗漏的有关案件情况;③作出的裁判要在实体和程序两方面合法,裁判本身也需要事实来证明,其中最为重要的是有关部门行政程序进展情况的事实。

以法律为准绳原则要求人民法院审理行政案件应当正确适用法律,不仅要依据《行政诉讼法》,还要依据行政实体法和行政程序法,对具体行政行为的合法性进行判断,从而作出公正的判决。

3. 具体行政行为合法性审查原则

与刑事诉讼和民事诉讼相比,具体行政行为合法性审查原则是行政诉讼最有特色的基本原则。从客体来看,人民法院只审查行政机关的具体行政行为的合法性,不审查行政机关抽象行政行为和行政诉讼原告行为的合法性;从内容来看,人民法院以审查具体行政行为的合法性为原则,以审查具体行政行为的合理性为例外。

人民法院审查具体行政行为合法性的具体内容包括:①行政机关是否享有作出具体行政行为的权限,是否依法享有事务、级别、地域方面的管辖权;②具体行政行为的证据是否确凿充分,事实是否清楚,证据是否具有合法性、客观性和相关性;③具体行政行为适用法律依据是否正确;④作出具体行政行为的程序是否合法;⑤作出具体行政行为的目的是否合法,即行政机关不得借用合法形式实现非法目的。

在法定的例外情况下,人民法院也可以审查具体行政行为的合理性,《行政诉讼法》规定,“行政处罚显失公正的,可以判决变更”。据此,如果行政处罚的轻重与案件的事实和情节明显不相适应,人民法院可以判决变更。

4. 当事人的法律地位平等原则

在行政管理过程中行政机关是行政主体,其地位明显优于行政管理相对人,而在行政诉讼中行政机关不再是行政管理者,其地位与行政管理相对人一样,都是行政诉讼的当事人。

行政机关与公民、法人或者其他组织都是行政诉讼主体,没有高低之分,没有法外特权,各方当事人的诉讼法律地位平等。

人民法院应当保障当事人平等地享有参与行政诉讼的机会,防止行政机关给公民、法人或者其他组织施加压力,同时也应当防止原告滥诉、无理纠缠。

人民法院作出裁判时应当同等情况同等对待,对当事人在适用法律上一律平等,不能因人而异。

5. 有权使用本民族语言文字原则

《行政诉讼法》规定,各民族公民都有用本民族语言文字进行行政诉讼的权利。在少数民族聚居或者多民族共同居住的地区,人民法院应当用当地通用的语言文字进行审理和发布法律文书。人民法院应当对不通晓当地民族通用语言文字的诉讼参与人提供翻译。

6. 当事人有权辩论原则

当事人有权辩论原则是我国行政诉讼民主性的体现和诉讼公正性的要求，主要内容包括：①辩论权是当事人的基本诉权。原告、被告、共同诉讼人和第三人都享有辩论权，它是当事人的基本诉讼权利，审判人员应当发挥其指挥职能，确保当事人充分行使辩论权。②辩论的内容。当事人有权就行政实体法问题、行政程序法问题进行辩论。③当事人有权以口头或者书面的方式进行辩论。④当事人有权在一审程序、二审程序、审判监督程序和执行程序中进行辩论。

7. 合议、回避、公开审判和两审终审原则

合议原则指人民法院审理行政案件，由审判员组成合议庭或者由审判员、陪审员组成合议庭，合议庭的成员应当是3人以上的单数。审判委员会在审判业务上对合议庭进行指导和监督。

回避原则指承办行政案件的审判人员和其他有关人员遇到法律规定的应当回避的情形时，应当经过法定程序退出行政诉讼活动。回避适用于审判人员、书记员、勘验人、鉴定人和翻译人员等。回避分为自行回避和申请回避两种，前者是指符合法律规定的人员主动申请回避，后者是指诉讼当事人申请审判人员和其他人员回避。

公开审判原则指人民法院审理行政案件，除法律规定的特殊情况，即"涉及国家秘密、个人隐私和法律另有规定的"以外，一律公开进行，其实质意义在于将人民法院的审判活动置于诉讼当事人及广大群众的监督之下，以确保审判的公正。

两审终审原则指行政案件经过两级人民法院的审理即告终结。按照这一原则，当事人对第一审行政判决、裁定不服的，可以向上一级人民法院提起上诉，启动第二审程序。第二审人民法院的判决、裁定是终局判决、裁定，对此当事人不得再提起上诉。最高人民法院是国家最高审判机关，最高人民法院作出的一审判决、裁定是终局判决、裁定，对此当事人也不得再提起上诉。

8. 人民检察院依法实行法律监督原则

《行政诉讼法》规定，人民检察院有权对行政诉讼实行法律监督。人民检察院对行政诉讼实行法律监督的范围，包括行政诉讼活动合法性、人民法院和行政诉讼参与人、行政诉讼的整个过程。

人民检察院实行法律监督的方式主要是抗诉。

二、行政诉讼的受案范围与管辖

（一）概念

行政诉讼受案范围是指人民法院受理行政案件和解决行政争议的范围，或者说是法律规定的人民法院受理和审判一定范围内行政案件的权限。

对人民法院而言，受案范围是对人民法院行使司法审查权的界定，是法院主管一定范围内行政争议的根据，也是确定法院与有权解决行政纠纷的其他机关处理行政纠纷案件的权限分工。

对公民、法人或者其他组织而言，行政诉讼受案范围实质上也是对公民、法人或者其他组织是否享有诉权的界定，只有列入受案范围的具体行政行为，公民、法人或者其他组织才有权对其提起行政诉讼。

对行政机关而言，受案范围决定着哪些具体行政行为必须受到法院的司法审查。司法不能代替和干涉行政的原则，决定了人民法院对行政机关的监督和制约不是无限制的，人民法院对行政机关的监督范围有多大，也就是行政诉讼中要解决的受案范围问题。

1. 确定受案范围的原则

确定受案范围的原则主要有：①充分保护公民、法人或者其他组织合法权益的原则；②正确处理行政途径与司法途径解决行政争议的分工原则；③从实际出发、循序渐进、逐步扩大的原则，即行政诉讼的受案范围在建立之初不宜规定过宽。对于目前尚不具备司法解决途径的行政案件，暂不列入行政诉讼受案范围。但随着我国社会经济的发展和法治的逐步推进，行政诉讼的受案范围必将与之相适应，得到不断的拓展。

2. 受案范围的标准

1）基本规定

《行政诉讼法》第二条规定："公民、法人或者其他组织认为行政机关和行政机关工作人员的具体行政行为侵犯其合法权益，有权依照本法向人民法院提起行政诉讼。"

2）肯定标准

根据《行政诉讼法》第十一条的规定，人民法院受理公民、法人或者其他组织对以下八种具体行政行为不服提起的诉讼：①对拘留、罚款、吊销许可证和执照、责令停产停业、没收财物等行政处罚不服的；②对限制人身自由或者对财产的查封、扣押、冻结等行政强制措施不服的；③认为行政机关侵犯法律规定的经营自主权的；④认为符合法定条件申请行政机关颁发许可证和执照，行政机关拒绝颁发或者不予答复的；⑤申请行政机关履行保护人身权、财产权的法定职责，行政机关拒绝履行或者不予答复的；⑥认为行政机关没有依法发给抚恤金的；⑦认为行政机关违法要求履行义务的；⑧认为行政机关侵犯其他人身权、财产权的。除上述规定外，人民法院受理法律、法规规定可以提起诉讼的其他行政案件。

3）否定标准

根据《行政诉讼法》第十二条的规定，人民法院不受理公民、法人或者其他组织对下列事项提起的行政诉讼：①国防、外交等国家行为；②行政法规、规章或者行政机关制定、发布的具有普遍约束力的决定、命令；③行政机关对行政机关工作人员的奖惩、任免等决定；④法律规定由行政机关最终裁决的具体行政行为。

（二）行政诉讼的管辖

行政诉讼管辖指人民法院之间受理第一审行政案件的分工和权限。行政诉讼管辖是在人民法院系统内部划分和确定某一级或者某一个人民法院对某一行政案件行使审判权的问题。

1. 种类

1）级别管辖与地域管辖

级别管辖解决的是人民法院纵向的分工，即确定各级人民法院审理第一审行政案件的权限划分；地域管辖解决的是人民法院横向的分工，即确定某一行政案件由同级人民法院中哪个地域的人民法院管辖。

2）法定管辖与裁定管辖

两者划分的标准是确定管辖是法律的规定还是人民法院的行为。法定管辖是指诉讼管辖直接由法律规定，人民法院没有对其裁量的余地；裁定管辖则是指诉讼管辖不是根据法律的直接规定，而是由相应人民法院根据《行政诉讼法》的规定裁量确定管辖的形式，其通常是人民法院在特殊情况下以移送、指定等行为确定的诉讼管辖。

3）单一管辖与共同管辖

单一管辖是指对某一案件仅有一个人民法院有管辖权，当事人没有选择的余地；共同管辖则是指两个以上的人民法院对同一个案件都有管辖权，当事人可以选择确定。因此，从当事人的角度来说，共同管辖又称为选择管辖，当事人可以选择一个人民法院起诉。

2. 级别管辖

划分级别管辖是以行政案件的性质、案件的难易程度和在社会上的影响程度为出发点的。

1）基层人民法院的管辖

《行政诉讼法》第十三条规定，“基层人民法院管辖第一审行政案件”。该规定意味着基层人民法院对行政案件具有普遍管辖权，除法律规定由中级人民法院、高级人民法院和最高人民法院管辖的第一审行政案件外，其他行政案件都由基层人民法院管辖。

2）中级人民法院的管辖

根据《行政诉讼法》第十四条的规定，中级人民法院管辖的第一审行政案件包括：①确认发明专利权的案件、海关处理的案件；②对国务院各部门或者省、自治区、直辖市人民政府所作的具体行政行为提起诉讼的案件；③本辖区内重大、复杂的案件。

3）高级人民法院的管辖

《行政诉讼法》第十五条规定，“高级人民法院管辖本辖区内重大、复杂的第一审行政案件”。

4）最高人民法院的管辖

《行政诉讼法》第十六条规定，“最高人民法院管辖全国范围内重大、复杂的第一审行政案件”，以及最高人民法院认为应当由本院审理的案件。

3. 地域管辖

地域管辖是指同级人民法院之间在审理第一审行政案件时的分工和权限。

《行政诉讼法》确定地域管辖的标准：一是看人民法院辖区与行政区域是否一致；二是看当事人或者诉讼标的与人民法院辖区的关系是否属于一种广义的隶属关系。据此，地域管辖分为一般地域管辖和特殊地域管辖。

1）一般地域管辖

又称为普通管辖，是指以当事人住所地与人民法院辖区的关系来确定管辖的人民法院，即被告行政机关在哪个人民法院辖区内，案件就由哪个人民法院管辖。它是一般情况下的地域管辖制度。

《行政诉讼法》第十七条“行政案件由最初作出具体行政行为的行政机关所在地人民

法院管辖"的规定,其含义包括:①第一种是原告未经行政复议程序直接起诉的,由被告所在地人民法院管辖;②第二种是经过行政复议的案件,复议机关维持原具体行政行为的,由最初作出具体行政行为的行政机关所在地的人民法院管辖;③第三种是经过行政复议的案件,复议机关改变原具体行政行为的,可以由最初作出具体行政行为的行政机关所在地的人民法院管辖,也可以由复议机关所在地的人民法院管辖。

2)特殊地域管辖

特殊地域管辖指人民法院强制规定某些特殊性质的行政案件只能由特定的人民法院管辖,其他人民法院无管辖权。它是适用于特殊情况下的地域管辖制度,在确定某一案件的管辖时,特殊地域管辖优于一般地域管辖。

根据《行政诉讼法》的规定,特殊地域管辖的案件包括限制人身自由强制措施案件和不动产行政案件两类:前者由被告所在地或者原告所在地人民法院管辖,后者由不动产所在地人民法院管辖。

4. 裁定管辖

根据《行政诉讼法》的规定,裁定管辖有移送管辖、指定管辖、管辖权转移3种。

1)移送管辖

《行政诉讼法》第二十一条规定,人民法院发现受理的案件不属于自己管辖时,应当移送有管辖权的人民法院。受移送的人民法院不得再自行移送。如果该移送确有错误,则只能由受移送的人民法院提出意见报请与移送人民法院共同的上一级人民法院决定管辖。移送管辖是对案件的移送,而不是对管辖权的移送,不发生管辖权的转移。

2)指定管辖

指定管辖指上级人民法院以裁定的方式指定某下级人民法院管辖某一行政案件。指定管辖是上级人民法院在特殊情况下变更和确定行政案件的管辖,以适应审判实践的需要,保证案件及时准确的裁判。

根据《行政诉讼法》第二十二条的规定,指定管辖适用于两种情况:一是有管辖权的人民法院由于特殊原因不能行使管辖权;二是人民法院对管辖权发生争议,经协商未能解决的。

3)管辖权转移

管辖权转移指基于下级人民法院的申请或者上级人民法院的决定,下级人民法院把有管辖权的案件转移给上级人民法院审判,或者上级人民法院把有管辖权的案件转移给下级人民法院审判的制度。

管辖权转移是对级别管辖的一种变通和补充。法律之所以规定管辖权转移,是赋予上级人民法院在管辖上的灵活决定权,以满足行政诉讼的需要,但必须具备三个条件:第一,必须是人民法院已经受理了的行政案件;第二,移交的人民法院对该行政案件有管辖权;第三,移交的人民法院与接受的人民法院之间有上下级隶属关系。

5. 管辖权异议与处理

人民法院受理行政案件后,当事人依法主张该人民法院对该行政案件不享有管辖权的意见。

提起管辖权异议,应当具备三个条件:第一,提出管辖权异议的主体只能是诉讼当事人;第二,管辖权异议只能对第一审人民法院提出,不得对第二审人民法院提出;第三,管辖权异议必须在人民法院已经受理行政案件之后但尚未进行实体审理之前的法定期限内提出。

根据司法解释规定,对管辖权异议的处理为:受诉人民法院对当事人提出的管辖权异议应当进行审查,异议成立的应当制作裁定书,将案件移送有管辖权的人民法院,异议不成立的裁定驳回。裁定应当送达当事人。

三、行政诉讼参加人

(一)概念

行政诉讼参加人是指因起诉、应诉或者与被诉具体行政行为有利害关系,而在行政案件的整个或者部分诉讼过程中参加到诉讼活动中,并与案件审理结果有直接联系的一类诉讼参与人,包括当事人和具有类似当事人诉讼地位的诉讼代理人。其中,当事人包括原告、被告、共同诉讼人、第三人,诉讼代理人包括委托代理人、法定代理人和指定代理人。

此外,参加行政诉讼活动的还有证人、鉴定人、翻译人员、勘验人员等,其在诉讼中也享有一定的诉讼权利,并承担相应的诉讼义务,但他们与案件本身并没有实体上的利害关系,其参与诉讼活动的目的只是协助人民法院审理案件,而不是维护自身的权益,因此习惯上将其称为诉讼参与人。

(二)行政诉讼当事人

行政诉讼当事人是指因对行政机关作出的具体行政行为的合法性产生争议,以自己的名义进行诉讼,并受人民法院终局裁判拘束的公民、法人、其他组织和行政机关,包括原告、被告、共同诉讼人和第三人。

因此,行政诉讼当事人具有这样的法律特征:①行政诉讼当事人是行政法律关系中对被诉具体行政行为合法性存有争议的双方主体;②当事人以自己的名义进行诉讼;③当事人进行诉讼的目的是保护自己的合法权益,因而与案件有直接的利害关系;④当事人受人民法院终局裁判的拘束。

1. 原告

原告是指认为具体行政行为侵犯其合法权益,依照《行政诉讼法》的规定提起诉讼的公民、法人或者其他组织。

行政诉讼的原告必须是行政管理相对一方的公民、法人或者其他组织;必须有足够的利害关系,即承担具体行政行为法律后果或者受其影响;必须是认为具体行政行为侵犯其合法权益的公民、法人或者其他组织。

2. 被告

被告是指因原告认为其作出的具体行政行为违法并侵犯了其合法权益而向人民法院起诉,人民法院受理后通知参加应诉,并受人民法院终局裁判拘束的行政机关或者法律、法规授权的组织。

行政诉讼的被告必须是具有行政诉讼权利能力的行政机关或者法律、法规授权的组织;必须在具体行政法律关系中行使行政职权并作出具体行政行为;必须为原告所指控并经人民法院通知应诉。

确定行政诉讼被告的原则：①直接起诉的案件，作出被诉具体行政行为的机关是被告；②经上级行政机关批准的具体行政行为，在对外发生法律效力的文书上署名的机关为被告；③两个以上行政机关共同作出同一具体行政行为的，各行政机关是共同被告；④经复议但复议机关维持原具体行政行为的，作出原具体行政行为的行政机关是被告；⑤经复议且复议机关改变原具体行政行为的，复议机关是被告；⑥法律、法规授权的组织作出具体行政行为的，该组织是被告；⑦未取得合法授权的行政机关的内部机构或者行政机关组建的机构作出具体行政行为的，以该行政机关为被告；⑧由行政机关委托的组织作出具体行政行为的，委托的行政机关是被告；⑨行政机关被撤销的，继续行使其职权的行政机关是被告；⑩应当履行保护公民、法人或者其他组织人身权、财产权的法定职责而拒绝履行的行政机关是被告。

3. 共同诉讼人

共同诉讼人是指共同诉讼中人数多于一人的一方或几方的诉讼参加人。

行政诉讼的共同诉讼是指当事人一方或双方为两人以上，因同一具体行政行为发生的行政案件，人民法院认为可以合并审理的诉讼。其中：两个或者两个以上的当事人对同一具体行政行为不服，向人民法院起诉的，是共同原告；两个或者两个以上行政机关作出同一具体行政行为的，各行政机关为共同被告；当然还有共同第三人。以上统称为共同诉讼人。

4. 行政诉讼第三人

行政诉讼第三人是指同提起行政诉讼的具体行政行为有利害关系，因而可能受到行政诉讼审理结果的影响，依本人申请并经批准或者由人民法院通知参加诉讼的公民、法人或者其他组织。

行政诉讼第三人的特点是：①是原、被告之外的公民、法人或者其他组织；②是同提起诉讼的具体行政行为有利害关系的人；③参加诉讼是其行使权利的结果。

行政诉讼第三人主要有：①行政处罚案件中的被处罚人和受害人；②在房地产、矿产、森林、专利等确权案件中主张权利的人；③作出相互矛盾的具体行政行为的两个行政机关；④受行政机关同一具体行政行为影响的未起诉的其他利害关系人；⑤行政机关对平等主体之间的赔偿问题或者补偿问题作出裁决，一方当事人起诉，没有起诉的另一方当事人可以作为第三人参加诉讼；⑥与行政机关共同署名作出处理决定但没有法定授权的非行政机关。

（三）诉讼代理人

诉讼代理人是指根据法律规定，由人民法院指定或者受当事人的委托享有代理权，以当事人名义在代理权限范围内进行行政诉讼活动的人。被代理一方称为被代理人或委托人。根据《行政诉讼法》的规定，诉讼代理人包括法定代理人、指定代理人和委托代理人。

诉讼代理人具有这样的特征：一是受被代理人委托，以被代理人名义参加诉讼活动；二是只能代理一方当事人，不能同时代理当事人双方；三是其参加诉讼的目的是维护被代理人的权益；四是其在代理权限范围内实施的行为的法律后果由被代理人承担。

1. 法定代理人

法定代理人是指根据法律规定行使诉讼代理权，代理无行为能力或者限制行为能力的公民参加诉讼,具有相当于被代理人的法律地位,行使被代理人的诉讼权利和承担被代理人的诉讼义务的人,如维护精神病人或未成年人合法权益的代理人。

法定代理人一般由被代理人的父母或养父母、配偶、子女或养子女、监护人等担任。如果作为当事人的监护人的亲属都已死亡,由未成年人父或母所在单位或者精神病人所在单位,或者他们住所地的居民委员会、村民委员会作为法定代理人。法定代理人互相推诿的,由人民法院指定其中一人代为诉讼。

2. 指定代理人

指定代理人是指经人民法院指定代理无诉讼行为能力的公民进行诉讼活动的人。指定代理仅适用于作为管理相对人的公民,不适用于行政机关或者组织。

由人民法院指定代理人的情况包括:①法定代理人死亡、被宣告失踪或因公不能参加诉讼时,无人代理诉讼,而诉讼又必须进行;②当事人在诉讼中丧失诉讼行为能力又没有法定代理人;③当事人有两个以上的法定代理人,但他们互相争夺或推诿代理权的。在前两种情况下,人民法院可以从律师或其他适合的公民、组织中指定代理人,无须经当事人同意;在第三种情况下,人民法院可以在法定代理人中指定一人,但此时被指定的代理人的身份仍是法定代理人。

3. 委托代理人

委托代理人是指受当事人、法定代理人的委托进行诉讼活动的人。

当事人、法定代理人可以委托一至二人代为诉讼。律师、社会团体、提起诉讼的公民的近亲属或所在单位推荐的人,以及经人民法院许可的其他公民,可以受委托成为诉讼代理人。当事人委托诉讼代理人,应当向人民法院提交由委托人签名或者盖章的授权委托书,委托书应当载明委托事项和具体权限范围。公民在特殊情况下无法书面委托的,也可以口头委托。口头委托的,人民法院应当核实并记录在卷。被诉机关或者其他有义务协助的机关拒绝人民法院向被限制人身自由的公民核实的,视为委托成立。当事人解除或变更委托的,由人民法院通知其他当事人。

四、行政诉讼的证据

(一)概念

行政诉讼证据是指一切用来证明案件事实情况的材料。包含几个要素:①证据是一种材料,这种材料是由当事人收集并提交给人民法院,或者由人民法院依照职权在必要的情况下调取的;②证据的用途是用来是证明案件事实的,只要是在诉讼程序中向人民法院提交,希望证明当事人主张的材料都是证据;③证据中包含了可以据以定案的证据和其他证据。

(二)特征

一是行政诉讼证据范围广泛,包括书证、物证、视听资料、证人证言、当事人陈述、鉴定结论、勘验笔录和现场笔录等,其中现场笔录是其他诉讼中所未包括的。

二是行政诉讼证据来源的特定性,即行政诉讼的证据主要来自于行政程序中,并且主要由作为被告的行政机关提供给人民法院。

(三)分类

《行政诉讼法》第三十一条对行政诉讼的证据作了明确分类。

1. 书证

书证指用文字或图画、符号等记载的表达人的思想和行为,并且用来证明案件情况的材料,其基本特征是用它记载或反映的内容来反映案件的事实。

2. 物证

物证指用来证明案件事实的物品或痕迹。物证是以其存在的外形、性状、质量、规格等证明案件事实的证明材料。物证较为客观真实,但通常情况下是间接证据。当物证有可能灭失或变质时,应注意保存。

3. 视听资料

视听资料指利用以录音、录像的方法录制的音响和图像,或者用电子计算机储存的资料来证明案件事实的证明材料。

4. 证人证言

证人证言指证人就其所了解的有关案件事实的情况依法所作出的陈述。

5. 当事人陈述

当事人陈述指在诉讼中当事人向人民法院所作的关于案件事实情况的叙述。其所作陈述的真实性应经严格审查方可确信,并且应该有其他证据作为旁证,才能作为定案的根据。

6. 鉴定结论

鉴定结论指由鉴定人运用自己的专门知识,利用专门的设备和材料,对案件中出现的专门问题所作的结论性意见。

7. 勘验笔录和现场笔录

勘验笔录是指行政机关工作人员或人民法院审判人员以及其他人员对能够证明案件事实的场所或者对不能、不便拿到人民法院的物证,就地进行分析、检验、测量、勘察后作出的记录;现场笔录是指行政机关工作人员在管理过程中,对有关行为现场情况所作的书面记录。

勘验笔录与现场笔录的区别是:首先,制作主体不同。前者是由行政机关工作人员或人民法院审判人员以及其他人员制作的;后者是由行政机关的工作人员制作的。其次,所反映的事实不同。前者是对一些专门的物品和场所进行勘测后所作的记录,反映的是静态的客观情况,且一般是案件发生以后进行的;后者是对执法现场当时的情况所作的记录,一般为动态的事实,而且往往反映的是制作笔录时的情况。因此,勘验笔录是间接证据,现场笔录是直接证据。

现场笔录是行政诉讼中特有的法定证据,是为了适应行政审判的特殊性而规定的。现场笔录在以下情况下适用:证据难以保全,事后难以取证,不可能取得其他证据或者其他证据难以证明案件。此外,现场笔录应当在现场"制作",不能事后补作,且应当由当事人签名或盖章,在可能的情况下应当由在场的证人签名或盖章。

(四)行政诉讼中的举证责任

1. 概念

举证责任是法律假定的一种后果,即承担举证责任的当事人应当举出证据证明自己的主张,否则将承担败诉的法律后果。

行政诉讼中的举证责任有如下特征:①强调了行政机关的举证责任;②举证责任由作为被告的行政机关单方承担;③行政机关的举证范围不局限于事实证据,还包括行政机关作出具体行政行为的规范性文件。被告的举证责任应在人民法院一审庭审结束之前实施。

2. 举证责任的分担

对于具体行政行为的合法性,由被告承担举证责任。根据行政法律关系的特点,行政主体在作出具体行政行为时主要根据单方意志,无须征得相对人的同意,即行政主体凭借自己掌握的证据作出行政行为,因此证明具体行政行为合法的责任当然应当由被告来承担。被告对具体行政行为负有举证责任,而不是对所有的问题承担举证责任,如被告不能证明具体行政行为合法,则无须原告证明具体行政行为违法,被告就承担败诉的法律后果,而且人民法院也没有责任收集证据证明具体行政行为的合法性。

对于具体行政行为以外的问题,实行"谁主张、谁举证"原则。如:原告在提起行政诉讼时,必须举出证据证明具体行政行为的存在;对申请的行政行为认为行政机关没有履行职责而起诉的,原告必须证明自己已经根据法定程序提出了申请;被告认为原告的起诉超过期限的,由被告承担举证责任;原告提起行政侵权赔偿,就必须证明损失的存在等。

3. 举证规则

被告举证的范围:首先,被告向人民法院提供证据,既要提交具体行政行为所依据的事实根据,也要提交作出具体行政行为所依据的规范性文件;其次,被告承担举证责任,只针对具体行政行为的合法性,即当不能证明其行为合法时应当败诉。

被告举证的时间:被告应当在第一审结束之前向人民法院提供证据,在这之后提供的证据没有证明效力。

诉讼中被告不得自行向原告和证人收集证据:根据实施行政行为的程序,行政机关应当先取证后裁决,因此在诉讼中被告应已经具备了作出裁决的依据,否则其程序上已经违法。

五、行政诉讼程序

(一)起诉与受理

1. 起诉

行政诉讼中的起诉是指公民、法人或者其他组织认为行政机关及其工作人员的具体行政行为侵犯了自己的合法权益,依法诉请人民法院对该具体行政行为予以合法性审查,以保护自己合法权益的诉讼行为。

1)起诉条件

起诉一共有四个条件:①原告必须是认为具体行政行为侵犯了其合法权益的公民、法人或其他组织;②有明确的被告;③有具体的诉讼请求和事实根据;④属于人民法院受案范围和受诉人民法院管辖。此外,起诉还应同时遵守法定的起诉期限(即不服具体行政行为的当事人有权请求人民法院保护其合法权益的法定期限),《行政诉讼法》规定了三种情况的期限:直接起诉的时效为3个月;经行政复议的时效为15日;起诉时效的延长,即因不可抗力或者其他特殊情况耽误法定期限的,在障碍消除后10日内,可以申请延长期限。其他一些单行法律、法规中也规定了某些特殊时效。

2)起诉的程序

对属于人民法院受案范围的行政案件,公民、法人或其他组织可以先向上一级行政机关或者法律、法规规定的行政机关申请行政复议,对行政复议不服的再向人民法院提起诉讼;也可以不经复议而直接向人民法院起诉。但是,法律、法规规定应当先行复议的,必须先行复议,不服行政复议的再行起诉。

3)起诉的方式

对于起诉的方式,《行政诉讼法》未作具体的规定,参照《民事诉讼法》的规定,在行政诉讼中原则上只能以书面方式提起诉讼,原告应向人民法院提交起诉状和诉状副本。

2. 受理

行政诉讼中的受理是指人民法院对原告的起诉经过审查确认合格,决定开始审理行政案件的行为。

人民法院审查起诉的主要内容包括:案件是否符合受案范围和受诉法院管辖;案件是否符合关于起诉条件的规定;依法应先经过行政复议的,原告是否已经过行政复议;是否符合起诉期限的规定;起诉状的内容是否明确、齐备;是否属于重复起诉。

人民法院一旦受理案件即产生以下法律后果:一是人民法院依法取得了对该案的审判权,并排斥其他法院对本案的管辖;二是当事人取得了各自的诉讼地位,并相应地享有诉讼权利和承担诉讼义务;三是原具体行政行为的最终效力将由法院裁判。

(二)第一审程序

行政诉讼第一审程序是人民法院首次审理行政案件所适用的程序。一个行政诉讼案件经过两级人民法院的审理即告终结,第一审程序是第二审程序的前提条件,是一切诉讼案件的必经程序。

1. 审理方式和审理范围

1)审理方式

行政案件由人民法院组成合议庭审理,实行合议制,即不由审判人员一人审理行政案件;行政案件的第一审程序必须开庭审理,除涉及国家机密、个人隐私和法律另有规定的外,行政案件的审理一律公开进行。

2)审理范围

人民法院只能对具体行政行为进行审查并作出裁决,而不能审查抽象行政行为;对具体行政行为进行审查的中心问题是要对其是否合法作出判定,但根据《行政诉讼法》第五十四条的规定,人民法院在一定条件下也可以审查具体行政行为的适当性。

2. 审理前的准备

审理前的准备工作包括:

(1)通知被告应诉和发送诉讼文书。人民法院应当在立案之日起5日内将起诉状副本发送被告，通知被告应诉；被告应当在收到起诉状副本之日起 10 日内向人民法院提交作出具体行政行为的有关材料，并提出答辩状；人民法院应当在收到答辩状之日起 5 日内，将答辩状副本发送原告，被告不答辩的不影响人民法院对案件的审理。

(2)组成合议庭。

(3)决定是否公开审理。

(4)合议庭阅卷。

(5)更换和追问当事人。合议庭在审查案件中如发现不符合条件的当事人，应当进行更换；如有符合条件的第三人提出请求，应当同意其参加诉讼；征得原告同意可以依职权追加或者变更被告，应变更被告而原告不同意的，裁定驳回起诉。

(6)财产保全和先予执行。行政诉讼中的财产保全是指人民法院对于因当事人一方的行为或者其他原因，使今后的判决不能或者难以执行时，先行采取强制措施以保证判决能实现的制度，采取保全措施的财物价值与当事人一方诉讼请求的数额应大致相等；行政诉讼中的先予执行是指人民法院根据行政案件的需要，在判决作出前裁定一方当事人先行支付他方当事人一定款项的制度，先予执行的案件应当有给付内容，对于没有依法发给抚恤金和一些行政侵权案件，根据当事人的申请可以书面裁定先予执行。

(7)准备开庭。应在开庭前 3 日通知当事人及其他诉讼参与人。公开审理的还应当公告当事人姓名、案由、开庭审理的时间、地点。

3. 开庭审理

开庭审理又称为法庭审理，指审判人员在当事人和其他诉讼参与人的参加下，依照法律规定的方式和程序在法庭上对案件进行全面审查并作出裁判的诉讼活动。

开庭审理可以分为如下几个阶段：

(1)宣布开庭。由审判长宣布开庭，核对当事人，宣布案由、审理人员、书记员名单，告知当事人有关诉讼权利义务，询问当事人是否提出回避申请。

(2)法庭调查。法庭调查的顺序是：当事人陈述，证人作证、宣读未到庭证人证言，宣读鉴定结论，出示书证、物证和视听资料，宣读勘验笔录、现场笔录。

(3)法庭辩论。可以参照《民事诉讼法》的规定，先原告，后被告，再第三人，最后互相辩论。

(4)评议与宣判。合议庭评案实行少数服从多数的原则。合议庭评议结束后，可以当庭宣判也可以定期宣判。当庭宣判的，应当在 10 日内发送判决书；定期宣判的，宣判后立即发给判决书。宣告判决时必须告知当事人上诉权、上诉期限和上诉的法院。

4. 审理中的各项制度

1) 撤诉

行政诉讼中的撤诉是指人民法院受理行政案件后至宣告判决或者裁定前，原告自动要求撤回诉讼或者放弃诉讼请求的一种行为。包括：①法院受理行政案件以后至宣告判决或者裁定前，原告主动申请撤回起诉；②原告在被告改变其所作出的具体行政行为之后，表示同意并申请撤回起诉；③原告不履行特定的诉讼义务，人民法院按撤诉处理而终结诉讼。

2)缺席判决

缺席判决指人民法院开庭审理时,在一方当事人或双方当事人未到庭陈述、辩论的情况下而作出判决的一种法律制度。缺席判决原则上适用于被告无正当理由拒不到庭。如果人民法院裁定不准原告撤诉,原告拒不到庭的,人民法院也可以作出缺席判决。

3)延期审理

延期审理是指人民法院确定开庭审理的日期后或者在开庭审理过程中,由于某种特殊情况使案件的审理不能按期进行或者无法继续进行时,而另定日期审理的一种法律制度。一般发生延期审理的情况有:必须到庭的当事人和其他诉讼参与人有正当理由没有到庭的,当事人临时提出回避申请的,需要通知新的证人到庭以及调取新的物证、补充调查的。

4)合并审理

合并审理是指人民法院可以决定对相互有关系的行政案件进行合并审理的制度。主要有如下3种情形:

(1)当事人的一个行为同时违反两个或者两个以上的法律、法规,不同的主管行政机关分别依据不同的法律、法规给予行政处罚,受处罚人均不服,向人民法院起诉的。

(2)行政机关就同一事实对若干被处理人分别作出行政处理决定,被处理的人不服,分别起诉到人民法院的,人民法院可以根据情况决定合并审理,也可以分案审理。

(3)在诉讼过程中,被告又发现原告有新的违法行为,并对其进行了处理,原告不服新的处理决定向人民法院提起诉讼的,人民法院可以另案审理,也可以合并审理。

5)诉讼中止

诉讼中止指正在进行的诉讼程序因遇到某种无法克服或难以避免的特殊情况而暂时停止的一种法律制度。包括:①原告死亡,需要等待其近亲属表明是否参加诉讼的;②原告丧失诉讼行为能力,尚未确定法定代理人的;③作为原告的法人或者其他组织终止,尚未确定权利义务承受人的;④一方当事人因不可抗拒的事由,不能参加诉讼的。

6)诉讼终结

诉讼终结指正在进行的诉讼程序由于遇到某种特殊情况而结束,以后不再对案件进行审理的一种法律制度。应当终结诉讼的情况有:①因原告死亡,需要等待其近亲属表明是否参加诉讼而中止诉讼,满3个月仍无人继续诉讼的;②因原告丧失诉讼行为能力,尚未确定法定代理人而中止诉讼,满3个月仍无人继续诉讼的;③作为原告的法人或者其他组织终止,尚未确定权利义务的承受人,中止诉讼满3个月仍无人继续诉讼的。

5. 审结期限和结案方式

1)审结期限

审结期限根据《行政诉讼法》规定,对于第一审行政案件,人民法院应当在立案之日起3个月内作出第一审判决。有特殊情况需要延长的,由高级人民法院批准;高级人民法院审理第一审案件需要延长的,由最高人民法院批准。所谓特殊情况,一般是指案件事实比较复杂、短期内不易查清,或者当事人有特殊原因无法出庭等情况。对于第二审行政案件,人民法院应当在收到上诉状之日起2个月内审结。

2) 结案方式

结案方式根据《行政诉讼法》第五十条、第六十七条的规定，人民法院审理行政案件除侵权赔偿诉讼外，不适用调解方式结案，只能用判决或者裁定方式结案。

(三) 第二审程序

行政诉讼中的第二审程序又称为上诉程序，是指上级人民法院对下级法院就一审行政案件作的裁判，在其发生法律效力以前，由于当事人的上诉而对案件进行重新审理的程序。

第二审程序不是必经程序，一个行政案件是否经过二审，主要取决于当事人是否上诉。

1. 上诉的提起

提起上诉的条件：①必须有可以提起上诉的判决和裁定的范围，即可以提起上诉的判决包括除最高人民法院外的所有第一审行政判决，可以提起上诉的裁定包括不予受理案件的裁定、驳回起诉的裁定和管辖权异议的裁定三种；②必须有合格的上诉人和被上诉人，即第一审程序的原告、被告和第三人是合格的上诉人，被上诉人是提起上诉的对方当事人；③必须遵守上诉的法定期限，即不服一审判决的上诉期限为 15 日，不服一审裁定的上诉期限为 10 日，逾期不上诉，一审的判决或裁定就发生法律效力（上诉的期限从一审判决和裁定书合法送达后的第 2 日开始计）；④必须递交上诉状；⑤必须依法缴纳诉讼费用。

提起上诉的程序：当事人上诉一般应向原审人民法院提出，也可以直接向第二审法院提出；原审法院或第二审法院收到上诉状后应当立即通知对方当事人，第二审法院应当在 5 日内将上诉状交原审法院，原审法院应当在 5 日内将上诉状副本送达对方当事人；对方当事人收到上诉状副本后，应当在 10 日内提出答辩状。原审人民法院收到上诉状、答辩状后，应当在 5 日内连同全部案卷和证据，尽快送第二审法院。

2. 上诉的撤回

上诉人提起上诉后在第二审法院作出判决、裁定之前，可以要求受诉法院不再审理该案件。上诉人撤回上诉的条件有：①必须在第二审法院宣判前提出书面申请；②必须经第二审法院审查后作出裁定批准；③撤诉必须是出于当事人自愿。撤回上诉的法律后果有：一是上诉人不得再行上诉；二是一审裁定发生法律效力；三是上诉人负担诉讼费用。

发现下列情形之一的，法院有权裁定不准撤诉：一是原审法院的裁定确有错误；二是上诉人因行政机关改变原具体行政行为而申请撤回上诉的；三是撤回上诉将影响或损害被上诉人权益的；四是撤回上诉将损害国家和集体或他人利益的。

对于当事人双方都上诉的案件，不能因一方当事人申请撤回上诉而终结对案件的审理。

3. 上诉案件的审理

第二审法院对上诉案件的审理，必须全面审查第一审法院认定的事实是否清楚，适用法律、法规是否正确，有无违反法定程序或不受上诉范围的限制；第二审法院审理上诉案件，除适用第二审程序本身的规定外，可以适用第一审程序的有关规定。

人民法院审理上诉案件后有四种结果：①原判决认定事实清楚，适用法律、法规正确的,判决驳回上诉,维持原判;②原判决认定事实清楚,但适用法律、法规错误的,依法改判;③原判决认定事实不清,证据不足,或由于违反法定程序可能影响案件正确判决的,裁定撤销原判,发回原审人民法院重审,也可以查清事实后改判;④当事人对重审案件的判决和裁定不服,可以上诉。

(四)审判监督程序

行政诉讼中的审判监督程序又称再审程序,是指人民法院自行发现已经发生法律效力的裁定违反法律、法规的规定,或者根据人民检察院的抗诉而依法对案件再次进行审理的程序。审判监督程序是为了纠正发生法律效力的判决和裁定中的错误而设立的一种审判上的补救制度。

1.当事人的申诉

行政诉讼中的申诉是指当事人对人民法院已经发生法律效力的行政裁定认为确有错误而不服,依法要求人民法院对案件重新进行审理,以变更、撤销原裁定的一种行为。

《行政诉讼法》第六十二条对申诉的提出作了如下规定:①申诉既可以向原审人民法院提出,也可以向原审人民法院的上一级法院提出;②当事人提出申诉后,不停止原判决、裁定的执行;③应用书面的方式提出申诉;④当事人的申诉应在行政判决、裁定发生法律效力后的2年内提出。

人民法院对当事人的申诉应当指定专人复查,包括进行一些必要的调查。经复查认为申诉有理由的,应由院长提交审判委员会讨论决定再审;如果认为申诉无理由,应当通知驳回申诉。

2.再审的提起

提起再审的主体必须是享有审判监督权的司法机关和公职人员,具体包括各级人民法院院长和审判委员会、上级人民法院、上级人民检察院。

再审案件必须由有审判监督权的组织或公职人员依职权提出,并由有权机关根据法律规定予以确定。有权提起审判监督程序的组织限于:①最高人民法院、最高人民检察院对各级人民法院作出的业已生效的判决或者裁定;②上级人民法院、上级人民检察院对下级人民法院作出的业已生效的判决或裁定;③终审人民法院院长对本院作出的业已生效的判决或者裁定,但必须提交本院审判委员会讨论通过。

3.再审案件的审理

再审的程序:一是裁定中止原判决的执行。凡按再审程序决定再审的行政案件应作出裁定中止原判决的执行。二是另行组成合议庭。原来参加案件审理的审判人员不能参加对案件的再审。三是分别适用第一审、第二审程序审理。发生法律效力的判决、裁定如果原来是由第一审法院作出的,按第一审程序审理;如果是由第二审法院作出的,或者再审时是由上级法院按审判监督程序提审的,都按第二审程序审理。

再审案件的裁定:一是原判决、裁定认定事实清楚,适用法律正确的,应当判决维持并继续执行原判决;二是原判决、裁定认定事实或者适用法律、法规有错误的,应当依法作出新的裁定。

按照第一审程序平行再审所作出的判决、裁定,当事人可以上诉;按照第二审程序进行再审所作出的判决、裁定,是生效的判决、裁定,当事人不能上诉。

（五）对妨害行政诉讼的强制措施

行政诉讼强制措施是人民法院为保证行政诉讼程序的顺利进行，对实施妨害行政诉讼行为的人依法采取的强制手段。

1. 妨害行政诉讼行为的构成和种类

妨害行政诉讼的行为是指在行政诉讼中，诉讼参与人以及其他公民、法人故意实施的破坏诉讼秩序、阻碍诉讼活动正常进行的违法行为。其构成要件有：一是必须有妨害行政诉讼的实际行为；二是必须是在诉讼过程中实施的行为；三是必须是行为人的故意行为；四是行为人的违法行为必须达到一定的严重程度。

根据《行政诉讼法》第四十九条的规定，妨害行政诉讼的行为有：①有义务协助执行的人，对人民法院的协助执行通知书，无故推拖、拒绝或者妨碍执行的；②伪造、隐藏、毁灭证据的；③指使、贿买、胁迫他人作伪证或者威胁、阻止证人作证的；④隐藏、转移、变卖、毁损已被查封、扣押、冻结的财产的；⑤以暴力、威胁或者其他方法阻碍人民法院工作人员执行职务或者扰乱人民法院工作秩序的；⑥对人民法院工作人员、诉讼参与人、协助执行人侮辱、诽谤、诬陷、殴打或者打击报复的。

2. 行政诉讼强制措施的适用

行政诉讼强制措施有四种：①训诫。适用于轻微违反法庭规则和行政诉讼秩序行为的人。②责令悔过。由合议庭集体决定，适用于较轻妨害行政诉讼行为的人，行为人应尽快写出悔过书。③罚款。由合议庭制作罚款决定书，报本院院长决定后才能施行，上限为1 000元，行为人不服可以向法院申请复议，复议期间不停止原决定执行。④拘留。多适用于以暴力、威胁或者其他方法阻碍人民法院工作人员执行职务或扰乱人民法院工作秩序的行为，以及对法院工作人员、诉讼参与人、协助执行人侮辱、诽谤、诬陷、殴打或打击报复的行为。拘留决定由合议庭作出，并报本院院长批准，被拘留人由当地公安机关羁押看管，最长期限不得超过15天。

第四节　行政赔偿法律知识

一、行政赔偿的概念

行政赔偿是指国家行政机关和行政机关工作人员违法行使职权，侵害公民、法人或者其他组织的合法权益并造成损害，国家负责向受害人赔偿的制度。

第一，行政赔偿责任是国家赔偿责任的重要组成部分。国家赔偿责任是指国家基于国家机关和国家机关工作人员违法行使职权，侵犯公民、法人或者其他组织的合法权益造成损害所应承担的赔偿责任。国家赔偿责任在我国主要包括司法赔偿和行政赔偿。

第二，赔偿义务机关是行政机关或法律、法规授权的组织。行政赔偿是行政机关及其工作人员的违法行为引起的，因此法律规定原则上由实施违法行为的机关承担具体赔偿义务；如果是法律、法规授权的组织在行使授予的行政权力时侵犯公民、法人或者其他组织的合法权益造成损害，被授权的组织为赔偿义务机关。但是，受行政机关委托的组织或个人在行使受委托的行政权力时侵犯他人合法权益造成损害的，委托的行政机关为赔偿义务机关。

第三，赔偿范围是特定的。根据法律规定，行政赔偿的范围包括两大类：一是由具体行政行为造成的损害，如违法行政处罚行为、行政不作为等造成的损害；二是事实行为，如行政机关工作人员在行使职权时以殴打等暴力行为或者违法使用武器警械造成的损害。

第四，赔偿途径是多渠道的。受害人取得行政赔偿可以通过向行政赔偿义务机关提出，也可以通过行政复议、行政诉讼、行政赔偿诉讼等多种渠道实现。

二、行政赔偿的归责原则

我国行政赔偿制度采取的归责原则为“违法原则”，即《国家赔偿法》第二条的规定：国家机关和国家机关工作人员违法行使职权侵犯公民、法人和其他组织的合法权益造成损害的，受害人有依照本法取得国家赔偿的权利。

“违法”不仅指违反法律、法规的明确规定，还包括违反法律的一般原则，这些原则包括公平原则、诚信原则、权力不得滥用原则、合理注意原则、尊重人权原则等。

只要公民权益是受法律保护的，则国家及公务员的侵犯行为就是为法律所禁止的，即“侵犯合法权益”的行为是违法行为。

违法原则克服了“过错原则”和“无过错原则”的缺陷。“过错原则”以行政机关工作人员主观过错为前提，但是要确定机关及行为的主观动机是较困难的，不便于受害人获得赔偿；“无过错原则”虽然避免了“过错原则”的一般缺陷，但对于行政赔偿来说又失之于宽，因为许多合法行政行为造成的损害，国家并不承担赔偿责任，这种只重视损害结果而忽视原因的归责原则并没有显示行政赔偿的实质，因而也不适用。“违法原则”克服了“过错原则”和“无过错原则”的多处缺陷，以合法性为判断行政行为的唯一标准，只要行为违法并造成了损害，国家就负责赔偿，而不论行为有无过错。

根据《国家赔偿法》的规定，“违法原则”的内容包括：违法是行为违法而不是行为的结果违法，即具体行政行为违法。“违法行使职权”的行为不仅限于法律行为，也包括与行使职权有关的事实行为，既包括积极的作为，也包括消极的不作为；不仅限于履行公务过程中的行为，还应包括在履行公务过程之外的违法行为。如果具体行政行为合法，但给公民、法人或者其他组织的合法权益造成损害，不存在国家赔偿问题，只存在依法“补偿”。

三、行政赔偿的构成要件

国家承担行政赔偿责任须符合下列条件：①损害必须是由行政机关（含经法律、法规授权的组织或行政机关委托的组织）或其工作人员的行为造成的；②损害必须是行政机关或其工作人员行使职权时造成的；③损害必须是违法行为造成的，《行政处罚法》将违法的具体行政行为归纳为确认事实的主要证据不足、适用法律或法规错误、违反法定程序、超越职权、依法应当作为而不作为等；④损害必须是已经产生或必须产生的；⑤相对人所受损害与违法行为有直接的因果关系，且受害人的赔偿请求应当在法定范围内并依照法定程序提出，否则国家不负责赔偿。

四、行政赔偿的范围

行政赔偿的范围是指国家对哪些行政行为造成的哪些损害予以赔偿，对哪些损害不予赔偿，即国家承担赔偿责任的领域。

（一）对侵犯人身权的行政赔偿

人身权包括人身自由权、人格权和身份权。人格权指生命健康权、姓名权、肖像权、名誉权等；身份权指荣誉权和婚姻自主权等。对人身权的侵犯包括以下几种行为：

第一，违法拘留或违法采取限制人身自由的行政强制措施的行为。包括：①违法拘留。行政拘留是公安机关、安全机关对违反治安管理和安全管理的人短期剥夺人身自由的处罚。依照《治安管理处罚条例》和《国家安全法》的规定，行政拘留的期限为1～15日。行政机关违反法律规定的权限、程序，或在证据不足、事实不清的情况下拘留公民的，属于违法拘留。②违法采取限制人身自由的行政强制措施。行政机关限制公民人身自由的行政强制措施有：强制治疗、强制约束、扣留等。

第二，非法拘禁或者以其他方式非法剥夺公民人身自由的行为。非法拘禁是指行政机关及其工作人员超越职权以拘禁或者其他强制方法非法剥夺人身自由的行为，如行政机关及其工作人员执行职务时，非法对被害人身体实行非法拘禁，如捆绑、隔离、监禁，使被害人失去行动自由。行政机关或工作人员以其他方法非法剥夺公民人身自由的行为，如私设公堂、私设牢房，用拘留或变相拘留的手段，非法剥夺公民的自由的行为。

第三，以殴打等暴力行为或者唆使他人以殴打等暴力行为造成公民身体伤害或者死亡的。

第四，违法使用武器、警械的行为，即行政机关工作人员违反法律规定使用枪支、警棍、手铐等武器、警械造成人身伤害或残废的行为。

第五，造成公民身体伤害或者死亡的其他违法行为。

（二）对侵犯财产权的行政赔偿

对财产权的侵犯包括：①违法实施罚款、吊销许可证和执照、责令停产停业、没收财物等行政处罚侵犯财产权的；②违法对财产采取查封、扣押、冻结等行政强制措施的；③违反国家规定征收财物、摊派费用的；④造成财产损害的其他违法行为，如法律规定的违法不作为行为，行政机关对符合法定条件的申请人拒绝颁发许可证、执照或不予答复的，拒绝履行保护公民、法人人身权、财产权的法定职责或不予以答复的，没有依法发给抚恤金的。此外，行政机关违法实施许可行为造成申请人以外的其他财产损失的，国家均应负责赔偿。

（三）国家不予赔偿的情形

1.行政机关工作人员实施的与行使职权无关的个人行为

个人行为是指行政机关工作人员实施的与职权无关的涉及个人感情、利益等因素的行为。区分职务行为和个人行为的标准是：行为的时间、地点、名义、命令、标志、与职务的内在联系以及与个人感情、利益的联系等。职务行为具体包括行使职权的行为，与行使职权密不可分的行为，工作时间外行使职权的行为，管辖区域以外行使职权的行为，超越职权的行为，滥用职权的行为，等等。

2. 因公民、法人或其他组织自己的行为致使损害发生的

国家对受害人自己的行为造成的损害不予赔偿必须具备两个条件:一是受害人有故意,其故意行为是导致行政机关实施侵权行为的主要或全部原因;二是损害由受害人自己行为所致。

3. 法律规定的其他情形

这里的法律是指全国人大及其常委会通过的法律,不包括法规、规章在内。如因不可抗力造成的损害,国家不承担赔偿责任。

五、行政赔偿请求人和赔偿义务机关

(一)行政赔偿请求人

行政赔偿请求人是指其合法权益因行政机关及其工作人员违法执行职务而受损害,有权请求国家予以赔偿的公民、法人或者其他组织。

行政赔偿中有权提出赔偿请求的人有以下几种:①受到行政侵权的公民、法人或者其他组织。未成年人及不能辨认或不能完全辨认自己行为的精神病人属于无行为能力人或限制行为能力人,当他们的权益受到行政机关或其工作人员侵害时,他们的监护人(包括祖父母、外祖父母、父母、兄弟、姊妹、成年子女、配偶等)为法定代理人,但赔偿请求人仍为受到侵害的未成年人和精神病人。②受害人死亡的,其继承人和其他有扶养关系的亲属也可以成为赔偿请求人。作为受害人的法人或其他组织终止,承受其权利的法人或其他组织有权请求赔偿。

不发生赔偿请求权转移的情形有:①法人或其他组织被行政机关吊销许可证或执照,该法人或组织仍有权以自己的名义提出赔偿请求,不发生请求权转移。②法人或其他组织破产,也不发生赔偿请求权转移。破产程序尚未终结时,破产企业仍有权就此前的行政侵权损害取得国家赔偿。③法人或其他组织被主管行政机关决定撤销,也不发生赔偿请求权转移。

(二)行政赔偿义务机关

行政赔偿义务机关是指代表国家具体履行赔偿义务的组织。

1. 行政机关为赔偿义务机关

行政机关及其工作人员在行使职权时侵犯公民、法人或其他组织的合法权益而造成损害的,该行政机关或工作人员所在的行政机关为赔偿义务机关。

2. 共同行政赔偿义务机关

两个以上行政机关共同实施违法行为侵犯公民、法人或其他组织合法权益造成损害的,分属于两个以上行政机关的工作人员共同行使职权侵犯他人权益的,应由该两个以上行政机关为共同赔偿义务机关,承担连带赔偿责任,即受害人可以向共同赔偿义务机关中的任何一个提出赔偿请求,该机关必须单独或与其他赔偿义务机关共同支付赔偿费用,承担赔偿义务。一个机关履行了赔偿义务并不免除其他赔偿义务机关的义务。所谓共同行使职权,是两个以上行政机关分别以各自名义就同一对象作出共同处理行为,或两个以上行政机关以共同名义作出某行为。

3. 法律、法规授权的组织为赔偿义务机关

这些组织的职权行为侵犯公民、法人或其他组织的合法权益，受害人请求赔偿的，应当以这些法律、法规授权的组织为赔偿义务机关。

4. 委托行政时的赔偿义务机关

受委托组织行使职权的范围是由行政机关决定的，以行政机关的名义行使，产生的法律责任也应由行政委托机关承担，即使受委托组织超越了委托权限，违法滥用该委托权力，委托的机关仍然应当承担因此引起的相应法律责任。

5. 行政赔偿义务机关被撤销后的责任承担

行政机关实施侵权行为给他人造成损害后被撤销的，一般由继续行使职权的行政机关为赔偿义务机关；如果没有继续行使其职权的行政机关，撤销该赔偿义务机关的行政机关为赔偿义务机关。

行政赔偿义务机关被撤销一般有两种情形：一是受害人提出赔偿请求，赔偿义务机关尚未作出最终裁决时，该赔偿义务机关被撤销；二是受害人向法院提起行政赔偿诉讼后，赔偿义务机关被撤销。前一种情形下，由继续行使其职权的行政机关为赔偿义务机关；第二种情形下，则涉及变更赔偿诉讼被告的问题，受害人应以赔偿义务机关被撤销后继续行使职权的行政机关为赔偿诉讼被告，如果没有继续行使职权的行政机关，则应以撤销赔偿义务机关的行政机关为赔偿诉讼被告。

6. 经行政复议后的赔偿义务机关

经行政复议的案件，由最初作出具体行政行为的行政机关为赔偿义务机关。但是，行政复议机关的复议决定加重损害的，复议机关对加重的部分履行赔偿义务。

六、行政赔偿程序

行政赔偿程序是指行政赔偿请求人向行政赔偿义务机关请求行政赔偿，行政赔偿义务机关处理行政赔偿申请，以及人民法院解决行政赔偿纠纷的步骤、方式、顺序、时限的总和。

（一）先行处理程序

先行处理程序指行政赔偿请求人请求损害赔偿时，须先向有关的赔偿义务机关提出赔偿请求，双方就有关赔偿的范围、方式、金额等事项进行自愿协商或由赔偿义务机关决定，从而解决赔偿的一种制度。

先行处理程序适用于单独提起赔偿请求的方式。公民、法人和其他组织单独提起赔偿请求时，先行处理程序是行政赔偿诉讼程序的前提和基础。

1. 确认程序

行政赔偿先行处理程序发生的前提条件是损害行为违法的确认。确认途径分为两种：①赔偿义务机关自己确认；②通过行政复议与行政诉讼程序确认。

对具体行政行为违法的确认可以依照法律规定通过复议、诉讼等途径进行；对事实行为违法的确认，可以与赔偿请求合二为一，向赔偿义务机关提出，如果赔偿义务机关不确认事实行为违法，请求人可向人民法院提起诉讼，由人民法院作出是否予以赔偿的处理。

2. 提出行政赔偿的要件

提出行政赔偿的要件包括实质要件和形式要件。

实质要件包括：①赔偿请求人必须具有请求权，请求人原则上是因行政机关及其工作人员行使行政职权行为而直接遭受损害的人；②被请求人是赔偿义务机关；③赔偿请求事项必须符合法律规定的范围；④赔偿请求必须在法律规定的期限内提起，即必须在规定的2年内向赔偿义务机关提出，否则请求权丧失。

形式要件指请求人向赔偿义务机关提出行政赔偿请求，应以书面形式申请。如果赔偿请求人书写申请书有困难，可以委托他人代书，最后由本人签名或盖章；如果委托他人代书也不便，可以口头申请，由赔偿义务机关将其口头申请记入笔录，经赔偿请求人确认后签字或盖章。申请书应记载的事项有：受害人的姓名、性别、年龄、工作单位、职业和住所，具体的行政赔偿请求、要求行政赔偿的理由和事实根据，赔偿义务机关和申请的时间。

3. 提起方式

行政赔偿提起方式有两种：一是单独提出赔偿请求，即受害人仅就赔偿问题向行政赔偿义务机关单独提出请求，不涉及其他要求；二是附带提出赔偿请求，即行政赔偿请求人在提出行政复议或其他审查行政行为合法性要求的同时，请求对其所受损害予以赔偿。

4. 行政赔偿义务机关的受理

行政赔偿义务机关在收到赔偿请求人的申请后，应按法律规定对申请书的赔偿要求进行审查，如果经审查认为符合法定赔偿条件，应当在收到申请之日起2个月内依法给予请求人赔偿。

5. 行政赔偿义务机关的处理

处理方式：一种是请求人和赔偿义务机关互相协商，达成协议的协议式处理；另一种是由赔偿义务机关直接作出是否予以赔偿的决定式处理，如对决定不服再向法院起诉。

处理结果：一种是给予赔偿，即赔偿义务机关认为赔偿请求符合法律规定的条件，应在2个月内给予赔偿；另一种是不予赔偿，赔偿义务机关应以书面形式通知请求人不予赔偿。

6. 行政赔偿义务机关作出赔偿决定（或协议）的法律效力

行政赔偿决定（或协议）一经作出，既可以成为赔偿义务机关履行赔偿义务的依据，又可以成为赔偿请求人申请人民法院强制执行的依据。

（二）行政赔偿诉讼程序

行政赔偿诉讼程序是指公民、法人和其他组织认为其合法权益受到行政机关及其工作人员违法行使职权的侵害，向人民法院提起的要求赔偿义务机关给予行政赔偿的程序。

行政赔偿诉讼程序有如下特征：一是单独提起行政赔偿诉讼要以行政机关先行处理赔偿争议为前提，而且通常以行政侵权行为被确认违法或撤销为前提；二是行政赔偿诉讼的被告只能是赔偿义务机关；三是可以调解作为审理程序和结案的方式；四是不完全采取“被告负举证责任”的原则，要求赔偿请求人对其诉讼请求和主张进行举证。

1. 行政赔偿诉讼的受案范围

（1）赔偿请求人对赔偿义务机关确定的赔偿数额、赔偿方式有异议或者赔偿义务机关逾期不予赔偿，赔偿请求人有权在期间届满之日起3个月内向人民法院提起诉讼。

(2)赔偿请求人对行政机关确认具体行政行为违法但又决定不予赔偿,或者对确定的赔偿数额有异议,可向人民法院提起行政赔偿诉讼。

(3)赔偿请求人认为行政机关及其工作人员实施了《国家赔偿法》第三条第3、4、5项和第四条第4项规定的行为侵犯其人身权、财产权并造成损失,赔偿义务机关拒不确认的,请求人可直接向人民法院提起行政赔偿诉讼。

(4)法律规定由行政机关最终裁决的具体行政行为,被作为最终裁决的行政机关确认违法,赔偿请求人以赔偿义务机关应当赔偿而不予赔偿或逾期不予赔偿,或者对赔偿数额有异议为理由,可提起行政赔偿诉讼。

2. 行政赔偿诉讼被告

行政赔偿诉讼的原告和被告,通常是行政赔偿请求人和行政赔偿义务机关。复议机关的复议决定加重损害的,如果赔偿请求人只对作出原决定的行政机关提起行政赔偿诉讼,作出原决定的行政机关为被告;赔偿请求人只对复议机关提起行政赔偿诉讼的,复议机关为被告。行政机关依据《行政诉讼法》第六十六条的规定申请人民法院强制执行具体行政行为,由于据以强制执行的根据错误而发生行政赔偿诉讼的,申请强制执行的行政机关为被告。

3. 行政赔偿诉讼与调解

《行政诉讼法》第五十条规定"人民法院审理行政案件,不适用调解",同时第六十七条又规定"赔偿诉讼可以适用调解"。人民法院在坚持合法、自愿的前提下,可以就赔偿范围、赔偿方式和赔偿数额进行调解。

行政赔偿诉讼适用调解的主要原因是:赔偿主要涉及的是受害人可以自由处分的权利,权利人可以转让、放弃其所拥有的权利。

调解达成协议应当制作调解书,调解书应当写明赔偿请求、案件事实和调解结果,应由审判人员、书记员署名,加盖人民法院印章,送达双方当事人。调解书经双方当事人签收后,具有法律效力,并可作为执行根据。

4. 行政赔偿诉讼与举证责任

行政诉讼中证据规则的突出特征是被告行政机关负举证责任。在行政赔偿诉讼中,请求人首先要证明损害已经发生,并且该损害是行政机关及其工作人员的违法行为所引起的,而被告可提供不予赔偿或者减少赔偿数额方面的证据。

七、行政赔偿的方式

按照《行政诉讼法》和《国家赔偿法》的规定,行政赔偿的请求仅限于"赔偿",行政赔偿的请求可以单独提起,也可以一并提起。

(一)单独式赔偿诉讼

单独式赔偿诉讼即指受害人的诉讼请求仅限于"赔偿",对于行政行为合法与否等问题并无具体要求。单独提出行政赔偿诉讼必须以行政机关先行处理赔偿争议为前提。

具体适用的情形有:①双方对具体行政行为的违法性没有争议,但对行政赔偿达不成协议;②具体行政行为已被复议机关撤销或变更,但复议机关未对行政赔偿问题作出裁决或受害人对复议机关的赔偿裁决不服;③具体行政行为已为法院判决确认违法,判决生效后，当事人提出行政赔偿问题；④具体行政行为为终局裁决机关所为，行政行为的违法性已被确认，但受害人对行政赔偿仍有争议；⑤受害人仅对行政机关工作人员事实行为提出赔偿请求，而无意对该行为合法性提出异议的，法院接受单独赔偿请求无须确认行为的合法性，只须就侵权事实成立与否和赔偿数额作出裁决。

（二）一并式赔偿诉讼

一并式赔偿诉讼是指受害人在提起行政诉讼时一并提出赔偿请求的方式。如受害人提起行政诉讼时请求法院审查某一具体行政行为的合法性，判决撤销或变更该行政行为，同时又要求行政机关承担赔偿责任。

法院对于两种属于同一诉讼系列但不同性质的诉讼请求，通常可以并案审理。这种连带式赔偿诉讼，可以简化程序，有关赔偿事项不必经过行政机关先行处理，而由人民法院在对行政行为的合法性进行审理时一并处理。

八、行政赔偿的计算标准和费用

（一）行政赔偿的计算标准

行政赔偿的计算标准是指国家对行政侵权受害人支付赔偿金的标准。行政赔偿标准的高低直接决定了对受害人的救济程度以及行政赔偿制度的社会效益，具有重要意义。

1. 侵犯人身权的计算标准

《国家赔偿法》规定：侵犯公民人身自由权、身体健康权和生命权的，国家予以金钱赔偿。行政违法侵害公民名誉权、荣誉权的，不适用支付赔偿金的方式，而是对其予以消除影响、恢复名誉和赔礼道歉。

2. 侵犯财产权的计算标准

侵犯财产权的形式有多种，如违法罚款、没收财产、吊销许可证、责令停产停业等。与此相应，财产权损害的赔偿方式有返还财产、恢复原状和支付赔偿金等。严格地说，侵犯财产权的计算标准是指支付赔偿金的标准。

按照《国家赔偿法》第二十八条的规定，对财产权造成损害的，区分以下情况进行处理：①对违法取得的财物予以返还。返还的财产中既有金钱也有财物。违法处罚款、追缴、没收财产或者违反国家规定征收财物、摊派费用的，以及违法查封、扣押、冻结财物的，都适用返还财产。②应当返还的财产有损害的，予以恢复原状。③不能返还财产或财产损害不能恢复原状的，支付赔偿金；应当返还的财产损害的，能够恢复原状的恢复原状，不能恢复原状的，按照损害程度给付相应的赔偿金；应当返还的财产损失的，给付相应的赔偿金；财产已经拍卖的，给付拍卖所得价款。④吊销许可证和执照、责令停产停业的赔偿标准。《国家赔偿法》规定，对吊销许可证和执照、责令停产停业，赔偿停产停业期间必要的经常性费用开支（经常性费用开支是指企业、商店等在停产停业期间用于维持其生存的基本开支，包括各种税费、水电费、仓储保管费、职工的基本工资等）。至于停产停业期间损失的可得利益，国家目前尚不予赔偿。⑤对财产权造成其他损害的，按照直接损失给予赔偿。

除上述财产权损害外，还有其他损害财产权的情况，如对商标权、专利权造成侵害，不履行保护公民财产权的职责而造成的侵害等。对这类损害，国家赔偿直接损失。

(二)行政赔偿的费用

行政赔偿费用是指国家用于支付行政赔偿金和恢复原状所支出的费用。

我国行政赔偿费用采用的是各级政府分别编列赔偿预算，由本级政府对各行政机关造成的损害负责的方式。《国家赔偿法》第二十九条规定，赔偿费用，列入各级财政预算；《国家赔偿费用管理办法》第六条进一步规定，国家赔偿费用由各级财政按照财政管理体制分级负担。各级政府应当根据本地区的实际情况，确定一定数额的赔偿费用，列入本级财政预算。国家赔偿费用由各级财政机关负责管理，当年实际支付国家赔偿费用超过年度预算的部分，在本级预算预备费中解决。

第三章　水法规知识

第一节　水法规体系概述

1988年《水法》颁布实施，标志着我国开发利用水资源、保护管理水资源和防治水害开始走上法制的轨道。各级水行政主管部门以《水法》宣传为先导，以水法规体系、水管理体系和水行政执法体系建设为重点，加强水利法制建设，全面推进水的立法工作。目前已相继出台了《水法》、《水污染防治法》、《水土保持法》、《防洪法》等4部水法律，水行政法规20余件，部门水行政规章50余件，地方性水法规和政府水行政规章700余件，初步形成了与《水法》配套的水法规体系，基本做到了各项水事活动有法可依。

一、水法规体系概念

水法规体系是指由调整水事活动中社会经济关系的各项法律、法规和规章构成的有机整体。它既是水利法制体系建设（水行政立法、水行政执法与水行政司法、水行政保障）的主要内容之一，也是国家法律体系的重要组成部分，是国家制定并以强制力保障实施的规范性文件系统。

二、水利法制建设历程

20世纪70年代末，我国在总结新中国成立以来的历史经验，特别是“文化大革命”的惨痛教训的基础上，确立了依靠法制治理国家的基本原则。在“加强社会主义民主、健全社会主义法制”方针指引下，我国社会主义法制得到恢复和重建，并逐步健全和全面发展。与此同时，水利法制建设作为国家法制建设的重要组成部分，也提上了重要的议事日程，并取得了显著成就，有力地引导、规范和保障了水利发展和改革，有效地推动了依法治水、依法行政的进程，为落实依法治国基本方略发挥了重要作用。

30年的水利法制建设历程大体可以分为起步、快速发展和逐步完善三个阶段。

（一）起步阶段（1978～1987年）

这一阶段，为适应行政管理体制改革和加强水行政管理的要求，水利依法管理的意识逐步增强。20世纪70年代末，水利部开始组织起草水法，并开展了水土保持、水源保护等方面的立法工作。

至20世纪80年代中期，《水土保持工作条例》、《水利工程水费核订、计收和管理办法》等法规颁布实施，水利部也陆续出台了《河道堤防工程管理通则》、《水闸工程管理通则》等规章，相关领域里的管理工作初步实现了有法可依。

（二）快速发展阶段（1988～2001年）

1988年是水利法制建设具有里程碑意义的一年，以《水法》颁布为标志，水利法制建设进入了快速发展阶段。

1988年4月21日，杨振怀部长在“流域机构主任和水利厅局长《水法》学习班”提出，《水法》的颁布实施，标志着水利工作进入依法治水的新时期。到2001年，水法规体系初步形成，水事活动基本实现了有法可依，水行政执法体系建设取得重大进展，全社会的水法制意识不断增强。

(1)加快水法规体系建设。经过十年的努力，1988年1月21日，《水法》经第六届全国人大常委会第二十四次会议审议通过。

《水法》的颁布实施，对建立完备的水法规体系、全面推进水利工作法治化奠定了基础。此后，水利部按照党的十四届三中全会提出的“本世纪末初步建立适应社会主义市场经济的法律体系”和国务院关于全面推进依法行政、建设法治政府的各项要求，制定了《水法规体系总体规划》，全面加强水利立法。《水土保持法》、《防洪法》、《河道管理条例》、《大中型水利水电工程建设征地补偿和移民安置条例》、《水库大坝安全管理条例》、《取水许可制度实施办法》等一批法律、法规和规章陆续颁布施行。地方水法规建设也取得全面进展，各地颁布的地方性水法规、政府规章和省级规范性文件达700余件，水法规体系初步形成。同时，国务院还先后制定了《水利建设基金筹集和使用管理暂行办法》和《水利产业政策》。

(2)建立水利执法体系，开展水行政执法。为保障水法规的贯彻实施，自1989年起水利部在全国组织开展了水利执法体系建设，通过多年的努力，形成了流域、省、地、县、乡五级执法网络，初步建立了一支专兼职相结合的水政监察队伍。

1996年后，又开展了以组建专职执法队伍和加强执法队伍管理为核心的水政监察规范化建设，提出了执法队伍专职化、执法管理目标化等“八化”建设目标，水政监察队伍的建设和管理水平向前迈进了一大步。

(3)依法调处水事纠纷。各级水行政主管部门和流域管理机构认真履行法定职责，坚持依法调处水事纠纷，重大水事纠纷的调处取得重大突破，漳河上游等一批重大省际水事纠纷得到基本解决。

(4)开展水法宣传教育。水利部把学习宣传水法规作为一项重要工作，1988年建立了水法宣传周制度，1994年起又与“世界水日”相结合，连续多年对全社会开展广泛的水法制宣传教育。

水利部门还把水法规的宣传教育和国家的普法教育相结合，深入开展“一五”、“二五”、“三五”、“四五”、“五五”和“六五”普法活动。

(三)逐步完善阶段(2002年至今)

2002年，《水法》修订出台，《水法》是水的基本法，在水法规体系中具有极其重要的支架作用。新《水法》的颁布实施，有力推动了《水法》配套制度建设及水法规的贯彻落实，水利法制建设逐步完善。

(1)修订《水法》，完善水法规体系。依法治国、建设社会主义法治国家和依法行政、建设法治政府，对水利法制建设提出了新的更高要求。同时，随着经济社会的发展和水资源供需状况的变化，1988年实施的《水法》的一些规定已经不能适应实际的需要。为完善《水法》，1994年开始进行《水法》修订工作，2002年8月29日，《水法》经第九届全国人大常委会第二十九次会议修订通过,自2002年10月1日起施行。新《水法》颁布后,《水法》配套法规建设得到快速推进,《防汛条例》(修订)、《取水许可和水资源费征收管理条例》、《大中型水利水电工程建设征地补偿和移民安置条例》(修订)、《黄河水量调度条例》、《水文条例》等行政法规和《入河排污口监督管理办法》等20余件部门规章先后颁布施行。各地结合实际也制定了一批有地方特色的地方性法规和政府规章。

(2)加强水权制度建设。为推动水权制度建设以及相关实践探索,水利部2005年制定了《水权制度建设框架》,并先后发布了《水利部关于水权转让的若干意见》、《水利部关于内蒙古宁夏黄河干流水权转换试点工作的指导意见》等文件。2007年制定了《水量分配暂行办法》。水量分配制度和取水许可制度的落实,标志着我国初始水权分配制度基本建立。

(3)加强和改善水行政执法。针对水行政执法中存在的问题,水利部和一些地方组织开展了水行政执法能力建设、水利综合执法和推行行政执法责任制工作,水行政执法能力和水平进一步提升。

(4)积极调处水事纠纷和化解行政争议,维护社会和谐稳定。继续加大对水事纠纷依法调处的力度,鄂豫丹江荆紫关水事、晋陕府保水事纠纷等一批重大省际水事纠纷得到解决。

积极探索解决水事矛盾的新机制,坚持预防为主、预防与调处相结合的工作方针,加强水事纠纷排查,把水事纠纷化解在基层,解决在萌芽状态。充分发挥行政复议在化解行政争议、建设法治政府、构建和谐社会中的重要作用,努力实现法律效果和社会效果的有机统一。

(5)推进水利行政审批制度改革。按照国务院的统一部署,2001年以来,水利部门组织实施了水利行政审批制度改革,取消、调整了一批行政审批项目,清理了行政审批实施主体,修订了涉及行政审批的规章和规范性文件,进一步完善了行政审批制度,公开、便民、高效的行政审批措施得到普遍采用。

(6)大力开展水利政策研究。水权制度建设、水资源管理体制改革、水管单位改革、水价改革等重点领域的研究蓬勃开展。水利政策研究已经成为政府决策、制度建设和水利改革措施实施过程中不可或缺的重要环节。

(7)深入开展水法制宣传教育。水利系统在前五个五年普法的基础上,结合"四五"、"五五"普法活动和行业实际,坚持以水法规宣传教育为重点,在做好"世界水日""中国水周""全国法制宣传日"集中宣传的同时,还注重创新形式、挖掘深度、强化效果,形成了集中宣传和经常宣传相结合、学法和用法相结合、普法和依法治理相结合的水法规宣传机制。

三、水法规分类

水法规分为:①水法律(全国人大常委会制定);②水行政法规(国务院制定);③地方性水法规(省、自治区、直辖市以及省级人民政府所在地的市、经国务院批准的较大市的人大及其常委会制定);④部门水行政规章(水利部及水利部与国务院有关部门联合制定);⑤政府水行政规章(省、自治区、直辖市以及省级人民政府所在地的市、经国务院批准的较大的市人民政府制定）。

水法规调整的内容包括水资源的开发利用，水资源、水域和水工程管理与保护，水资源配置和节约使用，防洪和抗旱，水土保持，水利经营管理，监督检查等方面。

（一）水法律

到目前为止，已颁布施行的水法律共4件，占规划数（7件）的57%：

《水法》（2002年8月29日九届全国人大常委会第二十九次会议修订通过）；

《水土保持法》（1991年6月29日七届全国人大常委会第二十次会议通过）；

《水污染防治法》（1996年5月15日八届全国人大常委会第十九次会议修订通过）；

《防洪法》（1997年8月29日八届全国人大常委会第十九次会议通过）。

（二）水行政法规

到2012年底，已颁布施行的水行政法规共22件：

《黄河、长江、淮河、永定河防御特大洪水方案》（国发〔1985〕74号）；

《水利工程水费核订、计收和管理办法》（国发〔1985〕94号）；

《航道管理条例》（国发〔1987〕78号）；

《河道管理条例》（1988年6月10日，国务院令3号）；

《开发建设晋陕蒙接壤地区水土保持规定》（1988年9月1日，国务院批准，国家计委、水利部令第1号）；

《蓄滞洪区安全与建设指导纲要》（国发〔1988〕74号）；

《城市节约用水管理规定》（1988年11月30日，国务院批准，建设部令第1号）；

《大中型水利水电工程建设征地补偿和移民安置条例》（1991年2月15日，国务院令第74号）；

《水库大坝安全管理条例》（1991年3月22日，国务院令第77号）；

《防汛条例》（1991年7月2日，国务院令第86号）；

《取水许可制度实施办法》（1993年8月1日，国务院令第119号）；

《水土保持实施条例》（1993年8月1日，国务院令第120号）；

《城市供水条例》（1994年7月19日，国务院令第158号）；

《淮河流域水污染防治暂行条例》（1995年8月8日，国务院令第183号）；

《水利建设基金筹集和使用管理暂行办法》（1997年2月25日，国务院7号文）；

《水利产业政策》（国发〔1997〕35号）；

《水污染防治法实施细则》（2000年3月20日，国务院令第284号）；

《蓄滞洪区运用补偿暂行办法》（2000年5月27日，国务院令第286号）；

《长江三峡工程建设移民条例》（2001年2月21日，国务院令第299号）；

《长江河道采沙管理条例》（2001年10月25日，国务院令第320号）；

《水文条例》（2007年4月25日，国务院令第496号）；

《太湖流域管理条例》（2011年9月7日，国务院令第604号）。

（三）部门水行政规章

根据《水利部关于现行有效规章和规范性文件目录的公告》（中华人民共和国水利部公告2010年第50号），截至2010年10月10日水利部现行有效的规章（含水利部参与制定的部门联合规章）如下：

河道采砂收费管理办法（1990年6月20日水利部、财政部、国家物价局水财〔1990〕16号发布）；

黄河下游浮桥建设管理办法（1990年8月31日水利部水政〔1990〕17号发布，1997年12月25日水利部水政资〔1997〕537号修正）；

河道管理范围内建设项目管理的有关规定（1992年4月3日水利部、国家计委水政〔1992〕7号发布）；

水文专业有偿服务收费管理试行办法（1994年6月27日水利部水财〔1994〕292号发布）；

开发建设项目水土保持方案管理办法（1994年11月22日水利部、国家计委、国家环境保护局水保〔1994〕513号发布）；

黄河下游引黄灌溉管理规定（1994年12月1日水利部水农水〔1994〕516号发布）；

水利工程建设项目管理规定（试行）（1995年4月21日水利部水建〔1995〕128号发布）；

开发建设项目水土保持方案编报审批管理规定（1995年5月30日水利部令第5号发布，2005年7月8日水利部令第24号修正）；

占用农业灌溉水源、灌排工程设施补偿办法（1995年11月13日水利部、财政部、国家计委水政资〔1995〕457号发布）；

水库大坝注册登记办法（1995年12月28日水利部水管〔1995〕290号发布，1997年12月25日水利部水政资〔1997〕538号修正）；

水利工程质量监督管理规定（1997年8月25日水利部水建〔1997〕339号发布）；

水利工程质量管理规定（1997年12月21日水利部令第7号发布）；

水行政处罚实施办法（1997年12月26日水利部令第8号发布）；

水利工程建设程序管理暂行规定（1998年1月7日水利部水建〔1998〕16号发布）；

治理开发农村“四荒”资源管理办法（1998年12月15日水利部水保〔1998〕546号发布）；

水利工程质量事故处理暂行规定（1999年3月4日水利部令第9号发布）；

水利水电建设工程蓄水安全鉴定暂行办法（1999年4月16日水利部水建管〔1999〕177号发布）；

珠江河口管理办法（1999年9月24日水利部令第10号发布）；

水利部行政复议工作暂行规定（1999年10月18日水利部水政法〔1999〕552号发布）；

水利基本建设项目稽察暂行办法（1999年12月7日水利部令第11号发布）；

水土保持生态环境监测网络管理办法（2000年1月31日水利部令第12号发布）；

水政监察工作章程（2000年5月15日水利部令第13号发布，2004年10月21日水利部令第20号修正）；

水利工程建设项目招标投标管理规定（2001年10月29日水利部令第14号发布）；

建设项目水资源论证管理办法（2002年3月24日水利部、国家计委令第15号发布）；

开发建设项目水土保持设施验收管理办法（2002 年 10 月 14 日水利部令第 16 号发布，2005 年 7 月 8 日水利部令第 24 号修正）；

水文水资源调查评价资质和建设项目水资源论证资质管理办法（试行）（2003 年 2 月 21 日水利部令第 17 号发布，2005 年 7 月 8 日水利部令第 24 号修正）；

水库降等与报废管理办法（试行）（2003 年 5 月 26 日水利部令第 18 号发布）；

长江河道采砂管理条例实施办法（2003 年 6 月 2 日水利部令第 19 号发布，2010 年 5 月 14 日水利部令第 39 号修正，2010 年 12 月 28 日水利部令第 42 号第二次修正）；

黄河河口管理办法（2004 年 11 月 30 日水利部令第 21 号发布）；

入河排污口监督管理办法（2004 年 11 月 30 日水利部令第 22 号发布）；

水行政许可实施办法（2005 年 7 月 8 日水利部令第 23 号发布）；

水利工程建设安全生产管理规定（2005 年 7 月 22 日水利部令第 26 号发布）；

水行政许可听证规定（2006 年 5 月 24 日水利部令第 27 号发布）；

水利工程建设监理规定（2006 年 12 月 18 日水利部令第 28 号发布）；

水利工程建设监理单位资质管理办法（2006 年 12 月 18 日水利部令第 29 号发布，2010 年 5 月 14 日水利部令第 40 号修正）；

水利工程建设项目验收管理规定（2006 年 12 月 18 日水利部令第 30 号发布）；

水工程建设规划同意书制度管理办法（试行）（2007 年 11 月 29 日水利部令第 31 号发布）；

水量分配暂行办法（2007 年 12 月 5 日水利部令第 32 号发布）；

取水许可管理办法（2008 年 4 月 9 日水利部令第 34 号发布）；

三峡水库调度和库区水资源与河道管理办法（2008 年 11 月 3 日水利部令第 35 号发布）；

水利工程质量检测管理规定（2008 年 11 月 3 日水利部令第 36 号发布）；

海河独流减河永定新河河口管理办法（2009 年 5 月 13 日水利部令第 37 号发布）；

黑河干流水量调度管理办法（2009 年 5 月 13 日水利部令第 38 号发布）；

水利工程启闭机使用许可管理办法（2010 年 10 月 10 日水利部令第 41 号发布）；

饮用水水源保护区污染防治管理规定（1989 年 7 月 10 日国家环境保护局、卫生部、建设部、水利部、地质矿产部〔89〕环管字 201 号发布，2010 年 12 月 22 日环保部令第 16 号修改）；

评标委员会和评标方法暂行规定（2001 年 7 月 5 日国家计委、国家经贸委、建设部、铁道部、交通部、信息产业部、水利部令第 12 号发布）；

工程建设项目施工招标投标办法（2003 年 3 月 8 日国家计委、建设部、铁道部、交通部、信息产业部、水利部、民航总局令第 30 号发布）；

工程建设项目勘察设计招标投标办法（2003 年 6 月 12 日国家发展改革委、建设部、铁道部、交通部、信息产业部、水利部、民航总局、广电总局令第 2 号发布）；

水利工程供水价格管理办法（2003 年 7 月 3 日国家发展改革委、水利部令第 4 号发布）；

工程建设项目招标投标活动投诉处理办法（2004 年 6 月 21 日国家发展改革委、建设部、铁道部、交通部、信息产业部、水利部、民航总局令第 11 号发布）；

工程建设项目货物招标投标办法（2005 年 1 月 18 日国家发展改革委、建设部、铁道部、交通部、信息产业部、水利部、民航总局令第 27 号发布）；

《标准施工招标资格预审文件》和《标准施工招标文件》试行规定（2007 年 11 月 1 日国家发展改革委、财政部、建设部、铁道部、交通部、信息产业部、水利部、民航总局、广电总局令第 56 号）。

此外，还有包括《关于淮河（黄河、长江、松辽、海河）水利委员会审查河道管理范围内建设项目权限的通知》和《关于太湖流域河道管理范围内建设项目管理审查权限的通知》（6 件），《关于授予黄河（淮河、长江、海河、松辽、珠江）水利委员会取水许可管理权限的通知》、《关于授予太湖流域管理局取水许可管理权限的通知》和《关于国际跨界河流、国际边界河流和跨省（自治区）内陆河流取水许可管理权限的通知》（8 件）等在内的水利部规范性文件。

各省、自治区、直辖市也已颁布施行地方性水法规和政府水行政规章 700 余件。

第二节　水法规体系建设成就

一、水利法制建设成就

1988 年 1 月 21 日，第六届全国人大常委会第二十四次会议审议通过了《水法》，这是新中国第一部全面规范水事活动的法律。它的颁布实施标志着我国水利事业进入了依法治水的新时期。为全面贯彻实施《水法》，水利部于 1988 年制定了《水法规体系总体规划》，并有计划地组织实施。为适应形势发展需要，水利部分别于 1994 年、2006 年和 2013 年对《水法规体系总体规划》进行了修订，进一步完善了水法规体系建设的基本思路和重点内容。

经过 30 年的发展，特别是《水法规体系总体规划（2006）》颁布实施以来，水利立法紧紧围绕水利中心工作，坚持加快立法进度与提高立法质量相结合，以水利改革发展立法需求最为迫切的领域为重点，统筹推进水法规体系建设，修订出台了《水土保持法》、《水污染防治法》，颁布实施了《水文条例》、《抗旱条例》和《太湖流域管理条例》等行政法规以及《取水许可管理办法》、《水量分配暂行办法》等 10 多件部门规章；开展了规章和规范性文件专项清理，修改、废止、宣布失效了一批规章和规范性文件。《洪水影响评价管理条例》、《南水北调供用水管理条例》、《河道管理条例》（修订）、《节约用水条例》、《农田水利条例》等重点立法项目取得不同程度的进展。各地出台了一大批内容新、质量高、有特色的地方性法规和地方政府规章，在节约用水、河道采砂、建设项目占用水利设施和水域补偿、农村水能资源开发、农村供水、跨流域调水等国家尚未出台专门法规的领域先行先试，积累了宝贵经验。《总体规划（2006）》安排的重点立法项目已经完成或者取得积极进展。目前，我国已颁布实施以水管理为主要内容的法律 4 件，行政法规 20 余件，部门规章 50 余件，地方性法规和地方政府规章 700 余件，内容涵盖了水利工作的各个方面，适合我国国情和水情的水法规体系基本建立，各项涉水事务管理基本做到有法可依。

水法规体系建设是水利改革发展顶层设计的重要支撑。水法规体系建设的不断推进，使中央治水方针政策和可持续发展治水思路上升为国家法律制度，成为全社会一体遵行的行为规则；确立和完善了流域管理与行政区域管理相结合的水资源管理体制，进一步理顺了部门职责，促进了职权法定；建立健全了一系列水管理法律制度，为严格水资源管理、促进河湖水域保护、加强水利基础设施建设与管理、做好防洪抗旱工作、推进水土流失综合治理提供了坚实的制度基础。《水法规体系总体规划(2006)》颁布实施以来，水利立法工作取得重要进展，全社会水法治观念明显增强，为依法治水和实现水利跨越发展提供了有力法治保障。

目前，基本建成了以《水法》为核心，包括4件法律、20余件行政法规、50余件部门规章和700余件地方性法规和政府规章的较为完善的水法规体系，内容涵盖了水利工作的方方面面；组建了3 400余支水政监察队伍，专兼职水政监察员近7万人，全国水行政执法网络基本建立；执法体制逐步理顺，执法保障不断加强，执法力度不断加大，执法效能显著增强。全国平均每年查处水事违法案件近5万起，有力地维护了良好的水事秩序。积极探索团结治水新途径，全国平均每年调处水事纠纷近万起。水事纠纷调处实现了由事后调处向预防和调处相结合的转变，明确了水事纠纷调处工作方针，建立了行之有效的水事纠纷调处工作机制，逐步变被动为主动。围绕水利发展和改革的中心工作开展政策研究，在“水利产业政策”、“水权制度建设”、“水利经济体制改革”、“流域管理与行政区域管理相结合的水资源管理体制”等方面提出了一系列重大研究成果，形成了支撑政策决策和行政管理的政策咨询体系。改革水行政审批制度，促进了政府职能转变，提高了行政效率和社会管理、公共服务的水平。水法制宣传教育取得实效，全社会的水法制意识显著提高，水行政主管部门的依法行政能力明显增强。

水利法制建设工作的有效开展，对保障和推动水利发展与改革发挥了重要的作用。

一是为治水方针、治水思路和治水理念的法律化、制度化作出了突出贡献。以法律的形式将党和国家的治水方针政策、可持续发展治水思路和先进的治水理念固定下来，把经过实践检验行之有效的治水措施上升为国家的法律制度，并以国家强制力保证实施。

二是为水利发展目标的实现提供了法律保障。通过法律制度的建设和实施，实现了水利各项事业基本有法可依、各项法律制度有效落实，在全社会基本形成了崇尚水法规的意识，营造了有利于水利发展和改革的良好法治环境，促进了水利事业的全面发展。

三是为水利依法行政奠定了重要基础。水行政主管部门带头守法、用法，依法行政的自觉性和坚定性得到普遍增强。水利管理逐步实现了由单纯依靠行政手段向综合运用行政、法律、经济、技术手段并更加注重法律手段的转变，水行政主管部门运用法律手段管理水利事务、解决水利问题的能力全面提高，水利社会管理和公共服务得到强化，有效促进了政府职能转变。

四是为水利重大决策提供了重要支撑。围绕水利发展与改革中亟待解决的重点、难点和热点问题，积极组织开展专题研究，完成了一批具有较高质量的研究成果，为科学决策和加快改革提供了重要依据。

二、水利法制建设经验

30 年的水利法制建设，开创了依法治水的新局面，也积累了必须长期坚持的宝贵经验。

一是水利法制建设必须始终坚持科学的指导思想。立足国情、水情、民情，以科学发展观为统领，坚持以人为本，贯彻落实可持续发展治水思路，处理好当前发展与长远发展、局部利益与整体利益、经济发展与社会和谐的关系，推动水利事业的健康发展。

二是水利法制建设必须始终坚持社会主义法治理念。大力推进水利依法行政，通过科学规划、周密部署和有效实施，把依法治国基本方略和建设法治政府的目标与水利发展和改革结合起来，落实到水利具体实践中，全面提高依法行政、依法治水的能力和水平。

三是水利法制建设必须始终围绕中心，服务大局。紧紧抓住水利发展与改革中迫切需要解决的问题，牢牢把握水利工作的大局、方向和趋势，为水利事业发展提供法制保障。

四是水利法制建设必须始终坚持与时俱进、改革创新。根据水利发展和改革形势的发展变化，不断解放思想，更新观念，调整思路，改进方法，保持水利法制建设工作的旺盛活力。

水利作为国民经济的基础产业和基础设施，要适应建立社会主义市场经济新体制的需要，除深化水利体制改革外，还必须高度重视和充分认识水利法制建设在社会主义市场经济发展中的地位和作用。要转变观念，克服重水利经济事务，轻法制建设的做法，纠正将加强法制建设与加快改革开放割裂开来、对立起来的片面认识，牢固树立依法行政的观念，努力实现水利工作的规范化、科学化、法制化。

近年来水利法制建设步伐加快，取得显著成绩。就水法规体系而言，除出台了水的基本法律外，还陆续出台了专项的行政法规、部门规章、地方性法规和政府规章以及大量规范性文件，逐渐形成符合我国国情、具有中国特色、比较完整、初步配套的水管理法规体系，各项水事活动基本做到了有法可依。

第三节　水法规体系建设展望

一、新形势下加强水法规体系建设的重要性和紧迫性

党的“十八大”描绘了新世纪新阶段科学发展的宏伟蓝图，突出强调了法治建设的重要性，关于法治的论述贯穿于改革发展全过程，覆盖了经济、政治、文化、社会、生态文明建设全领域，包含了立法、执法、司法、守法等法治建设的各方面。新形势、新任务对加强水法规体系建设提出了新的更高要求。

完善中国特色社会主义法律体系，加强法治政府建设，全面推进依法行政，对水法规体系建设提出了明确要求。党的“十八大”对加快建设社会主义法治国家，更加注重发挥法治在国家治理和社会管理中的重要作用，完善中国特色社会主义法律体系，推进依法行政，严格规范公正文明执法提出了明确要求。经过坚持不懈的努力，到 2010 年底，我国已制定现行有效法律 236 件、行政法规 690 多件、地方性法规 8 600 多件。一个立足中国国

情和实际、适应改革开放和社会主义现代化建设需要、集中体现党和人民意志,以宪法为统帅,以宪法相关法、民法商法等多个法律部门的法律为主干,由法律、行政法规、地方性法规等多个层次的法律规范构成的中国特色社会主义法律体系已经形成,国家经济建设、政治建设、文化建设、社会建设、生态文明建设的各个方面实现有法可依。中国特色社会主义法律体系形成后,立法工作依然艰巨,修改完善法律和制定配套法规的任务更加繁重。近年来,国家加快推进依法行政和法治政府建设。国务院于2010年8月召开的依法行政工作会议和同年10月印发的《关于加强法治政府建设的意见》,对加强政府立法和制度建设作出全面安排部署。《行政强制法》、《政府信息公开条例》等规范政府行为的法律法规先后颁布实施。水法规体系建设作为中国特色社会主义法律体系的重要组成部分和依法行政的基本依据,应当按照上述要求,进一步统筹兼顾,突出重点,完善程序,加快进度,提高质量,加快填补立法空白,着力优化体系结构,在推进水利依法行政中更好地发挥基础性和保障性作用。

贯彻中央决策部署,强化水利改革发展顶层设计,实现水利发展宏伟目标,对水法规体系建设提出了明确要求。党的"十八大"对大力推进生态文明建设作出全面部署,突出强调加强生态文明制度建设,依靠制度保护生态环境。中央水利工作会议强调要尽快构建适应我国国情和水情的水法规体系。《中共中央　国务院关于加快水利改革发展的决定》(以下简称2011年中央一号文件)要求,建立健全水法规体系,抓紧完善水资源配置、节约保护、防汛防旱、农村水利、水土保持、流域管理等领域的法律法规,到2020年基本建成有利于水利科学发展的制度体系。《国务院关于实行最严格水资源管理制度的意见》要求,抓紧完善水资源配置、节约、保护和管理等方面的政策法规体系。经国务院批准的《水利发展规划(2011~2015年)》也对建立健全水法规体系提出了具体要求。为贯彻中央决策部署,保障大规模水利建设顺利进行,加快水利重点领域改革,必须加强顶层设计。当务之急是以2011年中央一号文件为引领,以建立防洪抗旱减灾体系、水资源合理配置和高效利用体系、水资源保护和河湖健康保障体系、有利于水利科学发展的制度体系等四大体系为目标,以法律法规、水利规划、政策措施为支撑,构建目标清晰、层次分明、支撑有力的水利改革发展顶层设计总体框架。完善水法规体系、水利规划体系和水利政策体系,应当立足我国基本国情、水情和水利工作实际,着眼经济社会发展全局,以落实中央水利工作方针和决策部署为核心,以服务经济社会发展全局为导向,系统谋划和有序推进水利改革发展,确保顶层设计既能体现国家意志又能体现人民群众意愿,促进水利可持续发展。

加强和创新社会管理,构建社会主义和谐社会,对水法规体系建设提出了明确要求。党的"十八大"提出,"提高领导干部运用法治思维和法治方式深化改革、推动发展、化解矛盾、维护稳定能力","推动政府职能向创造良好发展环境、提供优质公共服务、维护社会公平正义转变"。加强和创新社会管理,是党中央正确把握国内外形势新变化、新特点,从党和国家事业全局出发确定的一项重大战略任务。近年来,随着水资源条件深刻变化、涉水利益格局深刻调整、水利发展方式深刻转变,水利社会管理的难度和挑战在不断加大,特别是不同地区、不同群体水事活动中的利益冲突明显加剧,水事纠纷和矛盾呈现高发态势。水利社会管理是一项系统工程,涉及水利工作的各个方面,涵盖管理领域的众多环节，直接面对行政管理相对人，与水事活动主体和人民群众的切身利益密切相关，必须强调依法管理和法治保障，自觉把水利工作和涉水活动纳入法治化轨道，不断完善水资源管理、河道管理、水土保持等水利社会管理方面的法规制度，切实保障人民群众的合法水事权益，努力维护和谐安定有序的社会环境。

总结《水法规体系总体规划(2006)》实施过程中存在的实际问题，不断提高水利立法的科学化和民主化水平，对水法规体系建设提出了明确要求。《水法规体系总体规划(2006)》的实施取得了重大成就，也逐渐显露出一些问题和不足：一是水法规体系建设的目标任务和重点内容不能完全满足形势发展的需要，应当与时俱进地加以调整；二是由于水利工作的深度和广度不断拓展，规划确定的法规体系结构不够完善，需要进一步优化布局，抓紧制定一批水利改革发展急需的法律法规，逐步填补立法空白；三是随着水利立法工作的不断推进，已经开展或者完成的立法项目，有些已经超出了规划的范围；四是法律制度之间、法规之间的协调性、衔接性需要进一步增强，地方水法规的制定存在地域上的不平衡。为推进科学立法、民主立法，切实提高水利立法质量，满足水利改革发展需要，有必要针对上述问题提出改进和完善措施。

二、水法规体系建设总体思路、目标和主要任务

（一）水法规体系建设的总体思路

深入贯彻落实党的“十八大”精神，以科学发展观为指导，按照完善中国特色社会主义法律体系、推进法治政府建设的要求，紧紧密绕中央兴水惠民决策部署，坚持以人为本、立法为民，坚持科学立法、民主立法，遵循经济和社会发展规律，立足基本国情和水情，根据条件成熟、突出重点、统筹兼顾的原则，把握立法规律和立法时机，进一步健全完善水法规体系，为推进水利改革发展新跨越提供坚实制度基础和有力法治保障。

（二）水法规体系建设的目标

到2020年，形成适合我国国情和水情、内容完整、配套协调的较为完善的水法规体系，使各项涉水事务有法可依，基本满足水利社会管理、公共服务和可持续发展的需要；展望2030年，水法规体系趋于完备和科学，更加适应和满足水利科学发展的需要。

（三）水法规体系建设的主要任务

当前和今后一个时期，水法规体系建设的主要任务包括五个方面：一是适应深入落实最严格水资源管理制度的要求，完善水资源配置、节约、保护和管理的法律法规，重点做好节约用水、地下水管理、水资源论证、水功能区管理、水能资源管理、用水总量控制、跨流域调水、取水权转让等方面的制度建设。二是适应大力推进民生水利的要求，完善防汛抗旱、农田水利、农村水电、水土保持的法律法规，重点做好洪水影响评价、农田水利、农村水电、饮用水安全保障、蓄滞洪区管理、水利工程移民安置等方面的制度建设。三是适应加强和创新水利社会管理的要求，完善河湖管理、水利工程管理的法律法规，重点做好河道管理、河道采砂管理、湖泊管理、水库管理等方面的制度建设。四是适应强化流域管理的要求，完善流域规划、水量调度、水资源保护的法律法规，重点做好长江、黄河流域的综合立法和珠江水量调度、长江流域水资源管理与保护、南四湖管理、河口管理等方面的制度建设。五是适应深化水利改革的要求，研究论证水务管理、小型水利工程产权制度改革、

水生态补偿等方面的法律法规。

三、水法规体系建设的总体安排

按照制定机关和效力等级不同，水法规包括全国人大及其常委会制定的法律，国务院制定的行政法规，省、自治区、直辖市、较大的市人大及其常委会制定的地方性法规，民族自治地方人大制定的自治条例和单行条例，水利部及水利部与国务院有关部门联合制定的部门规章，省、自治区、直辖市、较大的市人民政府制定的政府规章。按照调整内容不同，水法规分为综合、水资源管理、河道管理、水利工程建设与管理、防洪与抗旱管理、农村水利水电管理、水文管理、水土保持管理、流域管理、水行政立法与执法管理和其他等11个类别。

综合考虑立法的必要性、可行性、紧迫性和成熟程度，将水法规体系建设总体安排分为两个部分，涉及72件水法规和11个研究方向。第一部分是拟开展调查研究、咨询论证、组织起草的立法项目，共计72件，其中法律2件、行政法规21件、部门规章49件（见表3-1），重点立法项目有：《长江法》、《黄河法》等法律，《洪水影响评价管理条例》、《南水北调供用水管理条例》、《河道管理条例》（修订）、《节约用水条例》、《地下水管理条例》、《农田水利条例》、《农村水电条例》、《河道采砂管理条例》等行政法规和《建设项目节水设施管理办法》、《用水总量控制管理办法》、《长江河口管理办法》等部门规章；第二部分是为满足水利改革发展需要拟开展立法研究的主要方向，包括综合、水资源管理等11个方面（见表3-2）。各地也应当根据《水法规体系总体规划（2013）》确定的总体安排、立法重点和立法方向，结合当地水利改革发展实际，制定相应的地方性法规和地方政府规章。

考虑到立法项目的起草、审查和审议受立法时机、立法程序、立法协调和国家立法工作安排等因素的制约，《水法规体系总体规划（2013）》中的水法规体系建设总体安排主要作为水利部门有关单位开展水利立法前期论证、起草和内部审查工作的基本依据，其中涉及的立法项目在实际工作中将根据国家立法机关的工作安排进行适当归并、调整，并适时出台。尚未列入本规划，为解决管理中出现的新情况、新问题急需立法并且条件成熟的事项，可以按照立法程序抓紧开展相应立法工作。

表3-1　拟开展调查研究、咨询论证、组织起草的立法项目

序号	项目名称	发布形式	类别
一、法律（2件）			
1	长江法	法律	流域管理
2	黄河法	法律	流域管理
二、行政法规（21件）			
1	节约用水条例	行政法规	水资源管理
2	地下水管理条例	行政法规	水资源管理
3	水功能区管理条例	行政法规	水资源管理
4	水资源论证条例	行政法规	水资源管理

续表 3-1

序号	项目名称	发布形式	类别
5	饮用水水源地管理与保护条例	行政法规	水资源管理
6	河道管理条例(修订)	行政法规	河道管理
7	河道采砂管理条例	行政法规	河道管理
8	南水北调供用水管理条例	行政法规	水利工程建设与管理
9	水库大坝安全管理条例(修订)	行政法规	水利工程建设与管理
10	大中型水利水电工程建设征地补偿和移民安置条例(修订)	行政法规	水利工程建设与管理
11	洪水影响评价管理条例	行政法规	防洪与抗旱管理
12	蓄滞洪区管理条例	行政法规	防洪与抗旱管理
13	农田水利条例	行政法规	农村水利水电管理
14	农村供水条例	行政法规	农村水利水电管理
15	农村水电条例	行政法规	农村水利水电管理
16	长江干支流水库群统一调度与管理条例	行政法规	流域管理
17	长江流域水资源管理与保护条例	行政法规	流域管理
18	三峡水库管理条例	行政法规	流域管理
19	黄河流域水资源保护条例	行政法规	流域管理
20	南四湖管理条例	行政法规	流域管理
21	珠江水量调度条例	行政法规	流域管理
三、部门规章(49件)			
1	取水权转让管理暂行办法	部门规章	水资源管理
2	建设项目节水设施管理办法	部门规章	水资源管理
3	建设项目水资源论证监督管理办法	部门规章	水资源管理
4	入河排污口监督管理办法(修订)	部门规章	水资源管理
5	用水总量控制管理办法	部门规章	水资源管理
6	计划用水管理办法	部门规章	水资源管理
7	跨流域调水管理办法	部门规章	水资源管理
8	节水产品认证管理办法	部门规章	水资源管理
9	水资源调度管理办法	部门规章	水资源管理
10	取水许可区域限批管理办法	部门规章	水资源管理
11	建设项目水资源论证管理办法(修订)	部门规章	水资源管理
12	南水北调受水区地下水压采管理办法	部门规章	水资源管理

续表 3-1

序号	项目名称	发布形式	类别
13	涉河建设项目监督管理办法	部门规章	河道管理
14	河道管理范围内建设项目管理的有关规定(修订)	部门规章	河道管理
15	岸线利用与保护管理办法	部门规章	河道管理
16	水利工程质量管理规定(修订)	部门规章	水利工程建设与管理
17	水利工程建设项目招标投标管理规定(修订)	部门规章	水利工程建设与管理
18	水利工程质量检测管理规定(修订)	部门规章	水利工程建设与管理
19	水库大坝注册登记办法(修订)	部门规章	水利工程建设与管理
20	水利水电建设工程蓄水安全鉴定暂行办法(修订)	部门规章	水利工程建设与管理
21	水利工程建设程序管理暂行规定(修订)	部门规章	水利工程建设与管理
22	水利工程质量事故处理暂行规定(修订)	部门规章	水利工程建设与管理
23	水利工程建设稽查办法	部门规章	水利工程建设与管理
24	水利风景区管理办法	部门规章	水利工程建设与管理
25	南水北调东线一期工程水资源调度管理办法	部门规章	水利工程建设与管理
26	南水北调中线一期工程水资源调度管理办法	部门规章	水利工程建设与管理
27	洪水影响评价分级分类管理规定	部门规章	防洪与抗旱管理
28	城市防洪预案管理办法	部门规章	防洪与抗旱管理
29	农村水能资源管理办法	部门规章	农村水利水电管理
30	水文资料使用审查管理办法	部门规章	水文管理
31	水文监测资料汇交管理办法	部门规章	水文管理
32	水文水资源调查评价资质和建设项目水资源论证资质管理办法(试行)(修订)	部门规章	水文管理、水资源管理
33	水文专业有偿服务收费管理试行办法(修订)	部门规章	水文管理
34	生产建设项目水土保持方案管理办法	部门规章	水土保持管理
35	生产建设项目水土保持设施验收管理办法	部门规章	水土保持管理
36	长江河口管理办法	部门规章	流域管理
37	黄河小浪底水库管理办法	部门规章	流域管理
38	黄河东平湖管理办法	部门规章	流域管理
39	黄河下游浮桥防汛管理办法	部门规章	流域管理
40	黄河下游引黄灌溉管理规定(修订)	部门规章	流域管理
41	黄河源区管理办法	部门规章	流域管理

续表 3-1

序号	项目名称	发布形式	类别
42	黄河下游堤防淤背区管理办法	部门规章	流域管理
43	漳河水量调度管理办法	部门规章	流域管理
44	永定河官厅水库上游水量调度管理办法	部门规章	流域管理
45	漳卫新河河口管理办法	部门规章	流域管理
46	水利部立法工作管理规定	部门规章	水行政立法与执法管理
47	水利统计管理办法	部门规章	其他
48	水利安全生产监督管理规定	部门规章	其他
49	水利标准化工作管理办法	部门规章	其他

表 3-2　为满足水利改革发展需要拟开展立法研究的主要方向

序号	类别	主要方向
1	综合	研究论证税法修订
2	水资源管理	水资源调度,水权制度,跨流域调水管理,国际河流涉水事务管理,水生态补偿,水生态与环境保护,水能资源管理,非常规水源开发利用,水务管理,研究论证节水法和污水处理回用法律制度建设
3	河道管理	水库库区管理,湖泊管理,水域使用管理,占用水域和水利设施补偿,黄河下游河道管理
4	水利工程建设与管理	水利工程调度,水闸注册登记,水利工程后评价,非政府投资水利工程管理,水利建设市场主体信用信息管理,研究论证水利工程管理条例、水利工程供水价格管理办法修订
5	防洪与抗旱管理	洪水及旱灾保险管理,研究论证防洪法修订、蓄滞洪区运用补偿暂行办法修订
6	农村水利水电管理	农业灌溉用水效率管理,灌区管理,研究论证农田水利法,占用农业灌溉水源、灌排工程设施补偿办法修订
7	水文管理	完善水文法律制度建设
8	水土保持管理	水土保持生态效益补偿
9	流域管理	江河源头保护,河口管理,研究论证江河流域管理法和重要流域综合立法,松花江和辽河水量调度、水资源保护
10	水行政立法与执法管理	行政审批后续监督管理,行政执法责任制
11	其他	水利科技推广

四、保障措施

(1)加强组织领导。提高对水利立法工作重要性和紧迫性的认识,将水法规体系建设摆在更加突出的位置,作为水利改革发展的重要支撑和法治保障。加强立法机构和干部队伍建设,主要领导要亲自抓、负总责,建立水利立法与水利改革发展实践相结合的工作机制,实现水利立法决策与水利改革发展决策相统一、水利立法进程与水利改革发展进程相适应。

(2)严格制订计划。按照条件成熟、突出重点、统筹兼顾的原则,科学合理地制订年度立法工作计划,强化约束指导作用,推动规划的立法项目有序开展。年度立法工作计划作为落实《水法规体系总体规划(2013)》的具体措施,应当以《水法规体系总体规划(2013)》为依据,区别轻重缓急,对立法项目、立法时机和立法进度做出合理安排。

(3)落实目标责任。根据《水法规体系总体规划(2013)》确定的水利立法工作任务,建立工作责任制度、定期通报制度和年度报告制度,把各项目标任务细化分解到部门、落实到岗位。进一步细化措施,加强统筹协调,形成一级抓一级、层层抓落实的工作局面。进一步完善工作考核评价和责任追究制度,确保规划各项任务落到实处。

(4)加大投入力度。拓宽经费渠道,建立稳定的投入机制,切实保障水利立法工作经费。

(5)加强立法协调。积极争取立法资源,把水利改革发展急需的立法项目纳入立法工作计划。始终站在全局的高度,从维护国家大局和人民群众根本利益出发,积极与立法机关和有关部门联系沟通,加强立法协调,加快立法进程,切实解决立法过程中遇到的障碍和困难,维护社会主义法制统一。

(6)提高立法质量。坚持依法立法,严格遵守立法权限和程序。坚持科学立法,遵循并反映经济社会发展规律,增强针对性和可操作性,努力解决实际问题。坚持民主立法,改进立法工作方式方法,畅通人民群众有序参与立法的渠道,使其合理诉求和合法利益得到充分体现。建立健全公开征求意见制度、听证制度、专家咨询制度和调查研究制度,不断改进立法技术,提高立法质量。

(7)注重跟踪评估。建立和完善水法规贯彻实施的跟踪评估制度和水法规的定期清理制度,及时修改、废止不适应市场经济体制和水利改革发展要求的水法规,提高水法规之间的协调性和配套性,确保出台的水法规符合实际、反映规律、管用好用。

(8)做好基础工作。加强立法需求和效益分析、立法项目论证和立法前期调查研究,做好立法项目储备,为立法工作的滚动开展提供有力支撑。

立法是基础,执法是关键。各级水行政主管部门的领导干部和工作人员,尤其是水行政执法人员,都要"知法、学法、懂法、用法",要认真贯彻执行水法规,依法调处水事纠纷和查处水事违法案件,严格执法,善于执法,努力提高执法水平,切实做到"有法必依,执法必严,违法必究",把依法决策、依法行政、依法管理贯穿于整个水务活动,加大执法力度,努力推进水利法制建设,实现和完成水利系统"六五"法制宣传教育的目标和任务。

总之,水法律制度的建立和健全,直接关系到水利事业的发展是否有法可依、有章可循,关系到水利行业依法治水、依法行政的成败,是水利法制建设的一项十分重要的基础性工作,是整个水利事业发展的根本保障。

第四章　水管理体制

第一节　我国的水管理体制

一、水管理体制概述

水管理体制是一个比较复杂的问题。由于国家与国家之间在政治体制、经济制度和自然条件等方面的差异，世界上没有哪两个国家的水管理体制完全相同。虽然世界上水资源管理模式众多，但是归纳起来，无外乎存在以下四种情形：一种是按照江河、湖泊水系的自然流域为基础而建立的流域管理体制，以欧共体国家对水资源的管理为代表；一种是以组成该国家的地方行政区域为基础的区域管理体制，以美国对水资源的管理为代表；一种是以水资源的某项经济、社会职能或用途为基础而设立或委托专门的部门进行管理的体制，以日本为代表；一种是以江河、湖泊水系内自然流域的水资源管理为中心，对该流域内与水资源相关的水能、水产、土地等资源进行统一管理并超出水资源管理范围之外的管理模式，以美国的田纳西流域管理为代表。

由于水资源具有多种社会、经济用途，它的这种多功能性导致了开发利用和保护的多部门性，水资源虽跨不同的行政区域，但独立存在的天然系统导致了江河、湖泊上下游、左右岸在开发利用水资源与防治水害方面相互依存。因此，尽管各国的水资源管理体制各异，但不同管理体制下的国家政府都尊重水资源以流域存在这一基本规律，在其国家政治、经济制度允许的范围内采取各种措施，促进水资源在开发利用和保护方面尽可能以流域为单元进行统一规划、统筹兼顾，以达到水资源最大的社会、经济效益。

二、我国水管理模式

1946 年，人民政府在冀鲁豫解放区恢复黄河水利委员会，作为该区治理黄河的专门机构，由此拉开了以流域为单位治理江河、湖泊的序幕，而且新中国成立以后相继在长江、淮河、海河、珠江、松花江与辽河、太湖等大江、大河、大湖恢复或设立流域管理机构。虽然我国对大江、大河、大湖的水资源按照流域进行管理已经有了数十年历史，但是 1988 年 1 月颁布的《水法》第九条只确认了行政区域管理这一模式。而第一次明确提出流域管理规定的则是在 1988 年 6 月颁布实施的《河道管理条例》中，1997 年颁布的《防洪法》再次强调了对水资源管理实行流域管理与行政区域管理相结合的管理模式。从水事法律对我国水资源管理模式由单一的行政区域管理向流域管理与行政区域管理相结合的规定的转变情况来看，这一变化反映了我国人民认识、确认水资源的流域性这一特点的历程，表明了我国政府和人民认识、尊重自然规律，也是对水资源科学性、技术性、社会性等专业性特点的一个体现。

从水事法律的规定可以看出，我国对水资源管理实行的是流域管理与行政区域管理相结合的制度。实际上这种管理制度是在考察、借鉴国外水资源管理经验的基础上，结合我国水资源的特点和历史传统而创造的一种新的管理模式，与国际上单一的水资源管理模式不一样，具有自己的特色。无论是流域管理还是行政区域管理，都只是我国水资源管理的两个不同层面，在我国国家水行政主管部门的统一领导下，彼此各有侧重，互有分工，共同构成我国水资源的一个完整管理体系。相应地，形成了两个不同层面的管理机构、管理人员，即流域管理机构及其工作人员和各级地方水行政机关及其工作人员。

三、行政区域管理与流域管理之间的关系

如前所述，行政区域管理与流域管理只是我国水资源管理内容中的两个不同层面，应当各有侧重，彼此互相补充，共同实现对水资源的最大限度的利用。而关于二者在水资源管理过程中彼此之间的关系，现有的水事法律规范均没有作出规定，这在一定程度上削弱了我国水资源管理模式作用的发挥。黄河水利委员会原主任、水利部原副部长王化云同志在《我的治河实践》一书中对二者关系有着精辟的论述：治理与开发黄河，决不是为某一局部地区除害兴利，而是要除全河的害兴全河的利，为国家的繁荣富强作贡献。国家成立流域机构，就是为了加强对黄河的统一治理，使治黄工作在宏观上达到经济效益、社会效益和环境效益的高度统一。世界上大多数发达国家都以江河流域为单位管理、利用水资源与其他资源。1992 年联合国环境与发展大会通过的《21 世纪议程》中明确提出水资源应按流域进行综合管理。由此可见，以江河流域为单位对水资源及其相关资源进行管理是水利行业的发展趋势，水事法律应当体现并反映这一发展趋势，明确江河流域管理与行政区域管理二者之间的关系。

四、水资源的管理体制

（一）管理体制

水资源管理体制是国家管理水资源的管理制度、管理方式和管理机构的有机综合，是合理开发、利用、节约、保护、管理水资源和防治水害，实现国家治水目标、方针、政策和水资源可持续利用的组织保障，与一个国家的经济社会发展状况、水资源的供求矛盾、国家的政治体制和水资源管理的历史沿革密切关联。

改革水管理体制，加强水资源的统一管理，从水资源分割管理的体制向"一龙管水、多龙治水"的体制转变，是新形势下实现水资源可持续利用的迫切要求，也是新《水法》的重要特点和立法宗旨。为此，《水法》第十二条规定我国水资源的管理体制为：国家对水资源实行流域管理与行政区域管理相结合的管理体制。国务院水行政主管部门负责全国水资源的统一管理和监督工作。国务院水行政主管部门在国家确定的重要江河、湖泊设立的流域管理机构，在所管辖的范围内行使法律、行政法规规定的和国务院水行政主管部门授予的水资源管理和监督职责。县级以上地方人民政府水行政主管部门按照规定的权限，负责本行政区域内水资源的统一管理和监督工作。

（二）流域管理

流域是地表水及地下水分水线所包围的集水区域的统称，习惯上也往往将地表水的

集水面积称为流域。流域性是水资源的重要自然特性，以流域为单元对水资源实行管理是世界各国水资源管理的共同经验。1992 年在巴西里约热内卢召开的联合国环境与发展会议上，全世界 102 个国家元首或政府首脑通过并签署了《21 世纪议程》，其中要求按照流域一级或子一级对水资源进行管理。我国原《水法》对流域管理、流域机构的法律地位缺乏规定，地方分割管理造成的弊端和实施统一管理解决黄河、塔里木河、黑河断流的成功经验，从反正两方面说明了加强流域管理是实现水资源可持续利用必不可少的环节。因此，明确流域管理机构在水资源管理体制中的地位，建立和完善流域管理的法律制度是《水法》的一个重点内容。

长江、黄河、淮河、海河、珠江、松花江和辽河、太湖是国家确定的重要江河、湖泊。为了对流域实施有效的管理，水利部在这些江河、湖泊设立了流域管理机构，是水利部的派出机构，在所辖区域内行使法律、行政法规规定的和水利部授予的水资源管理与监督职责，是具有行政职能的事业单位：①长江水利委员会，辖长江流域和澜沧江以西（含澜沧江）区域（包括青海、西藏、云南、贵州、四川、重庆、湖南、湖北、江西、安徽、江苏、上海、陕西、河南、甘肃、新疆、浙江、广西、广东、福建等 20 个省、自治区、直辖市的部分或全部行政区域）；②黄河水利委员会，辖黄河流域和新疆、青海、甘肃、内蒙古内陆河区域（包括山西、内蒙古、山东、河南、四川、陕西、甘肃、青海、宁夏、新疆等 10 个省、自治区的部分或全部行政区域）；③淮河水利委员会，辖淮河流域和山东半岛区域（包括江苏、安徽、山东、河南、湖北等 5 个省的部分行政区域）；④海河水利委员会，辖海河流域、滦河流域和鲁北地区区域（包括北京、天津、河北、山西、内蒙古、辽宁、山东、河南等 8 个省、自治区、直辖市的部分或全部行政区域）；⑤珠江水利委员会，辖珠江流域、韩江流域、澜沧江以东国际河流（不含澜沧江）、粤桂沿海诸河和海南省区域（包括福建、江西、湖南、广东、广西、海南、云南、贵州等 8 个省、自治区的部分或全部行政区域）；⑥松辽水利委员会，辖松花江、辽河流域和东北地区国际界河（湖）及独流入海河流区域（包括内蒙古、辽宁、吉林、黑龙江等 4 个省、自治区的部分或全部行政区域）；⑦太湖流域管理局，辖太湖流域、钱塘江流域和浙江省、福建省（韩江流域除外）区域（包括上海、江苏、浙江、安徽、福建等 5 个省、直辖市的部分行政区域）。

《水法》授权流域管理机构在水资源管理和监督方面的主要职责是：①负责《水法》等有关法律法规的实施和监督检查，拟定流域性水利政策法规，负责职权范围内的水行政执法和查处水事违法案件，负责调处省际间水事纠纷。②组织编制流域综合规划及有关的专业或专项规划并负责监督实施。③统一管理流域水资源，负责组织流域水资源调查评价，组织拟订流域内省际水量分配方案和年度调度计划以及旱情紧急情况下的水量调度预案，实施水量统一调度；组织指导流域内有关重大建设项目的水资源论证工作；在授权范围内组织实施取水许可制度，组织指导流域的水文工作，发布流域水资源公报。④组织流域水功能区划，审定水域纳污能力，提出限制排污总量的意见，负责对省界和重要水域的水质水量监测。⑤组织指导流域内江河、湖泊水域和岸线的开发、利用、管理和保护。

（三）行政区域管理

行政区域是国家为分级管理而划分的地方，是经济与社会发展的基本单元。按行政区域划分的范围对水资源实施管理，是水资源管理体制的重要内容。水利部负责全国水资源的统一管理和监督，县级以上地方人民政府水行政主管部门按照规定的权限，负责本行政区域内水资源的统一管理和监督工作，其他有关部门按照职责分工，负责水资源开发、利用、节约和保护的有关工作。

我国地域辽阔，水资源的状况和经济社会发展水平不同，水资源管理应当结合各地实际，充分发挥积极性和主动性，特别是经常性的具体管理活动主要应由地方政府来实施。应当注意的是，区域管理应当以保证水法制的统一为前提，即地方制定的地方性水法规和政府规章不得与法律和行政法规相抵触，区划规划应当服从所在流域的流域规划，地方应严格执行经批准的流域规划、河流水量分配方案和水量调度计划，不能各行其事。

（四）流域管理与行政区域管理的关系

流域管理与行政区域管理的关系，在一定程度上讲，就是流域机构与地方政府水行政主管部门之间的关系，也可以说，就是"条条"和"块块"的关系。

流域管理是针对水是流动性的、跨地区的、跨行业的、不受行政区划限制的这些特点，通过水利部派出的流域管理机构，遵循法律法规的规定和水利部授予的水资源管理与监督职责，实施全流域范围内的水资源的统一管理，保障流域内水资源的可持续利用，为流域内社会经济的发展服务的。

行政区域管理是通过党和国家的方针政策、法律法规、行政命令等一系列手段，按行政区划分级分层次地实施所辖行政区域内的水资源的统一管理，是经济社会和人民生活发展的需要，是改革稳定大局的需要，是地方人民政府依法行政的重要职责。

流域管理和行政区域管理两者不可相互替代，但两者都有共同的目标，即统一管好用好水资源，为经济社会的发展和社会稳定作贡献。因此，在水资源管理工作中，应加强联系，共同研究，相互配合，团结治水。尤其是流域管理中，协调和处理省际间水事纠纷或水事矛盾，更应相互理解，相互支持，相互帮助，为了共同的目的，把流域的事办好，把行政区域的事办好。因此，流域管理与行政区域管理相结合总的原则是按照《水法》及其他水法律、法规的规定和国务院水行政主管部门的授权，各负其责，相互配合、相互支持，共同把流域的水资源管好。

总之，水资源管理体制涉及面很广、政策性很强，世界各国千差万别、不尽相同。从21世纪发展现代化水利事业的需要出发，从国情出发，今后我国水资源的管理体制还是要严格按照水法律、法规的规定，逐步健全和完善水利部、流域管理机构和地方水行政主管部门统一与分级、分层次管理的格局，逐步建立起一个以水资源、权属管理为中心，分级管理、监督到位、关系协调、运行有效，对水资源开发、利用、节约和保护实施全过程动态调控，并能统筹兼顾防洪、排涝、蓄水、供水、用水、节水、污水处理及回用、地下水回灌等涉水事务的管理体制。各级水行政主管部门和流域管理机构应按照"三个代表"重要思想的要求，进一步贯彻落实国家的水利工作方针、政策和法律法规，积极探索和完善符合可持续发展战略，适应社会主义市场经济体制的治水新思路，通过体制改革、机制创新、法制健全、科技创新，加快水利的改革与发展，为国民经济的建设和发展作出贡献。

第二节　水行政机关

一、水行政机关的性质与法律地位

根据《宪法》、《国务院组织法》和《水法》以及1998年年初全国人大通过的机构改革方案,水利部是国务院的组成部门之一,是我国的国家水行政主管部门,负责我国领土范围内的全部水资源,包括空中水、地表水和地下水的管理。省、自治区、直辖市人民政府中的水利厅(局)是省、自治区、直辖市人民政府所辖行政区域内的水行政主管部门,负责该行政区域内的水资源管理工作。县级人民政府中的水利(务)局是县级人民政府对本行政区域行使水资源管理的职能部门。

二、水行政区域管理体系及特点

(一)水行政区域管理体系

行政区域管理是我国水资源管理体制的一种重要管理层面与方式。根据《水法》和其他水事法律规范的规定,我国水资源行政区域管理主要由三级构成,即国家级、省级和县级。当然,不同的管理级别享有不同的管理权限,相应地,形成了三个不同的管理层次,即水资源宏观管理、微观管理和介于二者之间的管理。其中,国家级水行政部门对水资源的管理通常是宏观管理,县级管理通常是微观管理,而省级水行政部门则介于宏观管理与微观管理之间,不但从事宏观管理工作,而且从事大量的微观管理工作。但是,这几种不同的管理层次并不是截然分开的。

(二)水行政区域管理的特点

1. 统一管理与分部门管理相结合

水作为一种自然资源,通常以空中水、地表水和地下水等不同的形式存在于自然界中,彼此之间还可以互相转化,具有动态性、流域(区域)性、多功能性等特点,是一种综合性很强的生产、生活要素。这决定了国家应当设立一个统一的行政主管部门来对全国范围内的、不同存在形式的水资源加以管理。因此,新中国成立后,即在当时的政务院设立水利部,负责全国的水资源管理工作。其间虽然又经历合并、撤销,但是随着时间的推移,政府对水资源作为自然资源、环境要素以及国民经济与社会生产生活要素等特性有了进一步的认识,于是在1988年机构调整时又重新设立水利部(以前是与电力部合在一起)。独立的国家水行政主管部门的设立对于加强全国水资源的管理,保护好水资源,实现国民经济和社会的可持续发展都有重要的作用。新中国成立以来的水资源管理实践已经证明了这一点,目前我国“多龙治水”的局面有了一定程度的改善。在地方各级人民政府中,都设立有水利(厅)局,作为本行政区域范围内的水行政主管部门,负责本行政区域范围内水资源的管理工作。

由于水资源涉及国民经济与社会生活的各个方面,如江河、湖泊水具有航运、灌溉功能,水行政机关在管理水资源的过程中,需要其他的管理部门如交通、农业、城建等的协助,同时这些部门在其职责范围内负责相关的水管理工作。

2. 中央与地方分级管理相结合

国家水行政主管部门代表国家对全国水资源进行宏观管理,省级人民政府的水行政主管部门对本行政区域范围内的水资源进行宏观与微观双重管理,县级水行政主管部门对该行政区域范围内的水资源进行微观管理,这样就形成了一个垂直纵向的水资源管理体制,即中央与地方分级管理相结合的体制。

中央与地方分级管理相结合的体制有其宪法、组织法依据,《宪法》第三条规定:中央和地方的国家机构职权的划分,遵循在中央的统一领导下,充分发挥地方的主动性、积极性的原则。《地方各级人民代表大会和地方各级人民政府组织法》第五十五条规定:全国地方各级人民政府都是国务院统一领导下的国家行政机关,都服从国务院;第六十六条又规定:省、自治区、直辖市的人民政府的各工作部门受人民政府统一领导,并且受国务院主管部门的领导或者业务指导。

三、水行政机关的职责和权限

我国各级水行政机关在国家水资源管理体系中居于不同的地位,担负着不同的管理职能。为了协调好水资源管理中各方面的关系,提高水资源的管理水平与效率,我国水事法律规范对其职责和权限作了相应的划分。

(一)国家级

水利部作为国务院水行政主管部门,对全国的水资源包括空中水、地表水和地下水实施统一管理,概括起来,其主要职责和权限包括以下内容:

(1)拟定水利工作的方针政策、发展战略和中长期规划,组织起草有关法律、法规并监督实施。

(2)统一管理水资源(含空中水、地表水和地下水)。组织拟订全国和跨省(自治区、直辖市)水长期供求计划、水量分配方案并监督实施,组织有关国民经济总体规划、城市规划及重大建设项目的水资源和防洪的论证工作,组织实施取水许可制度和水资源费征收制度,发布国家水资源公报,指导全国水文工作。

(3)拟定节约用水政策,编制节约用水规划,制定有关标准,组织、指导和监督节约用水工作。

(4)按照国家资源与环境保护的有关法律法规和标准,制定水资源保护规划;组织水功能区的划分和向饮水区等水域排污的控制;监测江河湖库的水量、水质,审定水域纳污能力;提出限制排污总量的意见。

(5)组织、指导水政监察和水行政执法;协调并仲裁部门间和省(自治区、直辖市)间的水事纠纷。

(6)拟定水利行业的经济调节措施,对水利资金的使用进行宏观调节,指导水利行业的供水、水电及多种经营工作,研究提出有关水利的价格、税收、信贷、财务等经济调节意见。

(7)编制、审查大中型水利基建项目建议书和可行性报告,组织重大水利科学研究和技术推广,组织拟定水利行业技术质量标准和水利工程的规程、规范并监督实施。

(8)组织、指导水利设施、水域及其岸线的管理与保护,组织指导大江、大河、大湖及河口、海岸滩涂的治理和开发，办理国际河流的涉外事务，组织建设和管理具有控制性的或跨省(自治区、直辖市)的重要水利工程，组织、指导水库、水电站大坝的安全监督。

(9)指导农村水利工作，组织协调农田水利基本建设、农村水电电气化和乡镇供水工作。

(10)组织全国水土保持工作。研究制定水土保持的工程措施规划，组织水土流失的监测和综合防治。

(11)负责水利方面的科技和外事工作，指导全国水利队伍建设。

(12)承担国家防汛抗旱总指挥部的日常工作，组织、协调、监督、指导全国防洪工作，对大江大河和重要水利工程实施防汛抗旱调度。

(13)承办国务院交办的其他事项。

(二)省级

各省(自治区、直辖市)的水利厅(局)是该省(自治区、直辖市)人民政府对本行政辖区的水资源实施统一管理的行政主管部门，也是行政区域管理中以宏观管理为主、兼有部分微观管理的管理层次。根据水事法律规范和组织法的规定，其主要职责和权限是：

(1)监督、检查国家水事法律、法规、规章与方针政策和本辖区内地方性水事法规、地方人民政府规章、自治条例、单行条例在本辖区的贯彻落实情况。

(2)组织拟定本辖区内地方性水事法规、地方人民政府规章。

(3)组织制订本辖区的水长期供求计划，参与拟订涉及本辖区的水长期供求计划、水量分配方案，组织实施本辖区的取水许可工作，组织实施本辖区的水文行业管理。

(4)组织、指导本辖区的水利设施、水域及其岸线的管理与保护，组织、指导本辖区的水库、水电站大坝的安全监督。

(5)审查、批准本辖区内重要的基本建设项目涉及水资源管理的规划或可行性报告。

(6)指导、监督本辖区的城乡供用水管理工作，组织、指导、监督本辖区的节约用水工作。

(7)组织、指导本辖区的水政监察和水行政执法工作，参与协调涉及本辖区的水事纠纷，组织协调并仲裁本辖区部门之间、本辖区内跨行政区域的水事纠纷。

(8)组织拟定国家尚未统一制定的水资源管理专业技术规范并监督实施。

(9)组织、监督本辖区的水土保持工作，组织实施本辖区水土流失的监测和综合防治。

(10)组织、监督本辖区的水利队伍建设。

(11)组织实施本辖区的水事法律规范的宣传教育工作，普及水事法律规范知识，并表彰先进集体与个人。

(12)组织、指导本辖区有关水资源管理的国内外交流与合作。

(13)承担本辖区防汛抗旱指挥机构的日常工作，组织、协调、监督、指导本辖区的防洪工作，并组织实施本辖区大江大河和重要水利工程的防汛抗旱调度。

(14)承办本级人民政府和水利部交办的其他事宜。

(三)县级

县级水行政机关是县级人民政府对本行政区域的水资源实施统一管理、监督的主管部门，在我国行政区域管理体制中，属于微观管理层次。根据水事法律规范的规定，其职责和权限主要是：

(1)监督国家水事法律、法规、规章与方针政策和本辖区内地方性水事法规、地方人民政府规章、自治条例、单行条例在本辖区的贯彻落实情况。

(2)参与拟订涉及本辖区的水长期供求计划、水量分配方案。

(3)监督经审查、批准的本辖区内重要的基本建设项目涉及水资源的内容的贯彻实施。

(4)组织本辖区的水文、水土保持、水污染防治等工作。

(5)组织本辖区的水利队伍的建设工作。

(6)组织、指导、监督本辖区的节约用水工作。

(7)组织本辖区的水政监察和水行政执法工作；参与协调涉及本辖区的水事纠纷，组织协调并仲裁本辖区部门之间、本辖区内跨行政区域的水事纠纷。

(8)承担本辖区防汛抗旱指挥机构的日常工作，组织、协调、监督、指导本辖区的防洪工作，并组织实施本辖区的大江大河和重要水利工程的防汛抗旱调度。

(9)组织本辖区的水事法律规范的宣传教育工作，并表彰先进集体和个人。

(10)承办本级人民政府和上级水行政机关交办的其他事宜。

第三节　流域管理机构

一、流域管理概述

(一)流域管理含义

流域管理是与行政区域管理相对的水管理形式，是按照水系对水资源进行统一管理的一种方式，是人类社会认识、尊重自然规律的必然结果，也是人类社会对自然的一种能动反映。1992年在巴西里约热内卢召开的联合国环境与发展会议上，全世界102个国家元首或政府首脑通过并签署了《21世纪议程》。该文件要求对水资源按照流域一级或子一级，采取适当的管理体制进行管理。其中，流域管理具有以下特征：

(1)将流域内的水资源与流域本身或子流域作为一个不可分割的整体进行统一管理。

(2)统筹、综合考虑流域内一切可能开发利用的目标并作出规划。

(3)采用仲裁方式或其他民主的方式协调流域内不同利益群体之间的关系。

(4)政府在流域管理中不再居于主导地位，主要依靠宏观调控手段对其产生指导性的影响。

(二)流域管理的历史沿革

流域是天然河流、湖泊集水的区域，自古以来即被人类所认识。随着近现代科学技术的发展，人类具备了全面开发利用、保护整个或局部河流、湖泊的能力，相应地出现了流域管理模式与流域管理机构。

在我国元明清时期，为确保漕运，维护京都地区粮食和财政的给养，防治黄淮海平原的洪涝灾害而设立的跨行政区域、按照水系管理的河道总督机构,负责主管黄河、运河以及海河、淮河水系的水利事务,与当时主管数省地方政务的总督级别相当。这是我国较早的流域管理机构。1879 年美国在密西西比河流域设立密西西比河委员会,对流域面积 322 km^2、地跨 31 个州的密西西比河进行统一规划,统筹考虑整个密西西比河流域的防洪和航运等问题。进入 20 世纪,这种以江河流域作为水管理的基本单元、进行多目标开发利用的水管理模式为世界各国普遍接受,大多采取适合本国具体情况的流域管理组织形式,赋予其相应的职责、权限,其中以 1933 年美国在田纳西河流域设立的田纳西流域管理局最为典型,对世界上其他国家的流域管理产生了重要的影响。

在 20 世纪二三十年代,国民政府在我国的重要江河、湖泊设立了具有现代意义的流域管理机构:扬子江水利委员会、黄河水利委员会、导淮委员会、华北水利委员会和珠江水利局等,并着手编制各流域综合规划。由于历史的原因,当时大多数的流域规划未完成,当然谈不上付诸实施。

新中国成立后,人民政府在长江、黄河等大江、大河、大湖恢复或设立了长江水利委员会、黄河水利委员会、海河水利委员会、淮河水利委员会、珠江水利委员会、松辽水利委员会、太湖流域管理局等七大流域管理机构。我国的江河流域管理伴随着大规模的水利建设进入了一个新的历史时期,各流域管理机构对我国的大江、大河、大湖的综合开发利用和保护发挥了重要的作用。

二、我国流域管理机构的性质与法律地位

截至目前,我国尚未有一部调整流域管理与流域管理机构的法律规范,虽然有关的内容散见于水事法律规范中,如《河道管理条例》、《防洪法》,但是并不能够适应复杂的流域管理的需要,而且也未对各流域管理机构性质、法律地位等内容作出界定。根据历次机构调整时国家水行政主管部门的“三定”方案,各流域管理机构是“水利部在所在流域的派出机构”,这并不能正确界定各流域管理机构的性质与法律地位。而根据《国务院行政机构设置和编制管理条例》第六条“国务院组成部门管理的国家行政机构由国务院组成部门管理,主管特定业务,行使行政管理职能”的规定,我国七大江河、湖泊的流域管理机构为“国务院组成部门管理的国家行政机构”,主管特定江河、湖泊的流域水管理业务,具有行政法主体资格。

三、流域管理机构的职责和权限

根据历次国务院机构调整时水利部的“三定”方案和流域管理机构的管理实践,归纳起来,各流域管理机构的职责和权限包括以下内容:

(1)监督国家水事法律、法规、规章与方针政策以及流域内地方性水事法规、地方人民政府规章、自治条例、单行条例在所在流域的贯彻落实情况。

(2)制定本流域水利发展战略规划和中长期计划;会同有关部门和本流域内有关省(自治区、直辖市)人民政府编制流域综合规划和相关的专业规划,并监督实施。

(3)统一管理本流域内水资源,组织对本流域水资源的监测和调查评价,对本流域内水资源保护工作实施监督管理;拟订本流域内跨省(自治区、直辖市)的水长期供求计划

和水量分配方案,并监督实施;组织本流域内的取水许可工作。

(4)拟订本流域防御洪水方案,组织审查跨省(自治区、直辖市)防御洪水方案,协调本流域防汛抗旱日常工作,指导流域内蓄滞洪区的安全与建设。

(5)组织、指导本流域的水利设施、水域及其岸线的管理与保护,根据国家授权,组织管理重要河段的河道;组织、指导本流域的水库、水电站大坝的安全监督。

(6)组织本流域水土流失重点治理区的监测和综合治理,指导地方水土保持工作。

(7)组织审查本流域内中央投资的水利工程和与地方合资建设的水利工程的项目建议书或可行性报告。

(8)组织、指导本流域的水政监察和水行政执法工作,组织协调并仲裁流域管理部门与地方之间、本流域内跨省(自治区、直辖市)的水事纠纷。

(9)指导本流域农村水利工作,组织协调本流域农田水利基本建设、农村水电电气化和乡镇供水工作。

(10)组织本流域有关水资源管理的国内外交流与合作,组织本流域水利队伍的建设。

(11)承办水利部交办的其他事宜。

四、流域管理的特点

(一)统一管理与专业管理相结合

从流域管理机构所享有的职责和权限来看,坚持了我国行政管理的基本原则——统一管理原则,即由各流域管理机构在所在的流域范围内统一行使特定的水管理业务。而从各流域管理机构的职能部门组成来看,大都设立了水资源规划与水质监测部门、河务与防汛抗旱部门、水文部门、水土保持部门和水利工程管理部门等,职能较为齐全。通过分工,不但明确了各职能部门的职责与权限,而且实现了专业管理,达到了统一管理的目的。

(二)宏观管理与微观管理相结合

从国家对流域管理机构赋予的职责和权限来看,体现了宏观管理与微观管理相结合的特点,不但承担着在流域范围内和授权区域内对江河、湖泊水资源的调查评价任务,水中长期供求计划、水量分配方案、流域综合规划或专业规划监督任务等宏观管理内容,而且肩负着组织实施经批准的流域综合规划或专业规划、重点水利工程建设项目的建设,以及监督流域内省、自治区、直辖市实施有关综合规划或专业规划的情况,协调仲裁流域内的水事纠纷等微观管理内容。水资源宏观管理与微观管理在流域管理中得到了有机统一。

五、我国流域管理存在的问题

以1946年2月人民政府在晋冀鲁豫解放区恢复设立治黄机构——冀鲁豫黄河故道委员会起算,我国的流域管理已有60余年的历史,为我国大江、大河、大湖的治理开发与保护发挥了重要的作用。由于各种因素的影响,时至今日仍然没有一部完整、系统的调整江河、湖泊流域管理的组织法或管理法,严重阻碍了流域管理成效的发挥。归纳起来,目前流域管理存在以下基本问题。

（一）流域管理机构的性质和法律地位不明确

这在所有问题中处于核心地位。水事管理基本法律《水法》所规定的水行政管理主体仅仅是县级以上人民政府及其水行政主管部门，而对流域管理机构则没有涉及。虽然在历次机构调整中都将其界定为事业单位，其职权在实践中也都由水利部下文确认，但是由于这些规范性文件本身存在着法律疑问，而且与《国务院行政机构设置和编制管理条例》第六条规定明显不符，不能够解决流域管理机构的性质与法律地位问题。

由于流域管理机构缺乏行使水管理职权应有的法律依据，致使其在履行流域水管理职权时常常处于不利的地位，影响其职权的行使。一些地方也把流域管理机构当作可有可无的、多余的管理层次，对本地区、本部门有利的就按照流域综合规划或专业规划执行，并要求流域管理机构给予协助，而对自己不利的则撇开流域的综合规划或专业规划和流域管理机构，以致酿成不应有的水事纠纷。《国务院行政机构设置和编制管理条例》第六条规定为修订《水法》，增加流域管理内容，明确流域管理机构的性质与法律地位提供了法律依据。只有彻底解决这个问题，才能够使我国的流域管理既符合世界发展趋势，又有明确的法律依据。

（二）流域管理规范性文件的制定问题

我国实行的是一元多层次立法体系，不但国家权力机构享有法定的立法权，而且行政机关也享有有限的行政立法权。由于水资源管理情况复杂多变，立法难度大，除基本的内容由水事法律以法律形式固定外，对于其他的、完全属于水利行业专业性的内容则由国务院或其水行政主管部门、地方人民政府及其水行政主管机关以非法律的规范性文件形式制定出来。而流域管理机构是水利部的派出机构，不属于地方管辖，当然地方在立法时不可能对流域管理机构的性质、职权作出规定。流域管理机构由于本身存在着一定的法律疑问，因而其制定的有关流域管理的规范性文件的法律效力、层次等无疑是无法确定的。这样致使流域管理机构难以开展工作，与地方水行政区域管理难以协调。

（三）缺乏有效的监督管理手段

虽然在水管理实践中，都提及流域管理机构享有监督权利，但实际上，由于缺乏明确的法律依据，各流域管理机构享有的对本流域内水事活动的监督权利根本就落不到实处，从而使这种监督权利流于形式。在目前七大流域管理机构中，只有黄河水利委员会、淮河水利委员会、海河水利委员会三家流域管理机构对其所在流域内部分省级矛盾比较突出的河段和工程实施直接的控制，而对各自流域内其他的控制性骨干工程都没有直接的管理、调度权，因而无法对流域内的水资源进行有效调控。以 1994 年各流域管理机构组织实施取水许可工作为例，仅在流域管理机构直接管理的河段范围内完成了取水许可证的发放任务，而在非直接管理的范围内困难重重。就总体而言，目前各流域管理机构能够发挥其实际监督作用的仅限于那些由中央投资并由流域管理机构负责组织实施的部分和由流域管理机构直接管理的河段或工程范围内的建设项目，对于其他的则很难发挥其监督作用。

当然流域管理还存在着其他的一些问题，但是上述三个问题在所有问题中处于基础地位，解决好上述三个问题是解决流域管理所有问题的关键所在。对于其他的问题，如协调不力、流域管理的威信逐渐降低等，在这里就略去不述。

第四节 水行政相对方

水行政相对方是指参加水行政法律关系的另一方当事人,通常包括公民、法人、其他组织,以及外国人和外国组织、无国籍人。行政相对方这一概念不但越来越为法学界所重视,而且为行政机关所重视,这是现代行政法理论发展的一大变化。它反映了现代行政法理论由过去以行政权、行政机关为研究对象开始转向以被管理者即人民为核心的新的行政法理论取向。明确行政相对方这一概念及其权利义务和在行政法律关系中的地位、内容是依法治国、依法行政的必然要求,也是完善社会主义民主与法制建设的重要内容。我国在这方面的立法成就也不少,如《行政诉讼法》、《国家赔偿法》、《行政处罚法》和《行政复议法》等,为行政相对方维护其合法权益提供了相应的法律依据。

一、水行政相对方的权利

水行政相对方的权利是指水事法律规范和其他法律法规所赋予的、在水行政法律关系中水行政相对方应当享有的权利,包括水行政实体法和程序法上的权利。归纳起来,有以下权利内容。

(一)行政救济权

所有水行政职权都是由水事法律规范加以规定的,一切水事管理活动都应当依法进行,公民、法人或其他组织的合法权益不受非法侵犯。这是依法治国、依法行政的内在要求。当出现水行政主体不当行使水管理职权而给水行政相对方的人身、财产等合法权益造成侵害,或者水行政主体消极行使水管理职权,没有对水行政相对方的人身、财产等合法权益给予必要的保护时,水行政相对方享有向有权机关请求排除水行政主体的水行政行为,并要求其重新作出、依法行使水管理职权的权利,即行政救济权。我国法律为水行政相对方行使行政救济权提供了三种途径:一是申请行政复议,《行政复议法》第六条规定了相对方可以提起行政复议的具体行政行为范围,第七条规定了相对方可以提起行政复议的部分抽象行政行为范围;二是通过提起行政诉讼而行使行政救济权,《行政诉讼法》第十一条规定了相对方可以提起行政诉讼的范围;三是向有关部门申诉。在实践中,水行政相对方通常采取前两种途径来行使行政救济权。

(二)参与、监督水管理的权利

如前所述,由于水管理活动涉及整个社会,与每个公民的生活息息相关,因此实现对水资源的合理开发利用和保护需要整个社会、每个公民的参与、监督。而公民参与、监督水管理的途径很多,有直接的,如对水行政主体的水行政行为不服可以通过行政的、司法的途径寻求法律救济;有间接的,如公民通过所选举的全国人大代表来制定水事法律规范,以作为水行政主体行使水管理职权的依据。这些规定为公民参与、监督水行政主体的水管理活动提供了必要的法律依据,有助于保护水行政相对方的合法权益。

二、水行政相对方的义务

水行政相对方的义务是指水事法律规范和其他法律法规所赋予的、在水行政法律关系中水行政相对方必须履行的内容,包括水行政实体法和程序法上的义务内容。归纳起来,水行政相对方最大的义务就是在开发利用和保护水资源过程中遵守水事法律规范的规定,与水行政主体一同参与水资源的管理并监督水行政主体的水管理活动,保护有限的水资源,实现国民经济和社会的可持续发展。

第五章　水资源管理制度

第一节　我国水资源权属

《宪法》第九条规定“水流”等自然资源都属于国家所有,《水法》第二条和第三条规定水资源(包括地表水和地下水)属国家所有。水是流动的,而且大气水、地表水、地下水又是相互转化的,《宪法》所指“水流”和《水法》所指“水资源”,含义上是一致的。

一、水资源所有权

水资源所有权是指对水资源占有、使用、收益和处分的权力,是对水资源全面、直接的支配权,是水资源使用权的基础。

水资源的所有权依《水法》规定属于国家,是不能由国家以外的其他任何主体享有的所有权,也是不能转移的,由国务院代表国家行使。国务院水行政主管部门和地方人民政府所属的水行政主管部门是国家水资源所有权的代表,按照国家规定的权限,依法负责全国和所属行政区域范围内的水资源统一管理与监督工作。

对于农村集体经济组织的水权问题,九届全国人大常委会第二十九次会议在审议《水法》修订草案时,考虑到既然规定水资源属国家所有,就不宜再规定“属于集体所有”,同时应调动农村集体经济组织和农民投资兴办各种水利设施的积极性,明确其有关的权益,以利于合理开发利用水资源。为此,新《水法》第三条在明确农村集体经济组织不享有水资源所有权的同时,又规定农村集体经济组织的水塘和由农村集体经济组织修建管理的水库中的水,归该农村集体经济组织使用,并在第二十五条明确,农村集体经济组织或者其成员依法在本集体经济组织所有的集体土地或者承包土地上投资兴建水工程设施的,按照谁投资建设谁管理和谁受益的原则,对水工程设施及其蓄水进行管理和合理使用。

二、水资源使用权

水资源使用权是指通过权利转让和特许方式(如取水许可等)从水资源所有权人获得的用益物权,主要为具有处分权的取(用)水权、排污权和没有处分权(如水面使用权等)的其他使用权。

目前,我国只对取(用)水权、排污权等水资源使用权有相应的法律规定,建立了相对完善的法律制度予以规范,这里仅就新《水法》有关取水权的规定着重予以介绍。

取水权是以取水行为为标的的权力,取水人依法取得取水许可证并缴纳水资源费后取得取水权,从而获得直接从江河、湖泊或者地下取水的权利。取水者的取水行为将会对取水点所在区域的水资源的量与质产生影响,因此其取水权的行使应遵循相关法律、法规对取水地点、取水量、取水方式、有偿使用等的规定,否则其取水权可能会被剥夺,同样取水者也有权要求其取水权益受到必要的保障。为此,《水法》第七条明确国家对水资源依法实行取水许可制度和有偿使用制度。同时,为切实保障农民合法用水权益不受损害,不影响涉及农村集体经济组织的水库、水塘的现有利益以及农民既有的实际用水权益,并与宪法及现行法律对水资源为国家所有的规定相一致,有利于国家对水资源的统一管理,《水法》第七条和第二十五条明确:一是对农村集体经济组织及其成员使用本集体经济组织的水塘、水库中的水不实行取水许可制度和有偿使用制度;二是农村集体经济组织修建水库应当经水行政主管部门批准。

第二节　水资源规划

我国是一个水资源短缺、水旱灾害频繁的国家。近 20 年来,随着经济社会的持续快速发展,城市化进程的加快和人民生活水平的不断提高,水资源短缺、洪涝灾害频繁、水环境恶化等问题日益突出,已成为我国可持续发展的重要制约因素。党和国家把水资源同粮食、石油一起作为国家的重要战略资源,提出了一系列新时期的治水方针、政策,要求全面规划、统筹兼顾,以水资源的可持续利用支持经济社会的可持续发展。当前,我国的水利事业正面临从传统水利向现代水利、可持续发展水利的转变,在继续做好防洪抗旱、防灾减灾工作的同时,把解决水资源短缺和水污染问题放到重要的位置,建立较为完善的防洪减灾保障体系、水资源供给和高效利用体系、水生态系统安全保障体系、现代化的水资源管理体系,通过水资源的合理开发、高效利用、优化配置、全面节约、有效保护、综合治理和严格管理,满足经济社会发展对水的需求。因此,水资源的可持续利用是实现新时期经济社会发展目标和可持续发展,具有基础性、全局性和战略性的问题,必须从水资源规划入手,科学安排,促进水资源的可持续利用。

一、水资源规划的法律地位与作用

水资源规划是水资源开发利用和防治水害活动的基本依据。

《水法》总结了过去普遍存在的不严格按照水资源规划进行建设和对规划实施缺乏有力监督管理的弊端,第十四条规定"开发、利用、节约、保护水资源和防治水害,应当按照流域、区域统一制定规划",第十八条规定"规划一经批准,必须严格执行",第十九条规定"建设水工程,必须符合流域综合规划",第三十一条规定"从事水资源开发、利用、节约、保护和防治水害等水事活动,应当遵守经批准的规划",并规定了规划同意书制度,以加强对规划实施的监督。因此,经批准的全国水资源战略规划、流域综合规划和流域专业规划、区域综合规划和区域专业规划,是开发、利用、节约、保护水资源和防治水害等各项水事活动的基本依据。各级政府和水行政主管部门应采取有效措施,做好规划实施中的协调与监督工作,使江河治理和水资源开发利用建设能够依照水资源规划特别是流域综合规划进行,各类基本建设项目和城市建设都要符合流域综合规划和防洪、水资源、水土保持等专业规划的要求,严禁任何违反规划的建设行为。

二、水资源规划体系及相互关系

（一）水资源规划体系

按照《水法》第十四条的规定，水资源规划体系由三类规划组成：一是全国水资源战略规划；二是流域规划，包括流域综合规划和流域专业规划；三是区域规划，包括区域综合规划和区域专业规划。

全国水资源战略规划是统筹研究全国范围内开发、利用、节约、保护水资源和防治水害的总体安排而进行的全面规划。

流域综合规划是统筹研究某一流域范围内开发、利用、节约、保护水资源和防治水害的总体安排而进行的全面规划。区域综合规划是根据流域综合规划的总体安排，就某一区域开发、利用、节约、保护水资源和防治水害而进行的详细规划。

专业规划是在一定的流域或区域内，就某一方面任务而进行的单项规划，包括防洪、治涝、灌溉、航运、供水、水力发电、竹木流放、渔业、水资源保护、水土保持、防沙治沙、节约用水等规划。其中，防洪规划、水土保持规划在《防洪法》、《水土保持法》中有更具体的规定。

（二）水资源规划之间的相互关系

全国水资源战略规划、流域规划和区域规划，是根据规划范围的不同而划分的。以全国为单元所作的规划是全国水资源战略规划，以流域为单元所作的规划是流域规划，以特定的地理、经济、行政区域为单元所作的规划是区域规划。因此，全国水资源战略规划对流域规划和区域规划起指导作用，流域规划和区域规划应当服从全国水资源战略规划。

水具有以流域为单元的整体特性，开发、利用、节约、保护水资源和防治水害的活动必须以流域为单元进行总体安排和部署。因此，相对区域规划而言，流域规划占主导地位，故《水法》第十五条明确规定"流域范围内的区域规划应当服从流域规划"。

流域或区域综合规划是根据经济社会可持续发展的需要和水资源开发利用现状，按照统筹兼顾、标本兼治、综合利用、讲求效益、兴利除害相结合的原则，协调生活、生产经营和生态用水，发挥水资源的多种功能，综合考虑社会、经济、环境等多方面的要求，提出本流域或区域开发、利用、节约、保护水资源和防治水害的方针、目标和任务，选定开发、利用、节约、保护水资源和防治水害的总体方案及主要工程布局与实施步骤。编制流域或区域综合规划，需要综合考虑并正确处理和协调好水利建设与国土整治的关系，整体利益与局部利益的关系，上下游、左右岸、各地区、各部门之间的关系，开发、利用水资源和防治水害与节约用水和生态环境保护的关系，需要与可能、近期与远景的关系等。因此，流域或区域的综合规划要指导流域或区域的专业规划，专业规划应当服从所在流域或区域的综合规划，这就是《水法》第十五条所规定的"专业规划应当服从综合规划"。

水资源规划涉及各地区、各行业，需兼顾各地区、各行业的需要，所以《水法》第十五条规定：流域综合规划和区域综合规划以及与土地利用关系密切的专业规划，应当与国民经济和社会发展规划以及土地利用总体规划、城市总体规划和环境保护规划相协调。

三、编制水资源规划的基本原则与要求

编制水资源规划涉及许多自然和社会因素，需要紧密结合当时的实际情况，兼顾各方面的关系，是一项十分复杂的系统工程。因此，编制水资源规划从宏观指导思想到具体工作，需要遵循一些基本原则。

（一）基本原则

1. 水资源开发利用与经济社会协调发展原则

这一原则要求水资源开发利用要与经济社会发展的目标、规模、水平和速度相适应，并适当超前；经济社会的发展要与水资源的承载能力相适应，城市发展、生产力布局、产业结构调整以及生态环境建设都要充分考虑水资源条件。

2. 全面规划和统筹兼顾原则

这一原则要求坚持全面规划、统筹兼顾、标本兼治、综合治理，除害与兴利相结合，开源节流治污并重，防洪抗旱并举，妥善处理上下游、左右岸、干支流、城市与农村、流域与区域、开发与保护、建设与管理、近期与远期等各方面的关系。

3. 可持续利用原则

这一原则要求统筹协调生活、生产经营和生态用水，合理配置地表水与地下水、当地水与外流域调水、常规水源与非常规水源等多种水源，对需水要求与供水可能进行合理安排，并在重视水资源开发利用的同时强化对水资源的节约与保护，以提高用水效率为核心，把节约用水放在首位，积极防治水污染，实现水资源可持续利用。

4. 按照社会主义市场经济规律治水原则

在认真研究产权、水权、水价、水市场以及体制、机制、法律法规等问题的基础上，科学制定水资源开发、利用、配置、节约、保护、治理的有关经济政策，利用经济手段调节水事活动，发挥政府宏观调控和市场机制的作用，以适应社会主义市场经济的要求。

5. 科学治水原则

广泛应用先进的科学技术手段、技术方式和规划思想，力求科学配置水资源，缓解面临的主要水资源问题，并用先进的信息技术和手段管理水资源，制定出具有高科技水平的现代化水利规划，努力提高规划的科技含量和创新能力。

6. 因地制宜与突出重点原则

根据各地水资源状况和经济社会条件，确定适合本地实际的水资源开发利用模式。同时，要充分考虑需水的增长及国家和地方财力状况，界定各类用水的优先次序，确定水资源开发利用、配置、节约、保护、治理的重点。

（二）规划编制工作要求

1. 以创新的思路编制规划

规划的编制要在规划思想、理论、方法、技术上有所创新。针对水资源开发利用和管理中出现的新情况和新问题，采用现代的规划技术手段，包括可持续发展理论、系统论、市场经济理论、现代管理方法等，以新思路、新资料、新方法、新技术做好规划编制工作。

2. 加强与相关规划的衔接

水资源规划要与国民经济和社会发展总体规划以及国土整治、防洪减灾、生态环境建

设等规划相协调与衔接，按照自然和经济规律，通过工程技术、行政法规、经济和科学技术等措施，统筹解决水资源短缺和水环境污染对经济社会可持续发展的制约，确定水资源的开发、利用、治理、配置、节约、保护等方面的目标、任务和重点。

3. 加强规划过程中的协调

为保障规划有序地进行，要采取上下结合的规划方法，协调好全国规划与流域规划、流域规划与省(自治区、直辖市)规划之间的相互关系，突出流域规划的整体性，合理划分规划工作阶段，突出重点，适时有序地进行有关水资源分区和流域及区域基础资料、有关规划指标等方面的汇总与协调工作。

4. 重视专家与社会参与

全面总结、合理吸收已有规划和研究成果，坚持规划的科学性、公正性和民主性，充分发挥专家的积极作用和规划人员的主观能动性，广泛听取社会各界的意见和建议，确保规划的成果质量。

四、水资源规划的主要内容

水资源规划是根据国民经济和社会发展规划以及规划范围内社会经济状况、自然环境、资源条件、历史情况、现状特点，结合有关地区、行业的要求，提出一定时期内开发、利用、节约、保护水资源和防治水害的方针、任务、对策、实施步骤和管理措施。不同时期的水资源规划，其基本内容大致相同。

(一)水资源调查评价

1. 水资源系列的延长与评价

按照统一的水资源分区，收集有关水文、泥沙、气象、水质、生态与环境等方面的基础资料，延长水文系列并进行系列代表性与合理性分析。在分析研究地表水与地下水相互转换关系以及气候和人类活动对水资源影响的基础上，对现状条件下水资源的数量与质量作出评价，包括水资源的数量及其时空分布规律、河湖天然水化学状况及水域现状水质状况等。

2. 水资源可利用量估算

在考虑生活环境用水的基础上，确定流域水资源开发利用程度控制指标，估算现状条件下的水资源可利用量及分布状况，并确定出河道内生态环境用水中利用一次性淡水资源的数量与比例。

3. 水资源演变情势分析

分析对水资源的形成和转化起主要作用的因素的未来变化趋势，并对未来水资源量和可利用量的可能变化作出趋势分析与预测。

(二)水资源开发利用现状评价

1. 水资源开发利用现状调查分析

包括：①对各分区水资源的供、用、排、耗的调查分析与评价；②各分区供水水源与结构及其变化趋势；③生活、生产、生态用水的结构及其变化趋势；④各类供水水量与水质的变化情况；⑤与水资源开发利用相关的社会经济发展状况及其演变趋势，以及对水资源利用的影响等。

2. 现状水污染及供水水质评价

包括:①调查分析现状废污水及污染物排放状况和入河排污量与污染负荷的结构与质量;②对各分区(指水功能分区)主要河段和供水水源地的现状水质状况进行调查分析与评价;③对各类供水的水质状况进行分析与评价。

3. 现状水资源供需平衡分析

具体要求与合理配置研究中供需平衡分析相同。包括不同水源的供水量以及用水部门一次用水与二次用水,在此基础上评价现状条件下相应的余缺水量,重点分析缺水量、缺水时空分布、缺水程度、缺水性质和缺水原因等,并对缺水造成的经济社会及环境影响进行分析与评价。

4. 水资源开发利用现状情况综合评价

包括对现状条件下水资源的开发利用程度、开发类型与利用模式、用水水平、用水效率、水质及生态环境现状、水资源开发利用中存在的问题等进行综合评价,综合分析水资源开发利用与经济社会可持续发展之间的协调程度。

(三)水资源需求预测

1. 经济社会发展对需水要求分析

根据各分区不同水平年国民经济发展目标、社会发展水平、城市化进程、生产力布局状况、各地水资源条件以及经济社会发展和生态环境保护对水资源的总体要求,分析研究各水平年经济社会发展指标及其对水资源的需求。

2. 生活与生产需水预测

对各水平年需水量的预测要充分考虑产业合理布局与经济结构调整、水价调整、人口控制、城市化发展以及技术进步等因素对需水变化的影响,并提出各种有效抑制需求的措施,需水预测要与节水潜力分析成果相协调。

3. 生态环境需水预测

生态环境需水量指为改善生态环境或维持生态环境质量不至于下降所需要的水量。常规情况可包括:河道内汛期冲沙水量、枯水期河道最低需水量、河道外生态环境需水量、维持一定水面积的河湖洼淀及湿地补水量、维持和恢复地下水相对平衡的补充水量,以及生态环境改善需要的河湖及绿地用水、旅游区景观用水等,可根据各地的实际情况确定生态环境最小需水量或合理需水量。

(四)节约用水规划

在水资源开发利用情况调查评价的基础上,根据经济技术发展水平,对提高水资源利用效率的可能进行分析,估算现状生活和生产用水水平在不同发展阶段的节水潜力。节水潜力的估算要进行技术产出分析和技术经济比较,分析水价对需求的抑制作用,分类提出合理的定额指标体系和用水水平控制指标。

制定以提高水资源利用效率为核心的节水规划,即分别确定农业、工业和城市的节水目标,制定实现节水目标的工程、行政、法律和经济等各类措施,并分析研究实现节水目标对水资源及其开发利用可能造成的影响。

(五)水资源保护与污水处理再利用规划

按照可持续发展的原则,对江河湖库的水域实行功能分区、纳污能力核定、入河总量控制，切实保护和改善水环境。要根据水资源利用和保护的要求进行水域功能区划，确定分区水质目标；根据江河湖库水域特点核定纳污能力；制定排污总量控制目标与对策，编制流域和区域水资源保护规划。

制定污水处理再利用规划。在分析水污染现状和未来用水的基础上，估算污水处理再利用的潜力，建立污水处理与再利用量和投入需求的关系；对污水处理再利用的技术与方式进行研究，制定合理措施与规划。

（六）水资源开发利用潜力分析与供水预测

1. 现状供水工程潜力分析

对进一步挖掘已建水源工程的供水潜力进行估算，包括地表水和地下水；对当地水资源利用和跨地区、跨流域调水工程，通过除险加固、优化调度、配套挖潜等措施增加的供水潜力进行分析。

2. 水资源承载能力分析和规划供水量计算

要在节水和污水处理再利用的基础上，考虑经济结构调整，根据各地水资源开发利用模式和水资源开发利用的潜力，分析水资源承载能力，预测不同开发利用模式与方案情况下的可供水量。不同开发利用方案条件下的可供水量确定，要在水资源可利用量的基础上进行。

3. 其他水源开发潜力分析

其他水源包括海水利用、雨水及洪水利用、微咸水利用等。要在摸清现状用水条件、水源分布及其特点、用户使用可行性的基础上，通过技术经济比较，估算其潜力，确定利用措施与使用用途。

（七）水资源合理配置

1. 含义

水资源合理配置是指在流域或特定的范围内，遵循高效、公平和可持续利用的原则，对各种可利用水源通过工程与非工程措施，在时间与空间尺度上，对不同区域和不同用水部门进行的需求控制、增加供给和保障生态环境安全活动的集合。

2. 各水平年供需平衡分析

根据规划水平年的经济社会发展目标要求和水资源条件，拟订把握未来发展情势和水资源开发利用方向的可能方案及其组合，进行水资源的动态供需平衡分析，并对未来发展的需水控制方案、综合供水方案和生态环境保护方案进行多方案的分析比较。

供需平衡分析原则上采用长系列调节计算的方法进行，并考虑水资源的重复利用。分析供水系统对满足生活、生产和生态需求量的程度，重点分析不同方案下的缺水量、缺水时空分布、缺水程度、缺水性质、缺水原因以及缺水影响等。

3. 确定水资源配置方案

根据不同水平年水资源供需平衡分析成果，在水资源开发利用综合潜力分析的基础上，研究水资源优化配置的宏观指标体系和水资源合理配置方案，并通过不同配置方案的经济、技术和生态环境综合分析的比较，确定水资源配置方案。配置方案不仅要明确不同区域和部门水资源的最大可利用量，还要根据水资源的条件提出区域水资源开发利用的方向和重点以及缺水地区产业布局和经济结构调整的建议等。

4.水资源合理配置中各方面关系的协调

水资源合理配置中要注意处理好下述相互关系,并逐步实现协调与平衡:

①水资源开发利用与经济社会发展的协调;②水资源开发利用与防洪减灾和生态保护环境建设之间的协调;③地表水与地下水、当地水与外流域调水、常规水源与非常规水源等多种水源的合理调配和联合调度之间的协调;④水资源调配在时间与空间尺度上的协调;⑤水资源供给与需求的动态平衡之间的协调;⑥耗用水量与水资源可利用量之间的平衡;⑦生活、生产和生态需水之间的协调;⑧减少需求、增加供给和保障质量之间的协调;⑨不同水源与用户间在水量与水质目标上的协调;⑩利用工程措施和非工程措施进行资源调配的协调。

5.特殊干旱情况应急对策制定

在分析流域水文情势和流域水资源配置方案的基础上,研究连续干旱年和特殊干旱年的水资源应急调配方案。

(八)水资源开发利用布局与实施方案制订

(1)确定水资源开发利用的总体布局。在对各类增供、减需、防污和保护措施及其组合方案分析比较的基础上,结合水资源合理配置研究中对各种组合方案的综合比较,评价规划措施对缓解流域及区域水资源短缺和改善水环境与生态的作用,确定各类地区水资源开发利用的方向与模式,确定各类(项)措施实施的优先顺序和相互之间的配合关系以及水资源开发利用的总体布局。

(2)制订节水规划措施实施方案。

(3)制订水资源保护及污水处理再利用规划实施方案。

(4)制订各类供水水源工程的实施方案,规划各类(项)水源工程建设的实施顺序,包括蓄水、引水、提水、调水等工程。

(5)制订其他水源的开发利用实施方案,确定其开发利用模式与控制指标,包括海水利用、微咸水利用、雨水及洪水利用等措施。

(6)制订各类水资源工程的建设方案和管理方案。

(7)制订规划实施方案的投资计划和资金筹措方案。

(8)评价各类规划工程的实施效果,包括对经济社会发展及生态环境改善的影响。

(九)规划实施效果评价

(1)承载能力。综合评估规划实施对提高水资源承载能力和水环境承载能力所产生的效果,对今后社会经济发展规模及布局提出合理化建议。

(2)经济效益。综合评价规划实施将产生的经济及社会效益。

(3)生态效益。综合评价规划实施将产生的生态效益。

(十)水资源可持续利用保障措施制定

(1)研究制定水资源管理的体制、机制和经济调节措施。

强化水资源统一管理,建立权威、高效、协调的水资源管理体制;完善法制建设,规范水事行为;推行合理的经济政策,发挥市场对水资源配置的基础性作用,通过水价杠杆等经济政策,调节水事行为;运用科技手段,提高水资源管理的技术水平。

(2)研究政府、市场及受益者在水事活动中的责任、权力和义务,逐步形成政府宏观调控、用户民主协调、水市场调节、水资源有偿使用的机制。

强化水资源的统一管理,加强取水许可制度,依靠水利科技进步和创新,确保水资源的合理开发、高效利用、综合治理、优化配置、全面节约、有效保护,促进和保障经济社会可持续发展。

(十一)水资源综合规划信息系统建设

按照总体设计、统一规范格式、分步实施的原则,建立全国、各流域及省区水资源规划信息平台,汇集与水资源有关的信息资料,以利于综合规划的编制和水资源开发利用与管理工作,建立全国水资源调控管理现代化信息系统与平台。

五、水资源规划的编制和审批

按照《水法》的有关规定,水资源规划的编制和审批权限按规划的范围分为全国水资源战略规划、国家确定的重要江河(湖泊)流域综合规划、跨省(自治区、直辖市)的其他江河(湖泊)流域综合规划和区域综合规划以及省(自治区、直辖市)范围内的江河(湖泊)流域综合规划和区域综合规划,按规划的性质分为综合规划和专业规划。

(一)按照规划范围分类的水资源规划的编制和审批权限

1. 全国水资源战略规划

《水法》第十四条规定“国家制定全国水资源战略规划”,却没有明确规定全国水资源战略规划的编制和审批权限。2002年,国家计委和水利部会同国家经贸委、国土资源部、建设部、农业部、国家环保总局、国家林业局、中国气象局等有关部门,组织编制了全国水资源综合规划,编制完成后于2010年11月经国务院批复。

2. 国家确定的重要江河、湖泊流域综合规划

按照《水法》第十七条“国家确定的重要江河、湖泊的流域综合规划,由国务院水行政主管部门会同国务院有关部门和有关省、自治区、直辖市人民政府编制,报国务院批准”的规定,编制长江、黄河、淮河、海河、珠江、松花江、辽河以及太湖等国家确定的重要江河、湖泊流域综合规划,由国务院水行政主管部门会同国务院计划、建设、国土资源、环境保护、林业等有关主管部门以及该流域内有关省、自治区、直辖市人民政府编制,如长江流域综合规划要会同青海、西藏、云南、贵州、四川、重庆、湖南、湖北、江西、安徽、江苏、上海、陕西、河南、甘肃、新疆、浙江、广西、广东、福建等省、自治区、直辖市人民政府编制。

此类流域综合规划由国务院批准。

3. 跨省、自治区、直辖市的其他江河、湖泊流域综合规划和区域综合规划

根据《水法》第十七条的规定,某一流域管理机构在编制某一江河(湖泊)的此类规划时,要会同该江河(湖泊)所在的有关省、自治区、直辖市人民政府水行政主管部门及有关部门共同编制,编制完成后分别送有关省、自治区、直辖市人民政府审查提出意见后,报国务院水行政主管部门审核,国务院水行政主管部门在征求国务院有关部门意见后,报国务院或者其授权的部门(如国家计委)批准。

4. 省(自治区、直辖市)范围内的江河、湖泊流域综合规划和区域综合规划

根据《水法》第十七条第二款的规定,按照分级管理的权限,由某一级地方人民政府水行政主管部门负责组织同级人民政府有关部门和有关地方人民政府编制此类规划,报

本级人民政府或者其授权的部门(如规划主管部门)批准,并报上一级水行政主管部门备案。

备案的目的在于使上级水行政主管部门掌握,并便于监督检查该备案的水资源规划是否符合其所在流域的流域综合规划和区域综合规划。

(二)按照规划性质分类的水资源规划的编制和审批权限

按照规划性质分类的水资源规划包括综合规划和专业规划。综合规划的编制和审批权限如前所述,这里介绍专业规划的编制和审批权限。

《水法》第十七条对专业规划的编制和审批作出了原则规定,其中对防洪规划和水土保持规划作了特别的处理,即"专业规划由县级以上人民政府有关部门编制,征求同级其他有关部门意见后,报本级人民政府批准。其中,防洪规划、水土保持规划的编制、批准,依照防洪法、水土保持法的有关规定执行",这就与《防洪法》和《水土保持法》的规定作了很好的衔接。

除防洪规划和水土保持规划外的其他专业规划,包括治涝、灌溉、航运、供水、水力发电、竹木流放、渔业、水资源保护、防沙治沙、节约用水等规划。

(三)水资源规划的修改和审批权限

《水法》第十八条规定"经批准的规划需要修改时,必须按照规划编制程序经原批准机关批准",即水资源规划的修改和审批权限与其编制和审批权限完全一致。

第三节　水资源开发利用

江泽民同志指出,"水是基础性的自然资源和战略性的经济资源,水资源的可持续利用是经济社会可持续发展极为重要的保证"。与其他自然资源相比,水资源具有流域性、流动性、有限性、循环可再生性、多功能性,以及时空上的分布不均匀性、应用上的不可替代性、经济上的利害两重性等鲜明的特点。基于上述水资源的重要性和特殊性,结合我国的国情、水情,特别是针对我国已经面临的洪涝灾害、干旱缺水、水污染、水土流失等重大水问题,党的十五届五中全会提出"水资源可持续利用是我国经济社会发展的战略问题","水利建设要全面规划,统筹兼顾,标本兼治,综合治理。坚持兴利除害结合,开源节流并重,防洪抗旱并举,下大力气解决洪涝灾害、水资源不足和水污染问题"。这是在我们党的文献中阐述最全面、最完整的治水方针和思路。

《水法》根据党和国家新时期治水的系列方针、政策,在总结我国治水经验,并研究、借鉴国外立法经验的基础上,对水资源的开发利用作出了专门规定。本节着重介绍水资源开发利用的原则以及有关的政策与制度。

一、水资源开发利用的原则

(一)全面规划、统筹兼顾、标本兼治、综合利用、讲求效益的原则

这是规范和指导开发、利用、节约、保护水资源和防治水害等各项水事活动的基本原则。《水法》第四条明确规定,开发、利用、节约、保护水资源和防治水害,应当全面规划、统筹兼顾、标本兼治、综合利用、讲求效益,发挥水资源的多种功能,协调好生活、生产经营和生态环境用水。这一规定，是新中国成立以来我国治水实践经验的基本总结，是党中央治水方针政策的高度概括，是水的自然规律的必然要求，后面所述的其他原则是这一基本原则的延伸和具体化。

这项基本原则是一个有机的整体，全面规划是基础，统筹兼顾、标本兼治是手段，综合利用、讲求效益是目的。

1. 全面规划

开发利用水资源要按照流域、区域统一制定规划，在规划的指导下进行，对此《水法》第二章做出了专门规定。概括起来说，制定水资源规划，无论是流域性还是区域性，无论是综合性还是专业性，都是水的自然规律和社会经济发展规律的有机结合，是水资源政策法规原则规定的具体体现，是对水资源进行统筹兼顾、标本兼治，以期实现综合利用、讲求效益之目的的技术方案。因此，规划是开发利用水资源、防治水害的基本依据。

2. 统筹兼顾，标本兼治

开发利用水资源要从全局利益、整体利益出发，从时间上兼顾到近期、中期、远期不同时段的要求，从空间上兼顾到上下游、左右岸、干支流和地区之间的利益，从功能上充分兼顾到防洪、治涝、灌溉、排水、航运、水力发电、水资源、保护、水土保持、防沙治沙等各个方面的需要，以治本为主，治标为辅。

3. 综合利用，讲求效益

开发利用水资源要按照可持续发展战略的要求，立足当前，着眼长远，做到一水多用、重复利用，充分发挥水资源的多种功能，最大限度地实现水资源的经济、社会和生态环境的最佳综合效益，同时还要满足生活、生产经营用水需求和保证生态与环境用水的需要，以水资源的可持续利用支撑经济社会的可持续发展。

（二）兴利与除害相结合、服从防洪总体安排的原则

《水法》第二十条规定，开发、利用水资源，应当坚持兴利与除害相结合，并服从防洪的总体安排。这是《水法》根据水资源的时空上分布不均匀性和利害双重性，针对我国洪涝灾害频繁而且日益严峻的水情，对开发利用水资源所提出的第二项原则要求。

特殊的自然地理条件和气候特征决定了我国是一个洪涝灾害频繁而且严重的国家。据史料记载，1949 年前的 2 155 年间，我国发生较大的洪涝灾害 1 029 次，差不多两年一次，几乎是洪涝与干旱灾害交替出现。新中国成立后，1954 年的长江洪水、1963 年的海河洪水、1975 年的淮河洪水，造成直接经济损失都在数亿元人民币左右。20 世纪 90 年代的 10 年中，有 6 年发生洪水，每年洪水造成的经济损失上千亿元。特别是'98大水令我们记忆犹新，长江发生了新中国成立以来仅次于 1954 年的全流域型大洪水，时间达 40 多天；嫩江、松花江干流发生了超历史实测记录的特大洪水，洪水重现期为 150 ~ 400 年一遇；西江、闽江发生了百年一遇特大洪水，为有记录以来的最大和第二大洪水；全国共有 29 个省（自治区、直辖市）遭受洪涝灾害，受灾面积 3.34 亿亩，成灾面积 2.07 亿亩，死亡 4 150 人，倒塌房屋 685 万间，直接经济损失在 2 500 亿元以上。'98大水有上百万军民参加抗洪抢险，牵动了全国人民的心，牵动了全国工作大局。'98大水以后，中央和地方加大了防洪投入，堤防工程状况有了较大改善，防洪能力有较大提高。从总体上看，目前我国江河防洪工程体系还没有达到已经审批的规划标准。

在各类自然灾害中，洪涝灾害仍然是中华民族的心腹之患，水灾造成的损失至今仍是第一位的。为了防治洪水，防御、减轻洪涝灾害，维护人民生命财产安全，保障经济社会发展，全国人大常委会于1997年8月29日专门颁布了《防洪法》，其中第四条第一款依然强调：开发利用和保护水资源，应当服从防洪总体安排，实行兴利与除害相结合的原则。

贯彻落实这一原则，一要按照《防洪法》第九条规定，在水资源综合规划及防洪专业规划中作出总体安排。二要在防洪工程、水电站、水库等水工程建设项目上得到具体体现，如《防洪法》第十七条明确规定，在江河、湖泊上建设水库应当按照防洪规划的要求留足防洪库容；建设防洪工程、水电站、其他水工程，应当符合防洪规划的要求。三要通过对这些水工程设施的运用进行统一的防洪调度，如《防洪法》第四十四条规定，在汛期，水库、闸坝和其他水工程设施的运用（包括水库汛期限制水位以上的防洪库容的运用），必须服从防汛指挥机构的调度指挥和监督。

（三）开源与节流相结合、节流优先的原则

《水法》第二十三条规定，地方各级人民政府应当结合本地区水资源的实际情况，按照开源与节流相结合、节流优先的原则，合理组织开发、综合利用水资源。这是《水法》根据水资源的有限性和时空上的分布不均匀性，针对我国存在既严重缺水又普遍浪费水的实际情况，对水资源的开发利用所提出的第三项原则要求。

我国是一个严重干旱缺水的国家。据史料记载，1949年前的2 155年间，我国发生较大旱灾1 056次，差不多两年一次。全国多年平均水资源总量为2.8万亿m^3，目前人均只有2 200 m^3，仅相当于世界人均的1/4。由于降雨时空分布不均，水资源需求不断增强，造成我国许多地区水资源供需矛盾尖锐，按目前的正常需要和不超采地下水，全国年缺水总量为300亿~400亿m^3。在全国669个城市中，有400多个城市供水不足，有110个城市严重缺水，年缺水量60多亿m^3。在一般年份，农田受旱面积1亿~3亿亩，因旱减收粮食200亿~300亿kg，造成上千万人饮水困难。许多地区由于缺水，工农业争水、城乡争水、地区间争水、超采地下水和挤占生态用水。2000年和2001年连续两年的大旱，使我国部分地区出现了较为严重的缺水局面，给工农业生产和人民生活造成很大影响。

在缺水的同时，用水效率不高、用水浪费现象也十分严重。我国的用水总量和美国相当，但GDP仅为美国的1/8。农业用水仍然是大面积漫灌、串灌，渠系有效利用系数平均约为0.43，而先进国家和地区已达0.7甚至0.8；工业万元产值取水量为90多m^3，是发达国家的5~10倍，工业用水重复利用率不足55%，而发达国家已达80%；城市输配水管网和用水器具的漏水损失率高达20%。

水资源问题是我国实现新世纪发展战略的重要制约因素。从人口增长看，2030年左右，我国人口将达到16亿人，人均水资源占用量将降至1 700 m^3左右，接近国际公认的警戒线。从经济增长看，今后几十年，我国仍将处在经济快速增长期，到21世纪中叶，国内生产总值要增长10倍以上，据中国工程院《中国可持续发展水资源战略研究报告》，到2030年国民经济需水总量将增加1 400亿m^3左右。从城市发展看，21世纪中叶我国城市化率可能达70%，城市水供求矛盾必将更加尖锐。从粮食安全看，我国产粮区水资源条件不富余，2050年前国家需要增产1.4亿t粮食，给水资源带来的压力也很大。

因此，无论从当前还是长远看，要解决我国水资源短缺问题，就必须克服在水资源开发利用中重开源轻节流的倾向。首先要强化节约用水，通过节水可以减少无效需求和浪费，减轻供水压力，还可以相应减少污水排放，减轻污水处理的负担，减少对环境的污染，所以《水法》第八条规定，“国家厉行节约用水，大力推行节约用水措施，推广节约用水新技术、新工艺，发展节水型工业、农业和服务业，建立节水型社会”、“各级人民政府应当采取措施，加强对节约用水的管理，建立节约用水技术开发推广体系，培育和发展节约用水产业”、“单位和个人有节约用水的义务”，并在第五章“水资源配置和节约使用”中专章作了许多具体规定。其次是适当开源，根据可持续发展的战略要求和“量水而行、以水定发展”的指导思想，以水资源承载能力和水环境承载能力为基础，结合国民经济和社会发展总体目标，制定和完善各类水利规划，按照规划组织开源，实施水利建设，推进水利与经济、社会、环境的协调发展。

（四）开发与保护相结合、污水处理再利用的原则

这是《水法》根据可持续发展的战略要求，为实现水资源可持续利用，针对我国存在的水资源开发与保护脱节、水污染日趋严重的趋势，对水资源开发利用所提出的第四项原则要求。水环境恶化已成为我国与洪涝灾害、干旱缺水同时并存的第三大水问题。全国水体水质总体上呈恶化趋势，如2000年全国700多条河流11.4万km的评价河长中，低于Ⅲ类水的污染河长占41%。北方地区河流几乎是“有河皆干、有水皆污”，辽河、黄河、海河、淮河等流域污水与地表径流的比例高达1∶14～1∶60。全国湖泊约有75%以上的水域，近岸海域约有53%以上受到污染，更为严重的是，全国已有近90%的城镇饮用水源受到污染。

又如2000年全国工业和城市生活废污水排放总量达620亿t，是1982年的2倍，其中约70%未经处理直接排入江河湖库。长期以来，我国在增加城市供水能力的同时，至今全国城市废污水处理率不足20%，许多城市至今没有污水处理厂，更谈不上污水处理后回用。除工业和城市生活排水点源污染外，我国的面源污染也越来越严重，如含化肥、农药的农田径流，畜禽养殖业排放的废水、废物等，其严重影响已经在我国很多城市和地区显现出来。如北京近郊畜禽养殖场排放的有机污染物为全市工业和生活废水所含有机污染物总量的3倍，滇池流域的面污染源所排放的氮磷污染占据了氮磷污染总量的60%以上。可以说，面源污染的控制已经到了刻不容缓的地步。

水污染加剧了水资源短缺，直接威胁着饮用水的安全和人民的健康，影响到工农业生产和农作物安全，造成的经济损失为国民生产总值的1.5%～3%，对国民经济和社会的可持续发展构成了严重的威协。与洪涝灾害、干旱缺水不同的是，受污染的水通过多种方式作用于人体和环境，其影响的范围大、历时长，但其表现却相对缓慢，使人失去警觉。水污染的危害，早在20世纪70年代已经显现出来，但没有引起足够的注意，采取的措施不够恰当有力，因此出现了今天的严重局面。随着我国人口的不断增长、经济的快速发展、城市化进程的加快，废污水排放量也将不断增加。据预测，到2030年全国城市污水排放量将增加到850亿～1 064亿t，如再不及时采取有效对策，将产生不可弥补的后果。

为此，《水法》第六条规定，开发、利用水资源的单位和个人有依法保护水资源的义务；第九条规定，国家保护水资源，采取有效措施，保护植被，植树种草，涵养水源，防治水土流失和水体污染，改善生态环境；第二十三条规定，地方各级人民政府应当按照污水处理再利用的原则，合理组织开发、综合利用水资源。考虑到城市取水集中、排污集中，《水法》第五十二条明确要求，城市人民政府应当加强城市污水集中处理，鼓励使用再生水，提高污水再生利用率。《水污染防治法》也强调城市污水应当进行集中处理。这些条款规定集中体现了一个原则要求，就是要开发与保护相结合，在保护中开发，在开发中保护，集中处理污水，鼓励使用再生水，提高污水再生利用率。

如果说节水是通过水量上的节省来维持良好的水质的话，那么污水处理再利用是通过水质上的治理来增加可用的水量，二者相辅相成，互为作用，不可偏废，正如温家宝同志指出，节水和治污，是解决水资源合理配置和持续利用的两个重大问题，也是加强水资源管理的两个关键环节。

（五）地表水与地下水统一调度开发的原则

这是《水法》根据水的循环规律，针对我国存在地表水与地下水分割开发、分割调度，部分地区地下水已严重超采的情况，对水资源的开发利用提出的第五项原则要求。

水始终处在降水—径流—蒸发的自然水文循环之中，这是水区别于其他资源的独特自然属性。我国多年平均降水总量6.2万亿 m^3，除有56%通过蒸发和蒸腾回归大气外，每年大约有2.7万亿 m^3 形成河川径流（即地表水），大约有8 000亿 m^3 渗入地下，在岩层和土层中集蓄并缓慢流动，形成地下径流（即地下水）。一般来说，在山区、丘陵区，都是地下水补给地表水，而在河流的下游，特别是西北的内陆河流和北方的地上河，以及渠道、水田都是地表水入渗补给地下水。因此，从水的循环过程看，地表水与地下水是水资源的两种表现形式，二者相互依存、相互转化、不可分割。

长期以来，由于人们认识上的偏差，在进行水资源的开发利用时，忽视了水的循环规律，很少考虑地表水与地下水在水文、水力和经济上的联系，没有把二者视为不可分割的统一整体来统一调度、开发。在许多地区，虽然地表水与地下水都已成为不可缺少的供水水源，但对二者的开发利用是分开考虑、分割调度的，不仅造成资源利用不充分、经济效益低下，更为严重的是，导致采补失衡、生态环境恶化。特别是我国北方地区由于只考虑到地下水水质优良、开采容易以及投资较省、工程简易等优点，忽视了地下水比地表水的流速和单位储存空间更替速度缓慢的特点，致使地下水严重超采。据统计，全国地下水年均超采量达92亿 m^3，已形成164个超采区。由于开采量过大，长期超过补给量，部分地区出现了地面沉降、海水入侵、地下水水质污染问题。以海河平原为例，1998年超采地下水55亿 m^3，最为严重的是河北沧州、衡水和津浦铁路沿线地区，该区域的浅层地下水绝大部分现在是难以利用的咸水和微咸水，多年来超采的是很难再生的深层地下水。太行山麓的京广铁路沿线，由于城市和工业大量抽取地下水，也造成浅层地下水的大面积区域性漏斗。另据全国118座大城市浅层地下水的调查，97.5%的城市受到不同程度的污染，其中40%的城市受到重度污染。

基于上述情况，《水法》第二十三条规定，地方各级人民政府应当结合本地区水资源的实际情况，按照地表水与地下水统一调度开发的原则，合理组织开发、综合利用水资源，并在第三十六条对地下水的开采作出了限制性规定。

（六）生活、生产、生态用水相协调，优先满足生活用水的原则

这是《水法》根据水的多功能性和不可替代性，为维护人的基本生存权，并针对我国长期以来忽视生态用水需要,造成生活、生产、生态之间用水比例失调,引起生态环境恶化的情况,对水资源开发利用提出的第六项原则要求。

众所周知,人们生活离不开水,工业生产离不开水,农业生产离不开水,水是生物依赖生存的三大要素之一,获得充足、干净的饮水,是广大人民群众最基本的生活需要,所以《水法》把满足生活用水放在突出位置,必须优先满足。新中国成立以来,我国已解决了2.16亿多农村人口的饮水困难问题,使近4亿的城市人口喝上了自来水。但到2001年底全国还有2 400万农村人口饮水困难没解决。据统计,全国600多个城市中,有400多个城市常年供水不足,其中110个城市严重缺水,日缺水量达1万 m^3,北方13个省(自治区、直辖市)有318个县级以上的城市缺水,日缺水量800多万 m^3,城市缺水人口1 700万人,许多城市被迫限时限量供水,极大地影响了城市居民的正常生活。随着城市规模不断扩大、人口不断增长,城市缺水矛盾将会越来越突出。据预测,到2030年在充分考虑节水的前提下,我国城市用水将增加到1 320亿 m^3,其中居民生活用水将增加到660亿 m^3。解决好城乡居民生活用水问题,直接关系到人民的生活,关系到社会的稳定,是落实"三个代表"重要思想的具体体现,必须放在水资源开发利用的首位予以考虑,加以解决。

为此,《水法》第二十一条规定:开发、利用水资源,应当首先满足城乡居民生活用水,并兼顾农业、工业、生态环境用水以及航运等需要。

水是生态环境的控制性要素。从广义上讲,维持全球生物地理生态系统水分平衡所需用的水,包括水热平衡、水沙平衡、水盐平衡等,都是生态环境用水。6.2万亿 m^3 降水中,相当部分用于植被(包括人工植被)蒸腾,土壤水、地下水和地表水的蒸发,以及为维持水沙平衡及水盐平衡而必需的入海水量。但是长期以来,我国许多地区在水资源开发利用中只注重水的资源功能,忽视了水的生态功能;只注重生产、生活用水,忽视甚至挤占了生态用水,导致生态环境的恶化。目前全国水土流失面积达356万 km^2,占国土面积的37%,不少地方因水土流失,土地严重退化。南方出现石质荒漠化;北方更是森林、草原退化,土地沙化,沙尘暴频发。北方河流干涸断流情况愈来愈严重。此外,河湖萎缩、湿地锐减、地下水超采现象也相当严重。

面向21世纪,根据党中央的水利工作方针,水利部分析总结我国的治水经验与教训,提出了从工程水利向资源水利,从传统水利向现代水利、可持续发展水利转变,以水资源可持续利用支持经济社会的可持续发展的新时期治水思路。在党中央水利工作方针和新的治水思路的指导下,近年来水利工作在以下几个方面取得了明显进展:①以可持续发展思路为指导,编制完成了一系列水利规划,国务院先后批复了首都水资源、黑河治理、塔里木河治理规划,基本完成了全国水资源保护规划,《中国水功能区划》已下发试行,全国水资源综合规划已编制完成并经国务院批复。②重点加强了长江上游、黄河中游以及环北京等水土流失严重地区的水土保持生态环境建设,黄河中游地区经过多年治理,每年减少流入黄河泥沙3亿t。③重视生态用水,加强了流域水资源的统一调度管理。黄河通过水量的统一调度,实现2000年和2001年两个严重干旱之年不断流,黑河连续两年成功进行分水;塔里木河也顺利完成了从博斯腾湖向下游调水,实现了20年来首次全流程过水,尾闾台特马湖已经形成了10 km^2 的水面,地下水埋深从过去的13 m上升至17.8 m,胡杨长新绿,红柳发新芽,下游生态明显改善;对干旱的东北丹顶鹤自然保护区扎龙湿地进行了补水;建设引(长)江济太(湖)冲污工程,使太湖及其下游河流的水质明显好转,进入上海的水质明显改善;山东省济南市通过加强地下水管理,限采及回补地下水,实现了泉水复涌;江苏省对苏锡常地区地下水实施封井、禁采,地下水位开始回升。

基于上述分析,我们就不难理解生态用水的重要性。所以,《水法》第四条规定:开发、利用、节约、保护水资源和防治水害,应当协调好生活、生产经营和生态环境用水。

(七)兼顾上下游、左右岸和有关地区之间利益的原则

这是《水法》根据水的流动性和多功能性,为上下游、左右岸经济社会的协调共同发展,避免水资源配置和水工程建设不当而引发跨行政区域间的水事纠纷,对水资源开发利用提出的第七项原则要求。

水资源是以流域为单元而流动的动态资源。在同一个流域或区域内,上下游、左右岸和地区之间在防洪、排涝、供水、水运、水力发电、水土保持、生态环境等涉水事务上,往往存在着不同的功能和利益需求,而上下游、左右岸、干支流之间的开发利用彼此关联、相互影响,存在着错综复杂的利害关系。因此,开发利用水资源和防治水害,是一项系统工程,它不仅仅包括复杂的自然科学技术和工程科学技术问题,更包括着复杂的社会经济关系问题。如果顾此失彼,处理不当,就会引发地区间、部门间的水事纠纷。

水事纠纷发生后,不仅需要耗费大量的人力、物力、财力进行调解、处理,更主要的是会造成边界地区社会不稳定,甚至引发大规模的群体性械斗等恶性事件,破坏安定团结的局面,阻碍经济的有序发展。此类情况,在全国各地都程度不同地发生过。在全国最为典型的是发生在晋、冀、豫3省交界地区的浊漳河、清漳河和漳河干流上的漳河水事纠纷,这起跨省纠纷始于20世纪50年代,3个省的市(县)之间为了争夺水源和河滩地多次发生械斗、爆炸、炮击事件,特别是20世纪80年代以来,纠纷逐步升级,先后发生了河南红旗渠、河北跃峰渠与白芟渠被炸,沿河村庄遭炮击及械斗流血事件30余起。其中1999年春节期间,河南的古城村与河北的黄龙口村发生爆炸、炮击事件,造成近百名村民受伤、民房被炸、生产生活设施被毁,直接经济损失800万元。该纠纷旷日持久,历时半个世纪,党中央、国务院高度重视,水利部、公安部及地方政府和有关部门为了解决纠纷、维持稳定做了大量工作,但纠纷的隐患至今未能根本消除。

因此,为了避免纠纷、保障社会稳定、促进共同发展,《水法》第二十条规定,开发、利用水资源,应当兼顾上下游、左右岸和有关地区之间的利益。同时,根据民事法律关系的要求,《水法》第二十八条还规定,任何单位和个人引水、截(蓄)水、排水,不得损害公共利益和他人的合法权益。

二、水资源开发利用的政策与制度

根据上述的七项原则要求,《水法》及其配套的政策、法规、规章,针对水资源开发利用,作出了一些具体制度和政策规定。

(一)水资源及防洪专项论证制度

考虑到我国所面临的洪涝灾害、干旱缺水、水土流失以及水污染等水资源问题,《水法》第二十三条第二款规定,国民经济和社会发展规划以及城市总体规划的编制、重大建设项目的布局,应当与当地水资源条件和防洪要求相适应,并进行科学论证;《水利产业政策》第三条明确要求，必须有防洪除涝、供水、水资源保护、水土保持、水污染防治、节约用水等方面的专项规划或论证。从目前实际情况看，可分成水资源和防洪专项论证两大类。

1. 水资源专项论证制度

根据水利部和国家发展计划委员会联合发布的《建设项目水资源论证管理办法》（2002 年 3 月 24 日发布，2002 年 5 月 1 日施行），对于直接从江河、湖泊或地下取水的建设项目，必须进行水资源论证，编制建设项目水资源论证报告书。

2. 防洪专项论证制度

根据《防洪法》的规定，防洪专项论证制度包括规划同意书制度、占用河道审批管理制度、洪水影响评价报告制度等。

（二）干旱缺水地区的特殊规定

1. 生态环境用水

这是《水法》第二十一条第二款的规定。生态环境用水，从狭义的角度讲是指为维护生态环境不再恶化并逐渐改善所需要消耗的水资源量。根据我国实际情况，水资源供需矛盾突出以及生态环境相对脆弱和问题严重的干旱区、半干旱区和季节性干旱的半湿润区，要充分考虑生态环境用水。主要包括四个方面：①保护和恢复内陆河流下游的天然植被及生态环境；②水土保持及水土保持范围之外的林草植被建设；③维持河流水沙平衡及湿地、水域等生态环境的基流；④回补黄淮海平原及其他地方的超采地下水。据《中国可持续发展水资源战略研究综合报告》，全国生态环境用水的总量为 800 亿～1 000 亿 m^3（包括地下水的超采量 50 亿～80 亿 m^3），主要在黄淮海流域和内陆河流域，其中黄淮海流域约 500 亿 m^3，内陆河流域 400 多亿 m^3。这部分生态环境用水中，约 600 亿 m^3 由各流域目前尚未控制利用的地表水和地下水供给，约 200 亿 m^3 由工农业和生活用水的退水量供给，尚有 110 亿 m^3 的缺口，需从区外调水补充。

2. 限制城市规模和建设耗水量大的工业、农业和服务业项目

这是《水法》第二十三条第二款的规定，同时《水利产业政策》第二十七条要求“在新建高耗水项目建议书中，必须包括用水专项论证，否则不得立项和建设”。这些规定就是要求城市建设和工农业生产布局要按照“量水而行，以水定发展”的指导思想，充分考虑水资源条件，根据水资源状况确定产业结构和发展规模，通过调整产业结构和推进节约用水，提高当地水资源的承载能力，发展节水型农业、工业和服务业，建立节水型社会。

3. 雨水和微咸水的收集、开发、利用和海水的淡化利用

这是《水法》第二十四条的规定。开发利用水资源，除合理开发地表水、地下水传统水源外，还应大力提倡开发利用雨水、微咸水、海水以及再生水（经处理后的污水）等非传统的水源。如通过一定的工程措施收集和利用雨洪水，既可减轻雨洪灾害，又可缓解供需矛盾；沿海缺水地区应大力利用海水作工业冷却水或生活冲厕水；华北和西北地区应重视微咸水的利用；经处理后的城市污水是再生的水资源，可以回用于城市绿化用水、工业冷却水、环境用水、地面冲洗水和农业灌溉用水等。

（三）跨流域调水的规划论证制度

《水法》第二十二条规定：跨流域调水，应当进行全面规划和科学论证，统筹兼顾调出

和调入流域的用水需要,防止对生态环境造成破坏。

1. 跨流域调水是合理配置水资源的需要

从全国范围来讲,我国水土资源不仅总量不足而且严重不相匹配,南方水多地少,北方水少地多。全国水资源有80.4%分布在长江流域及其以南地区,而该地区的人口占全国的53.5%,耕地占35.2%,GDP占全国的54.8%,人均水资源量3 480 m^3,亩均水资源量4 300 m^3,属于人多、地少、经济发达、水资源相对丰富的地区。而在长江流域以北广大地区,人口占全国的44.4%,耕地占全国的59.2%,GDP占全国的43.4%,水资源仅占全国的的14.7%,人均水资源量747 m^3,亩均水资源量471 m^3,属于人多、地多、经济相对发达、水资源短缺的地区。其中,以黄河、淮河、海河三个流域尤为突出,这三个流域耕地占全国的39.4%,人口占全国的34.7%,GDP占全国的32.4%,而水资源量仅占全国的7.7%,人均水资源占有量500 m^3,亩均水资源量少于400 m^3,是我国水资源与经济社会最不适应、供需矛盾最突出的地区。

按国际通行的标准,一个流域的水资源开发利用率不得超过40%,否则就会造成生态系统的破坏。目前我国海河流域水资源开发利用率已超过95%,黄河、淮河流域也都超过40%。随着人口增加、经济发展,我国北方地区水资源供需矛盾会更加突出,生态环境将日趋恶化,不仅严重阻碍北方地区的正常发展,甚至影响到全国经济社会的可持续发展。从全国范围内讲,不仅存在上述问题,而且从全国很多省份来看,也同样存在水土资源不相匹配的矛盾。因此,实施跨流域调水是解决我国部分地区缺水的一条有效途径,也是21世纪我国水利的一个特点,更是保障经济社会可持续发展的重要措施。

2. 跨流域调水要处理好三个主要关系

必须清醒地看到,实施跨流域调水,增加受水区的水量,提高受水区的水资源和水环境承载能力,是基于调水区的水量减少以及水资源和水环境承载能力的降低。它是一项涉及工程、经济、社会、环境等问题且又十分复杂的系统工程,不仅关系到受水区的经济、社会和生态环境的协调发展,还会影响到调水区的经济、社会和生态环境协调发展,如果处理不当,顾此失彼,势必对调水区造成不利影响甚至使其生态环境遭到破坏。因此,实施跨流域调水必须按照"从长计议、统筹考虑、科学选比、周密计划"的指导思想,以水资源合理配置为主线,把调水与节水、治污、生态环境保护作为一个完整的系统进行客观分析,全面规划,科学论证,切实处理好三个主要关系:

(1)调水与生态保护的关系。调水应当以生态保护为前提。按照国际通行的标准,调出水量不得超出调出河流总水量的20%,否则就会导致调出流域生态环境的破坏。因此,实施跨流域调水不仅要考虑缺水地区的用水需要,也要保证水源地区生态环境不受大的影响,力争"双赢",实现调水区和受水区经济、社会、生态环境的共同协调发展。

(2)调水与节水治污的关系。调水应当以节水治污为基础。目前从我国实际情况看,缺水地区一方面水资源紧缺,另一方面也存在严重浪费和污染的现象。如果不充分考虑节水、治污,就有可能出现跨流域调水工程规模过大、投资积压,甚至出现大调水大浪费、大污染的现象。因此,缺水地区必须首先把立足点放在节水治污上,要以发展节水防污型工业、农业、服务业,建设节水防污型社会为目标,调整产业结构,厉行节约用水,推行清洁生产,减少污水排放,加强污水处理及回用。同时,还应注意做好调水沿线的污染防治工作。

(3)调水与市场机制的关系。调水应当以市场机制为保障，按价值规律办事。水资源具有双重属性，一种是自然属性，表现在水资源包括降水、地表水、地下水都是自然赋予的；另一种是商品属性，体现在水的稀缺性以及水工程建设与运营需要投入成本。因此，解决跨流域调水问题，成功的必要条件是，遵循自然规律和价值规律，建立适应社会主义市场经济要求的运行机制，包括合理的水价形成机制、工程建设经营管理机制以及投融资机制等，而不能把调水工程当作喝"大锅水"的手段。

(四)水能资源和水运资源开发

《水法》、《防洪法》及其配套政策、法规中有关水能资源和水运资源的开发利用的制度规定主要体现在以下三个方面。

1. 鼓励开发、利用水能资源、水运资源

水能和水运资源是水资源的重要组成部分，是水资源多功能性的两个方面。我国拥有丰富的水能和水运资源。据统计，全国流域面积在 10 000 km^2 以上的河流有 97 条，1 000 km^2 以上的有 1 500 条，100 km^2 以上的有 50 000 多条，总河长约 42 万 km。据普查，全国河流水能资源理论蕴藏量达 6.8 亿 kW，年发电量为 5.9 万亿 kW · h，可开发的总装机容量为 3.7 亿 kW，年发电量约 1.9 万亿 kW · h；全国内河通航里程 10 万多 km，约占总河长的 1/4。

水能资源与煤、石油等一次能源相比，优点突出：①可再生，它是随着水文循环周而复始地不断再生的能源，而煤、石油等矿产能源不可再生；②清洁，它对空气和水不会造成污染，这是其他能源所不及的；③价廉，水电开发运行成本约为火电的 1/3；④调度灵活，水电站在电力系统中不可缺少，适用于电网调峰、调频及事故备用，可提高电力系统运行的可靠性、灵活性，保障电网运行的稳定和安全。

水运与其他运输方式比，同样具有多方面优势：①运输能力大，长江干流大型顶推船队载运量已达 3 万 t，相当于 10 列火车的载重量，长江下游的航道年通过能力可达 11 亿 t 以上；②能耗及成本低，我国内河水运的单位能耗只占铁路的 2/3；③投资省，新建 1 km 的铁路、公路要分别占地 30 ~ 40 亩、15 ~ 30 亩，水运基本不占土地，整治航道投资每千米相当于公路的 1/5 ~ 1/10、铁路的 1/2 ~ 1/7；④安全可靠、污染少。

目前我国的水能、水运资源开发利用的程度还比较低。据 2000 年统计，水能开发装机为 7 670 万 kW，仅占可开发量的 21%。从内河水运在综合运输体系中所占比重看，货物周转量不及 10%，可通航千吨级驳船的航道仅占通航总里程的 4%。所以，《水法》第二十六条、第二十七条规定了国家鼓励开发、利用水能资源和水运资源的原则。

2. 有计划、多目标地梯级开发水能资源

这是《水法》根据"全面规划、统筹兼顾、标本兼治、综合利用、讲求效益，充分发挥水资源的多种功能，协调好生活、生产经营和生态用水"的总方针，对水能资源开发利用所规定的基本原则。具体来讲，就是对水能资源开发利用有三个层次的要求：

(1)有计划开发是前提要求。也就是说，要依据流域或区域的水资源综合规划，针对一个流域或区域的特点，结合国民经济和社会发展的需要，制定相应的河流水能资源开发利用专业规划，并与其他能源(如火电、核电)开发规划相协调。

（2）多目标开发是目标要求。也就是说，开发水能资源、建设水力发电站，不能只注重单一的发电效益和目标，而应该在不破坏生态环境的前提下，在追求发电效益的同时，兼顾防洪、供水、灌溉、航运等方面的需求，充分发挥水资源的多种功能和综合效益，所以《水法》第二十六条第二款规定，建设水力发电站，应当保护生态环境，兼顾防洪、供水、灌溉、航运、竹木流放和渔业等方面的需要。以1960年建成的浙江省新安江水电站为例，由于水库的调节作用，除发电外，使下游20多万亩耕地可免受20年一遇的洪水灾害，保障下游建德、桐庐、富阳等城镇防洪安全，改善了下游共30万亩农田的灌溉条件，促进了周边地区水产养殖业和水果业的发展，水库建成后形成的"千岛湖"，现在已成为国内外游客旅游度假的好去处，极大地促进了当地旅游业的发展。再如举世瞩目的长江三峡工程，采用"一级开发、一次建设、分期蓄水、连续移民"的方案分三期施工，总工期17年，2009年全部峻工，是我国多目标开发、综合利用水资源的典范工程，其防洪、发电、航运三大主要效益，均在世界同类水利工程前列，无相当的巨型水利枢纽与之相比拟。

（3）梯级开发是方式要求。也就是说，要以水能资源开发为主线，将一条水能丰富河流划分成若干河段，从上游到下游，布置若干个阶梯式水库电站。通过在上游建设龙头水库，不仅可使本级电站发挥良好的效益，同时还可增加其下游的若干个梯级电站的枯水流量，提高保证出力，从而带动整条河流梯级电站综合效益的改善和提高。新中国成立以来，我国不仅在中小河流上建设梯级水电站取得了丰富经验和成效，而且在大江大河上的梯级开发方案也在不断完善和实施，不仅提供了大量电力，而且在防洪灌溉、治沙等方面发挥了重要作用。国内外实践经验表明，多目标梯级开发是充分发挥水资源综合效益，取得最佳投入产出效益的有效开发方式。

3. 防止对水生生物洄游、船只通航、竹木流放的不利影响

由于发电、供水、灌溉往往需要拦河筑坝，这样势必会阻碍河流上船只通行、竹木流放以及水生物的洄游，所以《水法》第二十七条规定，在水生生物洄游通道、通航或者竹木流放的河流上修建永久性拦河闸坝，建设单位应当同时修建过鱼、过船、过木设施，或者经国务院授权的部门批准采取其他补救措施，并妥善安排施工和蓄水期间的水生生物保护、航运和竹木流放，所需费用由建设单位承担。同时进一步考虑到在不通航的河流或者人工水道上修建闸坝后可以通航的情形，该条还规定闸坝建设单位应当同时修建过船设施或者预留过船设施位置。如为了保证长江船只通行的需要，葛洲坝水电站在建设大坝工程的同时修建了一、二、三号船闸，长江三峡工程在建设枢纽主体工程的同时也修建了双线5级梯级船闸和单线一级垂直升船机。

（五）水工程建设移民

建设水工程，尤其是大中型水利水电工程，不仅会造成一定的土地淹没，而且需要搬迁安置较大数量的人口。由于我国人多地少，目前土地淹没和移民安置是影响大中型水利水电工程建设的主要因素，移民安置又是一个涉及多学科的系统工程，比较复杂，如果处理不善，势必带来隐患。在20世纪计划经济年代，水工程建设移民搬迁安置主要依靠行政手段，带来了诸多遗留问题：移民外迁不到位、后靠超容量，因生产、生活条件得不到有效改善和提高，移民又形成倒流等。这不仅影响水工程正常运行，而且带来了一些社会问题，使库区常常处于不稳定状况。为此，总结过去的经验和教训，《水法》第二十九条对

水工程建设移民作出了原则性规定，国务院颁发的《大中型水利水电工程建设征地补偿和移民安置条例》作出了全面而又具体的规定。归纳起来讲，《水法》第二十九条及其配套法规对水工程建设移民方面的制度规定主要有以下六个方面。

1. 实行开发性移民的方针

所谓开发性移民，是指把工程建设移民所列投资统筹考虑，除去必需的一次性补偿外，主要部分作为发展资金，由政府来领导、组织移民进行经济开发。合理开发资源，以农业为基础、农工商相结合，通过多渠道、多产业、多形式、多方法妥善安置移民，为移民提供和创造新的生产、生活资料和条件，使移民的生产生活水平达到并逐步超过原有水平。

2. 遵循前期补偿、补助与后期扶持相结合的原则

"前期补偿、补助"就是要求建设单位按照法定的程序和标准，向移民支付相应的土地补偿费、安置补助费、青苗补偿费，按重置价格给予地上附着物补偿；"后期扶持"就是要求对水工程建设移民实行后期生产扶持政策。对大中型水利水电工程而言，要建立移民后期生产扶持资金，对移民的生产进行专项扶持，具体分成两大类：一类是防洪、灌溉等公益性建设项目以及综合利用水资源建设项目中的公益性部分，按设计中的防洪与灌溉效益比例分摊的移民后期生产扶持资金，由公共财政负担；另一类是发电、供水等非公益性建设项目以及综合利用水资源建设项目中的非公益性部分，按设计中的非公益效益比例分摊的移民后期生产扶持资金，从该项目的直接收入中取得。扶持时间为10年，自移民安置规划实施完毕之日起算；分期分批安置的，自每批移民安置完毕之日起算。除建立移民后期生产扶持资金外，还要求在安排支农、扶贫资金和交通、文教、卫生等经费时，对移民安置区给予优先照顾。

3. 制定移民安置规划

建设单位在水工程建设项目的前期工作阶段，应会同当地有关人民政府，根据安置地区的环境容量和可持续发展的原则，因地制宜地编制移民安置规划，并与相同设计阶段的工程设计文件同时报主管部门审批，否则不得审批工程建设项目，不得办理征地手续，不得开工建设。所谓安置地区的环境容量，是指在不损害生态平衡和不耗尽可合理利用的不可更新资源的条件下，移民安置区域内资源能够长期稳定供养的人口，即从可持续发展战略高度出发，把土地资源潜力与移民安置发展联系起来，提出移民安置区科学的人口承载力，为移民安置规划和工程建设决策提供依据。

4. 移民安置的组织实施

由于水工程建设移民不仅直接涉及移民的切身利益和合法权益，而且还关系移民淹没区和安置区的经济发展及社会安定稳定问题，所以《水法》第二十九条规定，移民安置规划经依法批准后，由有关地方人民政府组织实施。对于大中型水利水电工程建设而言，首先要求建设单位在工程开工前与涉及移民安置的地方人民政府或其移民行政管理机构，根据经批准的移民安置规划和补偿投资，签订移民安置任务和投资包干协议，然后当地人民政府应当根据移民安置规划和水工程建设进度要求，制订移民安置实施计划，并负责组织实施。

5. 移民经费列入工程建设投资计划

移民经费主要包括土地补偿费、安置补助费、青苗补偿费、地上附着物补偿费、搬迁

费,以及城(集)镇、企事业单位和交通、电力、通信、广播、电视等专业项目迁建补偿投资,有关税费等,都应当列入工程概算,并实行专款专用,不得侵占、挪用。

6. 移民安置应当与工程建设同步进行

所谓同步进行就是要求:一是移民安置规划应当与水工程规划设计同步编制,同时报批;二是移民搬迁安置应当与水工程建设施工同步实施;三是移民安置工作应与工程分期建设竣工同步验收。

以三峡工程为例。按 175 m 正常蓄水位,三峡水库淹没陆地面积 632 km^2,涉及湖北省、重庆市 19 个县(市)356 个乡(镇)1 711 个村,淹没线以下耕地(含柑橘地)2.45 万 hm^2,居住人口 84.41 万人,规划最终需搬迁安置的移民人口可能达 113 万人,需移民投资 400 亿元(静态,按 1993 年末不变价),占工程静态总投资的 44.4%,因此三峡水库移民搬迁和安置的规模和难度均属世界之最。按照"分期蓄水、连续移民"的方案,水库移民工作分四期进行:第一期,1993 ~ 1997 年,以确保按期实现大江截流为目标;第二期,1998 ~ 2003 年,以确保按期蓄水至 135 m、首批机组发电、永久性船闸通航为目标;第三期,2004 ~ 2006 年,以确保按期蓄水至 156 m 为目标;第四期,2007 ~ 2009 年,以确保按期蓄水至 175 m、三峡工程全部建成为目标。

为此,党中央、国务院对三峡水库移民工作十分重视和关心,国务院于 2001 年专门颁布了《长江三峡工程建设移民条例》,并制定了一系列方针政策,为搬迁安置移民、保护移民的合法权益提供了具体的政策法律依据:①实行开发性移民方针,得到了广大干部群众的普遍赞同和拥护,得到了世界银行官员的充分肯定和好评;②建立"中央统一领导、分省负责、县为基础"的管理体制,为移民搬迁安置工作提供了有力的组织保障;③对移民补偿资金分省切块包干,实行"静态控制、动态管理"的模式,采取总量控制;④实行"突出重点,远近结合,移民进度与工程进度相衔接,在资金到位的情况下,宜早不宜晚"的移民进度和资金安排原则,保证了库区移民工作井然有序地进行;⑤号召中央各有关部门、20 个省(自治区、直辖市)和 9 个大中城市按照"优势互补,互惠互利,长期合作,共同发展"的原则进行对口支援,取得了初步成效;⑥给三峡库区制定一系列优惠政策,有力地促进了移民工作和库区经济的发展。在这些移民方针、政策、法规的规范引导下,三峡水库一期移民任务到 1997 年底全面完成,搬迁安置人口 10.4 万人,移民补偿动态资金累积到位 88.75 亿元。

(六)水利建设项目分类和资金筹集

为了促进水资源的合理开发和可持续利用,加快水利建设,有效防止水旱灾害,缓解水利对国民经济发展的制约,1997 年 10 月国务院印发了《水利产业政策》,1999 年 6 月水利部配套出台了《水利产业政策实施细则》,对水利建设项目分类和资金筹集作出了具体规定,旨在明确项目性质,理顺投资渠道,扩大资金来源,主要体现在以下三个方面。

1. 水利建设项目的分类

根据《水利产业政策》第七条、第十条及《水利产业政策实施细则》第十条、第十二条、第十三条,水利建设项目可以从两大方面进行分类:

(1)从功能和作用的角度,划分为甲类项目和乙类项目两类。甲类项目是指防洪除涝、农田灌排骨干工程、城市防洪、水土保持、水资源保护等以社会效益为主,公益性较强的水利建设项目;乙类项目是指供水、水力发电、水库养殖、水上旅游及水利综合经营等以经济效益为主、兼有一定社会效益的项目。甲、乙两类项目的确定,由项目审批单位在项目建议书批复中予以明确,已建水利工程可按经营性资产和非经营资产的比例,由省级以上水行政主管部门会同有关部门进行甲、乙类划分。

(2)从作用和受益范围的角度,划分为中央项目和地方项目两类。中央项目是指跨省(自治区、直辖市)的大江大河骨干治理工程,跨省(自治区、直辖市)、跨流域的引水和水资源综合利用工程,水土保持重点工程等对国民经济全局有重大影响的项目;地方项目是指局部受益的防洪除涝、城市防洪、灌溉排水、河道整治、供水、水土保持、水资源保护、中小型水电建设等项目,地方水文、通信、监测等项目,以及未列入中央重点项目的险库、险闸、险堤的除险加固等项目。

2. 水利建设项目的资金筹集

根据《水利产业政策》的第八条、第九条、第十一条、第十二条、第二十一条及《水利产业政策实施细则》的第十一条、第十二条、第十三条、第三十一条,项目分类不同,对应的资金筹集要求也不同。

1)甲、乙类项目的资金筹集

甲类项目的建设资金主要从政府预算内资金、水利建设基金及其他可用于水利建设的财政性资金中安排,而且由指定的政府机构或社会公益机构作为责任主体,对项目建设的全过程负责并承担风险,其维护运行管理费由各级财政预算支付。

乙类项目的建设资金主要通过非财政性的资金渠道筹集,并实行项目法人责任制和资本金制度,资本金率按国家有关规定执行。其公益性部分的投资也可由当地政府根据实际情况,以各种投资方式注入财政性资金,其维护运行管理费由企业营业收入支付,其承担社会公益性任务所发生的耗费,主要从财政预算内资金和可用于工程维护运行管理支出的行政事业性收费中予以补偿。

2)中央、地方项目的资金筹集

中央项目的建设资金由中央和受益省(自治区、直辖市)按受益程度、受益范围、经济实力共同分担,其中:①重点水土流失区的治理主要由地方负责,中央适当给予补助;②地方和部门受益的其他各类水利工程,按照"谁受益,谁负担"的原则,由受益的地方和部门按受益程度共同投资建设;③中央通过多种渠道对老少边穷地区的重要水利建设项目给予适当补助。

地方项目的建设资金按照"谁受益,谁负担"的原则,由受益地方和部门按受益程度、受益范围、经济实力共同分担,其中:①防洪除涝、城市防洪等甲类项目的建设资金,主要由地方人民政府预算内资金、农业综合开发资金、以工补农资金、水利专项资金、水利建设基金、城市建设维护费等地方资金和贴息贷款中安排;②重视利用农业生产经营组织和农业劳动者的资金和劳务投入;③中央根据财政和不同项目情况,通过多种渠道对地方重点水利项目予以适当补助。

3. 增加水利建设投入的主要渠道

根据《水利产业政策》第十三条、第十四条、第十五条及《水利产业政策实施细则》第十六条,扩大水利建设资金来源的渠道主要有五个方面:

财政渠道：各级人民政府要根据本级财政增长情况，逐步增加对水利建设的投入，研究制定促进水利产业化的优惠政策。如浙江等省制定的“自行筹资、自行建设、自行收费、自行还贷、自行管理”的“五自”优惠政策。

政策性贷款渠道：国家开发银行、农业发展银行的政策性贷款以及国家掌握使用的外国政府和国际金融组织的贷款用于水利建设的，要适当增加。

基金渠道：按照国务院印发的《水利建设基金筹集和使用管理暂行办法》，建立和完善中央和地方水利建设基金，增加水利建设的投入。

筹资渠道：重要江河的洪水灾害频发区的防洪除涝与治理工程，由所在地的地（市）级人民政府报经省级人民政府批准、国务院计划和财政主管部门备案，可按建设项目筹集资金，但向农民筹资必须严格遵守《农民负担监督管理条例》等法律、法规的规定。

外资渠道：鼓励和吸引外商采用独资、合资、合作、BOT 等多种方式建设水利建设项目。

第四节　取水许可

取水许可制度是《水法》所设定的有关水资源管理方面的一项十分重要的法律制度。为全面实施取水许可制度，加强对水资源的统一管理，促进水资源的优化配置和可持续利用，1993 年 8 月 1 日国务院以第 119 号令发布了《取水许可制度实施办法》，对取水许可的适用范围、主要原则、办理程序、管理权限、审批时限、法律责任等作出了规定。水利部先后配套出台了《取水许可申请审批程序规定》（1994 年 6 月 9 日，水利部第 4 号令颁布）、《取水许可水质管理规定》（1995 年 12 月 6 日，水利部水政资〔1995〕485 号文发布）、《取水许可监督管理办法》（1996 年 7 月 29 日，水利部第 6 号令发布）以及《建设项目水资源论证管理办法》（2002 年 3 月 24 日，水利部和国家计委以水利部第 15 号令发布），分别对取水许可申请审批程序、退水水质管理、监督管理以及水资源论证工作提出了具体的要求。新《水法》颁布实施后，水利部着手对《取水许可制度实施办法》进行修改和完善，于 2006 年 2 月 21 日由国务院以第 460 号令颁布了《取水许可和水资源费征收管理条例》。

一、取水许可的概念和特点

（一）概念

取水许可是指水行政主管部门或流域管理机构根据单位或个人的申请，按照水法律、法规、规章规定的权限和程序，准许其利用取水工程或设施直接从江河、湖泊或者地下取用水资源的行为。

（二）特点

（1）取水许可的权利主体是水行政主管部门和流域管理机构，而不是其他公民、法人或组织。

（2）取水许可适用于直接从江河、湖泊或者地下取用水资源的行为。

根据《取水许可和水资源费征收管理条例》第四条的规定，下列情形不需要申请领取取水许可证：①农村集体经济组织及其成员使用本集体经济组织的水塘、水库中的水的；

②家庭生活和零星散养、圈养畜禽饮用等少量取水的;③为保障矿井等地下工程施工安全和生产安全必须进行临时应急取(排)水的;④为消除对公共安全或者公共利益的危害临时应急取水的;⑤为农业抗旱和维护生态与环境必须临时应急取水的。上述第②项规定的少量取水的限额,由省、自治区、直辖市人民政府规定;第③项、第④项规定的取水,应当及时报县级以上地方人民政府水行政主管部门或者流域管理机构备案;第⑤项规定的取水,应当经县级以上人民政府水行政主管部门或者流域管理机构同意。

(3)取水许可是根据单位或个人的申请而作出的具体行政行为。

申请是许可的必要条件,也就是说,申请是许可的前提,但提出了申请不一定就能获得许可。申请取水首先须提供按规定填写的取水许可申请书、所依据的有关文件(如附具审定意见的水资源论证报告书等),具备法定的条件和要求,才有可能获得取水许可。是否许可其取水、取多少水,由水行政主管部门或流域管理机构依法决定。

(4)取水许可必须遵守法定的程序和权限。

取水建设项目应当按照取水许可申请→核发取水许可证的程序办理取水许可手续。同时,对于限额以上的取水还应当按照《取水许可和水资源费征收管理条例》第十四条以及水利部和各省、自治区、直辖市规定的取水许可分级管理权限,由有管理权的水行政主管部门或流域管理机构审批取水许可申请、发放取水许可证。

二、实施取水许可制度的内涵和意义

取水许可法律制度是目前世界上许多国家和地区普遍采用的法律制度,是加强水资源配置、节约、保护、管理的中心环节,包含了建设项目水资源论证制度、取水许可审批发证制度、取水许可监督管理制度三个方面。这三项制度前后关联、缺一不可,审批发证是核心,水资源论证是前提,监督管理是保障。

(一)实行取水许可制度有利于国家对水资源的宏观调控

水是基础性的自然资源、战略性的经济资源、生态环境的控制性要素。水资源紧缺已经成为我国特别是北方地区国民经济和社会发展的重要制约因素,水资源的浪费和污染又进一步加剧了水的供需矛盾。因此,根据我国的水资源状况和社会经济发展对水的不断需求,国家设立了取水许可制度,并通过实施取水许可制度来调节和控制水资源在生活、生产经营、生态环境用水方面的配置、节约和保护,以水资源的可持续利用支持社会经济的可持续发展。

(二)实行取水许可制度有利于维护良好的水事秩序

在一个流域或区域内,上下游、左右岸以及地区之间往往对水资源存在着不同的功能和利益需求,而水是一种流动的动态资源,上下游、左右岸、干支流之间的开发利用又彼此关联、相互影响,存在着错综复杂的利害关系。因此,任何单位和个人取水,可能涉及他人权益,影响国家或公共的利益,通过实施取水许可制度,对取水行为加以必要的控制,就会避免引发水事矛盾和纠纷,维护良好的取水程序,保障社会经济的有序发展。

(三)实施取水许可制度有利于保障单位和个人的合法取水权益

取水许可证在本质上是国家法律确认的一种证书。取得取水许可证并缴纳水资源费,就意味着持证人的取水权利受到法律的保护,其他任何单位和个人都不得侵犯持证人的合法取水权益,否则就会受到法律的制裁。

三、建设项目水资源论证制度

建设项目水资源论证制度,是以国家发展计划委员会、水利部于2002年3月24日联合以第15号部委令发布的《建设项目水资源论证管理办法》为标志,自2002年5月1日起在全国施行的水资源管理方面又一重要法律制度。它是根据《水法》、《取水许可制度实施办法》和《水利产业政策》的规定,基于我国有限的水资源及其承载能力,针对现有的取水许可审批存在的粗放简单等问题而设立的一项新的水资源管理制度,是对取水许可制度的补充和完善。它体现了"量水而行,以水定发展"的指导思想,目的就是科学规范取水许可审批,促进水资源的优化配置和可持续利用,保障建设项目的合理用水需求。建设项目水资源论证是水行政主管部门或流域管理机构审批、发放取水许可证的前置条件和技术依据,是促进水资源合理开发、充分利用、优化配置、全面节约、有效保护的重要手段和技术措施。

(一)适用范围

与取水许可审批发证相对应,水资源论证适用于直接从江河、湖泊或者地下取水并需申请取水许可证的建设项目。建设项目业主单位应当按照《建设项目水资源论证管理办法》的规定,进行建设项目水资源论证,编制建设项目水资源论证报告书(以下简称"报告书")。取水量较少而且对周边影响较小的建设项目可不编制"报告书",具体要求由省(自治区、直辖市)人民政府水行政主管部门规定。

(二)原则要求

建设项目利用水资源,必须:①遵循合理开发节约使用、有效保护的原则;②符合江河流域或区域的综合规划及水资源保护规划等专项规划;③遵守经批准的水量分配方案或协议。建设项目水资源论证,业主单位应当委托具有相应资质的单位承担。建设项目水资源论证资质管理由水利部令第17号《水文水资源调查评价资质和建设项目水资源论证资质管理办法(试行)》加以规定。

"报告书"编制单位应在其资质等级许可的范围内,按照《建设项目水资源论证报告书编制基本要求》开展论证工作。

(三)主要内容

根据《建设项目水资源论证报告书编制基本要求》,水资源论证共包括总论、建设项目概况、所在流域或区域水资源开发利用现状、取水水源论证、用水合理性分析、退水情况及其对水环境影响分析、对区域水资源状况及其他用水户的影响分析、水资源保护措施、影响其他用水户权益的补偿方案、水资源论证结论等十个方面的内容。但由于建设项目规模不等、取水水源类型不同,水资源论证的内容也有侧重,受委托承担编制任务的单位,可根据不同的项目和取水水源类型,选择其中相应内容开展论证工作。"报告书"应当包括以下主要内容。

1. 建设项目概况

包括:①建设项目名称、性质;②建设地点、占地面积和土地利用情况;③建设规模及分期实施意见,职工人数与生活区建设;④主要产品及用水工艺;⑤建设项目用水保证率及水位、水量、水质、水温等要求,取水地点,水源类型,取水口设置情况;⑥建设项目废污水浓度、排放方式、排放总量、排污口设置情况。

2. 取水水源论证

取水水源论证包括地表水水源论证和地下水水源论证。

地表水水源论证必须依据实测的水文资料系列:①分析不同保证率的来水量、可供水量及取水可靠程度;②分析不同时段取水对周边水资源状况及其他取水户的影响;③论证取水口的设置是否合理。

地下水水源论证必须在区域水资源评价和水文地质详查的基础上进行。如属中型以上的地下水水源地论证,还必须进行水文地质勘察工作:①分析区域的水文地质条件,含水层特征,地下水补给、径流、排泄条件,地下水资源量、可开采量及取水的可靠性;②分析取水量及取水层位对周边水资源状况、环境地质的影响;③论证取水井布设是否合理,可能受到的影响。

3. 用水合理性分析

包括:①建设项目用水过程及水平衡分析;②产品用水定额、生活区用水定额及用水水平分析;③节水措施与节水潜力分析。

4. 退(排)水情况及其对水环境影响分析

包括:①退(排)水系统及其组成概况;②污染物排放浓度、总量及达标情况,排放时间变化情况;③分析对附近河段环境的影响;④论证排污口设置是否合理。

5. 对其他用水户权益的影响分析

包括:①周边地区及有关单位对建设项目取水和退水的意见;②分析对区域水资源状况的影响;③分析对其他用水户的影响;④对其他用水户影响的补偿方案或补救措施。

6. 水资源论证结论

包括:①建设项目取水的合理性;②取水水源量、质的可靠性及允许取水量意见;③退水情况及水资源保护措施。

(四)审查权限

"报告书"实行分级审查的办法。

水利部或其流域管理机构负责对两类建设项目的"报告书"进行审查:①水利部授权流域管理机构审批取水许可申请的建设项目;②兴建大型地下水集中供水水源地(日取水量5万t以上)的建设项目。

其他建设项目"报告书"分级审查权限,由各省(自治区、直辖市)人民政府水行政主管部门确定。

(五)审查程序

为了保证建设项目水资源论证制度有效有序地实施,《建设项目水资源论证管理办法》对"报告书"的受理、审查及建设项目的批准三个环节作出了明确规定。

1. 受理要求

未提交“报告书”的,受理机关不得受理其取水许可申请。具体地讲,就是要求业主单位在办理取水许可申请时向受理机关提交“报告书”。受理机关是指受理取水许可申请,并对其进行形式审查的水行政主管部门或流域管理机构。

2. 审查要求

具有审查权限的水行政主管部门或流域管理机构应当组织有关专家和单位对“报告书”进行审查,并根据取水的急需程度适时提出审查意见。

“报告书”审查通过后,有下列情况之一的,业主单位应当重新或补充编制“报告书”,并提交原审查机关重新审查:①建设项目的性质、规模、地点或取水标的发生重大变化的;②自审查通过之日起满三年,建设项目未批准的。

3. 批准要求

未提交取水许可申请书面审查意见及经审定的“报告书”的,建设项目不予批准。这就是要求业主单位在向计划主管部门报送建设项目可行性研究报告时,应当提交水行政主管部门或流域管理机构对其取水许可申请提出的书面审查意见,并附具经审定的“报告书”。

(六)法律责任

对从事建设项目水资源论证工作的单位,在论证工作中弄虚作假的,由水行政主管部门或流域管理机构取消其建设项目水资源论证资质,并处违法所得三倍以下,最高不超过3万元的罚款。

对从事“报告书”审查的工作人员,滥用职权,玩忽职守,造成重大损失的,由有关主管部门依法给予行政处分;构成犯罪的,依法追究刑事责任。

四、取水许可审批发证制度

取水许可审批发证制度是以国务院于1993年8月1日以第119号令颁布的《取水许可制度实施办法》(2006年2月21日国务院以第460号令《取水许可和水资源费征收管理条例》取代了第119号令)为标志,自1993年9月1日起施行的有关水资源管理方面一项十分重要的法律制度。这是目前我国水资源管理法律制度中最重要的水行政许可法律制度之一,也是强化水资源统一管理,促进水资源优化配置、节约与保护的一项核心制度。

(一)取水许可管理权限

取水许可实行分级审批发证。

(1)下列取水由流域管理机构审批:①长江、黄河、淮河、海河、滦河、珠江、松花江、辽河、金沙江、汉江的干流和太湖以及其他跨省、自治区、直辖市河流、湖泊的指定河段限额以上的取水;②国际跨界河流的指定河段和国际边界河流限额以上的取水;③省际边界河流、湖泊限额以上的取水;④跨省、自治区、直辖市行政区域的取水;⑤由国务院或者国务院投资主管部门审批、核准的大型建设项目的取水;⑥流域管理机构直接管理的河道(河段)、湖泊内的取水。上述所称的指定河段和限额以及流域管理机构直接管理的河道(河段)、湖泊,由国务院水行政主管部门规定。

水利部已于1994年5月至1995年1月间,分别以水政资〔1994〕197号、〔1994〕276

号、〔1994〕438号、〔1994〕460号、〔1994〕554号、〔1994〕555号、〔1995〕7号，相继对黄河、淮河、长江、海河、松辽、珠江、太湖七大流域管理机构实施取水许可管理的河段及限额予以明确，即上述所称指定河段和限额。

（2）其他取水，由县级以上地方人民政府水行政主管部门根据各省（自治区、直辖市）人民政府水行政主管部门确定的取水许可分级管理权限，审批取水许可申请、核发取水许可证。

（二）受理机关与审批机关

受理机关是指受理取水许可申请，并对申请人提供的文件进行形式审查的水行政主管部门或流域管理机构。其主要职责是：①受理申请，即接收申请人提交的有关取水许可申请的文件资料；②审查申请人提交的文件资料是否填注明确、完备齐全、符合规定；③通知申请人限期对其提交的文件资料予以补正；④按照取水许可分级管理权限，向上级审批机关转报申请人提出的取水许可申请。

审批机关是指依据取水许可分级管理权限有权对取水许可申请进行内容审查，并作出审批决定、核发取水许可证的水行政主管部门或流域管理机构。其主要职责是：①审查申请人提出的取水、退水要求是否合法合理，水源质量是否可靠，节水和保护措施是否可行等；②对取水许可申请作出批准或不批准决定；③核发取水许可证；④依法对取水许可证持有人的取水量予以核减或者限制，对违法取水的行为作出水行政处罚决定。

受取水许可分级管理权限的约束，对有的取水申请，其受理机关和审批机关是合一的，而对有的取水申请，其受理机关和审批机关则不是同一个机关，具体如表5-1所示。

表5-1　取水许可申请的受理机关和审批机关

<table>
<tr><th rowspan="2">机关</th><th colspan="2">水利部授权流域管理机构
适时取水许可管理的取水</th><th rowspan="2">其他取水
（视各省（市、区）取水许可
分级管理权限而定）</th></tr>
<tr><th>全额管理</th><th>限额管理</th></tr>
<tr><td>受理机关</td><td>流域管理机构或其委托的机构</td><td>取水口所在地县级以上水行政主管部门</td><td>取水口所在地县级以上水行政主管部门</td></tr>
<tr><td>审批机关</td><td>流域管理机构</td><td>流域管理机构</td><td>取水口所在地县级以上水行政主管部门</td></tr>
</table>

注：表中“县级以上水行政主管部门”为“县级以上地方人民政府水行政主管部门”的简称。

（三）取水许可申请审批程序

《取水许可和水资源费征收管理条例》第二章共四条对取水申请和受理程序加以规定。该部分主要是依照《行政许可法》中关于“设定行政许可应当规定行政许可的实施机关、条件、程序”的要求，规定了取水申请人与受理机关、取水申请应提交的材料、申请包含的事项、受理机关对申请材料的审查处理等方面的内容。根据国务院关于投资体制改革的精神，为适应投资审批制度改革的要求，取消原《取水许可制度实施办法》中有关建设项目取水预申请的规定，简化了取水申请、受理程序。

1. 受理机关的规定

《取水许可和水资源费征收管理条例》第十条规定：申请取水的单位或者个人（以下简称申请人），应当向具有审批权限的审批机关提出申请。申请利用多种水源，且各种水源的取水许可审批机关不同的，应当向其中最高一级审批机关提出申请。取水许可权限属于流域管理机构的，应当向取水口所在地的省、自治区、直辖市人民政府水行政主管部门提出申请。省、自治区、直辖市人民政府水行政主管部门，应当自收到申请之日起20个工作日内提出意见，并连同全部申请材料转报流域管理机构；流域管理机构收到后，应当依照本条例第十三条的规定作出处理。

本条明确了不同情况下的取水受理机关，便于取水申请人向有受理权限的机关提出取水申请以及取水受理机关依照管理权限受理申请。通常情况下，取水申请人直接向有取水审批权限的审批机关提出，废止了1993年《取水许可制度实施办法》规定的"县级受理、逐级上报"的方式，实行"谁审批谁受理"的原则，简化了受理程序，提高了受理效率，方便了申请人。对于分级审批权限，在条例第十四条作了具体规定。对申请人需要利用多种水源的，合并申请与受理。申请人需要利用多种水源而且各种水源的审批机关不同的，由申请人直接向最高一级具有审批权限的机关提出申请，由其合并受理和审批，申请人不必按不同的水源分别向不同的审批机关提出申请。这样的规定既方便了申请人提出申请，又有利于审批机关统筹考虑取水申请、实施审批，还有利于相关机关对取水行为实施监督管理。

对于属流域管理机构管理权限的，由申请人向所在地的省、自治区、直辖市人民政府水行政主管部门提出申请，而不是直接向所在流域的流域管理机构提出申请。之所以作出这样的规定：一是为了方便申请人，流域管理机构办公场所不一定在取水口所在的省份，申请人直接向流域管理机构提出取水申请可能存在不方便；二是为了提高办事效率，由流域管理机构审批的，一般也需要征求取水口所在地的省、自治区、直辖市人民政府水行政主管部门的意见，了解省级区域内取水总量等有关情况，取水申请由省、自治区、直辖市人民政府水行政主管部门受理并提出意见后转送流域管理机构，有利于提高效率。需要说明的是，省、自治区、直辖市人民政府水行政主管部门只是代为收取申请，不具有决定是否受理、是否审批的权限。流域管理机构收到由省、自治区、直辖市人民政府水行政主管部门转送来的申请材料后，按照条例第十三条的规定作出受理或者不受理的处理。

对于流域管理机构与县级以上地方人民政府水行政主管部门的审批权限，在条例第十四条给予了原则性规定，国务院水行政主管部门通过发布具体的授权性文件对流域管理机构的审批权限进行了明确。

2. 取水申请材料的规定

《取水许可和水资源费征收管理条例》第十一条规定：申请取水应当提交下列材料：（一）申请书；（二）与第三者利害关系的相关说明；（三）属于备案项目的，提供有关备案材料；（四）国务院水行政主管部门规定的其他材料。建设项目需要取水的，申请人还应当提交由具备建设项目水资源论证资质的单位编制的建设项目水资源论证报告书。论证报告书应当包括取水水源、用水合理性以及对生态与环境的影响等内容。

本条是按照《行政许可法》中关于设定行政许可应当明确许可条件的规定，明确了申请人申请取水时应提交的材料,以便申请人提出形式合法、内容完整的申请。

本条归结起来主要有两方面的内容:一是对申请人而言,应当提交申请书。行政许可是行政审批机关依申请作出的行为,申请程序是因相对人行使申请权而开始的。取水申请人提出取水申请是实施取水许可的前提条件。申请书的内容在本条前半段给予了规定,它既包括取水申请人要求审批机关准予其取水的意思表示,又包括了取水审批机关要求取水申请人提供的是否符合取水许可条件和标准等信息。至于取水申请书需要采取格式文本的,具有审批权限的机关应当提供格式文本。除传统方式外,取水申请人还可以向有条件的取水审批机关,以电报、电传、传真、电子数据交换和电子邮件等方式来提出,也可以委托代理人来提出。申请人的取水行为可能影响到取水人以外的第三者的合法权益,如影响他人取水、生产或者生活,抽取地下水可能造成地面沉降等,因此需要提交与第三者利害关系的说明,对申请人的取水行为可能引起的与第三者的利害关系以及处理利害关系的措施、方法、与第三者的协商情况等进行说明,防止因取水与第三者发生纠纷而影响取水许可的实施。这个说明应当客观、公正和全面。对于备案项目,根据《国务院关于投资体制改革的决定》(国发〔2004〕20 号),对项目审批制度进行了改革,落实了企业投资自主权,对于企业没有使用政府投资建设的项目,一律不再实行审批制,而是区别不同情况实行核准制和备案制。政府仅对重大项目和限制项目从维护公共利益角度进行核准,其他项目无论规模大小均改为备案制。由于备案项目不再需要办理审批负责核准手续,不需要将获得取水许可作为项目审批或者核准的前置条件,为掌握备案制项目的具体情况,以便全面合理地审查其取水申请,因而规定了备案制项目申请取水时需提供有关备案手续。对于审批制、核准制项目,获得取水许可则是进行项目审批、核准的必要条件。

二是提交由具备相应建设项目水资源论证资质的单位编制的建设项目水资源论证报告书。建设项目取水涉及区域内水资源条件,取退水对周边地区生态及其他用水户可能产生较大影响,加之因其取水量大、取水持续时间长,还存在自身用水合理性问题。对于取用地下水的建设项目,还需要做大量前期水源勘探论证。近年来,建设项目取水影响周边地区或者河流下游地区用水时有发生,引发水事纠纷。一些河流取水审批水量超过河流可利用水资源量,对流域或者区域用水、生态环境产生了严重影响;一些项目取用水缺乏科学论证,造成用水浪费,加大了水污染、水资源紧缺等。因此,有必要对建设项目取水申请行为进一步规范,《水法》第二十三条的规定:国民经济和社会发展规划以及城市总体规划的编制、重大建设项目的布局,应当与当地水资源条件和防洪要求相适应,并进行科学论证,为建设项目水资源论证提供了法律依据。2002 年 3 月 24 日水利部、国家发展计划委员会以第 15 号令发布的《建设项目水资源论证管理办法》,自 2002 年 5 月 1 日实施以来,取得了显著的效果。建设项目经过论证,用水工艺、用水量更加合理,既对合理利用和保护水资源起到了积极作用,也提高了建设项目单位的效益,提高了取水管理的科学性、合理性。对建设项目取水的可行性进行分析是一项专业性很强的工作,需要由具有建设项目水资源论证资质的单位专门进行论证。建设项目水资源论证报告书应当包括取水水源、用水合理性以及对生态与环境的影响等内容,基本涵盖了取水许可预申请的内容。建设项目水资源论证资质根据 2003 年 2 月 21 日水利部第 17 号令发布、2005 年 7 月 8 日水利部第 24 号令修正的《水文水资源调查评价资质和建设项目水资源论证资质管理办法(试行)》的规定取得资质等级、业务范围等。

3. 取水申请书内容的规定

《取水许可和水资源费征收管理条例》第十二条规定了取水申请书应当包含的事项。该内容便于申请人提供全面、完整的申请材料,也便于审批机关全面知悉取水的条件、标准以及其他有关情况。

取水申请书应当包括下列事项:

(1)申请人的名称(姓名)、地址。主要应当填写名称(姓名)、法定代表人、住址(单位地址)等。

(2)申请理由。是指需要取用水资源的缘由、可以取用水资源的条件等。

(3)取水的起始时间及期限。起始时间是指取水工程或者设施开始运行的时间。期限是指持续取水的时间,若干月、若干年等。

(4)取水目的、取水量、年内各月的用水量等。取水目的包括农业用水、工业用水、城乡生活用水和生态与环境用水等具体取水用途。取水量是指维持取水用途的情况下的正常取水量。

(5)水源及取水地点。水源包括江河、湖泊等地表水水源、地下水水源等。

(6)取水方式、计量方式和节水措施。取水方式主要是指使用根据《取水许可和水资源费征收管理条例》第二条列举的取水工程、设施对水源进行的抽、引、拦、蓄等方式。计量方式包括使用计量器具、设施或者以发电量折算等。节水措施包括取用水过程中减少漏失率的措施,工业生产中调整产业结构,改进工艺、技术、设备、产品的节水措施,农业生产中减少渗漏、改进灌溉方式、调整种植结构的节水措施,生活中使用节水器具等。

(7)退水地点和退水中所含主要污染物以及污水处理措施。主要污染物应当包括污染物的名称、浓度、总量、退水量,退水水质要符合退水地点水功能区的要求。污水处理措施包括处理设施、处理规模、处理工艺、处理回用等。

(8)国务院水行政主管部门规定的其他事项。

4. 取水申请受理的形式审查、受理期限的规定

《取水许可和水资源费征收管理条例》第十三条规定了审批机关受理取水申请时的三种处理方式。该内容是根据《行政许可法》规定,结合取水申请的实际情况,以规范审批机关的受理行为而制定的。具体而言有以下三种情形:

(1)申请材料齐全、符合法定形式、属于本机关受理范围的,予以受理。

(2)提交的材料不完备或者申请书内容填注不明的,通知申请人补正。

《行政许可法》对行政许可的受理期限、形式审查作了具体规定。受理期限是指行政机关自收到申请材料到作出是否受理的决定的时限。为促使行政机关尽快对申请材料作出审查,避免拖延,《行政许可法》对行政机关的受理期限作出了较为严格的规定,自收到之日起即算为受理期限。行政机关收到申请材料后,应当对申请材料是否齐全、是否符合法定形式进行形式审查。行政机关经审查符合要求的,应当即时予以受理;申请材料不符合要求,需要补正的,审批机关应当当场或者自收到材料之日起5日内予以告知。除当场告知的外,5日的补正告知期限,实际上是赋予了行政机关5日的受理期限。

(3)不属于本机关受理范围的,告知申请人向有受理权限的机关提出申请。

根据《行政许可法》的规定，申请人只能向法定的行政许可机关提出申请，也只有该法定的行政机关才能接受其管辖范围内的申请并予以审查。申请人向无许可权的行政机关提出申请的，申请行为无效，被申请机关应当作出不予受理的书面决定。作出不予受理决定的行政机关应当告知申请人受理其申请的行政机关。行政机关告知申请人负责受理的机关，是《行政许可法》赋予行政机关的一项新职责，这虽然会增加一定的工作量，但能给申请人带来很大的方便。

实施《取水许可和水资源费征收管理条例》时，按照分级审批权限不属于本机关受理范围的，告知申请人向具有受理权限的机关提出申请。但是，按照《取水许可和水资源费征收管理条例》第十条规定，属于流域管理机构受理而向省、自治区、直辖市人民政府水行政主管部门提出申请的除外。

（四）取水许可证的有效期限

取水许可证的有效期限一般为 5 年，最长不超过 10 年。

取水许可证期满后，自动失效。需要继续取水的，取水许可证持有人（以下简称持证人）应当在距许可证期满 45 日前向原审批机关提出申请，原审批机关应当在有效期届满前决定批准或不批准。

（五）法律责任

对未经批准擅自取水的或未依照批准的取水许可规定条件取水的，由审批机关责令停止违法行为，限期采取补救措施，处 2 万元以上 10 万元以下的罚款；情节严重的吊销取水许可证。水行政主管部门或流域管理机构及其工作人员有下列情况之一的，对负有责任的主管人员和其他直接责任人员依照刑法的有关规定追究刑事责任，尚不够刑事处罚的依法给予行政处分：①利用职务上的便利收取他人财物、其他好处；②玩忽职守，对不符合法定条件的单位或个人核发取水许可证。

五、取水许可监督管理制度

取水许可监督管理是指水行政主管部门或流域管理机构对持证人履行取水权利义务的情况进行监督检查，对其取水依法予以限制、调整或制裁的具体行政行为，它是取水许可审批发证的跟踪监督和重要保障。1996 年 7 月 29 日水利部以第 6 号令颁布了《取水许可监督管理办法》，对计划用水管理、节约用水管理和取水许可证年度审验三个方面作出了具体规定。《水法》、《取水许可和水资源费征收管理条例》和《取水许可监督管理办法》对取水许可监督管理制度的规定，涉及持证人的权利、义务以及取水许可的调整、变更、吊销等内容。

（一）取水许可监督管理机关

按照"谁审批发证、谁监督管理"的原则，各级水行政主管部门或流域管理机构负责对其审批发证的取水实施监督管理，即取水许可监督管理机关就是取水许可审批机关。

上级水行政主管部门可以委托下级水行政主管部门，流域管理机构可以委托其直属单位或地方水行政主管部门具体承担取水许可监督管理工作。

（二）持证人的取水权利义务

持证人既享有取水许可证赋予的取水权利，同时还应履行相应的义务：①依照批准的取水许可规定条件取水;②装置取水计量设施,填报取水报表;③按规定报送年度用水计划、用水总结;④协助取水许可监督机关检查其取水情况,如实提供取水测定数据等有关资料;⑤不得非法转让取水许可证;⑥不得将依照取水许可证取得的水非法转让;⑦水法律、法规、规章规定的其他要求。

(三)取水许可监督管理内容

主要是指计划用水管理、节约用水管理和取水许可证年度审验三个方面。

1. 计划用水管理

(1)制订区域年度取水计划:水行政主管部门应根据本地区用水状况、下一年度水源的预测、节水规划及上一级水行政主管部门下达的取水控制总量,制订本地区下一年度取水计划。

(2)审核、下达持证人的年度取水计划:取水许可监督管理机关根据区域年度取水计划,综合平衡各行业用水需求,对各持证人报送的年度用水计划申请表进行审核后,以书面形式向持证人下达下一年度用水计划。持证人年度最大取水量和年取水总量不得超过其取水许可证载明的额度。

(3)监督检查持证人实际取水情况:取水许可监督管理机关根据批准的持证人的年度用水计划,结合持证人按季度报送的取水报表,不定期地对持证人的取水情况进行现场检查。

2. 节约用水管理

(1)制订节水规划和年度计划:水行政主管部门应根据本省(自治区、直辖市)行业用水定额标准,结合本地区水的中长期供求计划和用水水平,会同有关部门制订本地区节约用水总体规划和年度计划并报上一级水行政主管部门审定。

(2)提出节水要求:取水许可监督管理机关根据本地区节水规划和年度计划,结合水资源供求预测情况和持证人的节水潜力,对持证人提出在取水许可证的有效期限内不同年度和年内不同时期节约用水的要求,并据此核定不同的许可取水量。

(3)监督检查持证人实际节水情况:取水许可监督管理机关根据节水要求,不定期地对持证人的节水情况(包括节水工艺和设施、计量设施、节水措施)进行现场检查。

3. 取水许可证年度审验(简称年审)

年审工作的主要内容包括:①持证人的法定代表人是否变动;②取水标的是否变化;③取水量年内分配是否变化;④装置的取水计量设施运行是否正常;⑤节水设施、废污水处理设施运行是否正常;⑥取水和退水地点是否变化;⑦退水水质是否达到水利部颁布的《取水许可水质管理规定》和经批准的取水许可申请书所规定的要求;⑧其他有关事项。

年审工作的主要要求包括:①范围要求,即对为城市生活和工业而取水的持证人,必须全部进行年审;对为其他用水而取水的持证人,可根据实际情况,每年对其中30% ~ 50%的取水许可证进行年审。②时间要求,即每年12月以前结合持证人报送的用水总结和审批持证人下一年度的取水计划进行。③校验要求,即取水许可监督管理机关在年审时应对持证人装置的取水计量设施进行校验,准确核定取水的有关参数。④改正要求,即取水许可监督管理机关发现有取水计量设施不合格或者运行不正常、节水设施或废污水处理设施运行不正常、水耗超过规定标准、退水水质不符合规定要求等四种情况之一的,应责令持证人限期改正。⑤报告要求,即取水许可监督管理机关应逐级上报取水许可年审总结报告,主要内容包括本行政辖区内取水许可制度实施情况、取水许可证年审情况、年审中发现的主要问题及处理情况、进一步改进年审工作的建议等。

(四)取水许可的调整、变更、吊销

1.取水许可的限制与调整

有下列情形之一的,审批机关可以对取水单位或者个人的年度取水量予以限制:①因自然原因,水资源不能满足本地区正常供水的;②取水、退水对水功能区水域使用功能、生态与环境造成严重影响的;③地下水严重超采或者因地下水开采引起地面沉降等地质灾害的;④出现需要限制取水量的其他特殊情况的。发生重大旱情时,审批机关可以对取水单位或者个人的取水量予以紧急限制。

取水单位或者个人因特殊原因需要调整年度取水计划的,应当经原审批机关同意。

2.取水许可证的变更

有下列情形之一的,持证人必须向原审批机关申请办理取水许可的变更手续:①持证人的法定代表人发生变动的;②因自然原因等需要改变取水或退水地点的;③因自然原因等需要改变取水的标的或年内分配的。

3.取水许可证的吊销

《水法》规定,对未经批准擅自取水或者未依照批准的取水许可规定条件取水的行为,情节严重的,按照国务院制定的《取水许可和水资源费征收管理条例》第五十二条的有关规定吊销取水许可证,包括下列情形:①不按照规定报送年度取水情况的;②拒绝接受监督检查或者弄虚作假的;③退水水质达不到规定要求的。

第五节 水资源优化配置、节约使用与保护

党的十五届五中全会把水资源同粮食、石油一起作为国家的重要战略资源,提高到可持续发展的突出位置予以强调,首次提出水资源可持续利用是我国经济社会发展的战略问题,核心是提高用水效率,把节水放在突出位置,同时要求要加强水资源的规划与管理,搞好江河全流域的合理配置,协调生活、生产和生态用水。城市建设和工农业生产布局要充分考虑水资源的承受能力。大力推行节约用水措施,发展节水型农业、工业和服务业,建立节水型社会。抓紧治理水污染源。改革水的管理体制,建立合理的水价形成机制,调动全社会节水和防治水污染的积极性。九届全国人大第四次会议审议通过的《国民经济和社会发展第十个五年计划纲要》也强调,在加强防洪减灾的同时,把解决水资源不足和水污染问题放到更加突出的位置。

九届全国人大常委会第二十九次会议修订通过的《水法》,在总结原《水法》实施13年来的实践经验,研究、借鉴国外水资源管理立法经验的基础上,根据党和国家关于加强水资源管理、实现水资源可持续利用等一系列方针、政策,专门设置"水资源、水域和水工程的保护"及"水资源配置和节约使用"两章,更加突出了水资源的配置、节约和保护,并就水功能区划、水域纳污能力、水质监测、水中长期供求计划、水量分配方案、水量调度预案、用水总量控制与定额管理以及工业、农业、城市生活节水等内容作出了明确规定。温

家宝同志提出，加强水资源管理，提高水的利用效率，建设节水型社会，应该作为水利部门的一项基本任务；节水和治污是解决水资源合理配置和永续利用的两个重大问题，也是加强水资源管理的两个关键环节。这要求在做好水资源开发、利用、治理的同时，将水资源的配置、节约、保护放在重要位置上，把加强水资源管理作为一项基本任务，以水资源的优化配置和可持续利用为目标，以提高用水效率为核心，突出抓好节约和保护两个关键环节。为此，本节分别就《水法》中有关水资源的配置、节约使用、保护方面的法律制度规定和政策措施要求作具体介绍。

一、水资源配置

（一）水资源配置的概念、基本功能及目标

水资源配置是指在特定的流域或区域内，按照水资源可持续利用的要求，对不同形式的水资源（包括空中水、地表水、地下水）通过法律、行政、经济、技术、工程等手段和措施，对生活、生产经营和生态环境用水进行科学合理的分配，使水资源天然分布与社会生产力结构布局相互协调、相互适应，为实施可持续发展战略创造有利的水资源条件。

水资源配置的基本功能是：既调整水资源天然分布，使之与经济社会发展格局相适应，同时又调整经济社会发展布局，使之与水资源天然分布相适应。

水资源配置的目标是：满足人口、资源、环境与经济协调发展对水资源在时间与空间、质量与数量上的要求，使有限的水资源获得最大的效益，并得以永续利用。

因此，水资源配置包括时间、空间、质量、数量四个基本要素。

（二）基本原则

1. 共享原则

共享是水资源配置的前提。由于水资源为国家所有，属于“公共资源”，因此一方面人人有共享水资源的权利，另一方面在经济社会协调发展的基础上，各行各业也有共享水资源的权利。

2. 系统原则

系统是水资源配置的基础。流域是由水循环系统、社会经济系统和生态环境系统组成的具有整体功能的复合系统。因此，以流域为单元的水资源配置，要从系统的角度，注重兴利与除害、防洪与抗旱、开源与节流、开发与保护、水量与水质、工程与非工程措施的结合，统筹解决水资源短缺与水污染对社会经济可持续发展的制约。

3. 协调原则

协调是水资源配置的核心，包括经济社会发展目标和生态环境保护目标与水资源条件之间的协调，近期和远期经济社会发展目标对水的需求之间的协调，流域之间和流域内不同区域之间水资源利用的协调，不同水源之间开发利用程度的协调以及生活、生产经营与生态环境用水之间的协调等。

4. 高效原则

高效是水资源配置的目标，即要以最低的成本投入获取最高的开发利用效率，使有限的水资源发挥最大限度的效益。

5. 优先原则

优先是水资源配置的依据，它包括：一是生活、生产经营、生态环境用水之间相协调，生活用水要优先；二是开源与节流相结合，节流要优先；三是地表水与地下水统一调度开发，结合各地区水资源的实际情况，确定优先开发地表水或地下水的顺序，等等。

（三）制度规定

1. 水中长期供求计划制度

制定原则：水中长期供求规划应当依据水的供求现状、国民经济和社会发展规划以及水资源的流域规划与区域规划，按照水资源供需协调、综合平衡、保护生态、厉行节约、合理开源的原则制定。

水中长期供求计划主要内容包括：①水资源及其供求现状的调查评价；②不同水平年需水与供水情况预测；③水的供需综合平衡与分析；④根据供需平衡分析情况，提出相应的对策措施。

水中长期供求计划的制订与审批分成四种情况：①全国和跨省（自治区、直辖市）的水中长期供求计划，由国务院水行政主管部门会同同级有关部门制订，经国务院发展计划主管部门审查批准后执行；②省（自治区、直辖市）和跨市（地、州、盟）的水中长期供求计划，由省（自治区、直辖市）水行政主管部门会同同级有关部门，依据全国和跨省（自治区、直辖市）的水中长期供求计划，结合本省（自治区、直辖市）的实际情况制订，经省（自治区、直辖市）发展计划主管部门审查批准后执行；③市（地、州、盟）和跨县（市、区、旗）的水中长期供求计划，由市（地、州、盟）水行政主管部门会同同级有关部门依据省（自治区、直辖市）和跨市（地、州、盟）的水中长期供求计划，结合本市（地、州、盟）的实际情况制订，经市（地、州、盟）发展计划主管部门审查批准后执行；④县（市、区、旗）的水中长期供求计划，由县（市、区、旗）水行政主管部门会同同级有关部门依据市（地、州、盟）和跨县（市、区、旗）的水中长期供求计划，结合本县（市、区、旗）的实际情况制订，经县（市、区、旗）发展计划主管部门审查批准后执行。

2. 跨行政区域的水量分配方案和旱情紧急情况下的水量调度预案制度

主要包括三方面内容：①调蓄径流和分配水量，应当依据流域规划和水中长期供求计划，以流域为单元制订水量分配方案。②水量分配方案和旱情紧急情况下的水量调度预案经批准后，有关地方人民政府必须执行。③在不同行政区域之间的边界河流上建设水资源开发利用项目，应当符合该流域经批准的水量分配方案，由有关县级以上地方人民政府报共同的上一级人民政府水行政主管部门或者有关流域管理机构批准。这也就是说，边界河流上的水资源开发利用项目，除应当符合该流域经批准的水量分配方案外，如果是在省际边界河流上的，应当报水利部或其授权的流域管理机构批准；如果是在市（地、州、盟）际边界河流上的，应当报省级水行政主管部门批准；如果是在县际边界河流上的，应当报市（地、州、盟）级水行政主管部门批准；其他的，报县级水行政主管部门批准。

水量分配方案和旱情紧急情况下的水量调度预案的制订与审批分成四种情况：①跨省（自治区、直辖市）的水量分配方案和水量调度预案，由流域管理机构商有关省（自治区、直辖市）人民政府制订，报国务院或其授权的部门批准后执行；②跨市（地、州、盟）的水量分配方案和水量调度预案，由省（自治区、直辖市）水行政主管部门商有关市（地、州、盟）人民政府制订，报省（自治区、直辖市）人民政府批准后执行；③跨县（市、区、旗）的水量分配方案和水量调度预案，由市（地、州、盟）水行政主管部门商有关县（市、区、旗）人民政府制订，报市（地、州、盟）人民政府批准后执行；④跨乡（镇）的水量分配方案和水量调度预案，由县（市、区、旗）水行政主管部门商有关乡（镇）人民政府制订，报县（市、区、旗）人民政府批准后执行。

3. 年度水量分配方案和调度计划制度

制定要求：省（自治区、直辖市）、市（地、州、盟）、县（市、区、旗）三级水行政主管部门或者流域管理机构应当根据批准的水量分配方案与年度预测来水量，制订本行政区域或者本流域年度水量分配方案和调度计划，实行水量统一调度。

执行要求：有关地方人民政府必须执行上一级区域或者国家重要江河流域的年度水量分配方案和调度计划，服从上一级水行政主管部门或者流域管理机构对水量的统一调度。

特别要求：国家确定的重要江河、湖泊的年度水量分配方案，应当纳入国家的国民经济和社会发展年度计划。

如黄河流域包括流域内的青海、四川、甘肃、宁夏、内蒙古、山西、陕西、河南、山东等9个省（自治区）以及国务院批准的流域外引用黄河水量的天津、河北2个省（市），1997年国务院以国阅〔1997〕149号批准了《关于黄河可供水量分配方案的报告》，1998年国务院又批准了《黄河水量调度管理办法》，确立了“黄河水量实行统一调度，总量控制，以供定需，分级管理，分级负责，实施年度水量分配和干流水量调度预案制度”，并就调度原则、调度权限、用水申报、用水审批、特殊情况下的水量调度、用水监督等6个方面作出了具体规定，从而使黄河流域水量分配方案和调度计划的制订以及水量的统一调度步入正规化、规范化、制度化的轨道。

4. 用水总量控制和定额管理相结合的制度

制定行业用水定额：省（自治区、直辖市）人民政府经贸、农业、建设等有关行业主管部门根据本地水资源供求条件，结合生产工艺、产品和设备用水实际情况，制定本行政区域的工业、农业、生活、服务等行业用水定额，报同级水行政主管部门和质量监督检验行政主管部门审核同意后，由省（自治区、直辖市）人民政府颁布，同时报国务院水行政主管部门和质量监督检验行政主管部门备案。

用水总量控制：省（自治区、直辖市）、市（地、州、盟）、县（市、区、旗）三级发展计划主管部门会同同级水行政主管部门，根据用水定额、经济技术条件以及水量分配方案确定的可供本行政区域使用的水量，制订年度用水计划，对本行政区域内的年度用水实行总量控制。

用水定额管理：取水许可监督管理机关根据年度用水控制总量，结合行业用水定额标准，综合平衡各行业年度用水需求后，向各类取用水户下达年度用水计划，对取用水户的年度取水实行定额管理。

5. 取水许可制度

取水许可制度的相关内容见前文所述，在此不再赘述。

6. 水资源费制度

水资源费制度是《水法》按照自然资源有偿使用原则，与取水许可制度相对应，针对取用水资源的行为而设立的一项行政性收费制度。取水许可制度和水资源费制度，是确立直接从江河、湖泊或者地下取用水资源的单位和个人取得取水权的两项基本法律制度，二者缺一不可。2006 年 2 月 21 日国务院以第 460 号令颁布了《取水许可和水资源费征收管理条例》，对水资源费的征收使用加以规定。根据《水法》的有关规定，以下主要介绍水资源费制度的概念与特点、水资源费的性质与构成等内容。

1）水资源费制度的定义与特点

水资源费制度是指根据水资源有偿使用的原则，直接从江河、湖泊或者地下取用水资源的单位和个人，在申领取水许可证后，按照有权机关核定的收费标准和其取用的水资源量，向水行政主管部门或者流域管理机构缴纳水资源费的法律制度。

与取水许可制度相对应，水资源费制度的特点是：①水资源费的征收主体是水行政主管部门或流域管理机构，而不是其他公民、法人或组织；②水资源费的直接义务主体是依法领取了取水许可证的单位和个人，即持证人或称取水权人。

2）水资源费的性质与构成

水资源费是一种行政性收费，根据《水法》第四十八条“直接从江河、湖泊或者地下取用水资源的单位和个人，应当按照国家取水许可制度和水资源有偿使用制度的规定，向水行政主管部门或者流域管理机构申请领取取水许可证，并缴纳水资源费，取得取水权”的规定，水资源费是水行政主管部门或者流域管理机构代表水资源的所有权人——国家，向直接从江河、湖泊或者地下取用水资源的单位和个人（或称持证人、取水权人）征收的资源地租。

《水法》第三条规定，水资源属于国家所有（即全民所有），其所有权由国务院代表国家行使。水资源费是取水权人从国家获得取水权的成本，同时也是政府配置水资源的经济手段。因此，分析水资源费的构成（即水资源的定价），不能只从水资源的所有权角度来确定（即资金化的地租），而且要考虑水资源的公共产品特点（即政府管理水资源及解决消极外部性的成本）。水资源费的构成，应当包括水资源的租用费（绝对地租和级差地租Ⅰ）、管理成本，反映水资源稀缺程度的费用和反映用于不同行业取用水资源所得不同收益的机会成本（相当于级差地租Ⅱ），以及取用水资源造成的消极外部性的补偿等。

（1）绝对地租：指由水资源所有权的垄断转化而来的资源收益，也就是出租水资源所有权的收益。水资源属全民所有，但在取用水资源上不可能人人都等量同质，如果水资源费构成中不考虑资源收益部分，多取用者多得利，有失公平。

（2）级差地租：不同质量的水资源体现不同的使用价值，而且不同的开发条件也造成取用者取用成本的不同，所有者通过级差地租来体现水资源使用价值的差异，排除水资源取用上的不公平。相对来说，在自然状态下，上游地区水质好于下游地区，地下水的质量好于地表水，地表水取用相对地下水容易，矿泉水、地下热水的使用价值高于其他形式的水资源，这些应该是水资源费必须体现的差别。

（3）管理成本：指水资源所有者保证取用者正常取用水资源而开展必要活动的成本。现在的水资源再也不是初始状态的资源，所有的地下水、地表水都已凝集了人类劳动（如水资源的调查评价、规划、管理等），而且水资源的保障不是一家一户能够做到的，水资源必须从流域或者区域角度由代表全部所有者的政府来进行管理。因此，水资源的管理成本是取水权获得者必须要缴纳的成本，它包括水资源勘察、调查评价、规划、管理等全部有关管理工作的成本。

（4）反映水资源稀缺程度的费用：水资源的价值因稀缺程度不同而不同，稀缺程度越高，其价值就越高。这不仅仅是水资源本身对市场效应的体现，水资源费作为一种资源配置的经济手段，更是必须体现的。水资源稀缺性，也可通过级差地租来体现。

（5）机会成本：体现的是水资源用于不同用途所带来的不同收益（相当于级差地租Ⅱ）。由于所有者有权对水资源被取用的状况提出要求，因此可通过不同费率来加以落实。一般来说，水资源被用于高收益的行业和地区，所有者可按高费率收费，反之则相反。

（6）取用水资源造成的消极外部性的补偿：取用水资源会对环境和他人带来消极外部性，如河流下游水保证率降低、流域水环境容量减小、地下水位下降等，而这些消极外部性也要依赖政府解决，取水者无能为力，因此对取水者必须收取相应的补偿费用。

从全国25个省、自治区、直辖市在国务院第460号令施行前出台的水资源费征收管理办法来看，水资源费所反映的内容比较完整，但是目前也存在几个方面的问题：一是没有细分类别，对经济内涵反映不充分；二是没有体现流域性；三是中央政府在水资源费上体现的权益和责任不对称，目前水资源基本由地方政府支配；四是征收制度不尽合理，容易受行业性、区域性政策的影响。

3）水资源费与水费的联系与区别

联系体现在：水费中包含有水资源费。

区别主要体现在五个方面（具体见表5-2）：①性质不同。水费所体现的是商品属性，水资源费具有行政强制性。②征收主体不同。水费由供水单位计收，水资源费由水行政主管部门或者流域管理机构征收。③直接义务主体不同。水费由使用供水单位供应的水的用水单位和个人缴纳，水资源费由经许可的直接从江河、湖泊或者地下取用水资源的取水单位和个人缴纳。④客体不同。水费对应经过加工处理后的水，即商品水；水资源费对应江河、湖泊或者地下的水资源，即原水。⑤使用管理不同。水费由供水单位按有关财务制度用于供水工程生产运行、维护等开支；水资源费纳入财政预算管理，主要用于水资源的调查评价、规划、保护、管理等开支。

表5-2　水费与水资源费区别一览表

序号	类别	水费	水资源费
1	性质	商品价格属性	行政性收费
2	权利主体	供水单位	水行政主管部门或流域管理机构
3	义务主体	用水单位和个人	取水单位和个人
4	客体	商品水	原水
5	使用管理	按企业财务制度管理	纳入财政预算管理
		用于供水工程的生产、运行、维护等	用于水资源的调查评价、规划、保护、管理等

二、水资源节约使用

节约用水是我国的一项重要国策。节水管理是各级水行政主管部门的职能之一，1998年6月23日国务院办公厅以国办发〔1998〕87号印发的《水利部职能配置、内设机构和人员编制规定》中明确规定水利部负责“拟订节约用水政策，编制节约用水规划，制定有关标准，指导全国节约用水工作”，同时在地方政府机构改革中，各级地方人民政府也同样赋予同级水行政主管部门相关节水管理的职责。

（一）总体要求

针对我国干旱缺水问题日益突出、水资源供需矛盾日趋尖锐、水资源浪费现象相当普遍这一客观现实，《水法》以及党的十五届五中全会通过的《关于制定国民经济和社会发展第十个五年计划的建议》、九届全国人大第四次会议审议通过的《国民经济和社会发展第十个五年计划纲要》对节约用水都提出了原则性要求，归纳起来有三条：一是以提高用水效率为核心，发展节水型工业、农业和服务业，建立节水型社会；二是加强节水管理，建立节水技术开发推广体系，培育和发展节水产业，大力推行节水措施，推广节水新技术、新工艺；三是任何单位和个人都有节水的义务。

（二）法律规定

关于节约用水，《水法》主要作了5个方面的法律规定。

1. 用水计量与收费

包括：①用水应当计量，并按照批准的用水计划用水；②用水实行计量收费和超定额累进加价制度。

2. 农业用水

应当推行节水灌溉方式和节水技术，对农业蓄水、输水工程采取必要的防渗漏措施，提高农业用水效率。

节水灌溉方式指管灌、小畦灌、喷灌、滴灌、微喷灌、膜下滴灌、膜上灌、渗灌等。

节水技术包括：①水稻薄、浅、湿、晒等控制灌溉技术；②旱育稀植栽培技术；③地膜、生物覆盖、保水性耕作、坐水种覆盖等技术；④抗旱保水剂、蒸腾抑制剂、抗旱种衣剂等化学药剂技术。

防渗漏措施包括管道输水、渠道衬砌、采用U型槽等。

农业用水效率的主要指标是灌溉水利用系数，系指灌区灌溉面积上田间所需的净水量与渠首引进的总水量的比值。

3. 工业用水

包括：①应当采用先进技术、工艺和设备增加循环用水次数，提高用水的重复利用率；②国家对落后的、耗水量高的工艺、产品和设备实行淘汰制，具体名录由国务院经济综合主管部门会同国务院水行政主管部门和有关部门制定并公布；③生产者、销售者或者使用者应当在规定的时间内停止生产、销售或者使用列入名录的工艺、产品和设备。

衡量工业节水水平和效果的主要指标是万元产值用水量和水的重复利用率。采用万元产值用水量和重复利用率这两个指标，不仅可以比较同一产业不同企业间的用水有效程度，而且可以反映不同产业间的用水效益水平，乃至一个国家或地区的工业节水技术水平和效果。

4. 城市生活用水

包括:①应当因地制宜地采取有效措施,推广节水型生活用水器具,降低城市供水管网漏失率,提高生活用水效率;②加强城市污水集中处理,鼓励使用再生水,提高污水再生利用率。

城市供水管网漏失率是指在一个城市或城区供水管网系统中沿途渗漏损失的水量占进入供水管网前的总水量的百分比,它直接反映供水管网系统水的输送利用效率。

再生水系指通过污水处理厂或设施,采用生物、化学等污水处理技术对生产、生活污水进行二级或二级以上处理后可供再利用的水。再生水不仅可回用于农业灌溉和某些工业生产(如冷却用水),而且也可用于水质要求不高的市政用水(如冲洗厕所、马桶,浇洒地面,冲洗道路、车辆,浇灌树木、绿地等),这样可大大节省自来水的消耗量。

污水再生利用率系指再生水的实际利用水量占污水经处理后形成的再生水总水量的百分比,它直接反映污水处理后形成的再生水的利用效率。

5. 节水设施建设

包括:①新建、扩建、改建的建设项目应当制订节水措施方案,配套建设节水设施;②节水设施应当与建设项目主体工程同时设计、同时施工、同时投产,也就是节水设施的"三同时"制度。

(三)法律责任

对生产、销售或者在生产经营中使用国家明令淘汰的、落后的、耗水量高的工艺、设备和产品的,《水法》第六十八条规定由县级以上地方人民政府经济综合主管部门责令停止生产、销售或者使用,处2万元以上10万元以下的罚款。

对建设项目的节水设施没有建成或者没有达到国家规定的要求,擅自投入使用的,《水法》第七十一条规定由县级以上人民政府有关部门或者流域管理机构依据职权,责令停止使用,限期改正,处5万元以上10万元以下的罚款。

(四)"十二五"期间节水工作的目标与措施

水利部于2012年3月印发《节水型社会建设"十二五"规划》(以下简称《规划》),全面部署"十二五"时期节水型社会建设工作。

《规划》明确"十二五"时期全国节水型社会建设的目标任务,确定区域的建设重点,提出建设的重点领域和保障措施。《规划》是"十二五"时期指导全国节水型社会建设的纲领性文件。

《规划》在全面总结"十一五"节水型社会建设成效和经验的基础上,认真分析"十二五"节水型社会建设面临的新形势和新要求,明确提出"十二五"时期节水型社会建设的指导思想。《规划》强调,要把落实最严格水资源管理制度作为节水型社会建设的重要内容,全面树立社会和广大民众节水意识,弘扬节水文化,做到经济社会发展和群众生活生产全过程节水,工业、农业、服务业全方位提高用水效率,实现水资源可持续利用,支撑经济社会可持续发展。《规划》提出节水型社会建设的目标,到2015年,节水型社会建设取得显著成效,水资源利用效率和效益大幅度提高,用水结构进一步优化,用水方式得到切实转变,最严格的水资源管理制度框架以及水资源合理配置、高效利用与有效保护体系基本建立。全国用水总量控制在6 350亿m^3以内,全国万元GDP用水量降低到105 m^3以下,比2010年下降30%;农田灌溉水有效利用系数提高到0.53,农业灌溉用水总量基本不增长;万元工业增加值用水量降低到63 m^3,比2010年降低30%以上;全国设市城市供水管网平均漏损率不超过18%;海水淡化、再生水利用、雨水集蓄利用、矿井水利用等非常规水源利用年替代新鲜淡水量达到100亿m^3以上。

《规划》提出节水型社会建设主要任务:一是实行最严格水资源管理制度,健全以总量控制与定额管理为核心的水资源管理体系。二是推进用水方式转变,逐步完善与水资源承载能力相适应的经济结构体系。三是大力发展各类节水设施,完善水资源优化配置和高效利用的工程技术体系。四是全面加强节水宣传教育,完善公众自觉节水的行为规范体系。

《规划》与国家已经颁布实施的珠江三角洲、长江三角洲、黄河三角洲、中部崛起、新增千亿斤粮食生产能力规划等区域发展规划和产业振兴规划进行了紧密衔接,在充分考虑通过节水型社会建设加快推动区域发展规划和产业振兴规划实施的基础上,按照东北地区、黄淮海地区、长江中下游地区、华南沿海地区、西南地区、西北地区等六大分区,明确了节水型社会建设的重点领域、关键环节、具体措施。

《规划》根据深入推进节水型社会建设的要求,提出五个方面的制度建设内容:一是建立和完善用水总量控制制度。二是建立和完善用水效率控制制度。三是建立和完善水功能区限制纳污制度。四是建立健全节约用水利益调节机制。五是建立和完善节水标准体系及节水技术创新机制。《规划》确定节水型社会建设的重点领域为农业节水、工业节水、城镇生活节水和非常规水源利用四大领域。针对各个领域,《规划》提出了具体的建设任务和内容。

《规划》提出了六项保障措施:一是加强组织领导,强化责任落实。二是加强法制建设,规范节水管理。三是拓宽投资渠道,保障资金投入。四是完善管理体制,统筹城乡水务。五是加强能力建设,提高监管效率。六是加强宣传教育,倡导节水文化。

三、水资源和水域保护

水资源和水域保护是《水法》的一个重要内容,也是水利部历次"三定"规定中所确定的一项重要职能,即负责按照国家资源与环境保护的有关法律法规和标准,拟定水资源保护规划,组织水功能区划分,监测江河湖库的水质,审定水域纳污能力,提出限制排污总量的意见。在地方机构改革中,县级以上地方人民政府也同样赋予了同级水行政主管部门相关水资源保护的职责。

(一)水功能区划制度

1.基本概念

水功能区系指根据流域或区域的水资源状况,并考虑水资源开发利用现状和经济社会发展对水量和水质的需求,在相应水域划定的具有特定功能,有利于水资源的合理开发利用、配置和保护,能够发挥最佳效益的区域。

主导功能系指在某一水域多种功能并存的情况下,按照水资源的自然属性、开发利用现状及社会经济需求,既考虑各功能对水量要求的大小,又兼顾各功能对水质要求的高低,经功能重要性排序后而拟定的首位功能。

水功能区划系指在一个特定的流域或区域内,按照水功能区的分级体系及指标要求,遵循一定的原则,将该流域或区域的水域划分为若干个不同类型的水功能区单元,从而为水资源的合理开发、利用、配置和保护提供依据。

2. 指导思想与原则

1)指导思想

根据水资源和水环境承载能力,结合流域、区域水资源开发利用规划及经济社会发展规划,通过水功能区划,规范、指导水资源的合理开发利用和保护,既满足当代和本区域对水资源的需求,又不损害后代和其他区域对水资源的需求,促进经济、社会和生态环境的协调发展,实现以水资源可持续利用支撑经济社会可持续发展的目标。

2)区划原则

一是前瞻性原则。水功能区划要结合未来经济社会发展需求,引入本领域和相关领域研究的最新成果,为将来高新技术发展留有余地。

二是统筹兼顾、突出重点的原则。水功能区划应将流域作为一个系统,充分兼顾上下游、左右岸、近远期以及经济社会发展需求对水域功能的要求,使水资源综合开发利用与保护相协调;建立区划体系和选取区划指标时,既要把握和考虑全国共同性特点,又要符合不同水资源分区的具体特点;在划定水功能区的类型和范围时,以饮用水源地为优先保护对象。

三是分级与分类相结合的原则。通过水功能区划分在宏观上对流域水资源的保护和利用进行总体控制,协调地区间的用水关系;在整体功能布局确定的前提下,在重点开发利用水域内详细划分各种用途的功能类别和水域界线,协调行业间的用水关系,建立功能区之间横向的并列关系和纵向的层次体系。

四是便于管理、实用可行的原则。水功能区划分界限应尽可能与行政区界一致;类型划分中选用目前实际使用的、易于获取和测定的指标,定量和定性指标相结合;区划方案的确定既要反映实际需求,又要考虑技术经济现状和发展,力求实用可行。

五是水质水量并重的原则。水功能区划分,既要考虑对水量的需求,又要考虑对水质的要求。水功能区类型的确立,应综合考虑水资源数量与质量,对常规情况下仅对水资源单一属性(数量或质量)有要求的功能不做区划,如发电、航运等。

3. 区划体系

我国江、河、湖、库水域的地理分布、空间尺度有很大差异,其自然环境、水资源特征、开发利用程度等具有明显的地域性。对水域进行的功能划分能否准确反映水资源的自然和生态属性、社会和经济属性,很大程度上取决于功能区划体系(结构、类型、指标)的合理性。水功能区划体系应具有良好的科学概括和解释能力,在满足通用性、规范性要求的同时,类型划分和指标值的确定与我国水资源特点相结合,是水功能区划的一项重要的标准性工作。遵照水功能区划的指导思想和原则,我国水功能区划分采用两级体系(见图5-1),即一级区划和二级区划。其中:水功能一级区分保护区、缓冲区、开发利用区和保留区四类,宏观上解决水资源开发利用与保护的问题,主要协调地区间关系,并考虑发展的需求;水功能二级区划在一级区划的开发利用区内进行,共分七类,包括饮用水源区、工业用水区、农业用水区、渔业用水区、景观娱乐用水区、过渡区、排污控制区，主要协调用水部门之间的关系。

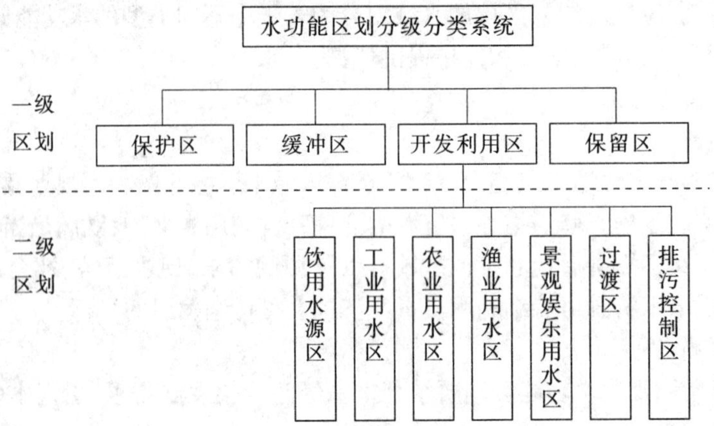

图 5-1　水功能区划分及分类体系图

水功能一级区分类及划分指标，具体见表 5-3。

水功能二级区分类及划分指标，具体见表 5-4。

4. 区划权限

根据《水法》第三十二条规定，水功能区划的拟定及审批主要分三种：

国家确定的重要、江河、湖泊（系指长江、黄河、淮河、海河、松花江、辽河、珠江、太湖）的水功能区划，由国务院水行政主管部门会同国务院环境保护行政主管部门、有关部门和有关省、自治区、直辖市人民政府拟定，报国务院批准。

前一项规定以外的跨省、自治区、直辖市的其他江河、湖泊的水功能区划，由有关流域管理机构会同江河、湖泊所在地的省、自治区、直辖市人民政府水行政主管部门、环境保护行政主管部门和其他有关部门拟定，分别经有关省、自治区、直辖市人民政府审查提出意见后，由国务院水行政主管部门会同国务院环境保护行政主管部门审核，报国务院或者其授权的部门批准。

前两项规定以外的其他江河、湖泊的水功能区划，由县级以上地方人民政府水行政主管部门会同同级人民政府环境保护行政主管部门和有关部门拟定，报同级人民政府或者其授权的部门批准，并报上一级水行政主管部门和环境保护行政主管部门备案。

（二）排污总量控制制度

1. 基本概念

水域纳污能力是指一定水域内满足相应水功能区水环境质量标准要求的污染物最大允许负荷量。水域纳污能力与该水域水功能区水质目标、设计流量（水量）及水质条件、排污口位置及排污方式有关，是制订该水域排污总量控制方案的依据。

考虑到河流主要为有机污染，最突出的污染物是氨氮和高锰酸盐指数，同时这两项也是最常规的检测项目，所以河流水域纳污能力一般采用氨氮和高锰酸盐指数作为控制指标项目。湖、库的污染主要是富营养化，所以一般采用反映富营养化的总磷（TP）作为湖、库水域纳污能力的控制指标项目。

表5-3　水功能一级区分类及划分指标一览表

序号	一级区分类	定义	划分指标	划区条件	水质标准
1	保护区	指对水资源保护、饮用水保护、生态环境及珍稀濒危物种的保护具有重要意义的水域	集水面积、保护级别、调(供)水量等	①源头水保护区，指以保护水资源为目的，在重要河流的源头划出的专门保护水源的区域	执行《地表水环境质量标准》(GB 3838—2002)Ⅰ、Ⅱ类水质标准或维持水质现状
				②国家级和省级自然保护区范围内的水域	
				③跨流域、跨省及省内大型调水工程水源地(含已建和拟建)	执行议定的水量、水质标准
				④对典型生态、自然环境保护具有重要意义的水域	
2	缓冲区	指为协调省际间和矛盾突出的地区间用水关系，协调内河功能区划与海洋功能区划关系，以及在保护区与开发利用区相接时，为满足保护区水质要求而划定的水域	跨界区域及相邻功能区间水质差异程度	①跨省、自治区、直辖市行政区域河流、湖泊的边界水域	按实际需要执行相关水质标准或按现状控制
				②省际边界河流、湖泊的边界附近水域	
				③用水矛盾突出地区之间水域	
3	开发利用区	主要指具有满足工农业生产、城镇生活、渔业、游乐和净化水体污染等多种需水要求的水域和水污染控制、治理的重点水域	水资源开发利用程度、产值、人口、水质及排污状况等	取(排)水口较集中，取(排)水量较大的水域(如流域内重要城市江段、具有一定灌溉用水量和渔业用水要求的水域等)	按二级区划分类分别执行相应的水质标准
4	保留区	指目前开发利用程度不高，为今后开发利用和保护水资源而预留的水域。该区内水资源应维持现状不遭破坏	水资源开发利用程序、产值、人口、水量、水质等	①受人类活动影响较少，水资源开发利用程度较低的水域	按现状水质类别控制
				②目前不具备开发条件的水域	
				③考虑到可持续发展的需要，为今后的发展预留的水域	

表5-4　水功能二级区分类及划分指标一览表

序号	二级区分类	定义	划分指标	划区条件	水质标准
1	饮用水源区	城镇生活用水需要的水域	人口、取水总量、取水口分布等	已有的城市生活用水取水口分布较集中的水域，或在规划水平年内为城市发展设置的供水水源区。每个用水户取水量需符合水行政主管部门实施取水许可制度的规定	执行《地表水环境质量标准》(GB 3838—2002)Ⅱ、Ⅲ类水质标准

续表 5-4

序号	二级区分类	定义	划分指标	划区条件	水质标准
2	工业用水区	城镇工业用水需要的水域	工业产值、取水总量、取水口分布等	已有的或规划水平年内需设置的工矿企业生产用水取水点集中的水域。每个用水户取水量需符合水行政主管部门实施取水许可制度的规定	执行《地表水环境质量标准》(GB 3838—2002)Ⅳ类标准
3	农业用水区	农业灌溉用水需要的水域	灌区面积、取水总量、取水口分布等	已有的或规划水平年内需要设置的农业灌溉用水取水点集中的水域。每个用水户取水量需符合水行政主管部门实施取水许可制度的规定	执行《地表水环境质量标准》(GB 3838—2002)Ⅴ类标准
4	渔业用水区	指具有鱼、虾、蟹、贝类产卵场，索饵场，越冬场及洄游通道功能的水域，养殖鱼、虾、蟹、贝、藻类等水生动植物的水域	渔业生产条件及生产状况	具有一定规模的主要经济鱼类的产卵场、索饵场、洄游通道，历史悠久或新辟的人工放养和保护的渔业水域；人文条件良好，水交换畅通；有合适的地形、底质	执行《渔业水质标准》(GB 11607—89)并可参照《地表水环境质量标准》(GB 3838—2002)Ⅱ、Ⅲ类标准
5	景观娱乐用水区	以景观、疗养、度假和娱乐需要为目的的水域	景观娱乐类型及规模	休闲、度假、娱乐运动场所所涉及的水域，水上运动场，风景名胜区所涉及的水域	执行《城市污水再生利用　景观环境用水水质》(GB/T 18921—2002)并可参照《地表水环境质量标准》(GB 3838—2002)Ⅲ、Ⅳ类标准
6	过渡区	为使水质要求有差异的相邻功能区顺利衔接而划定的区域	水质与水量	下游用水要求高于上游水质状况，有双向水流的水域，且水质要求不同的相邻功能区之间的水域	按出流断面水质达到相邻功能区的水质要求选择相应的水质控制标准
7	排污控制区	接纳生活、生产废污水比较集中，所接纳的废污水对水环境无重大不利影响的区域	排污量、排污口分布	接纳废水中的污染物可稀释降解，水域的稀释自净能力较强，其水文、生态特性适宜于作为排污区	按出流断面水质达到相邻功能区的水质要求选择相应的水质控制标准

水域限制排污总量是指一定水域内满足不同水平年水质控制目标要求的污染物允许排入的总量。水域限制排污总量不得超过该水域纳污能力，其取值大小与该水域纳污能力、纳污现状、不同水平年的水质控制目标、污染源强弱及排入水体水质有关。

2. 实施程序与管理权限

根据《水法》、《水污染防治法》及《水污染防治法实施细则》的有关规定，排污总量控制制度的实施程序及其权限包括如下四个方面内容：

(1)核定纳污能力,提出限制排污总量意见。根据《水法》第三十二条规定,按照"谁牵头组织拟定水功能区划、谁负责核定水域纳污能力"的原则,由县级以上人民政府水行政主管部门或者流域管理机构按照水功能区对水质的要求和水体的自然净化能力,核定该水域的纳污能力,并向环境保护行政主管部门提出该水域的限制排污总量意见。

(2)水域排污总量控制计划的编制及审批分两种情况:①对国家确定的重要江河、湖泊,由国务院环境保护行政主管部门会同国务院水行政主管部门和其他有关部门商有关省、自治区、直辖市人民政府编制,报国务院批准。②对除①以外的其他江河、湖泊,由省、自治区、直辖市人民政府环境保护行政主管部门会同同级水行政主管部门和其他有关部门商有关地方人民政府编制,报省、自治区、直辖市人民政府批准;对跨省、自治区、直辖市的江河、湖泊,由有关省、自治区、直辖市人民政府协商确定。总量控制计划应当包括总量控制区域、重点污染物的种类及排放总量、需要削减的排污量及削减时限。

(3)制订水域排污总量控制实施方案。根据《水污染防治法实施细则》第八条规定,对依法实施重点污染物排放总量控制的水体,由有关县级以上地方人民政府根据总量控制计划分配的排放总量控制指标,组织制订本行政区域内该水体的总量控制实施方案。总量控制实施方案应当确定需要削减排污量的单位、每一排污单位重点污染物的种类及排放总量控制指标、需要削减的排污量以及削减时限要求。

(4)审核排污单位污染物排放量。根据《水污染防治法实施细则》第十条,由县级以上地方人民政府环境保护部门根据本域排污总量控制实施方案,审核本行政区域内向该水域排污单位的重点污染物排放量:对未超过排放总量控制指标的,发给排污许可证;对超过排放总量控制指标的,限期治理,在限期治理期间发给临时排污许可证(对经限期治理且逾期未完成治理任务的,根据《水污染防治法》第七十四条和《水污染防治法实施细则》第四十二条的规定,除按照国家规定征收两倍以上的超标准排污费外,可以根据所造成的危害和损失处以20万元以下的罚款,或者责令其停业或者关闭)。

(三)水质监测与通报制度

水质监测与通报是确保各类水功能区的水质状况符合其控制标准要求、污染物排放总量符合控制计划要求的主要监督手段。因此,《水法》第三十二条第四款明确规定:县级以上地方人民政府水行政主管部门和流域管理机构应当对水功能区的水质状况进行监测,发现重点污染物排放总量超过控制指标的,或者水功能区的水质未达到水域使用功能对水质的要求的,应当及时报告有关人民政府采取治理措施,并向环境保护行政主管部门通报。环境保护行政主管部门或有关人民政府接到水行政主管部门的水质监测与通报情况后,应当根据《水污染防治法》、《水污染防治法实施细则》及其配套法规、规章的有关规定,对有关排污单位或排污口采取处理措施。

(四)饮用水水源保护区制度

饮用水水源保护事关城乡居民饮用水安全,所以《水法》第三十三条规定,国家建立饮用水水源保护区制度。省、自治区、直辖市人民政府应当划定饮用水水源保护区,并采取措施,防止水源枯竭和水体污染,保证城乡居民饮用水安全。《水污染防治法》以及《水污染防治法实施细则》就饮用水地表水源和地下水源保护区的划定和管理作出了具体规定。

1. 饮用水地表水源保护区的划定与保护

1)保护区的分级与水质标准

根据《水污染防治法》及《水污染防治法实施细则》第二十条、第二十一条的规定，饮用水地表水源保护区分为一级保护区和二级保护区，而且各级保护区应当有明确的界线：①一级保护区为饮用水地表水源取水口附近一定的水域和陆域，其水质适用国家《地表水环境质量标准》Ⅱ类标准；②二级保护区为一级保护区外一定的水域和陆域，其水质适用国家《地表水环境质量标准》Ⅲ类标准。

2)保护区的划定

根据《水污染防治法实施细则》第二十条的规定，饮用水地表水源保护区的划定分成两种情况：①跨省、自治区、直辖市的，由有关省、自治区、直辖市人民政府协商划定；协商不成的，由国务院环境保护行政主管部门会同国务院水利、国土资源、卫生、建设等有关部门提出划定方案，报国务院批准。②除①之外的，由有关市、县人民政府协商提出划定方案，报省、自治区、直辖市人民政府批准；协商不成的，由省、自治区、直辖市人民政府环境保护行政主管部门会同同级水利、国土资源、卫生、建设等有关部门提出划定方案，报省、自治区、直辖市人民政府批准。

3)保护区的保护

《水污染防治法》和《水污染防治法实施细则》第二十三条，分别对饮用水地表水源一、二级保护区保护的禁止性行为和强制性措施作出了规定：①在一级保护区内禁止向水体排放污水；禁止新建、扩建与供水设施和保护水源无关的建设项目；已经设置的排污口，由县级以上人民政府按照国务院规定的权限责令限期拆除或者限期治理。②在二级保护区内，禁止新建、扩建向水体排放污染物的建设项目；禁止排放超过国家或者地方规定的污染物排放标准的污染物；禁止设立装卸垃圾、油类及其他有毒有害物品的码头；改建项目，必须削减污染物排放量。③在饮用水源受到污染、威胁供水安全等紧急情况下，环境保护行政主管部门应当报同级人民政府批准，采取强制性的应急措施，包括责令有关企业事业单位减少或者停止排放污染物。

2. 饮用水地下水源保护区的划定与保护

1)保护区的划定与水质标准

根据《水污染防治法实施细则》第三十二条的规定，饮用水地下水源保护区由县级以上地方人民政府环境保护行政主管部门会同同级水利、国土资源、卫生、建设等有关部门，根据饮用水地下水源地所处的地理位置、水文地质条件、供水量、开采方式和污染物的分布提出划定方案，报本级人民政府批准，其水质适用国家《地下水质标准》Ⅱ类标准。

2)保护区的保护

根据《水污染防治法实施细则》第三十三条的规定，在饮用水地下水源保护区内禁止从事的活动有：①利用污水灌溉；②利用含有毒污染物的污泥作肥料；③惯用剧毒和高残留农药；④利用储水层孔隙、裂隙、溶洞及废弃矿坑储存石油、放射性物质、有毒化学品、农药等。

(五)地下水开采控制要求

根据《水法》第三十六条和《水污染防治法实施细则》第三十四条的规定，对地下水开采要按以下四个方面要求予以控制：

一是在地下水超采地区，县级以上人民政府应当采取措施，严格控制开采地下水。

二是在地下水严重超采地区，经省、自治区、直辖市人民政府批准，可以划定地下水禁止开采或者限制开采区。

三是在沿海地区开采地下水，应当经过科学论证，并采取措施防止地面沉降和海水入侵。

四是开采多层地下水时，对四类含水层应当分层开采，不得混合开采：①半咸水、咸水、卤水含水层；②已受到污染的含水层；③含有毒有害元素并超过饮用水卫生标准的含水层；④有医疗价值和特殊经济价值的地下热水、温泉水和矿泉水含水层。

（六）流量与水位维持要求

根据《水法》第三十条的规定，县级以上人民政府水行政主管部门、流域管理机构以及其他有关部门在制定水资源开发、利用规划和调度水资源时，应当注意维持江河的合理流量和湖泊、水库以及地下水的合理水位，维护水体的自然净化能力。

（七）有关法律责任

因违反规划造成江河和湖泊水域使用功能降低、地下水超采、地面沉降、水体污染的，《水法》第三十一条第一款规定当事人应当承担治理责任。

开采矿藏或者建设地下工程，因疏干排水导致地下水水位下降、水源枯竭或者地面塌陷的，《水法》第三十一条第二款规定：采矿单位或者建设单位应当采取补救措施；对他人生活和生产造成损失的，依法给予补偿。

在饮用水水源保护区内设置排污口的，《水法》第六十七条第一款规定：由县级以上地方人民政府责令限期拆除、恢复原状；逾期不拆除、不恢复原状的，强行拆除、恢复原状，并处5万元以上10万元以下的罚款。

未经水行政主管部门或者流域管理机构审查同意，擅自在江河、湖泊新建、改建或者扩大排污口的，《水法》第六十七条第二款规定：由县级以上人民政府水行政主管部门或者流域管理机构依据职权，责令停止违法行为，限期恢复原状，处5万元以上10万元以下的罚款。

违反有关饮用水水源保护区的保护规定的，由县级以上人民政府或者环境保护行政主管部门依据《水污染防治法》和《水污染防治法实施细则》予以处理。

第六章 防洪管理制度

第一节 防洪管理制度概述

受自然条件的影响，洪水灾害始终是我国危害最大的自然灾害之一，防御洪水灾害历来是治国安邦的大事。新中国成立以来，国家尤其重视防汛抗洪工作，每年投入大量的人力、物力、财力进行河道治理和防洪工程设施的建设、维护，先后颁布实施了《水法》、《防汛条例》、《河道管理条例》、《蓄滞洪区安全与建设指导纲要》、《水库大坝安全管理条例》等法律和行政法规，对规范和促进防汛抗洪工作起到了重要的保障作用。

1998 年 1 月 1 日起施行的《防洪法》，是我国第一部专门规范防治自然灾害工作的法律，对防汛抗洪工作作出了全面的规范。2002 年 10 月 1 日起施行的新修订的《水法》，在《防洪法》的基础上，又对防洪的有关内容进行了进一步规范。至此，我国有关防汛抗洪方面的法律制度已日臻完善。

防洪即防汛抗洪，是根据洪水规律与洪灾特点，研究并采取各种对策和措施，以防止或减轻洪水灾害的社会事业。在总结多年来防汛抗洪工作经验和教训的基础上，《水法》、《防洪法》等法律、法规确立了多项防汛抗洪的工作原则和法律制度，使防汛抗洪工作的各个方面都有了基本的法律依据。本章就防汛抗洪工作有关内容作相应介绍。

一、防洪工作原则

妥善处理好水资源的开发、利用、保护与防治洪涝灾害的关系是水利工作的一个基本问题。水少了会造成供水不足，不能满足生活、生产和生态环境的需要；水多了又可能发生洪涝灾害，影响人类的生存和经济社会的正常发展。我国人均水资源量 2 200 多 m^3，只有世界平均水平的 1/4，是一个缺水的国家，水资源紧缺矛盾突出；另外，受气候和地理条件的影响，我国又是一个多暴雨洪水的国家，从古到今洪涝灾害十分严重。同时，由于降水在年内分布的不均衡，我国水资源中的 70% 是汛期来水，有些地区比例更高，有效利用难度较大，如黄河流域最大 4 个月的降水量占到其全年降水量的 66% ~78%，最大月降水一般占年降水量的 28% 左右；海河流域最大 4 个月的降水量占到其全年降水量的 79% ~84%，最大月降水量占年降水量的 30% 左右。因此，开发利用水资源，很重要的措施是建设各种调蓄工程，拦蓄汛期洪水，以满足枯水期用水需要。所以说，开发利用水资源与洪涝灾害的防治有着密不可分的联系，各项水工程的建设要统筹考虑兴利与除害的要求。同时，在水工程的调度运用中，也要在保证安全的前提下尽可能地多蓄水，既不能只注意防洪而忽视了有效地开发利用水资源，也不能偏重开发利用水资源而忽视防洪减灾。如果偏重开发利用水资源而忽视了防洪工作，则开发利用也得不到有效保障，可能会得不偿失甚至导致更大的洪水灾害；若只强调防洪而忽略了水资源的开发利用和保护，将导致水资源的严重浪费，直接影响经济社会的发展。为此，《水法》第二十条规定："开发、利用水资源，应当坚持兴利与除害相结合，兼顾上下游、左右岸和有关地区之间的利益，充分发挥资源的综合效益，并服从防洪的总体安排"，《防洪法》第四条也规定："开发利用和保护水资源，应当服从防洪总体安排，实行兴利与除害相结合的原则"，这就确立了防洪工作的地位及开发利用水资源应当遵循的基本原则。防洪工作本身应遵循的原则，就是《防洪法》第二条规定的"防洪工作实行全面规划、统筹兼顾、预防为主、综合治理、局部利益服从全局利益的原则"，这是我国通过多年防洪治水实践得出的经验总结。只有全面贯彻落实这"26字原则"，才能有效地预防洪水灾害，将洪水造成的损失降到最低，从而达到防御、减轻洪水灾害，维护人民生命财产安全，保障经济社会建设顺利进行的目标。

（一）全面规划原则

全面规划是指要对一个流域或者一个区域的自然地理、经济社会、洪水规律、洪灾特点等进行全面细致的调查研究和分析，根据水的多功能特性和该流域或区域在国民经济建设中的地位、经济与社会的发展规划，以及国家对防洪工作的要求等，结合国土整治，兼顾该流域或区域的水资源综合开发利用和生态环境保护需要，确定经济合理的防洪综合治理和形成完整的综合性防洪体系的方案。

（二）统筹兼顾原则

防洪工作是一项复杂的系统工程，关系到方方面面，任何偏重一方面而忽视另一方面的做法，都有可能给经济建设、社会发展和人民生命财产带来损失，同时要处理好上下游、左右岸的关系，一般防护与重点防护的关系，局部利益、部门利益与全局利益的关系。

（三）预防为主原则

防洪工作围绕的一个中心主题就是不让洪水给人类造成损失，预防就是要未雨绸缪。在防洪的实际工作中，都把预防工作放在首位，制定防洪规划、编制防御洪水方案、修筑防洪工程设施等各项工作，都是围绕预防展开的。因此，预防为主是防洪工作中最基本的一项原则。

（四）综合治理原则

防治洪水灾害要采取多种措施相互结合、综合治理。如：注重水土保持，以防治水土流失；修建堤防、水库等工程，以拦蓄洪水；疏浚河道，以利行洪；建设蓄滞洪区，以争取主动；完善蓄滞洪区安全建设，以利预案实施、减少损失等。总之，要做到工程措施与非工程措施相结合，采取技术、经济、法律等综合措施，形成综合防洪体系，努力减少洪灾发生的概率，减轻洪水造成的损失等。

（五）局部利益服从全局利益原则

人类的防洪能力在不断提高，但任何防洪体系的防洪能力都是有限的。我国整体防洪体系标准不高，不可能完全抵御超标准洪水，洪水或多或少总是要带来生命和财产的损失。因此，防洪工作必须强调全局一盘棋，以全局利益为重，牺牲部分地区的利益以保全局利益，是不可避免必须要采取的有效措施，以将洪灾损失减少到最低程度。

二、防洪规划

目前，我国主要江河的防洪工程防洪标准仍然偏低，防汛抗洪能力还需要进一步提高，遇较大洪水需采取分洪或启用蓄滞洪区，损失很大，而遇大洪水或特大洪水，还缺乏可靠的措施，一旦失控后果不堪设想。因此，我国的防洪建设任务十分繁重，制定科学的、符合实际的防洪规划是非常重要的，以保证防洪建设的科学、有序。总结多年来防洪工作的经验和教训，《水法》专设了一章“水资源规划”，确定了水资源规划体系，并规定了各类规划之间的关系，《防洪法》也专设了第二章“防洪规划”，对防洪规划的性质、编制原则、规划内容和编制与审批程序作了明确的规定。

（一）防洪规划的定义和分类

按照《水法》确定的水资源规划体系，水资源规划体系包括全国水资源、战略规划、江河流域或者区域的综合规划和防洪规划、水资源保护规划、水中长期供求规划等专业规划，因此防洪规划属于水资源规划体系中的专业规划。

1. 防洪规划的定义

根据《防洪法》第九条“防洪规划是指防治某一流域、河段或者区域的洪涝灾害而制定的总体部署，包括国家确定的重要江河、湖泊的流域防洪规划，其他江河、河段、湖泊的防洪规划以及区域防洪规划”的规定，广义的防洪规划是指为防治洪水灾害而制定的总体部署，狭义的防洪规划则是指为了防止洪涝灾害的发生或者为尽可能减轻洪涝灾害损失而制定的一定期间的治理方案和总体部署。

2. 防洪规划的分类

根据规划范围的不同，防洪规划可以分为以江河流域为规划单元的流域防洪规划和以特定的河段或区域为规划单元的区域防洪规划两大类。

根据我国目前防洪规划编制工作的情况，防洪规划的规划范围可以分成：①国家确定的重要江河、湖泊，如长江、黄河、淮河、海河、珠江、松花江、辽河、黑河以及太湖等；②除①以外的其他涉及防洪问题的江河、河段、湖泊，这一类可以是一条江河，也可以是江河的某一段，以及某个湖泊；③某个特定的区域，这里的区域主要指现有行政体制下的行政单元，如省（自治区、直辖市）、市（地、州、盟）、县（市）。

必要时，也可以根据地理、经济等因素确定的特殊地域单元编制区域防洪规划，比如城市防洪规划。城市人口密集、经济发达，是一个地区的政治、经济、文化中心和交通枢纽，地位重要，一旦被淹受灾，损失巨大，影响深远，因此城市防洪问题有其特殊重要的意义。《防洪法》第十条对城市防洪规划问题作了特殊的规定。

（二）防洪规划与相关规划的关系

防洪规划与相关规划的关系表现在三个方面：①区域防洪规划应当服从流域防洪规划。由于水具有以流域为单元的特性，防治洪涝灾害的活动必须以流域为单元进行总体安排和部署。因此，相对区域规划而言，流域防洪规划占主导地位，区域防洪规划要服从所在流域的流域防洪规划。②防洪规划要服从所在流域或区域的综合规划。流域或区域综合规划是统筹考虑流域或区域各专业规划，对流域或区域开发治理作出的总体安排，流域或区域的综合规划要指导本流域或区域的专业规划，防洪规划作为专业规划，应当服从所在流域或区域的综合规划。③编制开发利用水资源的各类规划应遵循服从防洪总体安排的原则。

(三)防洪规划的法律效力

新中国成立以来,我国各流域和各地区先后组织编制了一批防治洪涝灾害的规划,在防洪建设和管理中起到了重要的指导作用。也有一些地方由于规划的不完善或不按规划盲目进行建设,以致修建的防洪工程设施不能发挥应有的作用,有的甚至引起消极的作用,造成极大的浪费和损失。实践证明,防洪规划是防洪建设和管理的基本依据,为此《水法》第十八条规定“规划一经批准,必须严格执行”,《防洪法》第九条第三款规定“防洪规划是江河、湖泊治理和防洪工程设施建设的基本依据”。

(四)防洪规划的编制

1.编制防洪规划的原则

《防洪法》第十一条高度概括地规定了编制防洪规划的原则,即“编制防洪规划,应当遵循确保重点、兼顾一般,以及防汛和抗旱相结合、工程措施和非工程措施相结合的原则,充分考虑洪涝规律和上下游、左右岸的关系以及国民经济对防洪的要求,并与国土规划和土地利用总体规划相协调”,这些原则具体体现在防洪规划所安排的防洪建设和防洪措施中。

1)确保重点、兼顾一般的原则

洪水是一种自然现象,人类不可能制止洪水发生,但是人类可以通过江河治理来防御洪水以减轻洪水灾害。既然如此,在制订防御洪水的方案和措施时,就要分清轻重缓急,抓住主要矛盾,必要时牺牲局部、保护重点、保全大局。如大中城市是国家及区域的政治、经济、文化中心,居民集中,常常又是交通的枢纽,重要的铁路、公路干线,是社会和国家经济运行的命脉,大型骨干企业是国民经济的支柱,这类地区的安全保障对国家社会、经济的正常运行至关重要,因此要作为防洪工作的重中之重,确保其防洪安全。为此,《防洪法》第三十四条规定“大中城市,重要的铁路、公路干线,大型骨干企业,应当列为防洪重点,确保安全”,“受洪水威胁的城市、经济开发区、工矿区和国家重要的农业生产基地等,应当重点保护,建设必要的防洪工程设施”。

2)防汛和抗旱相结合的原则

在我国许多地区,尤其是北方地区,水资源不足已经成为制约经济社会可持续发展的重要因素,水的供需矛盾日益突出,干旱常常发生,旱灾与洪涝灾害一样对经济社会产生着严重的影响,抗旱与防汛同样地重要。因此,在规划中考虑防洪时,必须考虑到水资源的充分利用,防汛、抗旱要统筹考虑、协调安排。

3)工程措施和非工程措施相结合的原则

洪水灾害是随机发生的自然灾害,单纯靠工程措施进行防治既不经济,也不科学,采取工程措施和非工程措施相结合防治洪涝灾害是必由之路,也只有这样才能取得最佳的经济效益。当今科学技术的飞速发展,为非工程措施的实施提供了条件。

4)统筹兼顾的原则

防洪规划的制定与实施,涉及上下游、左右岸地区以及国民经济各部门对防洪的要求和利益,统筹考虑各地区、各部门的利与害,协调好方方面面的关系,既可保证整体效益最优,也有利于防洪规划的实施。

5）与国土规划和土地利用总体规划相协调的原则

为发展国民经济，综合开发利用水土资源，国家有关部门制定了国土规划和土地利用总体规划。江河整治是国土整治的重要内容，防洪规划中蓄滞洪区、河道管理范围内的土地利用等，都涉及土地利用的总体规划。为了更广泛地统筹兼顾，使防洪规划更结合实际，保障其实施，必须与国土规划和土地利用总体规划相协调。

2. 防洪规划的主要内容

防洪规划的内容非常广泛，各类规划的内容不尽相同，在规划中必须根据规划范围的实际情况确定规划的内容和重点，但作为防洪规划，一般情况下应当具有的基本内容是法定的，即《防洪法》第十一条第二款规定的"防洪规划应当确定防护对象、治理目标和任务、防洪措施和实施方案，划定洪泛区、蓄滞洪区和防洪保护的范围，规定蓄滞洪区的使用原则"。

1）确定防护对象、治理目标和任务、防洪措施和实施方案

各流域或区域的自然情况与防护对象不同，因此治理目标和任务、防洪措施和实施方案也是不同的。例如，长江流域防洪规划确定的防护对象有长江中下游平原区、上游四川盆地、沿江城市等，并对不同的防护对象提出了不同的治理目标和任务，以及防洪措施和实施方案。

2）划定洪泛区、蓄滞洪区和防洪保护区的范围

划定洪泛区、蓄滞洪区和防洪保护区的具体范围，是《防洪法》一项新的规定。针对典型洪水年，分别规定洪泛区、蓄滞洪区和防洪保护区的具体管理范围，作为防洪规划或者防御洪水方案的组成部分。

3）制定蓄滞洪区的使用原则

蓄滞洪区是重要的防洪设施，其运用比较复杂，每一个蓄滞洪区都会有其特殊的自然、经济和社会条件，其使用原则必须根据其特点在防洪规划中分别确定。1988 年国务院发布的《蓄滞洪区安全与建设指导纲要》已不能完全满足当前蓄滞洪区运用、管理等的要求，为此国家正在就蓄滞洪区的管理问题制定相应的管理办法。

3. 防洪规划的编制与审批权限

防洪规划由于其规划范围和性质的不同，其编制的组织、程序和审批权限是不同的。《水法》第十七条对流域和区域综合规划的编制、审批作了具体的规定。在对专业规划的编制、审批作出原则规定的同时，对防洪规划作了特别的处理，即"专业规划由县级以上人民政府有关部门编制，征求同级其他有关部门意见后，报本级人民政府批准。其中，防洪规划、水土保持规划的编制、批准，依照防洪法、水土保持法的有关规定执行"。

《防洪法》对防洪规划的编制与审批权限分为四类，并分别作了具体的规定。

1）国家确定的重要江河、湖泊的防洪规划

此类防洪规划由国务院水行政主管部门依据该江河、湖泊的流域综合规划，会同有关部门和有关省、自治区、直辖市人民政府编制，报国务院批准。如编制长江、黄河、淮河、海河、珠江、松花江、辽河以及太湖等国家确定的重要江河、湖泊防洪规划，要以该江河、湖泊的流域综合规划为依据，由国务院水行政主管部门会同国务院发展和改革、交通、建设、地质矿产、环境保护等有关部门以及所在流域内有关省（自治区、直辖市）人民政府编制，其

防洪规划的批准权限在国务院。

2) 其他江河、河段、湖泊的防洪规划或者区域防洪规划

此类防洪规划编制与审批权限分为两个层次：第一个层次是跨省、自治区、直辖市的江河、河段、湖泊的防洪规划，按照流域管理机构的分工管辖范围，由流域管理机构会同江河、河段、湖泊所在的省、自治区、直辖市人民政府水行政主管部门及有关部门组织编制，并分别送有关编制省、自治区、直辖市人民政府审查提出意见后，报国务院水行政主管部门批准；第二个层次是在一个省、自治区、直辖市内的江河、河段、湖泊的防洪规划及区域防洪规划，按照分级管理的权限编制，报同级人民政府批准，并报上一级水行政主管部门备案。备案的目的在于使上级水行政主管部门掌握，并便于监督检查该备案的防洪规划是否符合其所在流域的防洪规划以及流域综合规划和区域综合规划。

3) 城市防洪规划

由城市人民政府组织水行政主管部门、建设行政主管部门和其他有关部门，依据流域防洪规划、上一级人民政府区域防洪规划编制，经按国务院规定的审批程序批准后纳入城市总体规划。为保证城市防洪安全，我国许多大中城市都编制了防洪规划。城市防洪与江、河流域和所在区域防洪的总体部署密不可分，所以城市防洪规划必须依据流域防洪规划和所在区域的区域防洪规划编制。同时，城市防洪规划涉及城市的发展和建设，应当是城市总体规划的组成部分，关系比较复杂，因此要由城市人民政府组织水利、建设和其他有关部门共同编制。

4) 防洪规划的修改

随着自然条件的变化和社会经济的发展，出现的新情况、新问题会对防洪提出新的要求，因此防洪规划也要相应进行修改。已批准的防洪规划的修改与调整，必须按照规划编制程序报经原批准机关批准。

三、防洪区和防洪工程设施的管理

(一) 防洪区的定义及其分类

我国有 100 万 km^2 国土、5 亿亩耕地、6 亿人口处于地面高程低于江河洪水位之下，有 90% 以上的城市受到洪水威胁。《防洪法》将那些处于江河洪水位以下，洪水泛滥时可能淹及，受到洪水的直接威胁的地区称为防洪区。并且根据控制运用的性质和方式的不同，将防洪区又进行了分类。

1. 防洪区的定义

《防洪法》第二十九条对防洪区给予了明确界定，即“防洪区是指洪水泛滥可能淹及的地区，分为洪泛区、蓄滞洪区和防洪保护区”。

2. 防洪区的分类

防洪区分为洪泛区、蓄滞洪区和防洪保护区。

洪泛区是指尚无工程设施保护的洪水泛滥所及的地区，即指在受洪水威胁的地区中，没有工程设施保护、被洪水自然淹没的地区。在我国，大江大河的许多支流、中小河流基本没有设防，洪泛区的范围相当大，不仅在地广人稀的西部有许多这类地区，在人口稠密的东部，面对不同频率的洪水，也存在相当数量的这类地区，例如一些未设防河段可能淹

及的地区、山前的一些过渡地带等。

蓄滞洪区是指包括分洪口在内的河堤背水面以外临时贮存洪水的低洼地区及湖泊等。历史上,沿江河两岸的洼地、湖泊有许多与江河相遇,汛期自然蓄滞洪水。随着人口增加、生产发展,产生人水争地的矛盾,于是将一些洼地、湖泊与江河分开,小洪水时不再分蓄,大洪水时有计划地使用,使这些洼地、湖泊成为有控制的蓄滞洪区。目前,我国主要江河通过规划划定了许多蓄滞洪区,区内有大量居民和耕地。蓄滞洪区已成为我国综合性防洪体系的重要组成部分,是合理处理局部与全局关系、减轻洪水灾害损失的有效措施。

防洪保护区是指在防洪标准内受防洪工程设施保护的地区。在我国,堤防是最重要的防洪工程设施,我国广大的地区和众多的设施依赖堤防的保护。如黄河大堤、长江的荆江大堤、淮河的淮北大堤和洪泽湖大堤等,都是历史悠久、规模宏大的著名堤防工程,其保护区内耕地均在千万亩以上,人口也达千万甚至数千万。我国许多城镇、铁路、公路以及重要能源基地都处于防洪保护区的范围,如京沪、陇海、京广、京九、京哈等铁路和许多城市,东部地区四通八达的公路网,大庆、中原、胜利等油田等。地处重要江河中下游的黄淮海平原、松辽平原、长江三角洲、珠江三角洲,都是面积很大、人口密集、经济发达的地区,都属于防洪保护区的范围。

3. 防洪区范围的划定

洪泛区、蓄滞洪区和防洪保护区具体范围的划定涉及该区域经济布局、人口控制和迁移、土地利用等经济社会各方面关系,划定其具体范围是防洪规划或者防御洪水方案的重要内容和组成部分。因此,《防洪法》第二十九条规定:“洪泛区、蓄滞洪区和防洪保护区的范围,在防洪规划或者防御洪水方案中划定,并报请省级以上人民政府按照国务院规定的权限批准后予以公告”。公告的目的,一是使在防洪区内从事各类活动的单位和个人知道自己处于何种防洪地区,获得与防洪有关的信息,选择从事与该地区防洪形势相适应的活动,二是便于各类防洪区相应管理措施的落实。

(二)防洪区的土地管理

由于防洪区中洪泛区、蓄滞洪区和防洪保护区控制运用的性质与方式不同,各区面临的洪水威胁程度是不同的,对各区内的土地利用自然就有不同的要求。为充分利用土地资源,又防止洪水灾害造成不必要的损失,《防洪法》第三十条规定:“各级人民政府应当按照防洪规划对防洪区内的土地利用实行分区管理”。

分区管理的目的是使防洪区内土地的开发、利用和各项建设既符合防洪的要求,又能实现土地的合理、有效利用,减少洪灾损失,使防洪区内的土地利用与防洪区的不同类型、洪水可能产生的不同影响相协调。例如:洪泛区内集中居民点应安排在高程适当的地方;行洪滩地上不应种植高秆阻水作物;蓄滞洪区内、分洪口门附近不允许设置有碍行洪的建筑物;种植业应抓好夏季作物生产,秋季种植耐水作物;重要的大型建设项目应考虑建在标准较高的防洪保护区或洪水影响较小的地方等。

蓄滞洪区作为防洪的重要工程设施,对防汛抗洪减灾具有极为重要的意义,其区内的土地利用直接影响其运用,因此国家对蓄滞洪区内的土地利用尤为重视。1988 年 10 月 27 日国务院发布了《蓄滞洪区安全与建设指导纲要》,对蓄滞洪区内的土地利用和畜牧业活动作出了限制:①在指定的分洪口门附近和洪水主流区域内,不允许设置有碍行洪的各种建筑物,该上述地区的土地一般只限于农牧业以及其他露天方式的使用,以保持其自然状态。②在农村土地利用方面,要按照蓄滞洪的机遇及其特点,调整农业生产结构,积极开展多种经营。在种植业方面,应努力抓好夏季作物的生产,在蓄滞洪机遇较少的地区,“保夏夺秋”,秋季种植耐水作物,能收则收;蓄滞洪机遇较多的地区,则应“弃秋夺麦”。③蓄滞洪区内工业生产布局应根据蓄滞洪区的使用机遇进行可行性研究。对使用机遇较多的蓄滞洪区,原则上不应布置大中型项目;使用机遇较少的蓄滞洪区,建设大中型项目必须自行安排可靠的防洪措施。禁止在蓄滞洪区内建设有严重污染物质的工厂和储仓。④在蓄滞洪区内进行油田建设必须符合防洪要求,油田应采取可靠的防洪措施,并建设必要的避洪设施。⑤蓄滞洪区内新建的永久性房屋(包括学校、商店、机关、企业房屋等),必须采取平顶、能避洪救人的结构形式,并避开洪水流路,否则不准建设。⑥蓄滞洪区内的高地、旧堤应予保留,以备临时避洪。对于洪泛区和防洪保护区内的土地利用,目前还没有类似的规定,但也应根据各自规律和特点,对土地利用和产业活动实行必要的限制或要求采取适当的措施。

(三)防洪工程设施的管理和保护

防洪工程设施的安全与否,事关防汛抗洪减灾大局。新中国成立60多年来,进行了大规模的水利建设,建成的防洪工程设施在除害兴利方面发挥了巨大的作用、产生了巨大的效益。主要江河防洪体系保护着全国1/2的人口、1/3的耕地和3/4的工农业总产值,已建成的8.4万多座水库、3万多座水闸、24万多km堤防,保护着大量耕地、重要城镇、工矿企业、交通与铁路干线的安全。正是有了这些防洪工程设施,才使大江大河岁岁安澜,对促进我国农业增产,满足社会各方面对水的需求,以及国民经济的持续、稳定、协调发展发挥了重要的作用。但是,当前防洪工程设施遭到破坏及其造成的严重后果是不容忽视的。防洪工程设施遭到破坏,不仅影响工程设施本身的安全运行,而且直接危及防洪调度。由于防洪工程设施具有数量多、分布广、地处偏远地区和暴露在荒野外等特点,遭到盗窃、破坏的现象在一些地区十分严重,有的地方甚至为了城镇建设平毁防洪大堤。据统计,多年来全国平均每年要发生万余起防洪工程设施遭受人为破坏和盗窃案件,直接经济损失在亿元以上。

为了有效地管理和保护防洪工程设施,《水法》、《防洪法》、《河道管理条例》、《防汛条例》等法律、行政法规作了相关规定,这里侧重介绍防洪工程设施管理和保护范围的划定与防洪工程设施保护的有关法律规定两方面内容。

1.防洪工程设施管理和保护范围的划定

防洪工程和设施是防汛抗洪调度运用的基础,防汛备用器材、物料是防汛抢险不可缺少的物资,直接影响到防汛抗洪的成败。

防洪工程设施包括水库大坝、堤防、水闸、护岸、抽水站、排水渠系等防洪工程和水文、通信设施以及防汛备用的器材、物料等;防洪工程设施的管理范围,是指为保证防洪工程设施正常运行及管理的需要而划定的范围;防洪工程设施的保护范围,是指为防止在防洪工程设施周围进行对其安全造成不良影响的活动,满足保护防洪工程设施安全的需要,在工程管理范围以外而划定的范围。

需要明确的是：防洪工程设施的管理和保护范围应当在工程设计中明确，其中管理范围应视为工程设施的组成部分。

《防洪法》把防洪工程设施按照国家所有和集体所有两类，分别规定了管理和保护范围的划定权限：①国家所有的防洪工程设施的管理和保护范围的划定，其依据是经批准的防洪工程设施的设计，划定的时间是在防洪工程设施竣工验收之前，划定的权限是在县级以上人民政府。②集体所有的防洪工程设施，一般规模较小，其建设、运行、管理方式也各不相同，《防洪法》没有作统一的具体规定，只对其保护范围的划定作了原则规定，即应当按照省、自治区、直辖市人民政府的规定划定保护范围。

划定防洪工程设施的管理和保护范围涉及土地的占用，受有关土地管理法律法规的调整。按照有关土地法律法规的现有规定，国家建设用地的批准权在县级以上人民政府，因此《防洪法》规定由县级以上人民政府按照国家规定划定防洪工程设施的管理和保护范围。相应地，对于防洪工程设施管理范围内的土地，防洪工程设施的管理单位应当按照《中华人民共和国土地管理法》及其实施条例等法律法规的规定，取得土地使用权。

2. 防洪工程设施的保护

针对毁损防洪工程设施行为和影响防洪工程设施活动时有发生的状况，《防洪法》、《水法》均对防洪工程设施的保护作了相应规定。

1)《防洪法》的有关规定

第三十五条规定："在防洪工程设施保护范围内，禁止进行爆破、打井、采石、取土等危害防洪工程设施安全的活动"。

第三十七条规定："任何单位和个人不得破坏、侵占、毁损水库大坝、堤防、水闸、护岸、抽水站、排水渠系等防洪工程和水文、通信设施以及防洪备用器材、物料"。

第六十一条规定了违法行为应承担的法律责任，即"违反本法规定，破坏、侵占、毁损堤防、水闸、护岸、抽水站、排水渠系等防洪工程和水文、通信设施以及防汛备用的器材、物料的，责令停止违法行为，采取补救措施，可以处5万元以下的罚款；造成损坏的，依法承担民事责任；应当给予治安管理处罚的，依照治安管理处罚条例的规定处罚；构成犯罪的，依法追究刑事责任"。

2)《水法》的有关规定

第四十一条规定："单位和个人有保护水工程的义务，不得侵占、毁坏堤防、护岸、防汛、水文监测、水文地质监测等工程设施"，并相应在第四十二条和第四十三条中，对水工程保护的责任、水工管理和保护范围的划定以及在水工程管理和保护范围内的禁止活动作了规定。

在《防洪法》有关规定的基础上，《水法》对危害防洪工程设施、影响防洪安全的违法活动应当承担的法律责任作了进一步规定：①第六十五条规定：在河道管理范围内建设妨碍行洪的建筑物、构筑物，或者从事影响河势稳定、危害河岸堤防安全和其他妨碍河道行洪的活动的，由县级以上人民政府水行政主管部门或者流域管理机构依据职权，责令停止违法行为，限期拆除违法建筑物、构筑物，恢复原状；逾期不拆除、不恢复原状的，强行拆除，所需费用由违法单位或者个人负担，并处1万元以上10万元以下的罚款。②第七十二条规定：侵占、毁坏水工程及堤防、护岸等有关设施，毁坏防汛、水文监测、水文地质监测设施,或者在水工程保护范围内,从事影响水工程运行和危害水工程安全的爆破、打井、采石、取土等活动,防洪法未作规定的,要责令其停止违法行为,采取补救措施,并处罚款,构成犯罪的要追究刑事责任。③第七十三条规定:侵占、盗窃或者抢夺防汛物资,防洪排涝、农田水利、水文监测和测量以及其他水工程设备和器材,构成犯罪的,依照刑法的有关规定追究刑事责任。

四、有关法律制度

为了促使相关各类社会活动能够满足防洪要求,保障防洪工作的顺利进行,《防洪法》确立了多项防洪管理法律制度。

(一)规划保留区制度

防洪规划是为防治洪水灾害而制定的总体部署,一方面,江河治理、防洪工程设施建设等都必须依照防洪规划进行,并将占用一定的土地。但防洪规划中确定的这些治理项目的建设受多种因素影响,只能分步实施。另一方面,经济社会的迅速发展,也需要使用大量的土地,如没有明确的规定,防洪规划中确定的、尚未建设的治理项目,其建设用地就很难得到保留,这就可能使防洪治理项目难以实施,或者造成严重浪费。因此,《防洪法》确立了规划保留区制度,即在规划保留区范围内,原则上不得建设与防洪无关的工矿工程等永久性设施,特殊情况下,国家工矿建设项目确需占用规划保留区内土地的,应当征求有关水行政主管部门的意见并按照国家规定的基本建设程序报请批准。

规划保留区是指有关防洪规划确定、尚未建设的河道整治计划用地、堤防用地、扩大或者开辟人工排洪道用地,经批准划定范围后作为建设相关防洪设施的保留用地。

防洪规划确定的河道整治计划用地和规划建设的堤防用地一般都在原河道内,涉及面相对较小,经土地管理部门和水行政主管部门会同有关地区核定,报经县级以上人民政府按照国务院规定的权限批准后划定为规划保留区。该规划保留区范围内的土地涉及其他项目用地的,有关土地管理部门和水行政主管部门核定时,应当征求有关部门的意见。

防洪规划确定的扩大或者开辟的人工排洪道用地,一般占地面积大、涉及范围广,且往往要占用新的土地,其规划保留区的划定需经省级以上人民政府土地管理部门和水行政主管部门会同有关部门、有关地区核定,报省级以上人民政府按照国务院规定的权限批准后划定。规划保留区依规定划定后应当公告,这是法定程序,其作用在于使各级政府、各个部门、各个行业和社会公众在各项建设活动中,知晓规划保留区内的土地将要进行有关防洪治理项目的建设,在这些专用土地上,不得建设其他与防洪无关的工矿等工程设施。

(二)规划同意书制度

规划同意书制度是为了对建设防洪工程和其他水工程是否符合有关防洪规划进行监督管理而设置的一项法律制度。防洪规划是江河、湖泊治理和防洪工程设施建设的基本依据,在江河、湖泊上建设防洪工程和其他水工程、水电站等应当符合防洪规划的要求,水库则应当按照防洪规划的要求留足防洪库容。这里所说的其他水工程和水电站等,虽然不完全是防洪工程,但一般也都担负有调蓄洪水等防洪任务或者对防洪有影响,相关的防洪规划中对其应有所要求。水库是调蓄洪水、削减洪峰的重要防洪工程设施,对防洪有着举足轻重的作用,因此特别强调了水库应当按照防洪规划要求留足防洪库容。

在上述工程的可行性研究报告按照国家规定的基本建设程序报请批准时,应当附具有关水行政主管部门签署的符合防洪规划要求的规划同意书。

规划同意书的内容要求和格式由国务院水行政主管部门统一规定。

(三)洪水影响评价报告制度

洪水影响评价报告制度是指为了避免进洪时对洪泛区、蓄滞洪区内建设非防洪建设项目造成不必要的损失,并防止非防洪建设项目对防洪工作产生严重的不利影响。在洪泛区、蓄滞洪区内建设非防洪建设项目,建设单位应当进行该项目的洪水影响评价,编制洪水影响评价报告。

洪水影响评价报告的主要内容包括:洪水对建设项目可能产生的影响,建设项目对防洪可能产生的影响,提出减轻或避免洪水影响的防御措施。

建设单位应当将所编制的洪水影响评价报告送交对拟建建设项目所在的洪泛区、蓄滞洪区有管辖权的水行政主管部门审批。建设项目可行性研究报告按照国家规定的基本建设程序报请批准,应当附具有关水行政主管部门批准的洪水影响评价报告。没有编制洪水影响评价报告或者洪水影响评价报告未经有关水行政主管部门批准的建设项目,不得批准立项。

对于能源、交通、通信等基础设施建设项目,因其在国民经济中地位重要,安全性要求高,对其建设和使用,《防洪法》第三十三条规定了比其他非防洪建设项目更多的要求,即"在蓄滞洪区内建设的油田、铁路、公路、矿山、电厂、电信设施和管道,其洪水影响评价报告应当包括建设单位自行安排的防洪避洪方案。建设项目投入生产或者使用时,其防洪工程设施应当经水行政主管部门验收"。

(四)蓄滞洪区的安全建设管理与补偿、救助制度

我国江河中下游河道行洪能力普遍不足,为了防汛抗洪的大局,确保重点地区防洪安全,在遇到较大洪水时,需要启用蓄滞洪区分蓄洪水。但由于蓄滞洪区存在众多人口和大量耕地,大部分蓄滞洪区安全设施严重不足,人员转移困难,安全无保障,运用后得不到应有的补偿,因此运用难度很大。1988 年 10 月 27 日国务院发布了《蓄滞洪区安全与建设指导纲要》,意在加强蓄滞洪区安全建设。蓄滞洪区的安全建设与补偿、救助制度的建立,对蓄滞洪区的正常运用有着极其重要的影响。

根据多年的实践,为保证蓄滞洪区的正常运用,《防洪法》对洪泛区、蓄滞洪区安全建设以及建立对蓄滞洪区的扶持和补偿、救助制度作了三方面明确规定:

一是对于蓄滞洪区的安全建设和人口控制。《防洪法》第三十二条规定:"洪泛区、蓄滞洪区所在地的省、自治区、直辖市人民政府应当组织有关地区和部门,按照防洪规划的要求,制定洪泛区、蓄滞洪区安全建设计划,控制蓄滞洪区人口增长,对居住在经常使用的蓄滞洪区的居民,有计划地组织外迁,并采取其他必要的安全保护措施"。洪泛区、蓄滞洪区安全建设计划的主要内容包括:根据蓄滞洪区运用方案,建设通信和洪水预报、警报系统,撤退道路,桥梁、车辆、船只等撤离措施,围村埝、庄台、避水台、避水楼房等就地避洪设施,组织管理、宣传通告以及采集与洪水有关的各种信息等。对于蓄滞洪区的人口,要实行严格控制的政策,要创造条件鼓励蓄滞洪区的居民外迁。

二是确立了建立蓄滞洪区扶持和补偿、救助制度原则。《防洪法》第三十二条规定："因蓄滞洪区而直接受益的地区和单位,应当对蓄滞洪区承担国家规定的补偿、救助义务。国务院和有关的省、自治区、直辖市人民政府应当建立对蓄滞洪区的扶持和补偿、救助制度"。蓄滞洪区牺牲局部利益,为广大防洪保护区的防洪安全作出了贡献,政府和受益地区应当给予适当的补偿,帮助其恢复正常的生产、生活,克服因蓄滞洪而造成的困难。"扶持"主要指各级政府给予蓄滞洪区政策的、经济的等扶持措施;"补偿"包括政府和因蓄滞洪区而直接受益的地区和单位给予蓄滞洪区的各种形式的经济补偿;"救助"主要是指当蓄滞洪区居民遭受蓄滞洪等洪水灾害时,政府及全社会给予的救助措施。

三是《防洪法》第三十二条规定了蓄滞洪区安全建设以及扶持和补偿、救助办法的制定主体与权限,即"国务院和有关的省、自治区、直辖市人民政府可以制定洪泛区、蓄滞洪区安全建设管理办法以及对蓄滞洪区的扶持和补偿、救助办法"。

为了保障蓄滞洪区的正常运用,确保受洪水威胁的重点地区的防洪安全,合理补偿蓄滞洪区内居民因蓄滞洪遭受的损失,根据《防洪法》的规定,国务院于2000年5月23日颁布了《蓄滞洪区运用补偿暂行办法》。

(五)占用河道审批管理制度

占用河道审批管理制度是指建设跨河、穿河、穿堤、临河的桥梁、码头、道路、渡口、管道、缆线、取水、排水等工程设施,应当符合防洪等技术要求,其可行性研究报告按照国家规定的基本建设程序报请批准前,其中的工程建设方案应当经有关水行政主管部门根据有关防洪要求审查同意。

《防洪法》第二十七条对这一制度作了明确规定,相关内容见第二篇第九章"河道管理法律制度"。

(六)防汛抗洪的行政首长负责制和部门分工责任制

防汛抗洪工作实行各级人民政府行政首长负责制和统一指挥、分级分部门负责的职责分工制度,《防洪法》第三十八条对此作出了明确的规定,详见下节。

第二节　防汛抗洪责任制与防汛指挥机构

一、防汛抗洪责任制

防汛抗洪责任制就是指防汛抗洪的各级人民政府行政首长负责制和部门分工负责制。《防洪法》明确规定:各级人民政府应当加强对防洪工作的统一领导;国务院水行政主管部门负责全国防洪的日常工作;流域管理机构在所管辖的范围内行使法律、行政法规规定的和国务院水行政主管部门授权的防洪协调和监督管理职责;国务院其他有关部门按照各自的职责,负责有关的防洪工作;县级以上地方人民政府水行政主管部门负责本行政区域内防洪的日常工作。

(一)行政首长负责制

《防洪法》第三十八条规定在防汛抗洪工作中实行行政首长负责制,即"防汛抗洪工作实行各级人民政府行政首长负责制,统一指挥、分级分部门负责"。实际上,在1991年的《防汛条例》中就已明确了这一责任制度。实行这种责任制，是由防汛抗洪工作的重要性及其客观规律和我国的社会制度所决定的，也是我国防汛抗洪工作长期实践经验的结晶，是切实可行的和行之有效的，因此在《防洪法》中将这一制度上升为法律规定。

1. 落实行政首长负责制是做好防汛抗洪工作的重要保证

按照防汛抗洪行政首长负责制，全国范围内的防汛抗洪工作由国务院负责，对一个省、一个地区来说，由省长、市长或县长对本区域的防汛抗洪工作负总责。这是因为，一方面，洪水灾害突发性强，破坏力大，影响范围广，对人民生命财产安全和国民经济发展威胁严重。如一旦遭受洪水灾害，会有大面积农田受淹，造成农作物减产、交通枢纽中断，城乡基础设施和人民生活设施遭到破坏，国民经济各项生产活动不能正常进行，甚至还会带来一些不安定因素。另一方面，防汛抗洪是一项时间紧、任务重、综合性很强的工作，非一个单位、一个部门所能胜任，需要动员和组织全社会各行各业的力量，齐心协力共同完成。因此，领导和组织防汛抗洪工作的职责必须由各级人民政府承担，作为各级人民政府的行政首长必然对本地区的防汛抗洪减灾负有总的责任。实行行政首长负责制的目的，就在于加强对防汛抗洪工作的组织和领导，统筹协调各方面关系，使各有关部门密切配合、分工负责，系统而高效地做好防汛抗洪各项工作。

2. 各级政府行政首长在防汛抗洪工作中的职责

在国家防汛抗旱总指挥部的有关文件中明确了七项主要职责：①负责组织制定本地区有关防洪的法规、政策，组织做好防汛宣传和思想动员工作，增强各级干部和广大群众的水患意识；②根据流域总体规划，动员全社会的力量，广泛筹集资金，加快本地区防洪工程建设，不断提高抗御洪水的能力，负责本地区重大清障项目的完成；③负责组建本地区常设防汛办事机构，协调解决防汛抗洪经费和物资等问题，确保防汛工作顺利开展；④组织有关部门制订本地区主要江河、重要防洪工程、城镇及居民点的防御洪水和台风的各项措施预案（包括运用蓄滞洪区），并督促各项措施的落实；⑤掌握本地区汛情，及时作出部署，组织指挥当地群众参加抗洪抢险，坚决贯彻执行上级的防汛调度命令，在防御洪水设计标准内确保防洪工程的安全，遇超标准洪水要采取一切必要措施，尽量减轻洪水灾害，切实防止因洪水而造成大量人员伤亡事故，重大情况及时向上级报告；⑥洪灾发生后，组织各方面力量迅速开展救灾工作，安排好群众生活，尽快恢复生产，修复水毁防洪工程，保持社会稳定；⑦各级行政首长对所分管的防汛工作必须切实负起责任，确保安全度汛，防止发生重大灾害损失，如因思想麻痹、工作疏忽或处置失当而造成重大灾害后果的，要追究领导责任，情节严重的要绳之以法纪。

各级政府行政首长要按照上述职责要求切实负起责任，上级政府要对下级政府行政首长履行防汛抗洪职责情况进行监督和检查，并建立起一些行之有效的考核标准和办法。

（二）部门分工负责制

完善分级分部门负责制是落实各项防汛抗洪工作的关键。统一指挥和分级分部门负责就是要在统一指挥的原则下，做到分级分部门负责，在分级分部门负责的基础上实现统一指挥。防汛抗洪是一项十分复杂而具有全局性的工作，各级各部门需要根据各自职责及事权划分，把分担的防汛抗洪工作切实做好，并听从上级防汛指挥机构的统一指挥，才能在防汛抗洪工作过程中，对于洪水的蓄泄调度、抢险救灾等各项工作，从中央到地方做到统一部署,行动一致,层层落实,避免发生为了本地区、本部门、本单位的局部利益,影响防汛抗洪减灾的整体利益。为此,《防洪法》第四十条规定:"各级防汛指挥机构和承担防汛抗洪任务的部门和单位,必须根据防御洪水方案做好防汛抗洪准备工作",第四十三条规定:"在汛期,气象、水文、海洋等有关部门应当按照各自的职责,及时向有关防汛指挥机构提供天气、水文等实时信息和风暴潮预报;电信部门应当优先提供防汛抗洪通信的服务;运输、电力、物资材料供应等有关部门应当优先为防汛抗洪服务。中国人民解放军、中国人民武装警察部队和民兵应当执行国家赋予的抗洪抢险任务"。

二、防汛指挥机构

防汛指挥机构是做好防汛抗洪工作的组织保证。根据多年防汛抗洪工作的实践,《防洪法》对我国的防汛指挥机构体系作了具体的规定。按其规定,我国防汛指挥机构的设置分为国家防汛指挥机构、流域防汛指挥机构和地方防汛指挥机构三类。

(一)国家防汛指挥机构及其办事机构

《防洪法》第三十九条规定:国务院设立国家防汛指挥机构,其办事机构设在国务院水行政主管部门。目前设立的国家防汛指挥机构是国家防汛抗旱总指挥部,由国务院副总理任总指挥,国务院水行政主管部门及国务院副秘书长、国务院发展和改革行政主管部门、国务院经济贸易行政主管部门的负责人任副总指挥,成员由国务院有关部门、中国人民解放军、武警部队等部门和单位的领导担任。

国家防汛抗旱总指挥部依照有关法律法规和国务院的授权,负责组织、领导全国的防汛抗洪工作,其主要职责包括:①贯彻执行国家有关防汛工作的方针、政策及指令;②组织制订重要江河的防御洪水方案和调度方案;③督促检查各地防汛计划和防汛准备;④协调国务院有关部门的防汛工作;⑤会同国务院有关部门审定防洪资金和防汛补助经费;⑥负责全国重点防汛物资储备、调拨及管理;⑦汛期掌握水情、汛情、灾情,及时向国务院提出报告;⑧对防汛抗洪重大问题提出处理建议;⑨开展防汛抗洪宣传教育和技术培训等。

国家防汛抗旱总指挥部下设办公室作为国家防汛抗旱总指挥部的常设办事机构,负责防汛抗洪的日常工作。

(二)流域防汛指挥机构及其办事机构

《防洪法》第三十九条规定:在国家确定的重要江河、湖泊可以设立由有关省、自治区、直辖市人民政府和该江河、湖泊的流域管理机构负责人等组成的防汛指挥机构,指挥所管辖范围内的防汛抗洪工作,其办事机构设在流域管理机构。跨省级行政区的长江、黄河、淮河、海河、珠江、松花江、辽河以及太湖是国家确定的重要江河、湖泊,国务院水行政主管部门均设有流域管理机构,其防御洪水方案的制订和洪水的调度等需要全流域的统一协调。目前,长江、黄河和松花江已设立了流域防汛指挥机构,其办事机构则分别设在水利部长江水利委员会、水利部黄河水利委员会和水利部松辽水利委员会。

流域防汛指挥机构依据有关法律法规的规定和国家防汛指挥机构、国务院水行政主管部门以及有关地方人民政府的授权,负责本流域的防汛抗洪工作,其主要职责包括:①贯彻执行国家防汛指挥机构的指令;②制订防汛实施计划;③根据已批准的防御洪水方案,会同有关地方人民政府制定实施措施;④协调有关地方人民政府的防洪调度实施意见;⑤监督检查有关防汛抗洪工作和调度指令的水情、汛情、灾情;⑥及时向上级提出情况报告和提供洪水预报;⑦组织防汛抢险队伍;⑧负责储备防汛抢险物料;⑨组织汛后检查,制定所辖范围水毁工程的修复计划并组织实施。

(三)地方防汛指挥机构及其办事机构

按照《防洪法》第三十九条的规定,有防汛抗洪任务的省(自治区、直辖市)、市(地、州、盟)、县(市、区、旗)三级地方人民政府,均应设置由当地人民政府主要领导负责,由同级人民政府有关部门、当地驻军、人民武装部负责人等组成的防汛指挥机构,其办事机构设在同级人民政府的水行政主管部门。

县级以上地方防汛指挥机构在上级防汛指挥机构和本级人民政府的领导下,指挥本地的防汛抗洪工作,其主要职责是:①贯彻实施防汛工作的法规、政策;②执行上级指令;③制订和审批所管辖范围内江河湖泊防御洪水方案与防汛工作计划;④督促检查防汛准备;⑤督促在查所属防洪工程的维护和修复;⑥会同有关部门安排有关防洪防汛经费;⑦储备管理防汛物资;⑧掌握本地区水情、汛情、灾情,向上级提出报告和建议,发布洪水预报、警报,下达和执行防汛调度命令,组织防汛队伍,指挥防汛抢险及灾区人员安全转移,开展防汛宣传教育和培训工作。

特例:考虑到部分城市市区内涝排水问题较突出,其防汛抗洪工作又相对独立,《防洪法》第三十九条还规定:"必要时,经城市人民政府决定,防汛指挥机构也可以在建设行政主管部门设城市市区办事机构,在防汛指挥机构的统一领导下,负责城市市区的防汛抗洪日常工作"。

三、防御洪水方案

防御洪水方案是针对江河、湖泊可能发生的各种量级洪水,事先确定各类防洪工程的运用标准、时机、方式和承担的具体任务等,并明确各项防洪工程启用的批准机关和组织实施者以及应采取的相关措施。防御洪水方案是各级人民政府防汛指挥机构实施防洪调度决策和抢险救灾的依据,要求各级人民政府遵照国家有关防洪的法规和方针政策,在确保重点、兼顾一般、全面安排、服从大局的原则下,预先制订正确的防御洪水方案,以备在防汛抗洪中做到有计划、有准备、有措施,最大限度地减少洪水灾害所造成的损失。

(一)防御洪水方案的制订和审批

由于防洪调度必须上下游、左右岸统筹兼顾、协调一致,所以防御洪水方案的制订和审批,一般遵循跨行政区域的江河由江河所在区域的共同的上一级政府制定的原则,这样便于协调局部与整体的关系。为此,《防洪法》分两种情况规定防御洪水方案的制订工作,一是由县级以上地方人民政府负责制订本行政区域的防御洪水方案,二是规定了重要江河及跨省级行政区江河防御洪水方案的制订和审批程序。

1.一个省级行政区的江河防御洪水方案的制订

防洪减灾是一项十分复杂的系统工程,涉及全社会和各行各业,防御洪水方案的实施将涉及各方利益,因此《防洪法》第四十条规定:有防汛抗洪任务的县级以上地方人民政府根据流域综合规划、防洪工程实际状况和国家规定的防洪标准,制订防御洪水方案(包括对特大洪水的处置措施)。为保证地方各级人民政府制订防御洪水方案做到科学、有据、切合实际,具有高度的可操作性,《防洪法》规定了地方人民政府制订防御洪水方案的三个依据:一是要根据所在流域的综合规划,使防御洪水方案与流域综合规划中有关洪水分析、防洪方案、工程措施和非工程措施等内容相适应;二是要根据流域或区域的综合规划和防洪规划所确定的防洪标准制订防御洪水方案;三是要根据防洪工程的实际状况制订防御洪水方案,这一点极其重要。鉴于多方面条件的限制,许多防洪的工程措施和非工程措施还不到位,尤其是一部分防洪工程老化失修,加上长期未经受洪水的考验,工程实际的防洪能力已远远不能达到原有标准,这就要求在制订防御洪水方案时必须切实掌握防洪工程的实际情况。

此外,这类防御洪水方案中还应包括对特大洪水的处置措施内容。特大洪水的发生是不可预见的,发生了特大洪水是人力无法完全控制的,应在合理运用现有工程措施和非工程措施的基础上,科学调度洪水,合理采取处置措施,尽可能减小人民生命财产的损失,努力减轻对国民经济和社会的负面影响。

2. 重要江河和跨省级行政区江河防御洪水方案制订与审批

长江、黄河、淮河、海河地理位置重要、防洪关系复杂、影响巨大,其防御洪水方案至关重要,《防洪法》第四十条规定要由国家防汛指挥机构(即国家防汛抗旱总指挥部)制订,报国务院批准。其他跨省(自治区、直辖市)的江河,因为均是跨越两个以上省级行政区,对于洪水的蓄泄关系、保护重点、措施安排,需要上下游、左右岸统一协调,全面安排,《防洪法》第四十条规定由国务院水行政主管部门所属的流域管理机构会同有关省、自治区、直辖市人民政府组织编制,并根据其重要程度和具体情况,由国务院批准或者由国务院授权的有关部门批准。

(二)防御洪水方案的实施

《防洪法》第四十条规定:"防御洪水方案经批准后,有关地方人民政府必须执行",可见防御洪水方案具有很高的法律地位。因此,防御洪水方案的实施具有强制性,责任在政府,这与防汛抗洪行政首长负责制的规定是一致的。

尽管执行防御洪水方案的责任在地方各级人民政府及其行政首长,但各级防汛指挥机构作为防汛抗洪工作的具体领导者和组织者同样责任重大,必须根据防御洪水方案的要求,结合本地的具体情况,为随时实施防御洪水方案作好充分的准备,同时一切具有防汛抗洪任务的部门和单位也都必须按照各自的职责分工做好有关的准备工作,如落实防御洪水方案的宣传教育、建立健全防汛抗洪组织系统和责任制度、落实各项工程措施和非工程措施、做好水情测报预报工作、做好通信联络和物料储备以及人力组织等。

四、汛期和紧急防汛期的防汛抗洪

(一)汛期和紧急防汛期的确定

1. 概念

汛期是指根据流域或区域洪水发生的自然规律,为了有利于做好防汛工作,由有权机构规定的起止日期。

紧急防汛期则是指当江河、湖泊的水情出现非常情况或防洪工程发生重大险情时,为适应所在区域防汛抢险工作的需要,由有权机构宣布进入一种防汛紧急状态的期限。

2. 汛期的确定

《防洪法》第四十一条规定了汛期的期限,即“省、自治区、直辖市人民政府防汛指挥机构根据当地的洪水规律,规定汛期起止日期”。这一规定,一是明确了确定汛期起止日期的依据是当地的洪水规律,二是明确了规定汛期起止日期的权限在省、自治区、直辖市人民政府防汛指挥机构。

由于我国特定的地理位置和气候环境,各地暴雨洪水发生的时间有明显的规律性,汛期的起止日期也就因地区的不同而异。一般雨季是随着每年季风的进退和西太平洋副热带高压的移动而形成的,因此形成了南早北晚的暴雨期。如华南南岭和珠江流域,4~6月为暴雨期;长江、淮河流域6月中旬至8月中旬为暴雨期;黄河流域和华北、东北地区7月中旬至8月为暴雨期;另外根据多年东南沿海台风统计,每年登陆的台风也很集中,7~9月占全年台风登陆数的76.2%。根据这些情况,结合当地防汛工作的需要,各流域或区域规定有各自的汛期起止日期。

3. 紧急防汛期的确定

紧急防汛期的宣布实施事关重大,既不能轻易宣布,以免造成不应有的社会紧张和人员惊慌,也不能疏忽大意,过于信赖防洪工程设施的能力,贻误时机,应该准确、及时决策。当防洪工程设施防御的洪水接近设计水位或安全流量时,其安全系数接近设计标准,风险程度增大,随时都有出险的可能。尤其是当防洪工程设施发生重大险情时,应当宣布进入紧急防汛期,立即采取全面的紧急措施抗洪抢险,防止发生重大灾情。为此,《防洪法》第四十一条第二款规定了紧急防汛期确定的原则和权限,即“当江河、湖泊的水情接近保证水位或者安全流量,水库水位接近设计洪水位,或者防洪工程设施发生重大险情时,有关县级以上人民政府防汛指挥机构可以宣布进入紧急防汛期”。

(二)汛期和紧急防汛期的防汛抗洪

1. 汛期的防汛抗洪工作

1)及时、准确掌握汛情、工情,调动各方面力量为防汛抗洪服务

在汛前充分做好防汛抗洪准备工作的基础上,进入汛期就必须密切监测气象的发展和变化,及时掌握天气、水文和风暴潮信息,尽最大努力力争更早、更准确地预知洪水和风暴潮的发生、发展过程,以便及时调度人力、物力,按照防御洪水方案采取防御措施。在洪水发生之前以及洪水过程中,当地政府和防汛指挥机构要及时组织防汛队伍在堤坝上巡视检查,一旦发现脱坡、管涌、渗水、漏洞、裂缝、基础淘刷等险情,应立即组织,控制险情的发展,确保防洪工程的安全。针对防汛抗洪的实际需要,《防洪法》第四十三条规定了汛期各有关部门和单位、中国人民解放军、中国人民武装警察部队和民兵的职责与任务:①气象、水文、海洋等有关部门应当按照各自的职责,及时向有关防汛指挥机构提供天气、水文等实时信息和风暴潮预报;②电信部门应当优先提供防汛抗洪通信的服务;③运输、电力、物资材料供应等有关部门应当优先为防汛抗洪服务;④中国人民解放军、中国人民武装警察部队和民兵应当执行国家赋予的抗洪抢险任务。

2)对水库、水电站、闸坝、蓄滞洪区等防洪工程设施实施统一指挥调度

水库、水电站、闸坝、蓄滞洪区等防洪工程设施的调度运用,必须上下游、左右岸统筹兼顾,各类防洪工程有机配合,按照防御洪水方案和抗洪的实际要求拦蓄、排放、蓄滞洪

水，在确保工程设施本身安全的前提下，最大限度地发挥防洪减灾效益，绝不能各自为政，甚至以邻为壑。为此，《防洪法》第四十四条规定："在汛期，水库、闸坝和其他水工程设施的运用，必须服从有关的防汛指挥机构的调度指挥和监督"。

3)利用水库调蓄洪水、削减洪峰，是减轻或避免洪水灾害的重要防洪措施

水库在防洪调度中的地位举足轻重。由于水库一般都具有供水兴利、防洪减灾等多种功能，多种功能对水库调度的要求往往是相矛盾的，兴利往往要求水库多蓄水，防洪则要求水库平时少蓄水，为汛期蓄滞洪水预留更大的防洪库容。如预留的库容过小，水库拦蓄洪水的作用就小，防洪减灾的效果就差。反之，预留的库容过大，防洪问题解决了，蓄水兴利就没有保障了。所以，水库的防洪调度，必须根据设计洪水、水库本身的保坝标准、水库下游的防洪标准以及灌溉、发电、供水等因素，经综合分析和研究论证，确定汛期限制水位（即水库在汛期允许兴利蓄水的上限水位，也是预留防洪库容的下限水位）。进入汛期，为了确保水库大坝及下游地区的防洪安全，在不需要动用水库的防洪库容拦蓄洪水时，水库不得为了灌溉、供水和发电等擅自占用防洪库容。因此，《防洪法》第四十四条规定："在汛期，水库不得擅自在汛期限制水位以上蓄水，其汛期限制水位以上的防洪库容的运用，必须服从防汛指挥机构的调度指挥和监督"。

对于有防凌汛任务的江河上游的水库，控制其一定时段内的泄流量是防止或控制下游凌汛的有效措施之一。因此，《防洪法》第四十四条规定："在凌汛期，有防凌汛任务的江河的上游水库的下泄水量必须征得有关的防汛指挥机构的同意，并接受其监督"。

4)蓄滞洪区的启用是防御超标准洪水的关键措施

蓄滞洪区是江河防洪体系中的重要组成部分，是保障重点防洪对象安全，减轻灾害损失的有效措施。鉴于蓄滞洪区的启用关系重大，其启用必须慎之又慎，为此，《防洪法》第四十六条专门规定："江河、湖泊水位或者流量达到国家规定的分洪标准，需要启用蓄滞洪区时，国务院，国家防汛指挥机构，流域防汛指挥机构，省、自治区、直辖市人民政府，省、自治区、直辖市防汛指挥机构，按照依法经批准的防御洪水方案中规定的启用条件和批准程序，决定启用蓄滞洪区。依法启用蓄滞洪区，任何单位和个人不得阻拦、拖延；遇到阻拦、拖延时，由有关县级以上地方人民政府强制实施"。

蓄滞洪区的启用条件（洪水流量或水位达到一定量级）、批准程序和权限、运用方式等，在防御洪水方案中都有明确规定。根据江河和蓄滞洪区的重要程度、影响范围等，蓄滞洪区的启用分别由国务院、国家防汛指挥机构、流域防汛指挥机构、省级人民政府和省级防汛指挥机构决定。蓄滞洪区一旦运用，当地政府要按照事先制订的方案，快速组织区内群众做好就地避洪或转移工作，保证区内群众的生命安全，尽可能减少财产损失。

2. 紧急防汛期的防汛抢险

在紧急防汛期，时刻都有发生重大灾害的可能，为了维护广大人民群众生命财产的安全和国家经济建设的大局，有关防汛指挥机构要根据实际情况，采取可能的措施和手段，尽一切可能避免重大灾害的发生，尽可能减轻洪水造成的损失。

在紧急防汛期如出现河道、湖泊上的桥梁、引道、码头和其他跨河工程设施壅高水位，或者阻挡流势，恶化行洪、影响防洪安全时，应当按《防洪法》第四十二条第二款的规定采取紧急措施，即"在紧急防汛期，国家防汛指挥机构或者其授权的流域、省、自治区、直辖

市防汛指挥机构有权对壅水、阻水严重的桥梁、引道、码头和其他跨河工程设施作出紧急处置”。

同时，在紧急防汛期若出现险情，为了应急抢险，需要调集能够应急利用的一切人力、物力，采取一切必要的措施，为此，《防洪法》第四十五条第一款专门规定：“在紧急防汛期，防汛指挥机构根据防汛抗洪的需要，有权在其管辖范围内调用物资、设备、交通运输工具和人力，决定采取取土占地、砍伐林木、清除阻水障碍物和其他必要的紧急措施；必要时，公安、交通等有关部门按照防汛指挥机构的决定，依法实施陆地和水面交通管制”。

第七章　河道管理制度

第一节　河道管理制度概述

河道是天然水流经过千百万年冲刷而成的大系统，具有灌溉、排水、供水、航运、渔业养殖、旅游开发等多种功能。我国是一个河流、湖泊众多的国家，流域面积在 1 000 km^2 以上的河流有 5 800 多条，总长度约 42 万 km，面积在 10 000 km^2 以上的有 2 800 多条，湖泊总面积达 7.6 万 km^2，占全国国土面积的 0.8%。其中，东部平原其湖泊面积占 31%，内蒙古、新疆其湖泊面积占 11.5%，东北平原其湖泊面积占 5.7%，云贵高原其湖泊面积占 1.4%，其他地区其湖泊面积占 2%。河道两岸优越的水土资源、便利的交通给人类的生存和发展提供了良好的环境条件，但河流的洪水泛滥也给人类造成深重的灾害。因此，兴河之利、防河之害历来都是关系我国全局的大事。

新中国成立 60 多年来，在党和人民政府的领导下，我国开展了大规模的江河治理，在河道管理方面也取得了很大的成绩。但是，由于自然的原因和人为的因素，当前在河道治理和管理方面还存在一系列亟待解决的问题：一是随着经济的发展和人口的增长，城市建设和工农业生产与河争地，河道设障阻碍行洪的情况相当严重，行洪断面缩减，降低了河道的泄洪能力；二是乱采河砂、破坏堤防的现象十分普遍；三是湖泊大量被填、被围，降低了湖泊对江河洪水的调蓄能力，加重了河道的泄洪负担；四是多年来存在的重建设轻管理的倾向，堤防、护岸与大量工程的维护管理工作薄弱，维修养护经费不足，人为破坏严重，不少工程效益衰减；五是泥沙淤积严重，河床逐年抬高，降低了河道的泄洪能力。

为解决上述问题，国家先后颁布《水法》、《防洪法》、《水土保持法》以及《河道管理条例》、《长江河道采砂管理条例》等法律法规，为切实加强河道管理提供了法律依据。

一、河道管理体制

（一）河道管理概念

河道管理就是运用法律、技术、经济、行政等手段，维护河势稳定和河道输水功能保持合理水位与水体自净能力，发挥江河湖泊的行洪、排涝、航运、发电、供水、养殖等综合效益的行为。它主要包括河道的整治与建设、河道及水质的保护（包括河道管理范围内建设项目的审批、河道采砂许可等）、河道清障等内容。

水流是按照流域水文单元汇集的，上下游、左右岸、干支流联为一体，不可分割，是一个天然的大系统。河道堤防作为江河防洪体系的一个重要部分，其治理、建设和管理必须按照流域统一规划、统一治理、统一调度指挥。但是，河道的治理和管理又必须充分发挥各地的积极性才能把工作做好。我国治黄、治淮和治理其他江河的实践已证明了这一点。

(二)河道管理体制

依据《河道管理条例》的规定，国务院水行政主管部门是全国河道主管机关，各省、自治区、直辖市的水行政主管部门是该行政区域的河道主管机关；国家对河道实行按水系统一管理和分级管理相结合的原则。《防洪法》也作了同样的规定。

对河道实施统一管理的目的是统筹兼顾各地区、干支流、左右岸、上下游之间的利益，以求得最大的效益。河道的分级管理是在统一管理下的分级管理。

(三)河道等级划分与认定

为保障河道行洪安全和多目标综合利用，使河道管理逐步实现科学化、规范化，水利部于1994年2月23日发布了《河道等级划分办法》(水管〔1994〕106号)，该办法主要依据河道的自然规模(流域面积)及其对社会、经济发展影响的重要程度(主要是耕地、人口、城市、交通及工矿企业)等因素，将河道划分为5级，其中一级河道为流域面积大于5万km^2，耕地面积大于500万亩，人口500万人以上，城市规模特大城市，交通及工矿企业特别重要，可能开发的水力资源大于500万kW(见表7-1)。一、二、三级河道由水利部认定，四、五级河道由省、自治区、直辖市水利厅(局)认定。

表7-1　河道分级指标

级别	分级指标					
	流域面积（万km^2）	影响范围				可能开发的水力资源（万kW）
		耕地（万亩）	人口（万人）	城市	交通及工矿企业	
	(1)	(2)	(3)	(4)	(5)	(6)
一	>5	>500	>500	特大	特别重要	>500
二	1~5	100~500	100~500	大	重要	100~500
三	0.1~1	30~100	30~100	中等	中等	10~100
四	0.01~0.1	<30	<30	小	一般	<10
五	<0.01					

注：1. 影响范围中耕地及人口，指一事实上标准洪水可能淹没范围；城市、交通及工矿企业指洪水淹没严重或供水中断对生活、生产产生严重影响的。

2. 特大城市指市区非农业人口大于100万；大城市人口50万~100万；中等城市人口20万~50万；小城镇人口10万~20万。特别重要的交通及工矿企业是指国家的主要交通枢纽和与国民经济关系重大的工矿企业。

二、河道管理范围

(一)河道的概念

人们对于河道通常有几种理解：狭义的河道就是指河床，也就是江河天然水流的通道和载体；一般意义的河道是河流的同义词，也就是江河水流与河床的综合体；广义的河道不仅包括水流与河床，还包括河床范围以内及其边缘的附属物。

从河道本身的构成来说，河道应包括堤防及其之间的主河槽、河滩、沙洲、岸线、两堤外的护堤地，即广义的河道概念。因为河流本来是自然物，但随着人类社会为了整治江河防治水害，开发利用河流的自然资源，修建大量水工程以后，河流已经不完全是天然物了，而是经过人工的整治和改造，所以堤防、护岸及河道内的各项工程，已经成为河道不可分割的组成部分。因此，《河道管理条例》规定河道包括湖泊、人工水道、行洪区、蓄洪区和滞洪区。

(二)河道管理范围

根据《防洪法》第二十一条第三款"有堤防的河道、湖泊，其管理范围为两岸之间的水域、沙洲、滩地、行洪区、两岸堤防及护堤地。无堤防的河道、湖泊，其管理范围为历史最高洪水位或者设计洪水位之间的水域、沙洲、滩地和行洪区"的规定，河道管理范围主要取决于河道设防(堤防)的情况和河道洪水水位。至于河道管理范围的具体划定，《防洪法》第二十一条第四款规定：流域管理机构直接管理的河道、湖泊管理范围，由流域管理机构会同有关县级以上地方人民政府依照第三款规定界定；其他河道、湖泊管理范围，由有关县级以上地方人民政府依照第三款规定界定。

(三)河道管理与有关涉河管理的关系

1. 河道管理与航道管理的关系

航道是河道可以通航的部分。河道管理是对河道多种功能的综合管理，航道管理是为保护和发展航运而运行的专业管理，二者相辅相成，各司其职。一般来说，河道行洪畅通则对航运安全必将起到积极作用。但有时两者也有矛盾的时候，如为了确保航道畅通，需修筑丁坝，抬高水位，但从河道管理角度来说，可能造成河势改变，对堤防构成威胁。因此，在《河道管理条例》中规定，交通部门进行航道整治应当符合防洪安全要求，并事先征求河道主管机关对有关设计和计划的意见；水利部门进行河道整治涉及航道的，应当兼顾航运的需要，并事先征求交通部门对有关设计和计划的意见。

2. 河道管理与土地管理的关系

河道管理与土地管理关系非常密切。在河道管理范围内，土地管理主要是对范围内的可耕地和其他可以利用土地的地籍管理，即土地的权属管理。

河道管理范围内的地籍管理一般分四种情况：①河床经常过水的部分以及河滩，作为河道的基本组成部分，不纳入地籍管理范围，完全依照河道管理有关规定进行管理与保护。②不经常过水的耕地和可利用土地，纳入土地部门的地籍管理，河道管理则是对其耕作和利用方式实施必要的限制，例如禁止种植高秆作物及进行其他妨碍行洪、污染水质的活动等。③对于国家管理的堤防和水工程，由地方人民政府划定工程管理范围，水利部门依法向土地管理部门办理有关手续，确定权属。工程管理范围内的土地由工程管理单位占有和使用，其他部门和单位不得侵占。有的地方一时划定管理范围有困难的，可以先划定管理范围预留地，以此作为行使管理职权的依据。④堤防背水坡一侧管理范围以外的一定距离内划为工程保护范围，其土地所有权和使用权不变，但应按照河道管理法规的规定，限制那些影响堤防防洪安全的活动。这里所说的保护范围，不是堤防保护的地域范围，而是保护堤防本身所需要控制的范围。

第二节　河道管理范围内建设项目管理

河道管理范围内的工程建设,对河道的功能影响很大,应该服从流域综合规划,符合国家规定的防洪标准、通航标准和其他有关技术要求,维护堤防安全、保持河势稳定和行洪、航运通畅。对于河道管理范围内建设项目的审批与管理,《防洪法》、《河道管理条例》以及水利部、国家计委联合下发的《河道管理范围内建设项目管理的有关规定》(水利部、国家计委水政〔1992〕7 号)都作了具体规定。

一、河道管理范围内建设项目的概念

河道管理范围内建设项目是指在河道管理范围内修建的闸坝、取(排)水口、桥梁、码头和其他拦河、跨河、临河、穿河的建设项目,简称涉河建设项目。

二、涉河建设项目的审批依据与权限

(一)审批依据

《防洪法》第二十七条规定:"建设跨河、穿河、穿堤、临河的桥梁、码头、道路、渡口、管道、缆线、取水、排水等工程设施,应当符合防洪标准、岸线规划、航运要求和其他技术要求。不得危害堤防安全,影响河势稳定、妨碍行洪畅通;其可行性研究报告按照国家规定的基本建设程序报请批准前,其中的工程建设方案应当经有关水行政主管部门根据前述防洪要求审查同意"。《河道管理条例》第十一条规定:"修建开发水利、防治水害、整治河道的各类工程和跨河、穿河、穿堤、临河的桥梁、码头、道路、渡口、管道、缆线等建筑物及设施,建设单位必须按照河道管理权限,将工程建设方案报送河道主管机关审查同意后,方可按照基本建设程序履行审批手续"。

(二)审批权限

涉河建设项目的审批既是水行政主管部门的权力,也是水行政主管部门的责任,工作量大、时间要求紧,需要根据河道的不同等级实行分级审批。

《河道管理范围内建设项目管理的有关规定》(水利部、国家计委水政〔1992〕7 号)第三条规定,在长江、黄河、松花江、辽河、海河、淮河、珠江主要河段的河道管理范围内、流域机构直接管理的河道、水库、水域管理范围内以及太湖、洞庭湖、鄱阳湖、洪泽湖等大湖、湖滩地内兴建的大中型建设项目,由水利部所属的流域机构实施管理。据此,水利部分别于1993 年、1995 年、1996 年、1997 年、1999 年,下发了淮河水利委员会(水利部水管〔1993〕143 号)、黄河水利委员会(水利部水管〔1993〕263 号)、长江水利委员会(水利部水管〔1995〕5 号)、松辽水利委员会(水利部水管〔1996〕284 号)、海河水利委员会(水利部水管〔1997〕128 号)、太湖流域管理局(水利部水建管〔1999〕61 号)河道管理范围内建设项目审查权限的通知,对主要河段的具体范围以及各流域机构的审批权限作了规定。其他河道范围内兴建的建设项目,由地方各级河道主管机关实施分级管理,分级管理的权限由省、自治区、直辖市水行政主管部门会同计划主管部门规定。

三、涉河建设项目的审批程序

(一)申报

涉河建设项目建设单位编制立项文件时,必须按照河道管理权限,向水行政主管部门提出申请并提交相关文件:①申请书;②建设项目所依据的文件;③建设项目涉及河道与防洪部分的初步方案;④占用河道管理范围内土地情况及该建设项目防御洪涝设防标准与措施;⑤说明建设项目对河势变化、堤防安全、河道行洪、河水水质的影响及拟采取的补救措施。

对于重要建设项目,建设单位还应编制更详尽的防洪评价报告。在河道管理范围内修建未列入国家基本建设计划的各种建筑物,应在申办建设许可证前向水行政主管部门提出申请。

(二)审查

水行政主管部门接到申请后,应及时进行审查,审查主要内容为:①是否符合江河流域综合规划和有关的国土及区域发展规划,对规划实施有何影响;②是否符合防洪标准和有关技术要求;③对河势稳定、水流形态、水质、冲淤变化有无不利影响;④是否妨碍行洪、降低河道泄洪能力;⑤对堤防、护岸和其他水工程安全的影响;⑥是否妨碍防汛抢险;⑦建设项目防御洪涝的设防标准与措施是否适应;⑧是否影响第三人合法的水事权益;⑨是否符合其他有关规定和协议。

流域机构在重大建设项目进行审查时,还应征求有关省、自治区、直辖市水行政主管部门的意见。

(三)处理

水行政主管部门应在接到申请之日起60日内将审查意见书面通知申请单位。

同意兴建的,发给审查同意书,并抄知上级水行政主管部门和建设单位的上级主管部门。建设单位在报送项目立项文件时,必须附有水行政主管部门的审查同意书,否则计划主管部门不予审批。审查同意书可以对建设项目设计、施工和管理提出有关要求。涉河工程建设项目需要占用河道、湖泊管理范围内土地,跨越河道、湖泊空间或者穿越河床的,有关水行政主管部门应对该工程建设的位置和界限予以审查批准。

水行政主管部门对建设单位的申请进行审查后,作出不同意建设的决定,或者要求就有关问题进一步修改补充后再行审查的,应在批复中说明理由和依据。建设单位对批复持有异议的,可按照《行政复议法》的有关规定申请行政复议。

需要指出的是,有的建设单位拟通过召开项目认证会的形式代替涉河建设项目的审批,这是违反法律规定的。因为论证会所形成的会议纪要不可能完全反映水利部门的真实意见,更何况水利部门有的意见关系到行洪安全,不写入会议纪要,到时出了问题,由于缺乏证据,责任难以认定。对此正确的做法是,水利部门派员参加论证会后,还须要求建设单位按照规定向水行政主管部门办理涉河建设项目审批手续,但在审批的环节上要简化,尽可能缩短审批时间。

四、对涉河建设项目的监管

涉河建设项目的审批是保证河道、湖泊防洪安全和工程设施建设自身安全的重要手段，但不是目的，真正的目的是促使建设项目严格按照审批的意见和要求去实施，这就要求水行政主管部门加大对在建工程建设项目的监管力度。

（一）开工审核

建设项目经批准后，建设单位必须将批准文件和施工安排送水行政主管部门审核。施工安排包括施工占用河道管理范围内土地的情况和施工期防汛措施等。

（二）现场检查

建设项目施工期间，水行政主管部门应对其是否符合审查同意书要求进行检查，特别是对占用河道、湖泊管理范围内土地，跨越河道、湖泊空间或者穿越河床的建设项目，水行政主管部门应及时掌握其位置和界限的放样情况，以确保工程建设项目按照审批的位置、界限进行。如发现未按审查同意书或经审核的施工安排的要求进行施工的，或者出现涉及江河防洪与建设项目防汛安全方面的问题，应及时提出意见，建设单位必须执行，遇重大问题还应同时上报上级水行政主管部门。

（三）参与验收

河道管理范围内的建筑物和设施竣工后，水行政主管部门应当参加验收，经验收合格后，方可启用。建设单位应在竣工验收6个月内向水行政主管部门报送有关竣工资料。

（四）长效监管

水行政主管部门应定期对在河道管理范围内修建的建筑物和设施进行检查，凡不符合工程安全要求的，应提出限期改建的要求，有关单位和个人应当服从。

（五）法律责任

《防洪法》第五十八条规定："违反本法第二十七条规定，未经水行政主管部门对其工程建设方案审查同意或者未按照有关水行政主管部门审查批准的位置、界限，在河道、湖泊管理范围内从事工程设施建设活动的，责令停止违法行为，补办审查同意或者审查批准手续；工程设施建设严重影响防洪的，责令限期拆除，逾期不拆除的，强行拆除，所需费用由建设单位承担；影响行洪但尚可采取补救措施的，责令限期采取补救措施，可以处1万元以上10万元以下罚款"。

五、河道采砂管理

河道管理范围内的砂石，是河床的组成部分，其何地可以开采、何时可以开采，开采多少、如何开采，与两岸堤防的安全、河势的稳定以及防洪安全密切相关。因此，加强河道采砂管理是水行政主管部门的一项重要职责。《水法》第三十九条规定："国家实行河道采砂许可制度。河道采砂许可制度实施办法，由国务院规定"。目前，水利部正在抓紧起草《河道采砂许可制度实施办法》，下面就现行的有关采砂管理的行政法规作一介绍。

（一）长江河道采砂管理

长江干流砂石资源丰富。其中中下游河道机械采砂始于20世纪70年代，80年代以后逐步形成了大规模作业之势。但由于缺乏完善的法律规范和健全的管理体制，以及统一的采砂规划，长江干流河道砂石开采秩序混乱，非法采砂、滥采乱挖等现象严重，影响了河势稳定，有的无序采砂损毁堤防，阻碍航道，给长江防洪和航运安全带来了危害，引起社会的广泛关注。对此，国务院高度重视，于2001年10月25日颁布了《长江河道采砂管理条例》,为开创依法、科学、有序的长江河道采砂管理新局面提供了法律保证。

1. 采砂管理体制

多年来,长江河道采砂一直处于多头管理的局面,即多家发证、多家收费,责任不清,从而导致管理薄弱,难以实现有效的管理。为此,《长江河道采砂管理条例》明确规定了长江河道采砂管理体制,即国务院水行政主管部门及其所属的长江水利委员会应当加强对长江采砂的统一管理和监督检查,并做好有关组织、协调和指导工作;长江采砂管理,实行地方人民政府行政首长负责制;沿江县级以上地方人民政府应当加强对行政区域内长江采砂活动的管理,做好长江采砂的组织、协调和监督检查工作;沿江县级以上地方人民政府水行政主管部门依照本条例的规定,具体负责本行政区域内长江采砂的管理和监督检查工作;国务院交通行政主管部门所属的长江航务管理局负责长江航道管理工作,长江海事机构负责长江交通安全的监督管理工作;公安部门负责长江水上治安管理工作,依法打击长江采砂活动中的犯罪行为。

2. 长江采砂规划的编制

《长江河道采砂管理条例》规定:国家对长江采砂实行统一规划制度;长江采砂规划由长江水利委员会会同四川省、湖北省、湖南省、江西省、安徽省、江苏省和重庆市、上海市人民政府水行政主管部门编制,经征求长江航务管理局和长江海事机构意见后,报国务院水行政主管部门批准,国务院水行政主管部门批准前,应征求国务院交通行政主管部门的意见;长江采砂规划批准实施前,长江水利委员会可会同沿江省、直辖市人民政府水行政主管部门、长江航务管理局和长江海事机构确定禁采区、禁采期,报国务院水行政主管部门批准;长江采砂规划应当充分考虑长江防洪安全和通航安全的要求,符合长江流域综合规划和长江防洪、河道整治以及航道整治等专业规划。

长江采砂规划的内容主要有:①禁采区和可采区;②禁采期和可采期;③年度采砂控制总量;④可采区内采砂船只的控制数量。

3. 长江采砂规划的监督实施

根据《长江河道采砂管理条例》的规定,沿江省、直辖市人民政府水行政主管部门根据长江采砂规划,可以拟订本行政区域内长江采砂规划实施方案,报本级人民政府批准后实施,并报长江水利委员会、长江航务管理局备案;沿江省、直辖市人民政府应当将长江采砂规划确定的禁采区和禁采期予以公告;沿江省、直辖市人民政府水行政主管部门可以根据本行政区域内长江的水情、工情、汛情、航道变迁和管理等需要,在长江采砂规划确定的禁采区、禁采期外增加禁采范围、延长禁采期限,报本级人民政府决定后公告;长江水利委员会和沿江省、直辖市人民政府水行政主管部门应当加强对长江采砂规划实施情况的监督检查。

4. 长江采砂许可审批

采砂许可是水行政主管部门对长江河道采砂行为实施管理的重要措施。《长江河道采砂管理条例》规定:国家对长江采砂实行采砂许可制度;从事长江采砂活动的单位和个人应当向沿江市、县人民政府水行政主管部门提出申请,符合条件的,由长江水利委员会或者沿江省、直辖市人民政府水行政主管部门依照规定审批发放河道采砂许可证。即长江采砂许可审批与发放河道采砂许可证分为两个层次:①属于省际边界重点河段(其范围由国务院水行政主管部门划定)的,经有关省、直辖市人民政府水行政主管部门签署意见后,报送长江水利委员会,由其审批和发证。②除省际边界重点河段以外的其他河段的,由市、县人民政府水行政主管部门自收到申请之日起10日内签署意见后,报送省(直辖市)人民政府水行政主管部门,由其审批和发证。但如涉及航道,审批发证前应当征求长江航务管理局和长江海事机构的意见。长江水利委员会或者沿江省、直辖市人民政府水行政主管部门应当自收到申请之日起30日内予以审批;不予批准的,应当在作出不予批准决定之日起7日内通知申请人,并说明理由。

河道采砂许可证应当载明船主姓名(名称)、船名、船号和开采的性质、种类、地点、时限以及作业方式、弃料处理方式、许可证的有效期限等有关事项和内容。

从事长江采砂活动的单位和个人只有符合相应条件的,才能获得审批机关审批发放的河道采砂许可证:①符合长江采砂规划的可采区和可采期的要求;②符合年度采砂控制总量的要求;③符合规定的作业方式;④符合采砂船只数量的控制要求;⑤采砂船舶、船员证书齐全;⑥有要求的采砂设备和采砂技术人员;⑦长江水利委员会或者沿江省、直辖市人民政府水行政主管部门规定的其他条件。

5. 河道采砂许可证的管理

从事长江采砂活动的单位和个人需要改变河道采砂许可证规定的事项和内容的,应当重新办理河道采砂许可证;禁止伪造、涂改或者买卖、出租、出借或者以其他方式转让河道采砂许可证。

6. 长江河道砂石资源费

《长江河道采砂管理条例》规定:从事长江采砂活动的单位和个人应当向发放河道采砂许可证的机关缴纳长江河道砂石资源费;发放河道采砂许可证的机关应当将收取的长江河道砂石资源费全部上缴财政。

7. 对长江采砂的其他要求

《长江河道采砂管理条例》规定:①从事长江采砂的单位和个人应当按照河道采砂许可证的规定进行开采,并接受有关县级以上地方人民政府水行政主管部门和长江水利委员会按照职责划分对其的监督检查。②为保障航道畅通和航行安全,采砂作业应当服从通航要求,并设立明显标志。③长江水利委员会和沿江省、直辖市人民政府水行政主管部门年审批采砂总量不得超过规划确定的年度采砂控制总量。④沿江省、直辖市人民政府水行政主管部门应当在每年1月31日前将上一年度的长江采砂审批发证情况和实施情况,报长江水利委员会备案。⑤采砂船舶在禁采期内应当停放在沿江县级人民政府指定的地点,无正当理由不得擅自离开指定地点。

8. 法律责任

为加大对长江非法采砂行为的打击力度,《长江河道采砂管理条例》对下列违反长江河道采砂管理规定的行为及其所应承担的法律责任作了具体规定:①对未办理河道采砂许可证擅自在长江采砂的;②拒绝、阻碍水行政主管部门或者长江水利委员会依法执行职务的;③虽持有河道采砂许可证但在禁采区、禁采期采砂的;④未按照河道采砂许可证规定的要求采砂的;⑤采砂船舶在禁采期内未在指定地点停放或者无正当理由擅自离开指定地点的;⑥伪造、涂改或者买卖、出租、出借或者以其他方式转让河道采砂许可证的;

⑦不依法缴纳长江河道砂石资源费的;⑧有关水行政主管部门及其工作人员不严格执法的;⑨不执行已批准的长江采砂规划,擅自修改长江采砂规划或者违反长江河道采砂规划组织采砂的;⑩不按照规定审批河道采砂许可证或者其他批准文件、不履行本条例规定的监督检查职责,造成长江采砂秩序混乱或者造成重大责任事故的;在长江采砂管理中不按照规定的项目、范围和标准收费的,以及截留、挪用长江河道砂石资源费的。

(二)其他河道采砂管理

除长江宜宾以下干流河道开采砂石适用《长江河道采砂管理条例》外,长江其余河段和全国其他河道的采砂管理,目前仍适用《河道管理条例》的规定。

1. 法律依据

《河道管理条例》规定:在河道管理范围内采砂、取土、弃置砂石,必须报经水行政主管部门批准;涉及其他部门的,由水行政主管部门会同有关部门批准。

2. 河道采砂规划的要求

河道采砂规划必须服从河道整治规划,并明确划定禁采区域,如水库大坝、水闸、桥梁、码头、泵站、堤防等工程管护范围以及水文测验河道的断面上下游一定的保护范围,均应列为禁采区,以确保工程防洪安全、河势稳定、航道畅通。

3. 河道采砂许可的审批

根据水利部、财政部、国家物价局联合发布的《河道采砂收费管理办法》(水财〔1990〕16号)第四条规定,采砂单位或个人必须向所在地的水行政主管部门提出河道采砂申请书,说明采砂范围和作业方式,经批准并领取河道采砂许可证后方可开采,并对其采砂的范围、作业方式和期限作出明确规定。

4. 河道采砂管理费的征收与管理

河道采砂必须缴纳河道采砂管理费,具体收费标准由各省、自治区、直辖市水行政主管部门报同级物价、财政部门核定。河道采砂管理费按预算外资金管理,专款专用,专户存储,主要用于河道与堤防工程的维修、工程设施的更新改造及管理单位的管理费。

5. 法律责任

对其他河道的违法采砂,目前仍依据《水法》、《河道管理条例》、规章以及地方性法规、政府规章有关河道管理的规定实施处罚:①《水法》规定:对在河道管理范围内采砂影响河势稳定或者危及堤防安全的行政处罚,由国务院规定。②《河道管理条例》规定:未经批准或者不按照河道主管机关的规定,在河道管理范围内采砂、取土、淘金、弃置砂石或者淤泥的,由县级以上地方人民政府河道主管机关除责令其纠正违法行为、采取补救措施外,可以并处警告、罚款、没收非法所得;对有关责任人员,由其所在单位或者上级主管机关给予行政处分;构成犯罪的,依法追究刑事责任。③《河道采砂收费管理办法》规定:河道管理、监理人员在河道采砂收费管理中,滥用职权,徇私舞弊、收受贿赂的,由其所在单位或者上级主管机关给予行政处分;对公共财产、国家和人民利益造成重大损失的,依法追究刑事责任。

第三节　河道防护

河道的安全和正常运用,关系到河道附近地区的人民生命财产安全和经济发展,重要河道的安全和正常运用,甚至关系到整个国民经济的正常发展和社会安定。但在现实生活中,由于围湖造田、围垦河流、河道设障及损毁堤防等,致使河道防洪标准降低,调洪能力减弱,并由此加重了洪涝灾害的损失。因此,加强河道防护不仅具有重要的现实意义,而且就保护水资源,维护生态环境,防治水害,造福子孙后代来说,也具有深远的历史意义。

一、河道防护的含义

河道的安全和正常运用既有赖于河道的防护,也直接取决于河道的整治与建设,但河道的防护和河道的整治与建设是两个完全不同的概念。

河道的防护是通过对河道管理范围内影响河势稳定和河道防洪、输水等功能的各种行为实施管理,防止人类活动对河道功能及堤防、护岸等工程的破坏,使河道各方面功能得到充分、合理的利用和有效的保护。河道的整治与建设及其维修养护是为改善或保持河道的原来状态,保证河道的安全,并维持或提高河道的可利用程度而作出的工程措施。

二、有关河道防护的法律规定

河道防护的具体法律规定,主要见于《水法》、《防洪法》及《河道管理条例》,集中体现在《防洪法》第三章的有关条款中,其核心内容是河道内从事建设和生产的各项活动都必须符合防洪规划的要求,不得影响河势稳定、危害堤防安全、妨碍行洪和输水。

禁止在河道、湖泊管理范围内建设妨碍行洪的建筑物、构筑物。在河道、湖泊管理范围内建设各类建筑物和构筑物必须符合防洪规划,即须符合规划所确定的防洪标准以及由此而规定的河宽、洪水位等方面的技术要求,《河道管理条例》进一步具体规定为"修建桥梁、码头和其他设施,必须按照国家规定的防洪标准所确定的河宽进行,不得缩窄行洪通道"、"桥梁和栈桥的梁底必须高于设计洪水位,并按照防洪和航运的要求,留有一定的超高"、"跨越河道的管道、线路的净空高度必须符合防洪和航运的要求"等。

在河道、湖泊管理范围内的土地和岸线的利用应当符合行洪输水要求,禁止从事影响河势稳定、危害堤防安全和妨碍行洪的活动。如:禁止在河道、湖泊管理范围内倾倒垃圾、渣土;从事河道采砂、取土、淘金等活动不得影响河势稳定和危害堤岸安全;在行河道内不得种植阻碍行洪的林木和高秆作物;不得弃置、堆放阻碍行洪、航运的物体等。

禁止围湖造田。禁止围垦河流,如确需围垦的应当进行科学论证,经省级以上人民政府水行政主管部门同意后,报省级以上人民政府批准。

禁止擅自填堵原有沟汊、贮水洼淀和废除原有防洪围堤。

不得任意砍伐护堤护岸的林木。

三、河道清障

河道中的障碍即阻水物,包括自然的阻水物和人为的阻水物两种。自然的阻水物指自然生长、形成的,如自然堆积的沙丘、植物等障碍物。人为阻水物指为了某种需要而人为形成的,如阻水工程,常见的有建筑物、树木、高秆作物、垃圾、废渣、尾矿矿渣、杂物及其他设施等。河道清障主要是针对人为阻水障碍物而言的。

（一）河道设障行为

根据《河道管理条例》有关条文的规定，构成人为河道设障的行为主要有：①在河道管理范围内弃置、堆放阻碍行洪物体，种植阻碍行洪的林木或者高秆植物，修建围堤、丁坝、阻水渠道、道路；②在堤岸、护堤地建房、存放物料和倾倒垃圾；③未经批准或者不按照规定在河道管理范围内弃置砂石、灰渣或淤泥；④未经批准或者不按照国家规定的防洪标准、堤防安全标准整治河道或者修建水工程建筑物和其他设施；⑤未经批准在河道滩地存放物料、修建厂房或者其他建筑设施；⑥未经科学论证和省级以上人民政府批准，围垦湖泊、河流；⑦在行洪区、蓄洪区、滞洪区内兴建建筑物不符合防洪安全标准；⑧其他设障行为。

（二）河道设障的危害

我国河道堤防的防洪标准普遍偏低，河道的行洪能力本来就不高，如果人为再设置障碍，将会大大降低河道的泄洪能力，危及两岸堤防的安全和人民生命财产的安全。

（三）河道清障

河道清障是各级水行政主管部门或者政府防汛指挥机构依法清除河道、湖泊管理范围内人为设置的违章壅水、阻水建筑物、构筑物的行政强制措施，是保障河道行洪能力的重要法律手段，也是对实际存在的违法设障现象所采取的一种补救措施。

《防洪法》等水法规对河道清障规定的具体内容包括：①对于一般阻碍行洪的障碍物，设障者按照水行政主管部门提出的清障计划和实施方案，由防汛指挥机构责令其在规定的限期内清除阻水障碍物；②对壅水、阻水严重的桥梁、码头和其他跨河工程设施，根据防洪标准，有关水行政主管部门可以报请县级以上人民政府，按照国务院规定的权限责令建设单位在规定期限内改建或拆除；③按照“谁设障，谁清除”原则，一切清障费用由设障者或者阻水设施的建设单位承担；④对于设障者或阻水设施的建设单位逾期不清除时，水行政主管部门或防汛指挥机构有权组织强制清除，并在汛期影响防洪安全时有权作出紧急处置决定，所需费用由设障者承担；⑤河道清障事关防洪安全，涉及面广，是一项政策性很强、非常复杂的工作，必须充分依靠地方政府，即河道清障实行地方人民政府行政首长负责制。

第八章 水土保持法律制度

第一节 水土保持法律制度概述

一、我国水土流失概况

我国水土流失量大面广，危害严重。根据中国水土流失与生态安全综合科学考察结果，我国水土流失面积356万km^2，占国土面积的37%。其中，水力侵蚀面积165万km^2，风力侵蚀面积191万km^2。水土流失遍布全国各地，几乎所有省(自治区、直辖市)都不同程度地存在；不但发生在山区、丘陵区、风沙区，而且平原地区和沿海地区也存在；不仅发生在农村，而且在城市、开发区和交通工矿区也大量产生。

因水土流失，我国年均土壤流失量45亿t，损失耕地100万亩，水库淤积泥沙16.24亿m^3。全国现有坡耕地3.59亿亩，每年土壤流失量约15亿t。因水土流失造成的经济损失相当于当年GDP总量的3.5%。

严重的水土流失导致土地退化，毁坏耕地，加剧旱情发展，威胁国家粮食安全；加剧洪涝灾害，对我国防洪安全构成巨大威胁，并进一步影响到公共安全；削弱生态系统的调节功能，成为我国生态安全的重要制约因素；降低涵养水源能力，加重土壤面源污染，对我国饮水安全构成严重威胁，既是我国重大的生态环境问题，也是制约我国经济社会可持续发展的重要因素。

二、水土保持的法律概念

水土保持的法律概念，即对自然因素和人为活动造成水土流失所采取的预防与治理措施。因此，水土保持至少包括4层含义：自然水土流失的预防、自然水土流失的治理、人为水土流失的预防、人为水土流失的治理。

(1)水土流失是指在水力、风力、重力及冻融等自然营力和人类活动作用下，水土资源和土地生产能力的破坏及损失，包括土地表层侵蚀及水的损失。

(2)自然因素是指水力、风力、重力及冻融等侵蚀营力。这些营力造成的水土流失分别为水力侵蚀、风力侵蚀、重力侵蚀、冻融侵蚀和混合侵蚀。

水力侵蚀，是指土壤及其母质在降雨、径流等水体作用下，发生解体、剥蚀、搬运和沉积的过程，包括面蚀、沟蚀等。

风力侵蚀，是指风力作用于地面而引起土粒、沙粒飞扬、跳跃、滚动和堆积的过程。沙尘暴是风力侵蚀的一种极端表现形式。

重力侵蚀，是指土壤及其母质或基岩在重力作用下，发生位移和堆积的过程，包括崩塌、泻溜和滑坡等形式。

冻融侵蚀,是指土体和岩石经反复冻融作用而破碎、发生位移的过程。

混合侵蚀,是指在两种或两种以上营力共同作用下形成的一种侵蚀类型,如崩岗、泥石流等。

(3)人为活动造成的水土流失,即人为水土流失,也指人为侵蚀,是由人类活动,如开矿、修路、工程建设以及滥伐、滥垦、滥牧、不合理耕作等造成的水土流失。

三、水土保持法立法目的

水土保持法立法目的主要包含以下四方面内容:

(1)预防和治理水土流失。预防和治理水土流失是基于我国水土流失十分严重的现实国情提出的。水土流失既是资源问题,又是环境问题,既是土地退化和生态恶化的主要形式,也是土地退化和生态恶化程度的集中反映,对经济社会发展的影响是多方面的、全局性的和深远的,甚至是不可逆的。加快水土流失防治进程,维护和改善生态环境,是当前我国生态环境建设的一项重要而紧迫的战略任务。预防和治理水土流失总的指导思想如下:

一是对生态环境良好,但水土流失潜在威胁较大区域,依据实际情况,采取禁止和限制开发等保护性措施,尽可能减少对地表的扰动,控制水土流失的发生和发展。

二是对可能产生水土流失的人为活动,包括农业生产活动以及基础设施建设、矿产资源开发、城镇建设等各类生产建设活动,实行严格监管,最大限度地减少人为水土流失及可能发生的危害。

三是对历史原因和自然因素造成的水土流失进行综合治理,提高土地生产力,恢复生态环境。

(2)保护和合理利用水土资源。水是生命之源,土是万物之本,水土资源是人类赖以生存和发展的基础性资源。我国水土资源绝对量大、相对量少、后备严重不足,时空分布不均衡、利用难度较大。保护和合理利用水土资源,对于有效防治水土流失,维护和提高区域水土保持功能,保护和改善生态环境具有重要意义。保护和合理利用水土资源,关键是要改变落后、粗放和无节制的利用方式,摒弃重开发、轻保护,重眼前、轻长远的传统观念和做法,坚持保护与开发相结合,实现水土资源的可持续利用。

(3)减轻水、旱、风沙灾害,改善生态环境。水土流失破坏土地资源,造成土地退化,降低水源涵养能力,大量泥沙淤积于江河湖库,加剧水、旱、风沙灾害,恶化生态环境。只有有效防治水土流失,才能从源头上减少水、旱、风沙灾害发生的频率,降低危害程度,达到维护和改善生态环境的目的。

(4)保障经济社会可持续发展。进入21世纪,随着我国现代化进程的加快,人口、资源和环境之间的矛盾日益突出。实现水土资源的可持续利用和生态环境的可持续维护,保障经济社会可持续发展是水土保持工作的根本目标。水土保持在生态建设中具有独特的优势,能够充分考虑自然、社会等各种因素,统筹协调各方面力量,科学配置各项措施,确保人口、资源、环境和经济社会的协调发展。

四、水土保持法修订的重要意义

制定和修订水土保持法是我国防治水土流失与保护生态环境的需要。严重的水土流失,导致耕地减少,土地退化,沙尘暴频发,泥沙淤积,加剧洪涝灾害,影响水资源的有效利用,恶化生态环境,危及国土和国家生态安全,给经济社会发展和人民群众生产、生活带来严重危害,成为我国重大的生态环境问题。

原《水土保持法》于1991年6月29日经第七届全国人大常委会第二十次会议审议通过,当日起施行。这部法律的颁布实施,标志着我国水土保持工作步入法制化轨道,对预防和治理水土流失,保护和合理利用水土资源,改善农业生产条件和生态环境,促进我国经济社会可持续发展发挥了重要作用。20年来,我国经济社会发生了重大而深刻的变化。随着综合国力的增强、人民生活水平的提高,全社会对防治水土流失、改善生态环境的要求愈来愈强烈,特别是科学发展观的深入贯彻,依法治国进程的加快,全面建设小康社会和推进生态文明建设等一系列重大战略的实施,原《水土保持法》在很多方面已不适应新形势、新任务对水土保持工作提出的新要求,迫切需要修订。

2005~2008年,水利部组织开展了水土保持法修订的研究起草工作,2008年9月向国务院上报了《水土保持法(修订草案送审稿)》。2010年7月21日,温家宝总理主持召开了国务院常务会议,会议审议通过了《水土保持法(修订草案送审稿)》。2010年7月24日,温家宝总理签署了国务院关于提请审议《水土保持法(修订草案)》的议案。同年8月23日,在第十一届全国人大常委会第十六次会议上水利部周英副部长作了关于《水土保持法(修订草案)》的说明。第十一届全国人大常委会第十六次、第十八次会议对《中华人民共和国水土保持法(修订草案)》进行了两次审议,并于2010年12月25日由第十一届全国人大常委会第十八次会议表决通过,中华人民共和国主席令第三十九号颁布,自2011年3月1日起施行。修订后的《水土保持法》共7章60条,较原《水土保持法》增加了1章18条。

五、水土流失的成因及其危害

(一)水土流失的成因

造成水土流失的原因很多,但归纳起来无外乎自然因素和人为因素两个方面。自然因素是水土流失的潜在因素,是水土流失的客观条件;而人为因素则是引起水土流失的主导因素,是水土流失产生的根本原因。

1. 自然因素

在自然因素中,水蚀、风蚀是水土流失的主要原因和表现形式。水蚀的产生是因为地形、土壤、地面组成物质、气候、植被等因素同时处于不利状态,如坡陡、雨暴、土松、岩石风化、地面没有植被等才产生水土流失,倘若其中有任何一个因素处于有利状态,水土流失就不会产生,或者程度十分轻微,如现有林区就是如此;又如虽然雨暴、土松、地面没有植被,但是地势平坦,水土流失同样轻微,现有的平地、水平梯田就是如此。风蚀主要是由于风力强,加上地面土质疏松或是明沙,没有植被,地形对风力无障碍而产生。在我国许多平原地区,风力畅行无阻,虽然水蚀轻微,但是存在着相当严重的风侵。

2. 人为因素

人为因素主要是指人为不合理的生产建设活动,破坏了原有的地面植被和地貌而产生的水土流失。人为的生产建设活动归纳起来主要有以下类别:

(1)陡坡开荒,破坏植被。由于人口不断地增长,加上不合理、不科学的种植方式,平地和缓坡种粮不能满足社会的需求,耕地向陡坡发展。同时,为了做饭、取暖而不断砍伐林草作烧柴,林草植被遭到大量的破坏,结果造成林、牧、副业得不到发展,农业缺少必要的畜力、肥料和资金,导致粮食产量低下,只能靠广种薄收来维持生计,这又反过来加剧了水土流失的发生,形成"越广种,越薄收,水土流失越严重;水土流失越严重,越薄收,越广种"的恶性循环。水土流失重点区之一的黄土高原地区就是这样造成的,在全国其他地区这样的恶性循环依然存在。

(2)不合理的森林采伐。一些林场只顾眼前利益,忽视对森林资源的保护,采取"剃光头"式的错误做法,加之森林被大量采伐之后没有能够及时更新,同时又没有采取其他任何保持水土的措施,导致水土流失在一些地区的发生程度呈进一步恶化的趋势。长江上游、松花江上游自新中国成立以来新增加的水土流失面积中,大部分是因为不合理的过度采伐森林和其他不合理的人为活动所造成的。

(3)开矿、修路、采石等人为建设活动破坏地表后,随意地倾倒废土、弃石、矿渣等固体废弃物,由于没有妥善处理,暴雨中新增水土流失现象特别严重。据山西省水保局1986年调查统计,该省每年开矿、修路等人为活动导致每年新增河流泥沙量约6 000万t,为该省各河流年平均输沙量的13.4%。

(二)水土流失的危害

我国是世界上水土流失最严重的国家之一,水土流失危害十分严重,不仅在当地造成长期的低产、贫困,而且导致江河大量泥沙下泄,造成江河中下游严重的洪涝灾害,并影响水利、航运等事业的开发利用。水土流失造成我们的生态环境日益恶化,严重制约着国民经济和社会的可持续发展,威胁着我们的生存。

(1)破坏土地,吞蚀农田。随着水土流失的继续发展和加剧,可耕地越来越少。自新中国成立以来,我国因水土流失而损失掉的可耕地已经达266万余hm^2。我国人口众多,可耕地少,人均土地资源有限,耕地后备资源相对不足。据统计,全国每年净增加人口1 300余万,可耕地却以每年6万余hm^2的速度锐减,人地矛盾日趋突出。

(2)土地沙漠化面积不断扩展。自20世纪50年代至70年代末期,我国的干旱、半干旱地区沙漠化土地面积,平均每年扩展1 500 km^2左右,而近年来则平均每年扩展2 460 km^2,相当于每年损失一个中等县的土地面积。著名的鄂尔多斯草原,由于长期的掠夺性经营和粗放耕作,造成严重的水土流失,导致草原沙化面积由20世纪50年代初的66.67万hm^2扩展至80年代初的400万hm^2,占该草原面积的50%以上。目前,在我国的北方地区大约有沙化土地面积20万km^2,潜在的土地沙化面积大约有16万km^2。

(3)地力减退,加剧了干旱的发展及程度。随着地表沃土年复一年的流失,带走了大量的氮、磷、钾等有机质养分,土层越来越薄,地力越来越低下,土地的持水能力越来越差,进一步加剧了干旱的发展及程度。据资料统计,全国每年平均受旱面积约0.2亿hm^2,成灾面积约67万hm^2,成灾率为34.4%,其中大部分在水土流失严重的山区、丘陵地区。甘肃省陇南地区康县本来是一个林区，以前旱象很少发生，但是在近 22 年间，随着森林遭到破坏，林区面积的减少，水土流失的增加，旱情却出现了 19 年，出现概率达 86%。山东省滕县，在 1556～1956 年的 400 年间，平均每 10 年有两次干旱，而在 1957～1983 年的 17 年间，则平均每年有一次干旱出现。

(4)淤积、抬高河床，加剧洪涝灾害。水土流失致使大量的泥沙下泄，淤塞江河中下游河道，削弱了江河的泄洪、输水的能力，加上暴雨时上中游来洪水量增大，这样上下夹攻，加剧了江河洪水的危害程度。我国历史上以洪涝灾害闻名于世的黄河，主要是上中游黄土高原地区严重的水土流失所致。在新中国成立以前有记载的 2 000 余年间，黄河决口 1 500 余次，大的改道 26 次，每次决口泛滥都造成房屋漂没、田园荒废、人畜死亡；自新中国成立以来，黄河中下游河床平均每年淤高 8～10 cm，目前已经高出两岸地面 4～10 m，成为名副其实的"悬河"，严重威胁着黄淮海平原 25 万 km^2、1 亿多人民群众的生命、财产安全，实属国家的"心腹之患"。在我国的其他江河也有类似黄河中下游的情况。

(5)淤塞水库、湖泊，水资源状况日益恶化，影响开发利用。水土流失淤塞水库、湖泊的情况十分严重。新中国成立以来，陕西省修建的大中、小型水库有 40 多亿 m^3 的库容，由于水土流失，平均每年损失近 1 亿 m^3 的库容；四川省龚嘴水电站，有 3.6 亿 m^3 的库容，原来设计为蓄水发电，1976 年建成后，1987 年已经淤满，现在已改为径流发电；广东省梅州市由于水土流失致使 35 071 座山塘和 370 座小(二)型以上水库严重淤积，分别占山塘、水库库容总量的 31.6% 和 61.5%，其中 505 座山塘已经全部淤满报废，减少灌溉面积 7.3 万亩。据初步估算，全国各地由于水土流失而导致损失的各类水库、山塘的库容总量历年累计在 200 亿 m^3 以上。按照每立方米的库容建设投资 0.5 元计算，直接经济损失达 100 亿元，至于因为减少灌溉面积和发电量而造成的经济损失，至少是库容损失的 2～3 倍。

长江中游的洞庭湖，在清代道光年间有水面 6 270 km^2。由于水土流失所造成的泥沙淤积，加上沿湖围垦等因素的综合作用，到 1949 年湖面水面面积缩小到 4 350 km^2，到 1983 年，又缩小到 3 641 km^2，同时湖底升高，容量减少 40%。

(6)影响航运，降低港口功能，破坏交通运输。由于水土流失的泥沙在河道淤积，从而影响河道的行洪、输水功能，降低河道航运功能。据资料统计，广东省在新中国建立以前有内河航运里程约 2.0 万 km，20 世纪 50 年代初减少到 1.59 万 km，70 年代末期锐减到 1.11 万 km。松花江流域在哈尔滨江段，淤积沙滩达 3.4 km，淤积量为 490 万 m^3，原有的八孔桥通航，现在只有二孔桥通航，原有航程 1 500 km，现在缩短为只有 580 km。在新中国成立之初，我国内河航运里程为 15.77 万 km，到 1985 年减少到 10.93 万 km，到 1990 年又减少到 7 万多 km。不仅如此，航道泥沙淤积还影响港口功能的发挥。福建省闽江口马尾港码头，1974 年水深 10 m，能够停泊万吨轮船，由于泥沙淤积，目前水深只有 5 m，每年需要耗资 1 000 万元进行清淤，水深才达 7 m，6 000 万 t 级轮船只能乘潮进港。

每年汛期，水土流失造成公路、铁路等交通运输中断的事例不胜枚举，所造成的直接经济损失通常以数十万元计算。

(7)水土流失与贫困恶性循环，影响深远。如前所述，我国大部分地区的水土流失主要是由于人口的增加等，平地种粮不能满足社会需要，陡坡开荒、破坏林草植被所造成的，并且形成“越垦越穷，越穷越垦”的恶性循环局面。这种情况是历史上遗留下来的。自新中国成立以后，随着人口不断增加，这种情况更为严重，导致水土流失与贫困同步加剧发展。在新中国成立初期，黄土高原有总人口 3 500 万人，农田耕地 1.4 亿亩，到 1985 年，其人口增加至 7 200 万人，农田耕地 2.8 亿亩（其上报统计只有 1.8 亿亩），新增加的耕地，大部分都是陡坡开荒。在我国南方长江流域和珠江流域，历史上一直是以种植水稻为主，由于近年来陡坡开荒种粮，使耕地中的水旱比例起了很大的变化，如广西壮族自治区凤山县耕地的水旱比例在 1952 年为 1∶0.65，而在 1981 年却为 1∶1.80；天峨县耕地的水旱比例在 1952 年为 1∶0.28，而在 1981 年却为 1∶2.64。随着坡耕地面积的大量增加，水土流失面积也急剧上升，仅吉林省自 1985 年以来毁林毁草开荒面积就达 166.67 万 hm^2，而新增加的水土流失面积则达 16 700 多 km^2。这种情况如果不及时扭转，放任水土流失面积的日益扩展，其结果是自然资源日益枯竭，但是人口却不断增加，贫困日益加深。

六、水土保持的成就与作用、经验和存在问题

（一）水土保持的成就与作用

自新中国成立以来，我国的水土保持工作由重点试办到全面发展，其间，虽然由于国内政治、经济形势等因素的变化而使水土保持工作走过了几起几落的曲折道路，但几十年的水土保持工作仍然取得了很大的成就，已经完成水土保持综合治理面积约 53 万 km^2，其中兴修梯田 76 万 hm^2，坝地 156.33 万 hm^2，营造水土保持林木约 0.3 亿 hm^2，经济林木 366.7 万 hm^2，种草保持面积 340 万 hm^2，同时还兴建了大批小型水利水保工程。

上述水土保持成就在减轻水土流失、提高农业生产、改善人民群众生活、减少泥沙淤积等方面都取得了显著的效果。在许多水土保持工作搞得比较好的地区都有效地控制了水土流失状况，改善了生态环境，改变了当地贫困的面貌，走上生态、生产与社会经济良性循环的道路。实践证明，水土保持是国民经济和社会发展的基础，是我国必须长期坚持的一项基本国策。

（1）保护国土，增加耕地。开展水土保持工作几十年来，全国各地兴修沟头防护，配合山塘、截水沟等各类小型水利工程，制止了沟壑的发展，保护了土地不被沟壑吞蚀。与此同时，通过沟中筑坝淤地和沟滩造地，把无用的荒沟变成高产的良田 156 万 hm^2，仅此一项新增加的耕地价值就达 234 多亿元（以每公顷造价 1.5 万元计）。这些沟坝地按照平均亩产粮食 250 kg 计算，每年能够增产粮食 56 亿 kg，可以解决 2 340 万新增加人口的口粮（按照每人每年 250 kg 计算）。而事实上，在过去的几十年里，这些沟坝地已经累计增产粮食 1 170 亿 kg，按照过去的几十年不同时期的粮价每千克 0.2 元计算，已经为国家创造财富 234 多亿元。在水土流失地区，尤其是在黄土丘陵沟壑地区，沟坝地面积仅占耕地面积的 10% ~20%，而产量却占总产量的 30% ~50%。在我国南方各省区，由于水土流失造成水冲沙压农田，而通过水土保持则有效地解决了这个问题。

（2）改善农业生产条件，提高农田抗旱能力，促进全国农业稳产高产。几十年来，通过坡地兴修水平梯田、梯地，把原来的“三跑”（跑水、跑土、跑肥）低产田改造为“三保”（保水、保土、保肥）田。根据对比观测，梯田、坝地等平均每亩年增产粮食可达 75 kg，全国已经建成的 0.113 亿 hm^2 梯田、坝地等每年共计可以增产粮食 127.5 亿 kg。水土流失

地区，大多是干旱地区，改造为梯田后，由于梯田的“三保”作用，提高了耕地的蓄水保土和抵御自然灾害的能力，加上科学种田，能够促进大面积的粮食稳产、高产。甘肃省中部地区以定西为代表的20个干旱贫困县和宁夏回族自治区南部地区以西海固为代表的8个干旱贫困县，1983～1990年坚持坡地修梯田，年平均每人新增加0.1亩，累计达到人均约2亩。1991年6月以后大面积伏旱接秋旱，连续60～70 d高温少雨，旱情虽不及1982年，但与1987年相近。这28个县1982年的粮食总产量为19亿kg，1987年为29亿kg，而1991年则为43亿kg，仅比历史最高年份1990年减产0.3亿kg。甘肃、宁夏两省区的领导和人民群众都一致称赞梯田与科学种田的抗旱增产作用。

(3)促进区域经济发展，为扶贫攻坚工作创造条件。数十年来，我国的水土保持工作坚持实行山、水、田、林、路统一规划，综合治理，综合开发，并成为山区、风沙区经济发展的重要途径。在水土保持过程中，各地发挥山区优势，因地制宜地发展大批品质优良、适销对路的经济林果，建成了一批商品基地，形成当地的新兴支柱产业和经济增长点。据统计资料，水土保持工程已经使约1 000万人口脱贫致富，重点治理区群众脱贫率普遍在50%以上。长江上游水土保持重点防治工程实施8年来，共发展经济林果45.7万hm^2，500万余农民脱贫。四川省重点治理区贫困户的比例由15%下降至5%。河北省兴建水土保持工程已经使85%的村脱贫，10%的村达到小康水平。

(4)减轻洪涝灾害，减少泥沙淤积，显著地改善生态环境。凡是以小流域为单元采取综合治理措施进行集中治理的地区，其施工质量相对较好、治理程度相对较高。因此，在暴雨中由于各项水土保持治理措施的蓄水保土作用，都显著地减轻了洪涝灾害，减少了江河泥沙淤积，进而提高了水利工程的效益。据统计资料分析，新中国成立以来的几十年里所采取的水土保持措施每年可以拦蓄泥沙15亿t，增加蓄水能力250亿m^3。黄河上中游的水土保持工程，每年可以减少黄河泥沙入海约3亿t。黄河、长江等大江、大河、大湖流域的水土保持工程为中下游的防洪、治理和水资源开发利用发挥了重要的作用，也为当地的农业和国民经济的发展提供了可观的水土等自然资源。

江河湖泊流域治理区内农业生产条件显著地改善，粮食产量和经济收入稳步地增长，大大减轻了人口对水土等自然资源和生态环境的压力。以长江三峡库区的小流域水土保持治理为例，通过治理，每平方千米平均可以增加人口环境容量30人，为三峡库区的移民安置创造了有利的条件。

(5)促进社会进步和农村两个文明建设。通过综合治理水土流失问题，水土流失区开始呈现出山清水秀、林茂粮丰、安居乐业的繁荣景象。随着治理区生态环境质量的提高，一批过去封闭、落后、荒凉的穷山村发展成为开放、富裕、优美的社会主义新山村。“住土房、喝苦水、点油灯”的贫困农家如今已经住上砖瓦房，吃上了自来水，通了电，交通道路四通八达，学文化、学技术蔚然成风，一代懂技术、善经营、会管理的新型农民脱颖而出，涌现了不少的文明村、文明户。

(二)水土保持的成功经验

新中国成立以来，水土保持工作由探索、试点、示范推广到全面发展，取得了很大的成就，积累了丰富的经验，尤其是20世纪80年代以来，在总结以往经验与教训的基础上，进行了许多有益的探索与改革，走出了一条具有中国特色的以小流域为单元进行综合治理的路子，推动了水土保持工作的进一步开展。

（1）由单一措施、分散治理转向以小流域为单元、全面规划、综合治理的新阶段。这是水土保持工作的一个重大突破。在水土保持工作中，要充分做到合理利用水土等自然资源，因害设防，各项治理措施优化组合，科学配置，彼此协调发展，以发挥整体效益；做到工程措施、生物措施和农业技术措施相结合，生态效益、经济效益和社会效益统筹兼顾。以小流域为单元进行治理，既符合自然规律，又符合经济规律，而且投入相对集中，可以进行规模治理，加快了治理的速度，一般的年治理速度为3%左右，高的可以达到10%～13%。以小流域为单元进行治理的经验已经在全国范围内推广使用，先后开展治理的小流域达9 000余条，总面积为40万km^2，其中水土流失面积22万km^2。通过开展小流域治理，发展小流域经济，推进水土保持走上产业化的新路子。

（2）国家和地方兴办水土保持治理重点，形成点面结合的水土流失治理新格局。1983年，国务院将水土流失严重而且对国民经济建设有很大影响的无定河、黄甫川、葛洲坝库区、兴国县等八片地区列为全国水土保持重点治理区，1989年又将金沙江下游及毕节地区、嘉陵江中下游、三峡库区、陇南与陕南等四片地区列为全国水土保持重点治理区。国务院先后确定水土保持重点治理区14片，涉及15个省、自治区、直辖市的245个县，总面积达43万km^2，其中水土流失面积26万km^2。通过确定水土保持重点治理区，进行全面规划，集中连续治理，有规模、有声势，起到了样板示范作用，同时也增强了人民治理水土流失的信心，带动了省、市、县层层办重点，形成点面扩散，面向点靠拢，点面结合的新格局。在国务院确定的14片重点治理区中，其年治理水土流失面积约1万km^2，年治理速度为4%左右，比面上快3倍以上，而且重点治理区成效显著，如开展比较早的8个片区，9年来一共完成治理面积2.35万km^2，修建水平梯田、坝子等33.33万hm^2，营造水土保持林木133.33万hm^2，种植经济林果12.2万hm^2，植草41.3万hm^2，封禁治理11.33万hm^2，促进了各行各业的发展。与治理前的1982年相比，1990年这8片区的粮食总产量增长53%，农业总产量增长1.46倍，人均纯收入增长2.6倍，贫困户减少82.3%，贫困人口减少81.5%。

（3）由统一治理、集中经营管理转向户、专、群多种治理方式相结合，形成国家、集体、个人共同治理水土流失的可喜新局面。在20世纪80年代初期，黄土高原兴起以户为单位承包治理水土流失区的新模式。这是农村家庭联产承包责任制在水土保持工作中治理方式上的突破与运用，是人民群众的创造。由于户包使责、权、利统一，治、管、用结合，大大激发了人民群众的热情，形成了千家万户治理千沟万壑的新局面。山西省有户包户38.5万户，占山区总农户的11.8%，其承包治理面积125.2万hm^2，已经治理81.13万hm^2，占承包治理面积的64.8%。据山西省对100户调查，户均承包治理面积6.2 hm^2，经过5～8年的治理，已经完成66%的治理面积，人均达到基本农田0.087 hm^2，水土保持林木0.63 hm^2，经济林果0.107 hm^2，1988年人均收入高达823元，比治理前增长1.88倍，人均产粮495 kg，84%的农户达到稳定脱贫。户包形式为水土保持工作带来了生机与活力。此外，租赁、股份合作制、拍卖“四荒”使用权等其他适应农村联产承包责任制、适应社会主义市场经济体制的水土流失治理模式，有力地增强了水土保持工作的生机与活力，加快了水土流失地区的治理速度。

(4)由单纯的防护性治理转向开发性治理,治理与开发利用相结合。从20世纪80年代以后,随着户包治理方式的兴起,农民要求从水土保持工作中尽快得到实惠。因此,在探索水土流失多种治理形式的同时,注重开发利用,注重其经济效益。福建省在水土保持工作中明确提出将水土流失地区建成经济作物区,在治理水土流失的同时,发展适合当地生长的经济林果,如杨梅、余柑等,以吸引更多的投资者参与水土流失治理。水土流失治理与开发利用相结合,生态效益、社会效益和经济效益相结合,治理水土流失与治穷致富相结合,是水土保持工作观念的更新,是水土保持工作方向上的突破,深受广大群众欢迎,为水土流失治理工作注入了生机与活力。这些经验已经在全国14个重点治理片区范围内推广,取得了初步的成效。

(5)加强水土保持法制建设,依法防治水土流失。1982年国务院颁布了《水土保持工作条例》,将我国单纯的水土流失治理转向防治并重,将水土保持工作纳入了法制化建设轨道。1991年通过的《水土保持法》,使水土保持工作进入了一个新的阶段。《水土保持法》注重水土保持工作的预防,注重水土保持工作应有的效益,有利于水土保持工作进一步走向制度化、规范化,有利于控制因不合理的人为活动所造成的新的水土流失。各地在该法的指导下,积极开展本区域的水土流失治理和预防监督工作,如福建省为加强水土保持预防监督工作,建立起预防监督体系,从而使每年新产生的水土流失面积由过去的4.67万hm^2下降到0.73万hm^2。这不仅保护了我们宝贵的土地资源,而且节省了大量的资金。

(6)重视水土保持基础性研究与推广工作,保证治理质量,提高治理水平。近10年来,水利部所属的各流域管理机构和各省、自治区、直辖市都很重视水土保持的基础性工作,开展了大量的水土流失的现状调查,进行了水土流失的勘测与普查工作,基本上查清了我国范围内水土流失的分布现状、水土流失的程度及其面积,并进行了相应的治理规划,如水利部在1993年主持制定的《全国水土保持规划报告》(1991~2000年(送审稿)),和1997年主持制定的《全国水土保持规划报告》(1998~2050年(送审稿))。与此同时,水利部还适时地制定了水土保持的有关技术标准。这些基础性的工作,为预防、治理水土流失提供了科学的依据,保证了水土流失治理工作的质量。

(三)水土保持工作存在的问题

虽然水土保持工作已经开展了数十年,并取得了不菲的成就,但是仍然存在不少的问题,突出表现在以下几方面:

(1)水土保持意识和法制观念淡薄,人为原因造成的水土流失严重。水土流失问题是一个严重的社会问题,已经成为我国的头号环境问题,不仅危害山区,也危害平原;不仅危害农业,也危害工矿业和城镇安全。因此,水土流失问题与全社会、与公民个人都有关系。虽然《水土保持法》等一系列水土保持法律、法规、规章的颁布实施使水土保持工作走上了法制化轨道,但是由于宣传力度不够,公民和社会对水土保持的重要性、紧迫性认识不足,缺乏危机感、紧迫感。在人们的生产、生活中,乱挖乱砍,乱倒乱弃,人为造成水土流失的现象仍然十分严重。

(2)水土流失治理任务艰巨,投入严重不足。进入20世纪90年代,虽然国家对水土保持工作的投入有所增加,但是每年对水土流失地区的投入只能完成约3万km^2的治理任务,距离“九五”期间年平均完成5万km^2的目标相去甚远,投入与目标极不相称。加上投入的保证偏低,影响水土保持工作效益的发挥。目前,国家对水土流失的重点治理每平方千米仅补助1.5万元,其他投入主要来自群众。由于水土流失地区大多分布在贫困地区,这些地区本身经济就不发达,条件恶劣,地方和群众的投入能力有限,直接影响着水土保持工程的质量和效益的发挥。

(3)水土保持预防监督工作十分薄弱,不合理的人为活动造成新的水土流失未能有效地控制。水土保持预防监督管理体系尚未到位,人为活动造成新的水土流失仍然在不断产生、扩大。在部分地区出现边治理边破坏的现象,甚至破坏大于治理的现象,导致水土流失有发展的趋势。

(4)水土保持基层队伍不稳定,工作条件亟待改善。水土保持是一个十分艰苦的行业,其公益性很强,而水土保持职工大多远离城市,工作、生活条件很差,待遇很低,水土保持人才流失特别严重,队伍缺乏活力,这在一定程度上影响了水土保持工作的正常开展。

(5)水土保持科学研究与技术推广工作不相适应,起不到先导作用。目前,我国共有100余个水土保持研究机构,由于经费短缺、设备老化、测试手段落后,致使大部分单位的科研项目不能正常进行,加之尚未建立起有效的水土保持科技服务体系,虽然我国在水土流失规律、水土保持措施、小流域综合治理等方面取得了不菲的科研成就,但是大部分没有及时转化为现实的生产力,起不到应有的先导作用。

第二节 水土保持管理体制与方针

一、水土保持的管理体制

《水土保持法》第五条规定,国务院水行政主管部门主管全国的水土保持工作。国务院水行政主管部门在国家确定的重要江河、湖泊设立的流域管理机构(以下简称流域管理机构),在所管辖范围内依法承担水土保持监督管理职责。县级以上地方人民政府水行政主管部门主管本行政区域的水土保持工作。县级以上人民政府林业、农业、国土资源等有关部门按照各自职责,做好有关的水土流失预防和治理工作。本条是对水土保持管理体制的规定。

(一)水土保持主管部门历史沿革

水行政主管部门主管水土保持工作是由水土保持工作的特点决定,并经过长期实践形成的。

(1)1949年,水土保持管理工作由农业部负责。1952年水土保持工作划归水利部管理。

(2)1957年,为了加强水土保持工作的统一领导和部门之间的密切配合,国务院发布《中华人民共和国水土保持暂行纲要》,决定在国务院领导下成立全国水土保持委员会,统一管理全国的水土保持工作,办公室设在水利部;同时要求凡有水土保持任务的省,都应该在省人民委员会领导下成立水土保持委员会。

(3)1958年,水利部与电力工业部合并成立水利电力部,国务院决定除黄河流域水土保持日常工作仍由黄委负责外，将原由水利部主管的农田水利（含水土保持）工作划归农业部统一管理。

（4）1961年精简机构时，国务院水土保持委员会连同其他一些机构一并撤销，同年又得到恢复。1965年，国务院批准了《农业部、水利电力部关于将农田水利业务和水土保持的日常工作由农业部移交水电部管理的联合报告》和两部有关交接事项的协议，将农田水利业务和水土保持工作移交水电部管理。同年，水电部成立了农田水利局，主管农田水利和水土保持工作。

（5）1979年，国家撤销水利电力部，分设水利部和电力工业部，水利部在农田水利局设立了水土保持处。1982年，水利部与电力工业部合并，成立水利电力部，农田水利局改名为农田水利司，归口管理全国水土保持工作。同年出台的《水土保持工作条例》明确水利电力部主管全国水土保持工作，并成立全国水土保持工作协调小组，协调小组办公室设在水利电力部。

（6）1986年，水利电力部决定农田水利司更名为农村水利水土保持司。

（7）1988年，国务院撤销全国水土保持工作协调小组，成立全国水资源与水土保持工作领导小组，办公室设在水利部农村水利水土保持司，并将水土保持处分设为治理处和监督处，1992年该领导小组撤销。

（8）1991年《水土保持法》出台，规定"国务院水行政部门主管全国的水土保持工作。县级以上地方人民政府水行政主管部门，主管辖区内的水土保持工作"（第六条），明确水行政主管部门主管水土保持工作。

（9）1993年，水利部在机构改革时单设了水土保持司，下设生态处、监督处和规划处，主要职能是：主管全国水土保持工作，组织全国水土保持重点治理区的工作，协调水土流失综合治理；对有关法律、法规的执行情况依法实施监督。2008年，国务院新制定的关于国务院组成部门、直属机构和部委管理国家局的《主要职责、内设机构和人员编制规定》（国务院"三定"方案）明确水利部是水土保持工作的主管部门，"负责防治水土流失，拟定水土保持规划并监督实施，组织实施水土流失的综合防治、监测预报并定期公告，负责有关重大建设项目水土保持方案的审批、监督实施及水土保持设施的验收工作，指导国家重点水土保持建设项目的实施"。

新中国成立60多年来，水土保持主管部门多次调整，除1958～1964年6年间部分水土保持工作由农业行政主管部门主管外，水土保持工作一直由水行政主管部门负责。目前，已形成了较为完善的水土保持工作管理体制，在我国水土流失预防和治理实践以及水土保持制度建设上都取得了极为显著的成效。我国现有水土保持机构主要包括水利部水土保持司，七大流域机构水土保持局（处），省、市、县级水行政主管部门水土保持局（处、办），还有协调机构、监测机构、有关科研机构、大专院校和学会等事业单位。全国大部分县级以上地方人民政府的水土保持管理机构都设在水行政主管部门，一些水土流失面积大、治理任务重的市（地）、县（旗）还单设了水土保持管理机构（与水行政主管部门同级），直接归政府管理。这些部门和机构维系着我国水土保持工作的正常运转。

（二）流域管理机构的水土保持职责

流域管理机构是国务院水行政主管部门的派出机构。目前，《水法》、《防洪法》等法律法规已经规定了流域管理机构在水资源管理、防汛抗洪等方面的职责。多年来,各流域管理机构在水土保持技术指导、国家水土保持重点建设工程管理、生产建设项目水土保持监督检查等方面做了大量工作,对推进流域水土流失预防和治理发挥了重要作用。本法明确了流域管理机构的水土保持监督管理职责,主要包括:对流域内生产建设项目水土保持方案的实施情况进行跟踪检查,发现问题及时处理;对流域内水土保持情况进行监督检查;对流域内水土保持工作进行指导。

(三)相关部门的水土保持职责

水土流失防治是一项综合性工作,需要得到各有关部门的密切配合和支持。林业主管部门主要是组织好植树造林和防沙治沙工作,配合水行政主管部门做好林区采伐林木水土流失防治;农业主管部门主要是组织做好农耕地的免耕、等高耕作等水土保持措施;国土资源主管部门主要是在滑坡、泥石流等重力侵蚀区建立监测、预报、预警体系,并采取相应的治理措施,组织做好矿产资源开发、土地复垦过程中的水土流失治理和生态环境恢复工作。发展与改革、财政、环境保护等主管部门要积极配合水行政主管部门做好相应的工作。交通、铁路、建设、电力、煤炭、石油等主管部门要组织做好本行业生产建设活动中的水土流失防治工作。

《水土保持法》规定了水土保持管理实行以政府为主,由水行政主体统一管理与分级实施相结合的管理体制。

(1)政府为主。水土流失也是一个社会性的问题,并且带来一系列严重的社会后果,单纯依靠水行政主体是无法也不能做好水土保持工作的。鉴于此,《水土保持法》第五条作出了规定:"国务院和地方人民政府应当将水土保持工作列为重要职责,采取措施做好水土流失防治工作"。第七条规定:"县级以上人民政府应当将水土保持规划确定的任务,纳入国民经济和社会发展计划,安排专项资金,并组织实施。县级以上人民政府应当根据水土流失的具体情况,划定水土流失重点防治区,进行重点防治"。同时第九条还规定:"各级人民政府应当加强水土保持的宣传教育工作,普及水土保持科学知识"。《水土保持法》的上述规定,体现出水土保持工作的重要性及其艰巨性,也是政府社会职能的反映与体现,理所当然地以政府为主。

(2)统一管理与分级实施相结合。《水土保持法》第六条规定水土保持工作实行统一管理与分级实施相结合的管理体制。统一管理是指由各级水行政主管部门统一负责我国的水土保持工作,分级实施则是指国家水行政主管部门负责全国的水土保持工作,地方各级水行政主管部门负责其行政区域范围内的水土保持工作。

二、水土保持的工作方针

(1)《水土保持法》第三条规定:"水土保持工作实行预防为主、保护优先、全面规划、综合治理、因地制宜、突出重点、科学管理、注重效益的方针。"本条是对水土保持工作方针的规定。

水土保持工作方针是指导水土保持工作开展的总则,涵盖水土保持工作的全部内容,具有提纲挈领、全面指导工作实践的作用,在某一具体工作找不到对应条款时,可适用水土保持工作方针来予以解释和解决。在几十年的生产实践中,我国的水土保持工作方针不断完善，对指导全国的水土保持工作起到了十分重要的作用。1957 年国务院发布的《中华人民共和国水土保持暂行纲要》规定水土保持工作的首要任务是治理，对预防保护工作也提出了要求。1982 年国务院发布的《水土保持工作条例》提出了“防治并重，治管结合，因地制宜，全面规划，综合治理，除害兴利”的水土保持工作方针。1991 年颁布实施的《水土保持法》提出的水土保持工作方针是“预防为主，全面规划，综合防治，因地制宜，加强管理，注重效益”。

本条修订增加了“保护优先”和“突出重点”的内容，并将“综合防治”修订为“综合治理”，“加强管理”修订为“科学管理”，使水土保持工作方针更加科学和完善。一是进一步强化了“预防”的地位，体现了我国生态建设与保护由事后治理向事前预防的战略性转变。二是原“综合防治”之中的“防”，已经在“预防为主”中体现了其含义，故将其修订为“综合治理”。三是强调因地制宜和突出重点要相辅相成。针对我国水土流失防治任务非常艰巨和国家财力相对有限的现实国情，既要全面重视、整体推进，又要突出重点，尤其是对重点地区、事关国计民生的重大问题要有针对性地开展重点防治。四是强调水土保持管理的科学性。水土保持作为社会公益性事业，科学管理是政府依法行政、规范行政，提高行政效率的必然要求，是现代政府职能的具体体现。

修订后水土保持工作方针体现了四个层次的含义：

“预防为主，保护优先”为第一个层次，体现的是预防保护在水土保持工作中的重要地位和作用，即在水土保持工作中，首要的是预防产生新的水土流失，要保护好原有植被和地貌，把人为活动产生的新的水土流失控制在最低程度，不能走先破坏后治理的老路。

“全面规划，综合治理”为第二个层次，体现的是水土保持工作的全局性、长期性、重要性和水土流失治理措施的综合性。对水土流失防治工作必须进行全面规划，统筹预防和治理、统筹治理的需要与投入的可能、统筹各区域的治理需求、统筹治理的各项措施。对已发生水土流失的治理，必须坚持以小流域为单元，工程措施、生物措施和农业技术措施优化配置，山、水、田、林、路、村综合治理，形成综合防护体系。

“因地制宜，突出重点”为第三个层次，体现的是水土保持措施要因地制宜，防治工程要突出重点。水土流失治理，要根据各地的自然和社会经济条件，分类指导，科学确定当地水土流失防治工作的目标和关键措施。如黄土高原区，措施配置应以坡面梯田和沟道淤地坝为主，加强基本农田建设，荒山荒坡和退耕的陡坡地开展生态自然修复，或营造以适生灌木为主的水土保持林。长江上游及西南诸河区，溪河沿岸及山脚建设基本农田，在山腰建设茶叶、柑橘等经果林带，在山顶营造水源涵养林，形成综合防治体系。东北黑土区，治理措施应以改变耕作方式、控制沟道侵蚀为重点，有效控制黑土流失或退化的趋势，使黑土层厚度不再变薄。西南岩溶区，应紧紧抓住基本农田建设这个关键，有效保护和可持续利用水土资源，提高环境承载力。西北草原区，加强对水资源的管理，合理和有效利用水资源，控制地下水位的下降。对已经退化的草地实施轮封轮牧，有条件的建设人工草场，科学合理地确定单位面积的载畜量。当前，我国水土流失防治任务十分艰巨，国家财力还较为有限，因此水土流失治理一定要突出重点，由点带面，整体推进。当前国家水土流失治理的重点区域应当是黄河中游、长江上游、珠江上游、东北黑土区等水土流失严重的大江大河中上游地区。黄河中游的黄土高原区则要将多沙粗沙区治理作为重中之重。

治理的措施上要抓住坡耕地改造这个关键。

"科学管理,注重效益"为第四个层次,体现的是对水土保持管理手段和水土保持工作效果的要求。随着现代化、信息化的发展,水土保持管理也要与时俱进,引入现代管理科学理念和先进技术手段,促进水土保持由传统向现代的转变,提高管理效率。注重效益是水土保持工作的生命力。水土保持效益主要包括生态、经济和社会三大效益。在防治水土流失工作中要统筹兼顾三大效益,妥善处理国家生态建设、区域社会发展与当地群众增加经济收入需求三者的关系,把治理水土流失与改善民生、促进群众脱贫致富紧密结合起来,充分调动群众参与治理的积极性。

(2)《水土保持法》第四条规定:"县级以上人民政府应当加强对水土保持工作的统一领导,将水土保持工作纳入本级国民经济和社会发展规划,对水土保持规划确定的任务,安排专项资金,并组织实施。国家在水土流失重点预防区和重点治理区,实行地方各级人民政府水土保持目标责任制和考核奖惩制度。"本条是对县级以上人民政府水土保持工作责任和重点防治区政府水土保持目标责任制与考核奖惩制度的规定。

水土保持事关国计民生,是政府的一项重要职责。珍贵而近于不可再生的土壤资源是生态系统的基础,是农业文明的基础,是人类赖以生存的基础。水土流失及水土保持状况是衡量区域经济社会可持续发展的重要指标。防治水土流失,保护水土资源对人类可持续发展起着关键性作用。水土保持是可持续发展的重要内容,是全面建设小康社会的基础工程,是促进人与自然和谐的重要途径,是中华民族生存发展的长远大计,是我们必须长期坚持的一项基本国策。水土保持的艰巨性、长期性、广惠性和公益性,决定了水土保持任务的落实不能完全依靠和运用市场经济机制进行,而必须发挥政府的组织引导作用,通过运用经济、技术、政策和法律、行政等各种手段,组织和调动社会各方面力量,完成水土保持规划确定的目标和任务。60 多年的实践充分证明,要搞好水土保持工作,必须依靠各级人民政府的高度重视,并作为政府的重要工作职责,加强组织领导,加强宏观调控,各部门协调配合,制定和落实各项方针政策,充分发挥国家、单位和广大群众的积极性,才能真正取得成效。这是《水土保持法》的重要规定,从法律上明确各级人民政府必须抓好水土保持工作。

纳入国民经济和社会发展规划是落实政府水土保持职责的具体体现。将水土保持规划确定的目标与任务纳入国民经济和社会发展规划,并在财政预算中安排水土保持专项资金,是确保水土保持规划实施的重要前提条件。各级政府每 5 年一次制定的国民经济和社会发展规划,主要阐述本级政府的发展战略,明确本级政府 5 年内的工作重点,是本阶段当地经济社会发展的蓝图,是当地各项工作的纲领,是政府履行经济调节、市场监管、社会管理和公共服务职责的重要依据。因此,在各级人民政府每 5 年一次的规划中,应当包括水土保持工作方面的任务和具体指标,将水土保持工作与当地经济社会发展有机结合起来。

建立和完善政府目标责任制是强化政府水土保持职责的重要保障。对水土流失重点防治区地方人民政府实行水土保持目标责任制和考核奖惩制度是强化水土保持政府管理责任,推动水土保持工作顺利开展的重要举措和制度保障。实行地方各级人民政府水土保持目标责任制和考核奖惩制度,包括以下几方面的内容:一是明确各级水土保持目标责任制和考核奖惩制度的范围。上一级人民政府在其确定的重点预防区和重点治理区范围内,对下一级人民政府进行考核和奖惩。如国务院划定并公告国家级重点预防区和重点治理区,并对重点预防区和重点治理区范围涉及的有关省(自治区、直辖市)人民政府实施水土保持目标责任制和考核奖惩制度。相应地,省级人民政府划定并公告省级重点预防区和重点治理区,并对本级重点预防区和重点治理区范围涉及的有关市(地、盟)人民政府实施水土保持目标责任制和考核奖惩制度。二是明确水土保持目标责任制和考核奖惩制度的具体内容。将年度生产建设项目水土保持方案编报和实施率、水土流失治理面积、水土保持投入占财政收入的比例等可量化、可测定的指标作为考核内容,并将这些指标纳入政府目标管理。三是明确水土保持目标责任制和考核奖惩制度的具体考核奖惩措施。把水土保持工作目标任务完成情况作为评价各级政府年度工作的评价内容之一,通过一定的程序进行考核,将考核结果与具体的奖惩挂钩。

第三节 水土保持管理的内容

水土保持作为水利产业的一项重要组成部分,对国民经济和社会发展起着基础作用。根据《水土保持法》及水土保持管理实践,水土保持管理的内容大致如下。

一、水土保持规划

(1)《水土保持法》第十三条规定:“水土保持规划的内容应当包括水土流失状况、水土流失类型区划分、水土流失防治目标、任务和措施等。

“水土保持规划包括对流域或者区域预防和治理水土流失、保护和合理利用水土资源作出的整体部署,以及根据整体部署对水土保持专项工作或者特定区域预防和治理水土流失作出的专项部署。

“水土保持规划应当与土地利用总体规划、水资源规划、城乡规划和环境保护规划等相协调。

“编制水土保持规划,应当征求专家和公众的意见。”

本条是对水土保持规划内容、与有关规划关系以及编制中征求意见的规定。

本条第一款是关于水土保持规划内容的规定,主要包括水土流失状况,水土流失类型区划分,水土流失防治目标、任务和措施。编制规划时,一是要系统分析评价区域水土流失的强度、类型、分布、原因、危害及发展趋势,全面反映水土流失状况。二是要根据规划范围内各地不同的自然条件、社会经济情况、水土流失及发展趋势,进行水土流失类型区划分和水土保持区划,确定水土流失防治的主攻方向。三是根据区域自然、经济、社会发展需求,因地制宜,合理确定水土流失防治目标。一般以量化指标表示,如新增水土流失治理面积、林草覆盖率、减少土壤侵蚀量、水土流失治理度等。四是分类施策,确定防治任务,提出防治措施,包括政策措施、预防措施、治理措施和管理措施等。

本条第二款是关于水土保持规划分类的规定。水土保持规划分为总体规划和专项规划两大类。对行政区域或者流域预防和治理水土流失、保护和合理利用水土资源作出的整体部署,是总体规划;根据整体部署对水土保持某一专项工作或者某一特定区域预防和治理水土流失作出的专项部署,是专项规划。相对而言,水土保持总体规划种类比较简单,是中央、省级、市级和县级政府为完成水土保持全面工作的目标和任务,对水土保持各方面工作所作出的全局性、综合性的总体部署。水土保持专项规划种类则相对较多,如预防保护、监督管理、综合治理、生态修复、监测预报、科研与技术推广、淤地坝建设、黑土地开发整治、崩岗侵蚀治理等专项规划。专项规划应当服从总体规划。

本条第三款规定了水土保持规划应当与土地利用总体规划、水资源规划、城乡规划和环境保护规划等相互协调。土地利用总体规划、水资源规划、城乡规划和环境保护规划等是根据自然及资源状况和经济社会发展的要求,对土地及水资源的保护、开发和利用的方向、规模、方式,以及对城市和村镇布局与建设、环境保护与治理等方面作出的全局性、整体性的统筹部署和安排。这些规划的实施,涉及大量的水土流失预防和治理的问题,规划编制时应当适应国家和区域水土保持的要求,安排好水土流失防治措施。同时,开展水土流失预防和治理也要考虑国家对土地和水资源的保护、开发利用,以及城乡建设和环境保护的需要,既要发挥水土保持的支撑作用,也要确保水土资源得到有效保护和可持续利用。

本条第四款规定了编制水土保持规划应当征求专家、公众的意见。决策的科学化和民主化是法治政府、服务型政府的重要体现。国际上许多发达国家,对涉及影响生态环境的各种行为,包括政府开展的规划活动和各类开发、生产、建设活动,在规划的编制和项目的可行性研究阶段,都广泛征求社会各方面的意见,提高规划或项目建设的科学性、可行性和可操作性。水土保持规划的编制不仅是政府行为,也是社会行为。征求有关专家意见,目的是提高规划的前瞻性、综合性和科学性;征求公众意见,目的是听取群众的意愿和呼声,维护群众的利益,提高规划的针对性、可操作性和广泛性。在规划过程中,让社会各界广泛参与,对水土保持规划出谋献策,才可以做到民主集智、协调利益、达成共识,使政府决策充分体现人民群众的意愿,使水土保持规划所确定的目标和任务转化为社会各界的自觉行动,也是落实群众的知情权、参与权、监督权的重要途径。如果没有公众参与,不广泛听取意见,所制定的水土保持规划就难以被社会公众所认同,在实施过程中就难以得到全社会广泛支持和配合,水土保持规划的实施就难以达到预期的效果。

(2)《水土保持法》第十四条规定:"县级以上人民政府水行政主管部门会同同级人民政府有关部门编制水土保持规划,报本级人民政府或者其授权的部门批准后,由水行政主管部门组织实施。

"水土保持规划一经批准,应当严格执行;经批准的规划根据实际情况需要修改的,应当按照规划编制程序报原批准机关批准。"

本条是对水土保持规划编制、批准及修改程序及效力的规定。

本条第一款是关于水土保持规划编制、批准和实施主体的规定。一是规定了水行政主管部门会同同级政府其他部门编制水土保持规划。编制水土保持规划由水行政主管部门牵头负责,能够从总体上把握水土保持工作的方向;会同发展改革、财政、林业、农业等部门,有利于多部门配合协调,促进防治任务的落实。二是规定了规划须经本级人民政府或者其授权的部门批准。授权的部门一般是指同级人民政府发展改革等综合部门。三是规定了水行政主管部门是规划组织实施的主体。

本条第二款规定了经批准的水土保持规划应当严格执行。其目的是维护规划的权威性,以确保规划的实施,确保防治任务的落实和目标的实现,确保水土资源得以永续保护和合理利用,确保国家和民族生存发展空间得以可持续维护。经批准的水土保持规划是水土保持工作的总体方案和行动指南,具有法律效力,违反水土保持规划就是违法。主要表现在两个方面:一方面,水土保持规划所确定的目标任务,应当纳入政府目标责任和考核奖惩体系,政府及相关部门如不采取有效措施予以实现,是一种行政不作为;另一方面,水土保持规划所划定的水土流失重点防治区及其确定的对策措施,政府及有关部门、相关利害关系人应当服从和落实。如水土保持规划明确重点预防保护区内禁止或限制的生产建设活动,公民、法人和其他组织都应遵守,政府及有关部门应当在行政审批、监督管理方面予以落实。

本条第二款同时规定了规划修改的程序。对因形势发生变化,确需修改部分规划内容,规定了必须按照规划编报程序报原批准机关批准,这样规定既维护了已经批准规划的严肃性、减少修订的随意性,又考虑到由于情况发生变化对规划某些内容确需修订的灵活性。

(3)《水土保持法》第十五条规定:"有关基础设施建设、矿产资源开发、城镇建设、公共服务设施建设等方面的规划,在实施过程中可能造成水土流失的,规划的组织编制机关应当在规划中提出水土流失预防和治理的对策和措施,并在规划报请审批前征求本级人民政府水行政主管部门的意见。"本条是对基础设施建设等规划中的水土流失防治对策、措施要求的规定。

基础设施建设、矿产资源开发、城镇建设、公共服务设施建设等规划,是对各自领域发展方向与区域性开发、建设的总体安排和部署。列入这些规划的生产建设项目,实施时不可避免要扰动、破坏地貌植被,引起水土流失和生态环境的破坏。因此,《水土保持法》规定,编制有关基础设施、矿产资源开发、城镇建设和公共服务设施建设等规划时,组织编制机关应当从水土保持角度,分析论证这些规划所涉及的项目总体布局、规模以及建设的区域和范围对水土资源和生态环境的影响,并提出相应的水土流失预防和治理的对策与措施;对水土保持功能造成重大影响的,应在规划中单设水土保持篇章。同时,本条规定,规划的组织编制机关应当在规划报请批准前征求同级人民政府水行政主管部门意见,并采取有效措施,落实水土保持的有关要求,确保这些规划与批准的水土保持规划相衔接;确保规划确定的发展部署和水土保持安排,符合《水土保持法》规定的禁止、限制、避让的规定,符合预防和治理水土流失、保护水土资源和生态环境的要求。

做好这些规划的审查和问题反馈工作是水行政主管部门一项重要的工作职责。各级水行政主管部门应按照规划管理程序,从源头上把好规划的水土保持审查关,实现水土流失和生态环境由事后治理向事前预防保护的转变。

根据《水土保持法》的规定,各级水行政主体应当在调查评价水土资源的基础上,会同有关部门编制水土保持规划。水土保持规划应当反映以下内容:水土资源的情况和水土流失的现状;造成本区域水土流失的因素,水土流失治理的近期目标、中期目标、远期目标,以及所应当采取的水土保持措施;水土流失重点治理区的治理安排;水土流失治理资金的保障措施;治理水土流失与其他相关行业的协调内容;水土保持科学技术研究与推广、教育措施的安排等内容。

按照规定,水行政主体所编制的水土保持规划必须经过同级人民政府的批准,但是对于由流域管理机构主持编制的水土保持规划的批准主体,《水土保持法》没有作出相应的规定,在实践中通常是由水利部予以批准。对于县级以上地方人民政府批准的水土保持规划,同时还需报上一级人民政府的水行政主管部门备案。编制好的水土保持规划需要修改时须经原批准机关按照批准的程序予以修改。

《水土保持法》还赋予经过批准的水土保持规划应有的法律地位,即"县级以上人民政府应当将水土保持规划确定的任务,纳入国民经济和社会发展计划,安排专项资金,并组织实施"。

二、水土流失的预防

《水土保持法》第十六条规定:"地方各级人民政府应当按照水土保持规划,采取封育保护、自然修复等措施,组织单位和个人植树种草,扩大林草覆盖面积,涵养水源,预防和减轻水土流失。"本条是对地方各级人民政府加强生态建设预防和减轻水土流失等职责的规定。

扩大林草覆盖面积,涵养水源,预防和减轻水土流失是地方各级人民政府的一项重要职责。水土保持重在预防保护。特别是在一些生态脆弱、敏感地区,一旦造成水土流失,恢复的难度非常大,有的甚至无法恢复。地方各级人民政府应当高度重视水土流失预防工作,坚持"预防为主,保护优先"的水土保持工作方针,把预防保护工作摆在首要位置,广泛发动群众,组织协调,按照水土保持规划确定的区域,保护地表植被,采取封育保护、自然修复等措施,扩大林草覆盖面积,有效预防水土流失的发生。

开展封育保护、自然修复和植树种草应当按照批准的水土保持规划。水土流失防治的工程措施、植物措施、保护性耕作措施都应按照经批准的水土保持规划统筹安排、科学配置。地方政府应按经批准的、完整统一的水土保持规划组织实施水土保持植被建设。

封育保护、自然修复是水土保持预防和保护的主要措施。封育保护、自然修复是指在地广人稀、降雨条件适宜、水土流失相对较轻的山区、丘陵区,通过采取禁垦、禁牧、禁伐或轮封轮牧等措施,封山育林或育草,转变农牧业生产方式,控制人们对大自然的过度干扰、索取和破坏,依靠生态系统的自我修复能力,恢复植被生长,提高植被覆盖度,减轻水土流失。封育保护、自然修复的核心是减少人为干扰,依靠植被自然恢复维护、恢复和改善生态系统功能,减轻水土流失,改善生态环境。采取封育保护、自然修复,既是尊重自然规律的做法,也是现阶段我国生产力发展水平的现实选择。实践证明,充分发挥大自然的力量,依靠生态的自我修复能力治理水土流失,能够大面积改善生态环境,快速减轻水土流失强度,不仅在降雨量较多的地区效果明显,而且在干旱、半干旱地区也能取得较好的效果,是新时期水土保持生态建设一举多得、费省效宏的好措施。

植树种草是水土流失综合治理的一项重要措施。通过在水土流失地区人工植树种草可以加快林草植被的恢复,迅速提高水土保持功能,提高涵养水源和减轻水土流失能力。搞好植树造林是全社会的义务,组织植树种草,一要注重发挥全社会的积极性;二要注重遵循因地制宜、适地适树原则;三要注重乔、灌、草结合,形成综合防护系统;四要注重生态效益与经济效益相结合,保障水土保持和生态功能的长期发挥。

水土保持的首要任务就是搞好水土流失的预防工作。根据不同的侵蚀形式,水土流失的预防工作主要有以下内容:

(1)对有侵蚀潜在危险的地区,应当加强预防保护,防止产生新的水土流失。

我国现有土壤存在侵蚀潜在危险亟待加强预防保护的地区主要分布在15°以上的林地、草地,当然包括大面积集中连片的林区、草原和在农区零星分布的小块林地与荒草坡。水土流失预防工作应当在各级人民政府的领导下,充分发挥各级水行政主体的主导作用,以及政府其他部门如农业、林业等相关部门的协助,依法开展水土流失的预防工作。同时,积极健全各级水土保持监督管理机构,以检查、监督在水土等自然资源的开发过程中的人为活动是否采取与其行为相适应的水土流失预防措施。

①林区水土流失的预防。我国现有林区面积1.25亿hm^2,疏林地0.156亿hm^2,灌木林约0.3亿hm^2。自新中国成立以来,由于大面积的集中采伐、乱砍滥伐、毁林开荒、森林火灾等,我国的森林资源遭到了严重的破坏,新增加了数十万平方千米的水土流失面积,尤其是长江上游和松花江、辽河流域最为严重。

为了预防林区产生新的水土流失,《水土保持法》、《森林法》等法律规范在总结以往实践经验的基础上作出规定:首先是及时制止乱砍滥伐、毁林开荒等破坏行为,并由有关部门予以查处。其次是明确林区开发利用目标,以不破坏森林资源和造成新的水土流失为原则,如《水土保持法》第十六条规定:“在林区采伐林木的,采伐方案中必须有按照前款规定制定的采伐区水土保持措施”,而且明确规定由水行政主体与林业行政主管部门共同监督该水土保持措施内容的实施。此外,对于林区可以采用轮封、轮采等方式,用封育、抚育、新造相结合的方法积极改造次生林,并对采伐后的林地及时完成更新补种任务。再次是对水源涵养林、水土保持林、防风固沙林等防护林只能进行抚育和更新性质的采伐。最后是加强防火、防止病虫害等自然原因造成林区新的水土流失。

②草地水土流失的预防。我国的草地有两类,一类是纯牧区的成片大草原,主要分布在我国的北部、西部年均降水量少于400 mm的边缘省区,共有草原面积2.86亿hm^2;另一类是农业区和半农半牧区零星分布的荒山荒坡,约有0.89亿hm^2。新中国成立以来,由于草地超载放牧、粗放经营等不合理开发利用方式,引起草场退化,不仅影响了畜牧业的发展,而且导致了大面积的水土流失区,尤其是在农业区、半牧区,毁草开荒,挖草根、铲草皮等用作燃料、肥料等,所造成的水土流失尤为严重。

为了防止草地产生新的水土流失区域,《水土保持法》、《草原法》等法律规范均对草地的开发利用作出了原则性的规定,并要求积极采取以下措施:首先是在牧区实行以草定畜、“草畜双包”的生产责任制,对已经严重退化的草场进行补种,对中度退化的草场围栏封育,对轻度退化的草场予以合理利用,严禁超载放牧。其次是实行科学放牧,改变畜群结构,加快畜种改良,积极推行以牧区水利为核心的围栏封育的建设,实行轮封轮牧,逐步建立起合理、平衡的草、料、畜结构。再次是建设基本草场,引进优良牧草,采取补种、灌水、封育等措施进行天然草场的改造。最后是在农业区、半农半牧区坚决制止毁草开荒、铲草皮等行为,大力进行人工种草,加强经营管理,提高产草量,积极推广舍养,平时注意集草、储草,以减轻对天然草场的压力。

③农村小片林地、草坡以及各类土地的水土流失的预防。在山区、丘陵地区，其地面坡度大都在15°以上，无论是林地、草地，还是荒坡、农地，都具有产生土壤侵蚀的潜在危险，一旦地面植被或原有的地貌遭到破坏，就有可能产生新的、大量的水土流失。农民群众在生产、生活中破坏地貌植被的方式是多种多样的，如毁林开荒、顺坡种植、开采矿产、随意倾倒弃石废渣等。因此，预防水土流失除认真贯彻执行水土保持法律规范外，还应当针对不同的情况，及时地向农民群众提供相应的水土保持技术服务和技术指导，如对坡耕地的种植要推行等高种植等保土耕作技术，又如对加工、编织等副业破坏天然植被的，要进行人工栽培编织与加工原料，并实行等高带状轮采等技术。

(2)对资源开发、基本建设等人为活动所导致的水土流失的预防。

自新中国成立以来，我国的经济建设进入了一个快速恢复、发展的时期。为了满足国民经济和社会发展的需要，矿产资源的开发利用和开展基本建设都是必要的。这种人为活动必然破坏某些地面植被，虽然不能像林区、草原那样不允许被破坏，但是必须要求开发、建设部门，应当根据水土保持法律规范以及相应水土保持规划关于"三同时"的规定，即开发、建设项目中的水土保持措施必须与主体工程同时设计、同时施工、同时投产使用，把开发、建设与水土保持同步实施，使新遭破坏的地面植被尽可能地得到及时恢复，如在开矿、建厂过程中所产生的各种固体废弃物，应尽量地就地消化，综合利用；又如在兴修铁路、公路过程中，在设计选线时就应当考虑少占农田，减少对林地、草地等植被的破坏，必须占用的，施工结束后按照水土保持方案限期恢复。

三、水土流失的治理

《水土保持法》第二十一条规定："禁止毁林、毁草开垦和采集发菜。禁止在水土流失重点预防区和重点治理区铲草皮、挖树蔸或者滥挖虫草、甘草、麻黄等。"本条是对毁林、毁草和采集发菜等严重扰动和破坏地表造成严重水土流失的行为的禁止性规定。

(1)禁止毁林、毁草开垦。毁林、毁草开垦是指将已有的林木(包括天然林、次生林)和草地损毁后，开垦为耕地并种植农作物的行为。由于清除了原有的林草植被，土地裸露，生产中还要扰动土地、翻耕疏松，会带来严重的水土流失，因此法律应当明令禁止。

(2)禁止采集发菜。发菜是生长在西北干旱地区地表的一种藻类植物。采集发菜一般是用大耙子将发菜、地表灌草和根系一并楼取，是对干旱草原植被的一种毁灭性的破坏活动。为此，2000年国务院《关于禁止采集和销售发菜制止滥挖甘草和麻黄草有关问题的通知》，明确禁止采集和销售发菜，此次修订将此规定上升为法律规定。

(3)禁止在水土流失重点预防区和重点治理区铲草皮、挖树蔸。我国一些地方由于燃料缺乏，当地群众取暖、烧饭都以柴草为主，铲草皮、挖树蔸的现象较为普遍，再加上近年来制作盆景、根雕等，挖树蔸的情况仍然较多，对植被的破坏十分严重，造成了大量的水土流失。随着我国经济发展和群众生活水平的提高，现在已有条件解决农村能源替代问题。因此，法律规定禁止在水土流失重点预防区和重点治理区从事这些活动。

(4)禁止在水土流失重点预防区和重点治理区滥挖虫草、甘草、麻黄。虫草、甘草、麻黄等具有药用价值的植物大多生长在青藏高原、北方草原、干旱半干旱等地区。这些地区生态极为脆弱，采挖药材对地表的扰动强度大，植被破坏也大，引发和加剧水土流失，产生的危害极大。因此,《水土保持法》根据国务院《关于禁止采集和销售发菜制止滥挖甘草和麻黄草有关问题的通知》规定,明确禁止在水土流失重点预防区和重点治理区滥挖虫草、甘草、麻黄。

我国的水土流失面积很大,虽然造成水土流失的成因很多,但是根据其成因结合水土流失的具体情况,可以将我国的土壤侵蚀区分为以水力侵蚀为主的类型区、以风力侵蚀为主的类型区和以冻融侵蚀为主的类型区。

(一)水力侵蚀为主的类型区

这类地区大体分布在大兴安岭—阴山—贺兰山—青藏高原东缘一线,包括西北黄土高原地区、东北黑土漫岗区、南方红壤丘陵区、北方土石山区、南方石质山区及平原区等。

(1)西北黄土高原地区。该区主要分布在黄河中上游,总面积约 64 万 km^2,有水蚀面积 34 万 km^2,风蚀面积 11 万 km^2,其中内蒙古自治区河口镇至陕西、山西的龙门区间 11 万 km^2 的区域是水土流失最为严重的地区。该区每年流入黄河的泥沙约占黄河年均输沙总量 16 亿 t 的 50% 以上,且多为粗沙。该区的水土流失不但造成黄河河道淤积,而且严重威胁下游 25 万 km^2、1 亿多人口的生命财产安全。因此,该区的治理措施主要是以修建梯田、退耕等保持水土的措施,以保持、涵养水源,控制土壤侵蚀,增强土壤抗蚀、抗冲性,同时积极发展经济林果、牧业及加工业,建立生态型农业。

(2)东北黑土漫岗区。该区主要分布在松花江上游,为大兴安岭向平原过渡的山前波状起伏台地,是我国的主要商品粮基地之一,其水蚀面积大约有 13 万 km^2。漫岗地形坡度虽然缓,但是其坡面比较长,一般都达 800 ~ 1 500 m。黑土有机质高,表层疏松,底层透水性差,在暴雨时耕作层易饱和,从而形成地表径流,加上常年顺坡耕作,容易造成水土流失,使黑土层逐年变薄,土壤肥力下降。许多地方已经由面蚀发展为沟蚀。该区的水土流失不但减少了耕地面积,而且加剧了旱灾的发生。此外,该区还存在着一定程度的风蚀。因此,该区的水土保持措施以治理坡耕地面蚀为主,如在岗脊坡种草植树,以就地拦蓄地表径流,同时相应地治理沟蚀、风蚀,如在沟底修建谷坊、建塘坝,积极营造水土保持林木、沟底防护林。

(3)南方红壤丘陵区。该区主要分布在长江中下游和珠江中下游以及福建、浙江等东南沿海,包括上述各省的赤红壤(砖红壤),总面积达 200 万 km^2,其中丘陵山区 100 万 km^2,水蚀面积 50 万 km^2,是我国水土流失程度比较严重、分布比较广的地区。

该区的水土流失一般除有面蚀、沟蚀外,还有崩岗这一特殊形式。面蚀主要产生于坡耕地和荒坡。该区的水土流失不但使土层日益贫瘠,农作物产量低而不稳,甚至无法继续耕作,而且使大量粗粒泥沙下泄,淤积江河湖泊、水库,严重影响农田灌溉、河道通航以及湖泊的综合利用。该区在治理水土流失时一定要考虑南方雨水多、气温高的特点,并利用优越的水热条件,将防护性治理与开发紧密结合起来,发展生态农业,促进农民脱贫致富。具体而言,主要是采取植树造林、种草等恢复、提高植被的覆盖率,以保护土壤表层免予冲刷、流失;对崩岗地区采取上拦、中封、下堵的方法,以控制溯源侵蚀,稳定崩岗体,固土保水,减少流失;在丘陵地区发挥水土资源优势,大力种植经济林果,发展商品经济,把资源优势转化为商品优势,以增加当地的收入。

(4)北方土石山区。该区主要分布在松花江、淮河、海河、黄河流域,面积大约 75.4

万 km^2,其中水蚀面积 48 万 km^2。该区地表土石混杂,石多土少,细粒物质流失后,地面极易沙砾化或石化,进而失去农业利用价值。遇暴雨时,容易形成突发性山洪,挟带大量的粗泥沙,堆积在沟道下游、川地、沟口,冲毁村庄、埋压农田,淤塞河道。但是,该区植物资源丰富,在进行水土保持工作时应当积极保护现有植被,结合治理,充分发挥资源优势,积极培育各种经济林果,发展本地经济。

(5)南方石质山区。该区主要分布在长江和珠江上游的四川、云南、贵州、广西等省区以及甘肃、陕西省南部,总面积大约有 94 万 km^2,水土流失面积约有 34 万 km^2。从其危害特点来看有两种情形:一是石灰岩地区的坡耕地石化,威胁群众生存,这在贵州、广西较为严重;一是泥石流多发区,主要集中在金沙江下游和陇南、川西山区,对沟口、下游危害严重。因此,该区的水土保持工作宜分区进行。

石灰岩山区的主要特点是:山高、坡陡、谷深,河沟比降大,岩溶发育,地表径流容易转化为地下径流,地面土层薄,通常为 10 ~ 30 cm 并且零星分布。坡耕地为该区粮食生产的主要基地,其坡度大都在 20° ~ 30°。由于暴雨集中,水土流失十分严重,石化面积发展很快,严重威胁人民群众的生存。因此,该区的水土保持工作的首要任务是抢救土地资源,维护人民群众的基本生存条件。其具体措施是首先将 25°以下的坡耕地兴修成水平梯田,辅以坡面截水沟、蓄水池等小型排蓄工程,以制止土壤冲刷,保护耕地土层,同时积极改良石灰岩土壤,提高其肥力,以增加作物产量;其次是进行封禁治理,恢复天然植被,辅以经济林木,以控制水土流失;再次是就地取材,在沟中修筑土石谷坊,抬高侵蚀基面,拦截泥沙。

泥石流多发区大都山高坡陡,一般海拔在 1 500 ~ 3 000 m,相对高差 2 ~ 300 m,地面坡度在 30°以上,岩石裸露,土层贫瘠。目前,我国泥石流多发区集中在金沙江下游和陇南、川西,暴发频繁、危害严重。典型的泥石流沟道上游为清水区,中游为泥石流形成区和搬运区,下游和沟口为堆积区。因此,泥石流多发区的水土保持治理工作必须上、中、下游全面安排。其具体措施是:首先开展小流域综合治理,制止陡坡开荒和顺坡耕作,保护和种植林草植被,以减少地表径流对土壤的冲刷,减轻崩塌、滑坡等重力侵蚀,降低洪水流量、流速及其挟带泥沙的能力;其次是对产生泥石流的沟岸、沟段采取工程措施,如修建梯田、河坝,进行稳定和拦蓄处理,以减轻危害;再次是在下游堆积扇和出口处,修建排导工程,将其输入河道,以避免危害两岸、城镇等人民群众生命与财产安全。

(6)平原区。我国的平原地区面积接近 200 万 km^2。平原地势平坦,土质肥沃,交通发达,人口、城镇密集,农作物产量较高。在这一地区河流两岸向河倾斜的地方,往往存在着轻度水力侵蚀,局部地区有中度侵蚀,同时由于地势开阔,也存在一定程度的风力侵蚀。河流两侧的土质河岸因水流淘刷常产生崩塌,吞蚀农田,甚至危害附近的村镇和交通。平原灌区填方渠段、渠岸因水流冲刷造成一些薄弱环节,影响渠道安全、输水,部分傍山渠道,常因山坡水土流失造成渠内泥沙阻塞,甚至冲刷渠槽,影响、中止取水灌溉。因此,平原区水土流失的治理在搞好水利建设的同时,宜采取以下治理措施:首先是河道两岸最高洪水水位以上的河滩地,应按照河流治理规划的治导线进行治河造田,兴修河堤,改造耕地,以增加粮食生产,不能造田的,按照治导线营造护岸林木。其次是结合渠系与道路建设,搞好农田防护林网建设。再次是在填方渠段的岸坡上,种植有经济价值的浅植性草类,保护坡面土壤不被雨水冲刷,并实施相应的综合治理,减少地表径流。

(二)风力侵蚀为主的类型地区

这类地区主要包括大沙漠、沙漠周围的风沙区和受风蚀危害严重而沙漠化的草原区。

(1)风沙区。我国有风蚀面积188万km^2,主要分布在西北地区几个大沙漠及其附近地区;其次是内蒙古草原和东北的低平原地区。此外,在河南、安徽等黄泛区,福建、浙江等东南沿海地区也有分布。风蚀导致耕地逐年减少、土地生产力下降、生态系统功能弱化、生物多样性面临危机,严重制约着当地经济和社会的可持续发展。因此,对风沙区的治理首先要采取措施固沙,可以因地制宜营造沙生植物,防风固沙,也可以在流动沙丘上设置植物沙障和机械沙障,以固定沙丘。其次是建立农田防护林体系,改良风沙农田、改造沙漠滩地。在农田周围,营造乔、灌、草相结合的防护林网,改善小环境、小气候,积极发展农、林、牧业,同时采取人工垫土、引洪淤灌、绿肥改造等措施改善土壤结构,采用开渠排水、铺沙压碱等方式改造、利用盐碱滩地,以提高农作物的产量。再次是积极发展治沙产业,如开发利用水资源,发展绿洲农业,建立粮食生产基地,利用沙区灌木林草发展畜牧业、编织业等。

(2)草原区。我国的草原区主要分布在内蒙古、新疆、青海、四川和西藏,共有可利用草场约30万km^2,是我国主要的畜牧业生产基地。这里的气候干燥,风蚀严重,植物种类稀少,生态环境十分脆弱,加之过度放牧,致使草原退化、沙化和盐碱化程度加剧,甚至有的地方已经沦为荒漠。因此,防治水土流失是草原区可持续发展的关键,其治理措施为:首先是保护好现有草地植被,大力开展水利建设和防护林网建设,恢复和改良草场、草种,提高草场的载畜力。其次是推行先进的放牧技术,以草定畜,变粗放经营为集约经营,提高牧业生产水平。再次是增加投入水平,轮牧、舍饲结合,防止草场过度超载。最后是发展畜产品深加工,提高畜产品的商品率,形成种、养、加工的体系,产、供、销一条龙服务,将资源优势转化为商品优势,大力发展区域经济。

(三)冻融侵蚀为主的类型区

冻融侵蚀主要分布在我国的西部青藏高原、新疆天山、东北黑龙江流域、大小兴安岭等高寒地区。此类地区由于人类活动影响比较少,主要是自然因素侵蚀为主。因此,水土保持工作以预防和监督保护为主。

四、水土保持监督工作

水土保持监督工作是《水土保持法》赋予水行政主体的一项重要的水行政职能。《水土保持法》第四十三条规定:"县级以上人民政府水行政主管部门负责对水土保持情况进行监督检查。流域管理机构在其管辖范围内可以行使国务院水行政主管部门的监督检查职权。"本条是对水行政主管部门及流域管理机构的监督检查职责的规定。

本条规定明确了县级以上人民政府水行政主管部门是水土保持监督检查的主体,即县级以上人民政府水行政主管部门可以自己的名义,在其管辖范围内独立行使水土保持监督检查职权。

本条中监督检查是指县级以上人民政府水行政主管部门,依据法律、法规、规章及规范性文件或政府授权,对所辖区域内公民、法人和其他组织与水土保持有关的行为活动的合法性、有效性等的监察、督导、检查及处理的各项活动的总称,如实施水土保持行政许可、行政检查、行政处理等。因此,水土保持监督检查属行政管理范畴,是公共行政的有机组成部分,需要运用国家行政权力来保护生态环境和公众利益,依法对违法行为进行行政处罚。同时,水土保持监督检查属于法定职权,各级水行政主管部门及其监督管理机构不能超越法律和国务院所规定的职权违法行事。

本条中的水土保持情况主要包括三个方面:一是水土保持监督管理贯彻落实水土保持法律法规的情况,主要包括水土保持法律法规的宣传普及、配套法规政策体系的建设、监督执法队伍的建设以及生产建设单位落实水土保持“三同时”制度情况等;二是水土流失预防和治理开展情况,主要包括水土流失重点预防区和重点治理区的划定、水土保持规划的编制、重点治理项目的安排和实施、经费保障等;三是水土保持科技支撑服务开展情况,主要包括水土保持监测网络建设与监测预报、技术标准制定、科学研究与技术创新,以及水土保持方案编制、验收评估和监理监测的技术服务等。

流域管理机构是国务院水行政主管部门的派出机构。按照《水土保持法》第五条和本条规定,流域管理机构在其管辖范围内可以行使国务院水行政主管部门的水土保持监督检查职权。

根据《水土保持法》的规定,水行政主体主要从以下几个方面开展水土保持监督工作:

(1)对具有侵蚀潜在危险的地区,如15°以上的坡地、零星林地,实行预防保护,防止水土流失的发生与发展。这类地区具备产生土壤侵蚀的条件,尤其是随着人口的不断增长和社会与经济的发展,水土流失的潜在危险会越来越大,需要加强监督防护工作。

(2)对工矿、交通、能源等生产与资源开发利用活动,依法实施监督管理,规范开发利用行为。我国目前正处于经济高速发展时期,在能源、矿产等自然资源的开发利用,铁路、公路等基础设施的建设以及其他人为活动过程中所产生的废土、弃石、尾沙等废弃物大多没有采取相应的水土保持措施。当出现暴雨、暴风时就会产生严重的水土流失,危害国民经济建设和人民群众生命、财产安全。因此,开发利用或者建设部门应当主动依照《水土保持法》的要求,采取相应的水土保持措施,各水行政主体也应当依法开展监督工作,全面落实开发建设项目水土保持方案报批制度和“三同时”制度,规范开发与建设行为,防止人为活动造成新的水土流失。

(3)对现有水土流失治理成果加强监督、管护与巩固和提高。全国现有水土流失治理面积约53万km^2,有的改变了微地形,有的增加了地面植被,但是不少地方由于管理工作跟不上,有的在暴雨中遭受破坏,人工林草遭到人为破坏。所有这些大大降低了水土保持措施的功能与经济价值。因此,各级水行政主体和水行政执法队伍应当加强宣传,采取有力的措施,保护现有的治理成果,确保其持水保土功能的发挥。

(4)对全国水土流失动态进行定期观测。水土流失监测是搞好水土流失预防与治理的基础性工作,是开展水土保持监督的一种有效形式。根据需要,形成国家、省级、县级重点防护区、重点监督区和重点治理区,相应形成国家、省级、县级三级监测系统。此外,国家还在长江、黄河等重要江河、湖泊设立了水土保持监测中心站。与国家、省级、县级水土保持监测系统形成全国水土保持监测网络,积极开展水土流失的监测工作。国家应当定期发布所监测的情况。其发布内容主要有:水土流失的面积与分布状况、水土流失的流失量、水土流失所造成的灾害和水土流失的进一步发展趋势、水土流失的预防与治理情况及其所取得的效益。发布的内容成为各级人民政府和水行政主体决策的重要科学依据。

五、水土保持科学研究与经验推广

《水土保持法》第七条规定:"国家鼓励和支持水土保持科学技术研究,提高水土保持科学技术水平,推广先进的水土保持技术,培养水土保持科学技术人才。"本条是对国家鼓励和支持水土保持科研与技术推广的规定。

(1)本次修订专门增加了"支持"两字,强调国家不仅要鼓励水土保持科学技术研究、提高水土保持科学技术水平、推广先进的水土保持技术、培养水土保持科学技术人才,还要提供相应支持。各级政府以及职能部门的鼓励和支持体现在经费支持,提供科研实验场地、人才培养基地,以及创造良好的科学研究环境等诸多方面。

(2)水土保持科学研究是水土保持事业的重要基础。水土流失的发生发展受到地质、土壤、植被、坡度、降雨等一系列因子的影响,具有较为复杂的特征,但又具有一定的规律性,必须开展相关研究,不断探索和掌握水土流失规律,创新水土流失防治的新技术、新方法,为水土流失防治工作提供理论依据和技术支撑。目前,我国在水土流失基础研究和技术开发方面明显落后于生产实践的需求,急需加强水土流失规律、水土流失监测预报、水土保持治理开发、水土保持效益评估、水土保持生态建设模式等方面的研究。

(3)加强技术推广,提高水土保持科技水平。科学技术是推动水土保持快速发展的第一生产力。随着科学技术的快速发展,与水土流失防治相关的新材料、新工艺、新技术不断涌现,将它们应用到水土保持生产实践中,将会大大加快水土流失防治速度,提高水土流失防治水平,产生巨大的生态效益和社会效益。由于水土保持的生态效益、社会效益大大高于经济效益,水土保持在新技术、新品种推广等方面迫切需要得到国家的大力支持。

(4)水土保持科学技术人才是水土保持事业发展的根本保障。科学技术的研究与推广应用都离不开水土保持科学技术人才。针对目前水土保持事业艰苦、人才队伍不稳定和水土保持科学技术发展落后于生产实践需求的现状,国家应鼓励和支持大专院校、科技机构培养不同层次的水土保持科技人才。创造良好环境,培养优秀科学技术人才,建设一支与水土保持工作相适应的、规模与结构合理的水土保持科技人才队伍,为我国水土保持科学技术发展提供充分的人才支撑和智力保证。

"科学技术是第一生产力"。科技成果向现实的生产力转化,日益成为现代经济和社会发展最主要的推动力量。全面实施科教兴水保战略,增加水土流失治理与开发的科技含量,已经成为加快水土流失治理进度、提高治理质量和效益的决定性因素。

第九章　水污染防治制度

第一节　水污染概述

一、水污染含义及其危害

水污染是指水体因某种物质的介入导致其化学、物理、生物或者放射性等方面特性的改变，从而影响水的有效利用，危害人体健康或者破坏生态环境，造成水质恶化的一种现象。造成水资源污染的因素有二：一是过量向水体排放污染物，二是不恰当地利用某一水体致使其总量减少而使其自净能力降低。根据水污染防治法律规范的规定和水污染防治实践，水污染主要分为有机物污染、水体富营养化、有毒物质污染、病原体污染、放射性污染和油污染以及无机物污染、热污染等类别，其中有机物污染、水体富营养化最为普遍和常见。

水污染对人体健康和国民经济与社会发展等方面有着巨大的危害。

(一)水污染对人体健康的危害

水资源遭到污染，尤其是饮用水遭到污染对人体的健康具有极大的危害，饮用水如遭到病原体特别是传染病原体的污染，就会造成肝炎、痢疾、霍乱、伤寒等疾病的流行；如受到放射性物质的污染，则会对人体产生内照射，会导致胎儿畸形、智力低下，甚至引起癌变；如果长期饮用受重金属污染的水，会导致慢性中毒。

(二)水污染对国民经济与社会发展的危害

(1)对水资源开发利用的影响。由于水资源遭到污染，加剧了我国水资源短缺的矛盾，增加了我国水资源的开发利用成本与难度，减少了我国城乡居民可以饮用的水资源，从而使我国的水资源供需不足的问题更为突出。目前，此问题在我国的南方地区表现明显，即我国南方地区开始出现“水质性”水资源短缺。

(2)对工业的影响。水资源遭受污染后，达不到工业用水的要求而造成工业开工不足，甚至停产，或者严重腐蚀、磨损机器等，从而加速设备损坏、所生产的产品不符合质量标准。

(3)对农业的影响。近年来，在我国广大农村，因为引用被污染的水资源灌溉农田而引起的农田污染问题已经不鲜见。如国家环保局在《1993 年中国环境状况公报》上介绍：1993 年污水灌溉污染的农田面积已达 330 万 hm^2，全国因农田污染每年损失粮食 120 亿 kg。此外，水污染还会破坏土壤肥力，影响土壤结构，甚至使土地报废。

另外，在我国南方水乡渔业发达地区，水资源遭受污染后，会对渔业的生产造成严重的损失，尤其是需氧物和石油的污染。水体中需氧物的增加会使水中的鱼类、贝类等水生生物因缺乏氧气而窒息死亡；而石油污染会影响鱼卵及其幼体的生长、发育，进而导致水产品产量下降。

二、我国水污染的现状

随着国民经济和社会生活的快速发展，我国的水污染状况不容乐观。1997 年 9 ~ 10 月全国人大常委会组织的水法执法检查情况表明：在全国 7 大水系中，近一半的河段受到污染，其中 1/10 的河段污染极其严重，已经丧失水体使用功能，3/4 的城市河段不适宜作饮用水源，50% 的城市地下水受到污染。在江河中，以辽河、海河、淮河污染为最严重，在湖泊中，以巢湖、滇池、南四湖、太湖污染为最严重。在所检查的松花江和淮河流域，水质基本上是Ⅳ ~ Ⅴ类，有的甚至劣于Ⅴ类。这样的水体鱼类已经无法生存，基本丧失水体的使用功能。

另外，根据《1997 年中国水资源公报》，我国水资源污染概况是：

(1)废污水排放量。1997 年全国废污水排放总量约为 584 亿 t(不包括火电直流冷却水和农村工业、生活废水)，其中工业废水占 68%，生活污水占 32%。废污水年排放量大于 20 亿 t 的有 11 个省(区、市)。按流域片统计，长江片为 183 亿 t，珠江片为 152 亿 t，松辽片为 73 亿 t，淮河片为 52 亿 t，海河片为 49 亿 t，黄河片为 36 亿 t，东南诸河片为 26 亿 t，内陆河片为 9 亿 t，西南诸河片为 4 亿 t。

(2)河流水质。根据 1997 年度枯水期水质监测资料和《地表水环境质量标准》(GB 3838—2002)，对河流水质进行分类评价的结果：在评价总河长 65 405 km 中，Ⅰ类、Ⅱ类水河长占 32.8%，Ⅲ类水河长占 23.6%，Ⅳ类、Ⅴ类水河长占 27.7%，超Ⅴ类水河长占 15.9%。总体上看，西南诸河片和内陆河片水质良好，污染河长，Ⅳ类、Ⅴ类和超Ⅴ类水河长分别为 6.6% 和 11.2%；长江片、东南诸河片和珠江片水质尚可，污染河长为 25% ~ 35%；松辽片、黄河片、淮河片和海河片水质较差，污染河长为 65% ~ 80%。污染程度严重的是海河、辽河和淮河 3 个流域，超Ⅴ类水河长分别占 56%、48% 和 41%；其次是黄河流域和太湖流域，超Ⅴ类水河长分别占 21% 和 26%。淮河流域经过 4 年来的治污，干流水质有所好转，支流污染仍然严重；黄河水污染发展较快，污染河长占评价河长的比例比 1996 增加 11 个百分点。

第二节　水污染防治监督与管理

一、我国水污染防治监督、管理体制与原则

(一)我国的水污染防治监督与管理体制

2008 年我国新修订的《水污染防治法》第八条规定了我国的水污染防治管理体制，即实行统一管理与分级、分部门管理相结合的体制。

(1)统一管理是指由国家各级环境保护部门统一行使水污染防治监督与管理职权，即由国家环境行政主管部门和地方各级人民政府的环境行政主管部门对水污染防治实施统一的监督与管理。

(2)分级管理是指在国家环境行政主管部门的统一领导下，地方各级人民政府的环

境行政主管部门在各自的行政区域内依法独立行使水污染防治监督与管理职权，或者水事法律、法规授权的组织在其授权范围内依法独立行使水污染防治监督与管理职权。

(3)分部门管理是指在水污染防治监督与管理过程中，不可避免地要涉及其他行业管理部门，因此，需要这些部门的通力协助。《水污染防治法》第八条在第二款、第三款中分别作出了规定，即交通主管部门的海事管理机构对船舶污染水域的防治实施监督管理；县级以上人民政府水行政、国土资源、卫生、建设、农业、渔业等部门以及重要江河、湖泊的流域水资源保护机构，在各自的职责范围内，对有关水污染防治实施监督管理。

（二）我国的水污染防治监督与管理原则

《水污染防治法》规定了水污染防治监督与管理的基本原则，其具体内容主要有：

(1)水污染防治监督与管理应当按照流域或者区域进行统一规划的原则。从全国范围内来看，流域水污染和水域、水质的恶化问题已经十分突出，跨行政区域的流域污染问题以及纠纷更是层出不穷而且久拖不决，随着大中城市需水量的不断增长，跨行政区域的引水逐渐成为解决这一问题的有效方式，但是由于水体特有的性质，即流动性，以前单纯按照行政区域实行水污染防治监督与管理的体制已经不能有效解决迅速发展的跨行政区域的流域、区域水污染问题。为了协调好江河、湖泊的跨行政区域的水污染防治问题，必须建立和完善按照流域或区域进行统一规划的法律制度。通过江河、湖泊流域防治规划，明确各级地方人民政府在水污染防治工作中的责任，即保护水环境质量的责任，将江河、湖泊水污染防治问题与流域的水环境保护目标和任务同样纳入地方人民政府的国民经济和社会发展计划。为此，《水污染防治法》第十五条规定，防治水污染应当按照流域或者按区域进行统一规划。

(2)水污染防治监督与管理应当与水资源开发利用相结合的原则。尽管导致水污染的主要因素是大量向水体排放污染物，但是，人为的不合理的开发利用和调节、调度水资源，同样会导致水污染的发生，如盲目兴建水库和过度开采地下水，都会使水体总量减少，降低水体的自净能力，加剧水污染的发生与程度。为此，《水污染防治法》第十六条规定，开发、利用和调节、调度水资源时，应当统筹兼顾，维持江河的合理流量和湖泊、水库以及地下水体的合理水位，维护水体的生态功能。

(3)水污染防治与预防并重的原则。

我国水污染的主要原因是工业企业大量排放废水和有毒、有害污染物，而工业布局不合理和企业技术落后又是造成企业大量排放污染物和废水的主要因素，因此防治水污染必须与工业企业的合理布局和企业的技术改造相结合，为此，《水污染防治法》第四十条规定："国务院有关部门和县级以上地方人民政府应当合理规划工业布局，要求造成水污染的企业进行技术改造，采取综合防治措施，提高水的重复利用率，减少废水和污染物排放量"。

此外，为了防止新建、改建、扩建的建设项目和其他人为活动对水资源的污染，《水污染防治法》第十七条规定了环境影响评价制度和"三同时"制度。所谓环境影响评价制度，是指建设项目的建设者必须向有关的水污染防治主管部门提交该建设项目的环境影响评价报告书，载明建设项目可能产生的水污染和对生态环境的影响作出评价，拟采取的防治措施等内容。所谓"三同时"制度，是指建设项目中的水污染防治措施必须与主体工程同时设计、同时施工、同时投入使用。在投入使用前应当经水污染防治主管部门的检验，达不到要求的，不得投入使用。

(4)全社会共同参与的原则。水污染是一个严重的环境问题，涉及整个社会的利益，需要社会各界和全体社会民众的共同参与。《水污染防治法》第十条“任何单位和个人都有义务保护水环境，并有权对污染损害水环境的行为进行检举”的规定赋予了公民个人和社会各界参与水污染防治的权利，为公民个人和社会各界参与水污染防治提供了相应的法律依据。

二、我国水污染防治管理内容

(一)制定水环境标准

1. 水环境标准的制定主体

关于水环境质量标准的制定主体，当然包括水质标准和水污染物排放标准，《水污染防治法》第十一条、第十二条、第十三条作出了明确的规定：

国务院环境保护部门制定国家水环境质量标准。省、自治区、直辖市人民政府可以对国家水环境标准中未规定的项目，制定地方补充标准，并报国务院环境保护部门备案。

国务院环境保护部门根据国家水环境质量标准和国家经济、技术条件，制定国家污染物排放标准。省、自治区、直辖市人民政府对国家水污染物排放标准中未作规定的项目，可以制定地方水污染物排放标准；对国家水污染物排放标准中已作规定的项目，可以制定严于国家水污染物排放标准的地方水污染物排放标准。地方水污染物排放标准须报国务院环境保护部门备案。向已有地方水污染物排放标准的水体排放污染物的，应当执行地方污染物排放标准。

2. 水环境标准的具体内容

我国关于水环境标准立法开始于1973年的《工业“三废”排放试行标准》，其中最重要的立法是2002年颁布的《地表水环境质量标准》，它根据不同的标准将地表水水域分为不同的种类。根据《地表水环境质量标准》规定，地表水水域因用水目的和保护目标的不同而分为五类，分别适用五类标准，即一类水域是源头水、国家自然保护区；二类水域是指集中式生活饮用水地表水源地一级保护区、珍稀水生生物栖息地、鱼虾类产卵场、仔稚幼鱼的索饵场等；三类水域为集中式生活饮用水地表水源地二级保护区、鱼虾类越冬场、洄游通道、水产养殖区等渔业水域及游泳区；四类水域为一般工业用水区及人体非直接接触的娱乐用水区；五类水域是指农业用水区及一般景观要求水域。

1)水质标准

为了保护地面水质，我国早在1973年就颁布了《工业“三废”排放试行标准》，规定了“工业”废水的两类有害物质最高允许排放浓度。1983年城乡建设环境保护部就造纸、制糖、石油炼制、石油开发、电影洗片、船舶、制革、合成脂肪酸、合成洗涤剂等行业颁布了“十项污染物排放标准”，因此上述行业就不再执行《工业“三废”排放试行标准》中关于废水控制部分的标准。

2)水污染物排放标准

在我国已经颁布的工业污水等排放标准中，最重要的是1988年4月5日国家环境保护局颁布的《污水综合排放标准》。该标准将废水分为两类，一类是“能够在环境或动植物体内蓄积，对人体健康产生长远不良影响者”；另一类是“长远影响小于一类污水的废水”。其中一类污水是指含汞、烷基汞、镉、铬、六价铬、砷、铅、苯并(a)芘的污水，对于此类污水，不论行业、排放方式和纳污水体，一律在车间或车间处理设施排出口取样，必须符合有关的浓度标准。二类污水在排污单位排出口取样，按纳污水体，分别适用三级不同的标准：一级标准适用于《地表水环境质量标准》中所规定的三类水域排污者；二级标准适用于向四类和五类水域排污者，三级标准适用于向进入二级污水处理厂的管道排污。

(二)制定水污染防治规划

《水污染防治法》第十五条规定了水污染防治规划的基本内容，如规划编制主体、经过批准的水污染防治规划的法律地位等。其具体内容是：首先明确了水污染防治规划的法律地位，即“经批准的水污染防治规划是防治水污染的基本依据”。其次明确了不同地位的江河、湖泊水污染防治规划的编制主体：对于国家确定的重要江河、湖泊的流域水污染防治规划，由国务院环境保护主管部门会同国务院经济综合宏观调控、水行政等部门和有关省、自治区、直辖市人民政府编制，报国务院批准。其他跨省、自治区、直辖市江河、湖泊的流域水污染防治规划和本地实际情况，由有关省、自治区、直辖市人民政府环境保护主管部门会同同级水行政等部门和有关市、县人民政府编制，经有关省、自治区、直辖市人民政府审核，报国务院批准。跨县不跨省的其他江河、湖泊的流域水污染防治规划由省、自治区、直辖市人民政府批准后报国务院备案。最后明确了水污染防治规划内容的实施主体：县级以上地方人民政府应当根据依法批准的江河、湖泊的流域水污染防治规划，组织制定本行政区域的水污染防治规划。

(三)地表水污染的防治

地表水是相当于地下水而言的，是指江、河、湖、海、池塘、水库等陆地表面的水体。《水污染防治法》第四、五、六章共十四条具体规定了防治地表水污染的内容：

1. 对特殊水源保护区的保护

《水污染防治法》第六十五条规定：在风景名胜区水体、重要渔业水体和其他具有特殊经济文化价值的水体的保护区内，不得新建排污口。在保护区附近新建排污口，应当保证保护区水体不受污染。

2. 对水污染突发事件的应急处理

水污染突发事件往往会给人民群众的生命财产安全和国家、社会利益造成极大的危害和损失，《水污染防治法》第六十八条规定，企业事业单位发生事故或者其他突发性事件，造成或者可能造成水污染事故的，应当立即启动本单位的应急方案，采取应急措施，并向事故发生地的县级以上地方人民政府或者环境保护主管部门报告。《水污染防治法实施细则》第十九条规定：“企业事业单位造成水污染事故时，必须立即采取措施，停止或者减少排污，并在事故发生后48小时内，向当地环境保护部门作出事故发生的时间、地点、类型和排放污染物的种类、数量、经济损失、人员受害及应急措施等情况的初步报告。”

3. 关于禁止、限制向水体排放污染物的法律规定

禁止向水体排放污染物的法律规定如下：

(1)禁止向水体排放油类、酸液、碱液或者剧毒废液；

(2)禁止在水体清洗装贮过油类或者有毒污染物的车辆和容器;

(3)禁止向水体排放、倾倒工业废渣、城镇垃圾和其他废弃物;

(4)禁止将含有汞、镉、砷、铬、铅、氰化物、黄磷等的可溶性剧毒废渣向水体排放、倾倒或者直接埋入地下;

(5)禁止在江河、湖泊、运河、渠道、水库最高水位线以下的滩地和岸坡堆放、存贮固体废弃物和其他污染物;

(6)禁止向水体排放、倾倒放射性固体废物或者含有高放射性和中放射性物质的废水;

(7)船舶的残油、废油应当回收,禁止排入水体,禁止向水体倾倒船舶垃圾。

限制向水体排放污染物的法律规定如下:

(1)向水体排放含热废水,应当采取措施,保证水体的水温符合水环境质量标准。

(2)含病原体的污水应当经过消毒处理,符合国家有关标准后,方准排放。

(3)向农田灌溉渠道排放工业废水和城镇污水,应当保证其下游最近的灌溉取水点的水质符合农田灌溉水质标准。利用工业废水和城镇污水进行灌溉,应当防止污染土壤、地下水和农产品。

(4)使用农药,应当符合国家有关农药安全使用的规定和标准。运输、储存农药和处置过期失效农药,必须加强管理,防止造成水污染。县级以上地方人民政府的农业主管部门和其他有关部门,应当采取措施,指导农业生产者科学、合理地施用化肥和农药,控制化肥和农药的过量使用,防止造成水污染。

(5)船舶排放含油污水、生活污水,应当符合船舶污染物排放标准。从事海洋航运的船舶进入内河和港口的,应当遵守内河的船舶污染物排放标准。船舶装载运输油类或者有毒货物,必须采取防止溢流和渗漏的措施,防止货物落水造成水污染。

(四)地下水污染的防治

地下水是指地表以下的潜水和承压水。地下水具有分布广、温度变化小、能在水循环中得到不断补充等特点,因而被广泛地开发利用。但是地下水水质与地表水以及人类的生产、生活活动有密切关系,地面降水以及地上污染物都可以通过水循环渗入地下水,而且地下水受到污染后不易发现,也难于治理,因此必须加以特殊保护。《水污染防治法》对防治地下水污染作出了专门的法律规定:

(1)企业事业单位利用渗井、渗坑、裂隙和溶洞排放、倾倒含有毒污染物的废水、含病原体的污水和其他废弃物是地下水资源遭受污染的主要原因。因此,防治地下水污染必须严格禁止企业事业单位采用此类排污方式。

(2)在无良好隔渗地层,不采取防漏措施输送有害物质,会使有毒有害物质渗入地下,污染地下水。因此,禁止企业事业单位使用无防止渗漏措施的沟渠、坑塘等输送或者贮存含有毒污染物的废水、含病原体的污水和其他废弃物。

(3)对开采多层地下水资源的保护。在开采多层地下水的时候,如果各含水层的水质差异较大,应当分层开采;对已经受到污染的潜水和承压水,不得混合开采。开采多层地下水时,对下列含水层应当分层开采:①半咸水、咸水、卤水层;②受到污染的含水层;③含有毒有害元素,超过生活饮用水卫生标准的水层;④有医疗价值和特殊经济价值的地下热水、温泉水和矿泉水。

(4)兴建地下工程设施或者进行地下勘探、采矿等活动时应当采取防护性措施,防止地下水受到污染。地下工程主要是指地铁、地下仓库、开采地矿等。兴建地下工程设施会使含水层上面的自然保护层遭到破坏,造成地表上各种有毒有害物质随雨水流入地下污染水体,因此《水污染防治法》要求兴建地下工程设施或者进行地下勘探应采取防护措施,防止地下水污染。

(5)人工回灌补给地下水时,不得恶化地下水水质。人工回灌补给地下水,是提高地下水水位,防止地面沉降的有效措施,但是由于地表水一般比地下水污染较重,因此在进行人工回灌时注意防止将受到污染的水补给地下水,否则,会使地下水水质恶化。《水污染防治法实施细则》第三十条规定:人工回灌补给地下饮用水的水质,应当基本符合生活饮用水源的水质标准,并经县级以上人民政府卫生部门批准。

(五)水污染防治的监督与管理

水污染防治的监督与管理是通过一系列的防治制度,如环境影响评价制度和"三同时"制度、重点污染物排放总量控制制度等,以及突发性事件的应急措施、现场检查等方式而体现出来。其具体内容如下。

1.对重要用水及其水源地的保护

对重要用水及其水源地的保护,是通过划定地表保护区和保护地下水源而实现的。保护区有以下两类:

(1)划定生活饮用水地表水源保护区。随着水污染物排放量的迅速增加,以及水污染由城市向广大农村蔓延,对生活饮用水水源构成越来越严重的威胁,因此加强对水源饮用水水源地的保护已经成为关系国民健康和国民经济与社会发展的一个重大问题。为了保护生活饮用水水体,1989 年 7 月 12 日国家环境保护局等联合发布了《饮用水水源保护区污染防治管理规定》。根据该规定,对集中式供水的饮用水地表水源和地下水源,应按不同的水质标准和防护要求划定保护区(分为一级保护区、二级保护区和标准保护区);应规定保护区水体水质标准并限期达标;在地表水水源保护区内,禁止从事一切破坏环境生态平衡的活动,禁止倾倒废渣、垃圾和其他废弃物,禁止运输有毒物质、油类、粪便和车船进入,禁止用剧毒和高残留农药;在地下水水源保护区内,禁止新设排污口,已设的必须拆除;禁止堆放废渣、垃圾、粪便和其他废弃物。《水污染防治法》第五十六条规定:国家建立饮用水水源保护区制度。饮用水水源保护区分为一级保护区和二级保护区;必要时,可以在饮用水水源保护区外围划定一定的区域作为准保护区。有关地方人民政府应当在饮用水水源保护区的边界设立明确的地理界标和明显的警示标志。第五十七条规定:在饮用水水源保护区内,禁止设置排污口。第五十八条规定:禁止在饮用水水源一级保护区内新建、改建、扩建与供水设施和保护水源无关的建设项目;已建成的与供水设施和保护水源无关的建设项目,由县级以上人民政府责令拆除或者关闭。禁止在饮用水水源一级保护区内从事网箱养殖、旅游、游泳、垂钓或者其他可能污染饮用水水体的活动。第五十九条规定:禁止在饮用水水源二级保护区内新建、改建、扩建排放污染物的建设项目;已建成的排放污染物的建设项目,由县级以上人民政府责令拆除或者关闭。在饮用水水源二级保护区内从事网箱养殖、旅游等活动的,应当按照规定采取措施,防止污染饮用水水体。

此外,第六十一条还规定:县级以上地方人民政府应当根据保护饮用水水源的实际需要,在准保护区内采取工程措施或者建造湿地、水源涵养林等生态保护措施,防止水污染物直接排入饮用水水体,确保饮用水安全。

(2)划定其他重要用水保护区。《水污染防治法》第六十四条规定:县级以上人民政府可以对风景名胜区水体、重要渔业水体和其他具有特殊经济文化价值的水体划定保护区,并采取措施,保证保护区的水质符合规定用途的水环境质量标准。

2. 贯彻落实环境影响评价制度和“三同时”制度

《水污染防治法》第十七条规定了环境影响评价制度和“三同时”制度,即新建、扩建、改建直接或者间接向水体排放污染物的建设项目和其他水上设施,必须遵守环境影响评价制度和“三同时”制度。

建设项目的环境影响报告书,必须对建设项目可能产生的水污染和对生态环境的影响作出评价,规定防治的措施,按照规定的程序报经有关环境保护部门审查批准。在运河、渠道、水库等水利工程内设置排污口,应当经过有关水利工程管理部门同意。

建设项目中防治水污染的设施,必须与主体工程同时设计、同时施工、同时投产使用。防治水污染的设施必须经过环境保护部门检验,达不到规定要求的,该建设项目不准投入生产或者使用。

环境影响报告书中,应当有该建设项目所在地单位和居民的意见。

3. 关于排放污染物的管理规定

《水污染防治法》第十八条、第二十条、第二十一条、第二十四条等分别规定了重点污染物排放的总量控制制度、排污许可证制度、排污申报登记制度、排污收费制度和城市污水集中处理制度等。

(1)重点污染物排放的总量控制制度。为了控制污染物的排放量,减轻对水环境的污染压力,《水污染防治法》第十八条规定了重点污染物排放的总量控制制度。该条规定:国家对重点水污染物排放实施总量控制制度。省、自治区、直辖市人民政府应当按照国务院的规定削减和控制本行政区域的重点水污染物排放总量,并将重点水污染物排放总量控制指标分解落实到市、县人民政府。市、县人民政府根据本行政区域重点水污染物排放总量控制指标的要求,将重点水污染物排放总量控制指标分解落实到排污单位。具体办法和实施步骤由国务院规定。省、自治区、直辖市人民政府可以根据本行政区域水环境质量状况和水污染防治工作的需要,确定本行政区域实施总量削减和控制的重点水污染物。对超过重点水污染物排放总量控制指标的地区,有关人民政府环境保护主管部门应当暂停审批新增重点水污染物排放总量的建设项目的环境影响评价文件。

(2)排污许可证制度与排污申报登记制度。《水污染防治法》第二十条规定:国家实行排污许可制度。直接或者间接向水体排放工业废水和医疗污水以及其他按照规定应当取得排污许可证方可排放的废水、污水的企业事业单位,应当取得排污许可证。1988 年 3 月国家环境保护局发布的《关于水污染物排放许可证管理暂行办法》对排污申报登记和排污许可证制度作了进一步规定,即凡向陆地水排放污染物的,均应在规定的时间内办理排污申报登记手续;环境保护行政主管部门可对某些重点污染源实行许可证管理,采用总量控制办法,对达标者颁发《排污许可证》,对未达标的,颁发《临时排污许可证》并限期削减排污量；许可证权限为5年以下，临时许可证为2年；持临时排污许可证的应定期报告削减排污量的进度情况；违反许可证超标排污的，可以中止或吊销许可证。

当然，排放水污染的种类、数量和浓度有重大改变的，应当事先报经所在地的县级以上地方人民政府批准。《水污染防治法》第二十一条规定：直接或者间接向水体排放污染物的企业事业单位和个体工商户，应当按照国务院环境保护主管部门的规定，向县级以上地方人民政府环境保护主管部门申报登记拥有的水污染物排放设施、处理设施和在正常作业条件下排放水污染物的种类、数量和浓度，并提供防治水污染方面的有关技术资料。企业事业单位和个体工商户排放水污染物的种类、数量和浓度有重大改变的，应当及时申报登记；其水污染物处理设施应当保持正常使用；拆除或者闲置水污染物处理设施的，应当事先报县级以上地方人民政府环境保护主管部门批准。

(3)排污收费制度。在《水污染防治法》颁布实施前，我国对水污染实行的是仅对超标准排污单位征收排污费，对不超标的就不需要缴纳排污费，《水污染防治法》第二十四条的规定改变了这种状况，重新作出排污收费的规定，即直接向水体排放污染物的企业事业单位和个体工商户，应当按照排放水污染物的种类、数量和排污费征收标准缴纳排污费。该条规定说明了排污单位只要向水体排放污染物，即使没有超过国家或者地方规定的排污标准，仍然应依法缴纳排污费，主要是针对我国水污染日趋严重的情况而作出的。

(4)城市污水集中处理制度。城市是人口、交通和经济发达的地区，对水资源的需要量大，当然所排放的污水量同样大。我国城市水环境保护的基础设施十分薄弱，城市的污水处理能力很差，据资料显示仅为7%，大量的污水未经处理即排入江河、湖泊，尤其是近年来我国经济的飞速发展，城市的数量与规模也急剧扩展，城市所排放的污水总量成倍增长，而城市排水管网和污水处理设施远远跟不上城市的发展，加上已经兴建的污水处理厂由于管网不配套、运行费用没有保障等，有的实际上已经形同虚设。按照国际上通行的“污染者负担”原则，建立有关城市污水处理设施和污水处理收费与管理制度，是控制水污染、改善水环境的迫切要求，对此《水污染防治法》第二十条作出了规定：城镇污水集中处理设施的运营单位，也应当取得排污许可证。第四十四条规定：城镇污水应当集中处理。县级以上地方人民政府应当通过财政预算和其他渠道筹集资金，统筹安排建设城镇污水集中处理设施及配套管网，提高本行政区域城镇污水的收集率和处理率。国务院建设主管部门应当会同国务院经济综合宏观调控、环境保护主管部门，根据城乡规划和水污染防治规划，组织编制全国城镇污水处理设施建设规划。县级以上地方人民政府组织建设、经济综合宏观调控、环境保护、水行政等部门编制本行政区域的城镇污水处理设施建设规划。县级以上地方人民政府建设主管部门应当按照城镇污水处理设施建设规划，组织建设城镇污水集中处理设施及配套管网，并加强对城镇污水集中处理设施运营的监督管理。城镇污水集中处理设施的运营单位按照国家规定向排污者提供污水处理的有偿服务，收取污水处理费用，保证污水集中处理设施的正常运行。向城镇污水集中处理设施排放污水、缴纳污水处理费用的，不再缴纳排污费。收取的污水处理费用应当用于城镇污水集中处理设施的建设和运行，不得挪作他用。第四十五条还规定：向城镇污水集中处理设施排放水污染物，应当符合国家或者地方规定的水污染物排放标准。城镇污水集中处理设施的出水水质达到国家或者地方规定的水污染物排放标准的，可以按照国家有关规定免缴排污费。城镇污水集中处理设施的运营单位,应当对城镇污水集中处理设施的出水水质负责。环境保护主管部门应当对城镇污水集中处理设施的出水水质和水量进行监督检查。

4. 对工业企业排放污染物的规定

对工业企业排放污染物的管理是通过治理与预防来实现的,对工业企业的预防则是在于认真贯彻、落实环境影响评价制度和"三同时"制度,对工业企业的治理也是通过建立、实施强制淘汰落后设备、禁止新建严重污染的工业企业等制度来实现的。

(1)先进的设备不仅生产效益高,而且对环境污染少;落后的设备则刚好相反,不仅生产效益低下,而且对环境有严重的污染,《水污染防治法》第四十一条规定了强制淘汰落后设备的内容,即国家对严重污染水环境的落后工艺和设备实行淘汰制度。国务院经济综合宏观调控部门会同国务院有关部门,公布限期禁止采用的严重污染水环境的工艺名录和限期禁止生产、销售、进口、使用的严重污染水环境的设备名录。生产者、销售者、进口者或者使用者应当在规定的期限内停止生产、销售、进口或者使用列入前款规定的设备名录中的设备。工艺的采用者应当在规定的期限内停止采用列入前款规定的工艺名录中的工艺。第四十三条规定:企业应当采用原材料利用效率高、污染物排放量少的清洁工艺,并加强管理,减少水污染物的产生。同时还规定,依法被淘汰的设备,不得再转让与他人使用。

(2)禁止新建严重污染环境的工业企业。为了维护环境的清洁,使其免受污染物的污染,《水污染防治法》第四十二条规定了禁止新建严重污染环境的工业企业的制度,即国家禁止新建不符合国家产业政策的小型造纸、制革、印染、染料、炼焦、炼硫、炼砷、炼汞、炼油、电镀、农药、石棉、水泥、玻璃、钢铁、火电以及其他严重污染水环境的生产项目。

(3)限期治理制度。为了加强对水污染的管理,《水污染防治法》第七十四条规定了限期治理法律制度,即违反本法规定,排放水污染物超过国家或者地方规定的水污染物排放标准,或者超过重点水污染物排放总量控制指标的,由县级以上人民政府环境保护主管部门按照权限责令限期治理……限期治理期间,由环境保护主管部门责令限制生产、限制排放或者停产整治。限期治理的期限最长不超过一年;逾期未完成治理任务的,报经有批准权的人民政府批准,责令关闭。

5. 突发水污染事件的应急处理

在水资源开发利用过程中,有的时候会发生突然的水污染事故,为此,《水污染防治法》第六章专章规定了"水污染事故处置",第六十六条规定,各级人民政府及其有关部门,可能发生水污染事故的企业事业单位,应当依照《中华人民共和国突发事件应对法》的规定,做好突发水污染事故的应急准备、应急处置和事后恢复等工作。第六十七条规定:可能发生水污染事故的企业事业单位,应当制定有关水污染事故的应急方案,做好应急准备,并定期进行演练。生产、储存危险化学品的企业事业单位,应当采取措施,防止在处理安全生产事故过程中产生的可能严重污染水体的消防废水、废液直接排入水体。第六十八条规定:企业事业单位发生事故或者其他突发性事件,造成或者可能造成水污染事故的,应当立即启动本单位的应急方案,采取应急措施,并向事故发生地的县级以上地方人民政府或者环境保护主管部门报告。环境保护主管部门接到报告后,应当及时向本级人民政府报告,并抄送有关部门。造成渔业污染事故或者渔业船舶造成水污染事故的,应当向事故发生地的渔业主管部门报告,接受调查处理。其他船舶造成水污染事故的,应当向事故发生地的海事管理机构报告,接受调查处理;给渔业造成损害的,海事管理机构应当通知渔业主管部门参与调查处理。

6. 水污染防治现场检查制度

为了加强对水污染的监督管理,《水污染防治法》第二十七条规定了现场检查制度,即环境保护主管部门和其他依照本法规定行使监督管理权的部门,有权对管辖范围内的排污单位进行现场检查,被检查的单位应当如实反映情况,提供必要的资料。检查机关有义务为被检查的单位保守在检查中获取的商业秘密。

第三节　水污染事故处置

一、水污染事故的概念及现状

(一)水污染事故概念

《中华人民共和国突发事件应对法》(简称《突发事件应对法》)第三条规定:"本法所称突发事件,是指突然发生,造成或者可能造成严重社会危害,需要采取应急处置措施予以应对的自然灾害、事故灾难、公共卫生事件和社会安全事件。按照社会危害程度、影响范围等因素,自然灾害、事故灾难、公共卫生事件分为特别重大、重大、较大和一般四级。法律、行政法规或者国务院另有规定的,从其规定。"2006 年 1 月 24 日颁布实施的《国家突发环境事件应急预案》规定,突发环境事件是指突然发生,造成或者可能造成重大人员伤亡、重大财产损失和对全国或者某一地区的经济社会稳定、政治安定构成重大威胁和损害,有重大社会影响的涉及公共安全的环境事件。

(二)水污染事故的现状

目前,我国已经进入环境污染事故高发期。7 555 个大型重化工业项目中,81% 布设在江河水域、人口密集区等环境敏感区域,45% 为重大风险源。而相应的环境污染事故防范机制存在缺失,导致污染事故频发,严重污染环境,危害公众健康和社会稳定。

根据 2005 年全国人大常委会执法检查组对《水污染防治法》实施情况的调查统计,从 2001 年至 2004 年,全国共发生水污染事故 3 988 起,平均每年近 1 000 起。另据国家环境保护总局统计,2005 年全国共发生环境污染事故 1 406 起,其中水污染事故 693 起,占全部环境污染事故总量的 49.2%。2006 年 1～11 月,国家环境保护总局接报并处置突发环境事件 148 起,其中石化和运输行业发生的突发环境事件占 70% 以上;受理群众反映水污染问题的来信来访 1 226 件,占总数的 49%,较 2005 年同期增加 321 件。2007 年国家环境保护总局接报处置的突发环境事件达到 108 起,平均每两个工作日一起。

由此可见,高效得当地处置好突发环境事件,尤其是水污染事件,是水污染防治系统工程的重中之重,关系到水污染防治工作全局,更决定着我国环境保护工作能否取得全面进展。

《水污染防治法》第六十六条规定:"各级人民政府及其有关部门,可能发生水污染事故的企业事业单位,应当依照《突发事件应对法》的规定,做好突发水污染事故的应急准备、应急处置和事后恢复等工作。”

水污染事故的调查处理,是水污染防治的重要内容,也应当规范有序地进行,尽可能减轻事故,减少损失,查清事故原因,深查事故隐患,确定事故责任,有针对性地采取各种预防措施。

2004 年四川化工股份有限公司发生事故,造成沱江重大水污染事故。当年年底《水污染防治法》修订工作正式启动,初步确定围绕排污许可证制度、加大处罚力度等主要内容进行“小改”,此时突发水污染事件应对问题并没有被纳入重点修改内容之列。

2005 年 11 月,吉林石化双苯厂发生爆炸,松花江重大水污染事件震惊全国,突发环境事件应急调查和处置体系经受了重大考验。至此,为强化水污染事故应急体系的建设,加强各部门之间的协同与合作,提高水污染事故防范和处理能力,尽可能地避免或者减少同类事故的再度发生,消除或者减轻突发水污染事故造成的中长期影响,最大程度地保护人民群众生命财产安全,决定专门增设“水污染事故处置”一章,并建议在此章中设定以下主要内容:对水污染事故实行分级管理、明确水污染事故应急预案的编制主体和内容、加强对水污染事故应急的组织领导、完善水污染事故报告制度等等。

2007 年 11 月 1 日《突发事件应对法》在全国范围内开始施行,对各种类型突发事件的应对准备、应对处置和事后恢复等内容进行了统一规定。因此,修订工作及时作出相应调整,决定凡是突发事件应对法已经规定的内容,《水污染防治法》不再重复规定,与该法做好充分衔接即可,《水污染防治法》只保留突发水污染事故应急处置的特性内容或者细化内容。因此,《水污染防治法》第六十六条明确提出,各级人民政府及其有关部门,可能发生水污染事故的企业事业单位,应当依照突发事件应对法的规定,做好突发水污染事故应急处置工作。

依据突发环境事件的发生过程、性质和机制,《国家突发环境事件应急预案》将突发环境事件分为三类:第一,突发环境污染事件,包括重点流域、敏感水域水环境污染案件,重点城市光化学烟雾污染事件,危险化学品、废弃化学品污染案件,海上石油勘探开发溢油事件,突发船舶污染事件等。第二,生物物种安全环境事件。第三,辐射环境污染事件。

(三)做好突发水污染事故应急工作的主体

各级人民政府及其有关部门,可能发生水污染事故的企业事业单位,这三类主体都应当依照《突发事件应对法》的规定,做好突发水污染事故的应急准备、应急处置和事后恢复等工作。

(四)水污染事故应对的三个主要阶段

根据《突发事件应对法》和《国家突发环境事件应急预案》的规定,水污染事故的应急处置工作,分为应急准备、应急处置和事后恢复三个主要阶段。

应急准备阶段,首先要求各级人民政府和有关部门制订应急预案;对危险源、危险区域进行调查、登记、风险评估和公布;所有单位应当建立健全安全管理制度;矿山、建筑施工单位和易燃易爆物品、危险化学品、放射性物品等危险物品的生产、经营、储运、使用单位,应当制订具体应急预案;公共交通工具、公共场所和其他人员密集场所的经营单位或者管理单位应当制订具体应急预案;县级以上人民政府应当建立健全突发事件应急管理培训制度；建立或者确定综合性应急救援队伍；建立健全应急物资储备保障制度；建立健全应急通信保障体系等。

应急处置阶段，涉及应急指挥协调、组织协调突发环境事件地区环境应急监测、信息发布、应急人员和受灾群众的安全防护问题等。

应急终止之后，即进入事后恢复阶段。地方各级人民政府应当做好受灾人员的安置工作，组织有关专家对受灾范围进行科学评估，提出补偿和对遭受污染的生态环境进行恢复的建议。另外，应当建立突发环境事件社会保险机制。对环境应急工作人员办理意外伤害保险。可能引起环境污染的企业事业单位，要依法办理相关责任险或者其他险种。

《水污染防治法》第六十七条规定："可能发生水污染事故的企业事业单位，应当制订有关水污染事故的应急方案，做好应急准备，并定期进行演练。

"生产、储存危险化学品的企业事业单位，应当采取措施，防止在处理安全生产事故过程中产生的可能严重污染水体的消防废水、废液直接排入水体。"

本条是对企业事业单位水污染事故应急方案和防止安全生产事故引发环境污染事件的规定，旨在强调企业事业单位应急处置在国家整体应急体系当中的特殊性和重要性。

(1)企业事业单位制订水污染事故应急方案的义务

《突发事件应对法》规定了国家应当建立健全突发事件应急预案体系。其中，国务院制订国家突发事件总体应急预案，组织制订国家突发事件专项应急预案；国务院有关部门根据各自的职责和国务院相关应急预案，制订国家突发事件部门应急预案。地方各级人民政府和县级以上地方各级人民政府有关部门根据有关法律、法规、规章、上级人民政府及其有关部门的应急预案以及本地区的实际情况，制订相应的突发事件应急预案。

但是，应对突发环境事件绝非一级政府或者某一部门力所能及，需要全社会协调一致和共同参与。这其中，企业事业单位的应急处置能力至关重要。在突发事件发生之初，企业事业单位如果能够积极采取措施，有效处置突发事件；将最大限度地降低灾害程度，减少对环境和人民群众生命财产的损害。如果企业事业单位的应急协调组织能力不强、应急措施启动不及时、应急保障不到位，将严重阻碍突发事件应对处置工作的有序开展，延误应急救援时机。因此，本条旨在强调企业事业单位应急处置工作，尤其是"方案先行"的重要性，新增了企业事业单位编制应急方案的内容，强调了企业事业单位具有制订水污染事故应急方案的法定义务。

《水污染防治法》第六十七条第一款规定，可能发生水污染事故的企业事业单位应当编制水污染事故应急方案。针对哪些企业事业单位属于应当编制水污染事故应急方案的主体以及如何确定上述编制主体的问题，《突发事件应对法》第二十条作出了概括性规定："县级人民政府应当对本行政区域内容易引发自然灾害、事故灾难和公共卫生事件的危险源、危险区域进行调查、登记、风险评估，定期进行检查、监控，并责令有关单位采取安全防范措施。省级和设区的市级人民政府应当对本行政区域内容易引发特别重大、重大突发事件的危险源、危险区域进行调查、登记、风险评估，组织进行检查、监控，并责令有关单位采取安全防范措施。县级以上地方各级人民政府按照本法规定登记的危险源、危险区域，应当按照国家规定及时向社会公布。"如果可能发生水污染事故的企业事业单位不按照规定制订水污染事故的应急方案，县级以上人民政府环境保护主管部门将责令其改正;情节严重的,还将处2万元以上10万元以下的罚款。

(2)《水污染防治法》第六十七条第二款规定:"为生产、储存危险化学品的企业事业单位特别规定的义务性条款,要求其采取措施,防止在处理安全生产事故过程中,将产生的可能严重污染水体的消防废水、废液直接排入水体。"

根据《突发事件应对法》第十七条、第二十条,《水污染防治法》第六十八条相关规定,企业事业单位发生事故或者其他突发性事件,造成或者可能造成水污染事故的,应当立即启动本单位的应急方案,采取应急措施,并向事故发生地的县级以上地方人民政府或者环境保护主管部门报告。环境保护主管部门接到报告后,应当及时向本级人民政府报告,并抄送有关部门。

造成渔业污染事故或者渔业船舶造成水污染事故的,应当向事故发生地的渔业主管部门报告,接受调查处理。其他船舶造成水污染事故的,应当向事故发生地的海事管理机构报告,接受调查处理;给渔业造成损害的,海事管理机构应当通知渔业主管部门参与调查处理。本条是对水污染事故发生后的应急措施的规定。《水污染防治法》第六十八条是在1996年《水污染防治法》第二十八条基础上修改而成的,主要修改了以下三点内容:

第一,启动应急措施的情形由原法条的"排放污染物超过正常排放量,造成或者可能造成水污染事故的",修改为只保留"造成或者可能造成水污染事故的"。

原因在于,原有规定将超标排污作为造成或者可能造成突发水污染事故的前提条件,无形中大大缩小了诱因的范围。事实上,水污染事故的发生并不都是基于企业事业单位的超标排污行为,化工厂爆炸,装运酸液、碱液、剧毒废液的车辆发生翻车事件等生产、运输环节的突发事件甚至自然灾害等,均是可能导致发生水污染事故的重要原因。因此,在对本条进行修订时,删除了"排放污染物超过正常排放量"的表述,规定不论何种原因造成或者可能造成水污染事故的,企业事业单位都应当立即启动应急方案,采取应急措施,并向事故发生地的县级以上地方人民政府或者环境保护主管部门报告。

第二,强调了"启动本单位应急方案"的内容。1996年修订《水污染防治法》之时,并未要求企业事业单位编制水污染事故应急方案。《水污染防治法》第六十七条特别新增了企业事业单位编制水污染事故应急方案的规定,而本条是对实际存在水污染事故或者水污染事故风险之时企业事业单位应急程序的规定,启动应急方案无疑是第一个步骤,这也与《水污染防治法》第六十七条形成了衔接和呼应。

第三,对企业事业单位报告的对象进行了修改。原条文规定"企业事业单位应当向当地环境保护部门报告",而本次修订中,新增"事故发生地的县级以上地方人民政府"为报告的对象,也就是说,企业事业单位具有选择权,或者向事故发生地的县级以上地方人民政府报告,或者向事故发生地的县级以上地方环境保护主管部门报告。如果选择向部门报告,那么环境保护主管部门在接到报告后,应当及时向本级人民政府报告,并抄送有关部门。

二、水污染事故的初报程序和职能划分

(一)水污染事故的初报程序

根据《国家突发环境事件应急预案》的规定,突发环境事件的报告分为初报、续报和

处理结果报告三类。《水污染防治法》第六十八条第一款和第二款均针对水污染事故应急报告的初报程序进行了详细规定。在造成或者可能造成水污染事故时,通常情况下是向环境保护主管部门报告,但是根据职能划分,部分水污染事故需由渔业主管部门或者海事管理机构负责调查处理,因此应当向事故发生地的渔业主管部门或者海事管理机构报告。

渔业主管部门负责调查处理两类水污染事故:其一为造成渔业污染事故的;其二为渔业船舶造成水污染事故的。而海事管理机构负责调查其他船舶造成的水污染事故,给渔业造成损害的,海事管理机构应当通知渔业主管部门参与调查处理。

(二)接到水污染事故报告的部门负有抄送有关部门的义务

《水污染防治法》第六十八条第一款规定,在环境保护主管部门接到报告后,应当及时向本级人民政府报告,并抄送有关部门。因此,按照同样的立法理念和立法目的,在向渔业主管部门或者海事管理机构报告后,这些部门也应当及时报告本级人民政府,并向包括环境保护主管部门在内的相关部门抄送有关情况。

(三)造成或者可能造成水污染事故时,均需要启动应急报告程序

《水污染防治法》第六十八条第一款明确规定,企业事业单位发生事故或者其他突发性事件,造成或者可能造成水污染事故时,均需要向事故发生地的县级以上地方人民政府或者环境保护主管部门报告。但是,在第二款当中,并未明确使用"造成或者可能造成"的表述形式。然而,根据本条的立法目的,仍然应当将可能造成渔业污染事故、渔业船舶可能造成水污染事故以及其他船舶可能造成水污染事故三种情形包括在其中。

三、发生水污染事故报告的时限

根据《环境保护行政主管部门突发环境事件信息报告办法(试行)》(环发〔2006〕50号)的规定,突发环境事件责任单位和责任人以及负有监管责任的单位发现突发环境事件后,应在1小时内向所在地县级以上人民政府报告,同时向上一级相关专业主管部门报告,并立即组织进行现场调查。紧急情况下,可以越级上报。

负责确认环境事件的单位,在确认重大(Ⅱ级)环境事件后,1小时内报告省级相关专业主管部门,特别重大(Ⅰ级)环境事件立即报告国务院相关专业主管部门,并通报其他相关部门。

地方各级人民政府应当在接到报告后1小时内向上一级人民政府报告。省级人民政府在接到报告后1小时内,向国务院及国务院有关部门报告。重大(Ⅱ级)、特别重大(Ⅰ级)突发环境事件,国务院有关部门应立即向国务院报告。

水利部《重大水污染事件报告办法》第七条规定:"各级水行政主管部门发现或得知重大水污染事件后,应在1小时内上报上一级水行政主管部门和当地人民政府,经领导同意后可用电话简要报告;并立即调查有关情况,按照统一表格登记,将有关情况、采取或需要采取的措施及时报上一级水行政主管部门"。

省级水行政主管部门在确认重大水污染事件后,应在1小时内将情况、采取措施及时报水利部,并通报相关流域管理机构。

流域管理机构发现或得知重大水污染事件后,应在1小时内上报水利部并通报相关省级人民政府,经领导同意后可用电话简要报告;并立即调查有关情况,按照统一表格登记,将有关情况、采取或需要采取的措施及时报上一级水行政主管部门。

因此,造成或者可能造成水污染事故时,企业事业单位应当在1小时内向规定的人民政府或者主管部门报告。

第四节　水污染事故中应急监测

一、水污染事故中应急监测的概况及特点

应急监测对于防范突发性水污染事故,在事前预防、事中检测到事后恢复的各个过程中均起着重要的作用。只有通过应急监测,才能为事故处理决策部门快速、准确地提供引起事故发生的污染物质类别、浓度分布、影响范围及发展态势等现场动态资料信息,为事故处理快速、正确决策赢得宝贵的时间,为有效地控制污染范围、缩短事故持续时间、将事故的损失减到最小提供有力的技术支持。

(一)水污染事故中应急监测概况

西方发达国家很早就开展了环境应急监测,并就应急监测程序控制和应急监测技术进行了大量的研究,在水污染事故定性、风险评价、事故发展预测等方面开展了大量工作,建立了信息系统,采取了一些应急措施。我国各级政府水利、环保和卫生、城市管理等部门都设立了监测机构,一些大学、研究机构也有一定的监测力量,国家在江河流域设立的流域管理机构也组建了水质监测站网。长期以来,我国监测机构在水质监测方面主要以常规监测为主,对突发性水污染事件的应急监测起步较晚,与国外发达国家相比差距较大。20世纪末,随着我国经济社会的快速发展,水污染事故大量出现,特别是松花江水污染事件和太湖藻类污染事件等重大水污染事件的发生,对应急监测的需求开始显现并急剧上升。水利、环保等部门根据形势需要,及时调整了水环境监测机构的职能,将水污染事件应急监测作为这些监测机构的重要职责,并对监测机构的监测工作提出了明确要求。近20年来,我国在突发性水污染事件应急监测方面开展了一些研究,一些部门、机构制订了应急监测工作手册、工作指南或响应预案,同时积极参与应急监测工作实践,取得了明显进步,发挥了积极作用。

(二)应急监测特点

突发性水污染事件最大的特点在于突发性和危害性。由于可能发生水污染事件的主体多样,且分布广泛,点多线长,导致水污染事件发生的原因也多种多样,使得事件的发生难以预料,发生的时间和地点具有不确定性,污染物的类型、数量、危害方式和环境破坏能力也难以确定,可预料性差。同时,由于事发突然,危害强度大,不仅可能造成严重的直接后果,对社会安定也会产生严重影响。因此,必须快速、及时、有效地处理。

(1)及时。突发性水污染事故一旦发生,不管采取何种方法与手段,把事故的危害降到最低程度是其唯一目的。及时发现水污染事件,提供水污染事件发展情况的基本数据,对政府及有关部门制订应急处置方案、采取适当措施非常重要。及时,是对处置事件措施而言的,指要能为政府发布预警公告、进行人群疏散和采取消除或减轻污染危害的必要措

施预留足够的时间。针对不同的事件和事件发展的不同阶段,有不同的及时性要求。特别是对供水水源地等特别需要保护的地点,及时性的要求尤其高。

(2)快速。水污染事件特别是突发事故的特点要求事件发生后,进行快速的监测。其中包括三部分:一是指应急监测人员能快速赶赴现场,或者应急监测人员能快速取回水样;二是指根据事件现场的具体情况利用快速监测手段判断污染水团的大小、污水团行进的速度和污染物的种类与浓度,需要在实验室分析时能快速测出结果,要根据不同事件的具体情况选择采用特定的快速监测方法,给出定性、半定量和定量监测结果,只要能够大致确认污染事故的危害程度和污染范围等即可,并不一定要得到非常精确的数据;三是指监测数据要能够快速回传至指挥机关,在快速发展的信息化时代,这个要求非常突出。

二、水污染事故中应急监测的组织实施

应急监测组织是否有效直接决定着应急监测的效果。根据不同地区不同区域成立应急调查小组,应急监测小组负责应急监测工作的有效进行,应急调查、应急监测小组要履行好以下职责。

(一)应急调查小组职责

现场应急调查小组由水环境监测中心(分中心)、应急办公室及相关业务部门组成,其职责如下:

(1)应急监测程序启动后,以最快的方式赶赴现场进行调查,初步判断污染物的种类、性质、危害程度以及受影响的范围,制订初步应急监测实施方案。

(2)及时向指挥机构领导小组报告现场情况,根据现场情况,提出处理建议。

(二)应急监测小组职责

现场应急监测小组由水环境监测中心(分中心)、应急办公室及相关业务部门组成,其职责如下:

(1)负责应急监测仪器设备、防护设备、车辆、通信照明器材、耗材、试剂的日常维护、保养和保障、准备工作,保证处于应急监测待命工作状态。

(2)负责储备特征污染物和常见污染物的快速监测方法,做到有备无患。

(3)应急监测程序启动后,以最快的方式赶赴现场实施采样、监测工作,迅速监测水质及水位、流量、流速等。

(4)负责鉴定、识别、核实污染物的种类、性质、危害程度及受影响的范围。

(5)迅速分析水样,及时报出监测结果。进行调查,初步判断污染物的种类、性质、危害程度以及受影响的范围,制订初步应急监测实施方案。

(6)对短期内不能消除、降解的污染物进行跟踪监测。

三、水污染事故中应急监测程序

(一)应急监测启动

获知突发性水污染事件后,应急监测指挥机构立即启动应急监测工作程序,下达应急监测指令,通知事件发生地及事件有可能影响区域水环境监测中心,迅速组成应急监测小组,做好应急准备工作。

（二）应急监测的时限

应急监测要求应急监测的时限包括应急监测方案提出的时限、应急监测设备进入应急状态的时限和实验室实验分析的时限。一般地，应急监测实施方案的制订应当尽量缩短时间，在启动应急预案后的短时间内完成，经应急监测指挥机构领导小组审查批准后，下达有关应急监测部门执行。

（三）应急监测准备

相关的监测成员在得到通知后以不超过40 min时间，按应急监测值班领导提供的信息进行应急监测仪器及相关配件、采样器具、试剂药品、通信设备装车工作，并提出初步的应急监测应对措施，装车完成后立即赶往事发地。应急监测部门接到应急监测方案后，应迅速启用各种应急措施，迅速进入应急状态。

（四）现场采样与监测

应急监测小组人员到达现场后，应急办公室应根据现场情况在最短的时间内对应急监测方案进行审核，根据应急监测相关技术的要求确认监测对象、监测点位、监测项目、监测频次等，报应急监测指挥机构领导小组批准实施。

现场应急监测小组采样监测人员进入污染事故现场后，按照应急监测方案和技术规范的要求对可能被污染的水体进行全过程水量、水质动态监控，随时掌控污染事故的变化情况，在水污染危害社会、影响公众生命财产安全的情况下，必须快速提供应急监测分析结果，并将监测结果报应急办公室。

现场采集的样品，要做唯一性标志，采样人员应在现场填写采样原始记录表。现场采样应尽量在事故责任方、受害方及当地政府均有代表在场的情况下进行。三方代表均应在采样原始记录表上签字。样品分析结束后，剩余的样品应在污染事故处置妥当之前按技术规范要求予以保存。

（五）应急监测报告

对重大突发性水污染事件应急监测编报的水环境监测快报，采用文字型（可附图表数据说明）一事一报的方式，分为速报、确报、影响期间内动态报告和处理结果报告。速报指获知事件发生信息、发现异常情况或重大隐患30 min以内上报；确报指在查清有关基本情况后立即上报；动态报告指在水污染事件影响期间内连续编制各期快报；处理结果报告指在水污染事故处理完后立即上报。

（六）跟踪监测

应急监测跟踪期间，监测频次视污染程度、影响范围而定，通常不应低于每日4～6次，必要时实行连续监测，并根据水流情况实行跟踪监测，并编写应急监测快报。

（七）应急监测终止

应急监测应在接到上级主管部门突发性水污染事件应急监测指挥机构领导小组的应急监测终止的指令后，由应急办公室宣布应急监测终止，并根据事故现场情况安排正常的水环境监测或跟踪监测。

（八）开展突发性水污染事故隐患调查

防止突发性水污染事故，关键在于预防与防治相结合。因此，开展突发性水污染事故隐患调查，可为有重点地开展各种防范工作并建立运行有效、行动快速的突发性水污染事故监测、处置等奠定坚实的基础。脆弱性评价则是在隐患调查等基础上,对水资源可能存在的危险或者受到一个或多个胁迫因素影响后,对不利后果出现的可能性作出的进一步评估。

第十章　水文管理制度

第一节　水文管理制度概述

一、水文工作基本概况

所称水文工作,是指为防汛抗旱,水资源规划、开发、利用、保护和管理而进行的水资源监测、评价等基础性工作,主要包括:组织对江、河、湖、库及地下水的水量、水质进行监测,开展水文水资源情报预报、水文水资源调查评价、水环境影响评价等。

水文工作是水利工作的重要基础和技术支撑,是国民经济和社会发展不可缺少的基础性公益事业。水文工作通过对水位、流量、降水量、泥沙、蒸发、地下水水位及水质、墒情等水文要素的监测和分析,对水资源的量、质及其时空变化规律的研究,以及对洪水和旱情的监测与预报,为国民经济建设、防汛抗旱,水资源的配置、利用和保护提供基本信息与科学数据。

我国水文工作的现状与国民经济和社会持续健康发展的要求不相适应,存在一些亟待解决的问题:一是水文站网的建设与管理不规范,影响了水文水资源的监测工作;二是水文水资源监测资料的使用与管理不统一,影响了水文资料的科学性、规范性和权威性;三是水文工作经费投入不足,影响了水文事业的健康和持续发展;四是水文服务领域不宽,影响了水文工作在经济建设和社会发展中发挥更大的作用。为了解决上述问题,根据《水法》、《防洪法》,2007 年 4 月 25 日,国务院发布了《中华人民共和国水文条例》(国务院令第 496 号,以下简称《水文条例》),并于 2007 年 6 月 1 日起施行。《水文条例》的颁布实施,对于加强水文管理、规范水文工作、保障和推进可持续发展水利,起到了很大的促进和保障作用。

《水文条例》明确了水文工作在国民经济建设中的地位和作用,对水文工作的性质和管理体制、水文规划与建设、水文情报预报和监测、水文资料管理、水文监测环境和设施保护等方面作出了明确规定,这对水文更好地为水利以及为经济社会发展服务,对于发挥水文站网的整体功能,确保水文资料的完整性、可靠性、一致性,加强水文设施的保护,起到了很大的促进和保障作用。

《水文条例》的颁布实施,填补了我国水文立法的空白,标志着我国水文事业进入有法可依、规范化管理的新阶段,是中国水文发展史上的重要里程碑。《水文条例》的颁布实施,也对规范水文工作,促进水文事业健康发展,充分发挥水文工作在国民经济和社会发展中的重要作用产生了深远的影响。《水文条例》明确了水文事业作为国民经济和社会发展基础性公益事业的法律地位,规定了保障水文事业发展的基本措施,要求县级以上人民政府应当将水文事业纳入本级国民经济和社会发展规划,所需经费纳入本级财政预算。

二、水文管理体制与原则

(一)水文管理体制

新中国成立以来,我国水文工作的管理体制曾经历了三次下放和上收,从水文工作由原水电部直接管理,直至将水文测站下放到县,甚至原人民公社管理。管理体制的频繁变动,削弱了对水文工作的管理,造成工作职能脱节,水文队伍不稳,导致水文资料缺失、系列中断,严重影响了水文资料的质量成果,给水文事业的稳定发展带来很多困难,也给国家造成很大损失。通过总结几十年来水文管理体制的教训,目前水文工作实行中央和省级两级管理、流域管理和区域管理相结合的体制。同时,为了解决市(地)、县水文机构与当地政府管理相脱节,既制约水文事业发展,又影响水文为当地经济社会发展提供及时的服务、难以满足当地发展需求的问题,实行省级水行政主管部门与市(地)、县人民政府的双重领导,使水文工作也纳入到当地政府工作中。实践证明,这样的管理体制是成功的,符合水文工作的特点,有利于促进水文事业的健康稳定发展。为此,《水文条例》第四条对水文管理体制作出了规定,为进一步加强水文管理,促进水文事业的健康稳定发展,更好地为经济发展服务,提供了组织和制度上的保障。

(1)统一管理。《水文条例》第四条第一款规定:"国务院水行政主管部门主管全国的水文工作,其直属的水文机构具体负责组织实施管理工作。"这是《水文条例》关于水文管理体制的规定。即水利部是全国水文行业主管机关。

(2)授权管理。《水文条例》第四条第二款规定:"国务院水行政主管部门在国家确定的重要江河、湖泊设立的流域管理机构,在所管辖范围内按照法律、水文条例规定和国务院水行政主管部门规定的权限,组织实施管理有关水文工作。"这是《水文条例》关于行政区域水文工作分级管理的法律依据。

(3)分级管理。《水文条例》第四条第三款规定:"省、自治区、直辖市人民政府水行政主管部门主管本行政区域内的水文工作,其直属的水文机构接受上级业务主管部门的指导,并在当地人民政府的领导下具体负责组织实施管理工作。"这是《水文条例》授权在重要江河、湖泊所设立流域管理机构从事水文行业管理的法律依据。

(4)分级管理与区域管理的规定。《水文条例》第四条第四款规定:"省、自治区、直辖市人民政府水行政主管部门管理的水文测站,对流域水资源管理和防治水害有重大作用的,业务上应当同时接受流域管理机构的指导和监督。"这是《水文条例》规定的水文行业分级管理与区域管理相结合的规定。

从实践来看,水文工作实行单一的省级管理体制,存在着一些弊端:一是由于省级统管,根据地方经济发展需求对水文工作的全面规划、统筹安排不够,限制了地方水文事业的发展,满足不了地方经济和社会发展的需要;二是在投入与管理上,一方面,省级投入不足,管理也难以到位,另一方面,市(州)、县(市、区)对水文发展的投入与管理又存在体制性障碍;三是随着水行政主管部门对水资源统管地位的进一步确立和水务一体化步伐的加快,以行政区划为基本单元的水资源管理体制将得到进一步加强,而现行单一的省级管理体制又影响和制约了水文为地方提供更有效的服务。

(二)水文管理原则

水文管理是我国水利事业的基础,必须遵循一定的管理原则,归纳起来,主要有以下原则:

(1)水文要与国民经济和社会发展相适应并适当超前发展原则。水文工作是国民经济和社会发展的一项基础性工作,对水资源的开发利用与保护起着排头兵的作用,也是防汛抗旱的尖兵与耳目。在国民经济建设和社会发展过程中,国民经济的各行各业都离不开水资源,尤其是基础性产业,如水力发电、农田灌溉、防洪排涝、河道整治、水土保持、水产养殖、城市工矿业等,人们的日常生活也一刻离不开水。由于水资源在时间、空间上的分布不均以及国民经济和社会发展对水资源的需要,导致了不同地区的水资源的供需矛盾日渐突出,为了满足国民经济和社会发展对水资源的需要,改变水资源在时间和空间上的分布,就必须认识水资源在我国的时间、空间上的分布规律、运动规律,搞好水利基础工作即水文工作。因此,水文工作要与国民经济和社会发展相适应。此外,为了提高防御自然灾害尤其是洪涝灾害的能力,就应当健全防洪预警体系。所以,水文工作还要适当超前发展。

(2)实行水文资料审定制度,提高水文资料的可靠性。虽然我国《水文管理暂行办法》第十六条规定了四种情况下所使用的水文资料应当经过审定,但是目前我国水文资料的管理现状是:工程项目、水利项目和其他水事活动等随意引用水文资料的现象比较普遍,有的甚至引用未经整编的测站资料。这种状况实际上对我们的水利工程项目和其他项目与水事活动有百害而无一利,也不利于我国的水文工作。因为未经审定的水文资料在使用的过程中若出现了问题,谁来承担其法律责任,而且未经审定的水文资料其可靠性、代表性和权威性无法体现。实行水文资料审定制度的目的,就是消除使用者的顾虑,提高水文资料的可靠性、代表性和权威性,以及当出现资料有问题时,有人承担相应的法律责任,同时也是依法治国、依法行政的重要内容。

(3)实行水文资料有偿使用制度。有偿使用制度,是我国有偿使用水资源的一个重要组成内容,因为无论是流域管理机构所收集的重要江河、湖泊及其主要支流的水文资料,还是省、自治区、直辖市水行政主管部门收集的水文资料,都是国家每年花费巨资的“产出”,是我国水资源存在、运行情况的基本反映。实行水文资料有偿使用制度、建立良性的水文资料运用机制,是社会主义市场经济规律的需要与反映。

第二节 水文管理的内容

根据《水文条例》的规定,水文管理的内容有以下几个方面。

一、制定水文专业规划

制定水文专业规划,必须遵循法定的编制原则、编制程序和修改程序。全国水文专业规划,只能由水利部负责组织编制,并报国务院批准后组织实施。各流域机构组织编制本流域指定范围内的水文专业规划,报水利部批准后组织实施。省、自治区、直辖市水行政主管部门,组织编制所管辖范围内的水文专业规划,报同级人民政府批准后组织实施,并报水利部备案。

《水文条例》第八条规定："国务院水行政主管部门负责编制全国水文事业发展规划，在征求国务院有关部门意见后，报国务院或者其授权的部门批准实施。

"流域管理机构根据全国水文事业发展规划编制流域水文事业发展规划，报国务院水行政主管部门批准实施。

"省、自治区、直辖市人民政府水行政主管部门根据全国水文事业发展规划和流域水文事业发展规划编制本行政区域的水文事业发展规划，报本级人民政府批准实施，并报国务院水行政主管部门备案。"

本条是关于水文发展规划的编制和审批的规定。

水文工作是国民经济建设和社会发展的一项重要基础工作，同时又是必须要适度超前发展的重要前期工作，几乎所有基础设施建设都需要涉及水文信息作为设计依据，因此水文事业的发展应当与国民经济和社会发展相协调。水文工作与其他行业一样，应当在社会经济发展规划和水利发展规划的前提下，编制其发展规划，根据规划内容持续不断地做好水文工作。水文基本业务与其他水利单位相比具有超前性和相对独立性，其发展规划具有系统性和广泛的社会性，省级水文发展规划应当由省人民政府水行政主管部门负责编制，并报省人民政府批准后组织实施。编制水文发展规划的具体工作可由水行政主管部门所属的水文管理机构承担。

《水文条例》第十七条规定："省、自治区、直辖市人民政府水行政主管部门管理的水文测站，对流域水资源管理和防灾减灾有重大作用的，业务上应当同时接受流域管理机构的指导和监督。"

水文专业规划是全国水利规划的一项重要的子规划，是全国水文事业建设与发展的重要依据。水文专业规划的内容主要包括水文勘测、水文情报预报、水资源评价、水文计算、水文科技发展与职工教育、站队结合和职工队伍建设等。《水文条例》第十条规定："水文事业发展规划主要包括水文事业发展目标、水文站网建设、水文监测和情报预报设施建设、水文信息网络和业务系统建设以及保障措施等内容。"本条是《水文条例》关于水文发展规划主要内容的规定。

《水文条例》第九条规定："水文事业发展规划是开展水文工作的依据。修改水文事业发展规划，应当按照规划编制程序经原批准机关批准。"本条是《水文条例》关于修改水文事业发展规划，应当按照规划编制程序经原批准机关批准的规定。

（一）水文站网规划

水文站网是水文工作的基础，水文站网规划在水文事业发展中有着重要的地位和作用。《水文条例》第十一条规定："国家对水文站网建设实行统一规划。水文站网建设应当坚持流域与区域相结合、区域服从流域，布局合理、防止重复，兼顾当前和长远需要的原则。"本条是《水文条例》关于国家对水文站网建设实行统一规划的规定。本条所称水文站网，是指在流域或者区域内，由适当数量的各类水文站构成的水文资料收集系统。为了适应开发、利用、保护、管理水资源，防治水旱灾害和保护生态环境等社会经济活动的需要，在一定地区，按一定原则，收集某一项水文资料的水文测站构成该项目的水文站网，如流量站网、水位站网、泥沙站网、雨量站网、水面蒸发站网、墒情站网、水质站网、地下水观测井网等。各单项水文站网彼此之间相辅相成，形成整体水文站网功能。

水文站网规划要综合各方面的因素，建设一套布局合理、整体最优、经济实用的水文资料收集系统，既要满足当前社会的需要，也要满足为探求长期水文要素变化规律积累长系列水文资料的要求。《水文条例》明确规定了水文站网建设兼顾当前和长远需要，根据社会、经济、自然条件等实际情况的变化作适时的调整。不同时期，社会状况、国民经济建设的重点将有所变化，对水文信息的需求也就不同。另外，随着时间的推移，自然地理特征、河流或区域的水文特性也会发生一定的改变，水文站网也应随之进行调整。水文站网的调整应符合国家和省水文站网规划。水文站网调整的目的是更好地满足社会的需要，提高水文站网的整体功能，即使由于客观原因(如工程建设的影响)需要对部分水文测站进行裁撤、迁移、改级的，也必须采取相应的补救措施，保证水文站网整体功能的发挥。水文站网裁撤是指经水文站网规划分析，水文测站全部或部分观测项目所采集的水文资料能够满足推求水文要素变化规律及其相关关系，已达到设站目的，不需再继续观测，或由于受人类活动影响已失去原设站功能，且无条件采取补救措施，应当裁减部分观测项目或撤销其水文测站。水文测站迁移是指经水文站网规划分析或其他因素的影响，失去原设站功能或设站条件，需异地继续观测的各类水文测站。水文测站改级是指经水文站网规划分析，一些水文测站需改变原设站功能，其级别也随之发生改变，如水文站降级为水位站，水位站升级为水文站等。

(二)水文站网建设

国家基本水文站网是指由国家统一规划实施，所收集的资料收入国家基本水文数据库的水文站网。为保证水文资料系列的长期性、一致性，国家基本水文站网相对稳定，建设标准也相对较高。其他基本水文站网是指在国家基本水文站网的基础上，根据地方需要规划布设的水文站网。《水文条例》第十二条规定："水文站网的建设应当依据水文事业发展规划，按照国家固定资产投资项目建设程序组织实施。"本条是对水文站网的建设应当依据水文事业发展规划的规定。

水文站网建设是指《水文条例》所规定批准实施的水文站网规划的建设内容，包括水文测站和水文巡测队的基础设施建设与技术装备。水文基础设施是指水文测站和水文巡测队开展水文生产所必须建设的设施，包括各种水文要素观测设施，测验断面设施，生产生活用房，供电、给排水、取暖、通信、交通以及相应附属设施等。水文要素观测设施主要有水位、流量、泥沙、水质、地下水、降水、墒情、蒸发观测设施等。水文技术装备是指为满足生产需要而配置的仪器、设备、工具及各种应用软件等。

(三)水文站网的管理

《水文条例》第十三条规定："国家对水文测站实行分类分级管理。水文测站分为国家基本水文测站和专用水文测站。国家基本水文测站分为国家重要水文测站和一般水文测站。"本条是关于国家对水文测站实行分类分级管理的规定。

《水文条例》第十四条规定："国家重要水文测站和流域管理机构管理的一般水文测站的设立和调整，由省、自治区、直辖市人民政府水行政主管部门或者流域管理机构报国务院水行政主管部门直属水文机构批准。其他一般水文测站的设立和调整，由省、自治区、直辖市人民政府水行政主管部门批准，报国务院水行政主管部门直属水文机构备案。”本条是关于基本水文站网内测站调整和改建的规定。为监测和探求流域或区域水文要素变化规律，必须保证基本水文资料系列的完整性、一致性和长期性，因此基本水文站网应保持稳定，不得随意裁撤、迁移、改级基本水文站网内的水文测站。

《水文条例》第十五条规定：“设立专用水文测站，不得与国家基本水文测站重复；在国家基本水文测站覆盖的区域，确需设立专用水文测站的，应当按照管理权限报流域管理机构或者省、自治区、直辖市人民政府水行政主管部门直属水文机构批准。其中，因交通、航运、环境保护等需要设立专用水文测站的，有关主管部门批准前，应当征求流域管理机构或者省、自治区、直辖市人民政府水行政主管部门直属水文机构的意见。”本条是关于设立专用水文测站的规定。有关单位因科学研究、工程建设与运行管理等需要设立水文测站的，应避免与基本水文测站重复，而且要符合水文技术规范要求。本条所指的水文测站，既包括单个建有固定水文测验设施的水文站点，如水文站、水位站、水质站、雨量站、蒸发站、地下水观测井、墒情站等。在有些行政区域内，国土资源部门建有地下水观测井网、电力部门建有水库水情自动测报系统、环境保护部门在一些河流或水库湖泊等水体上建有水质监测系统、气象和一些地方防汛部门建有雨量站网、一些大型灌区或农业生产部门建有为水资源调配需要的水文站网，等等。这些水文测站的建设是为了本部门工作的需要，但应当避免与基本水文测站重复，同时在建设时必须符合水文技术规范的要求。

二、水文勘测

水文勘测是研究如何布设水文(位)站网，通过其长期的定位观测收集准确的、有代表性的基本水文资料，并通过水文调查，在短期内对水文现象有影响的自然地理、气象特征、洪水枯水、特定暴雨和人类活动等特征资料进行调查，并按照一定的整理标准将其整编出来，以供国民经济和社会发展使用。水文勘测的主要内容，包括对地表水、地下水的水量、水质等项目的观测、调查和资料整编。

三、水文计算

根据长期实测以及调查所得的水文资料，加以科学的统计，并结合成因分析，推估未来长期的，如几十年或者几百年的水文情势，为水事活动和国民经济的其他工矿业的规划与设计提供合理的标准。在水文分析计算成果的基础上，根据设计来水和用水的情况，进行水量调节计算与经济论证，对水利工程和其他工矿业工程的位置、规模、工作情况提出经济合理的设计，以满足综合利用水资源的要求。

四、水文情报预报

《水文条例》规定了水文监测与预报制度。从事水文监测活动应当遵守国家技术标准、规范和规程，使用符合要求的技术装备和经检定合格的计量器具。有关水文测站应当及时、准确报告水文情报预报，水文情报预报应当按照权限统一发布。

《水文条例》第二十一条规定：“承担水文情报预报任务的水文测站，应当及时、准确地向县级以上人民政府防汛抗旱指挥机构和水行政主管部门报告有关水文情报预报。”这是《水文条例》对承担水文情报预报任务的水文测站，应当及时、准确地报告有关水文情报预报的规定。

水文情报预报在抗洪抢险、抗旱、防治水污染工作中至关重要，是科学防控和决策调度的重要依据。水文情报预报必须做到两条：一是正确，二是及时。要做到这两条，需积累大量的水文资料，综合降水、蒸发、水位、流量等多方面信息，经过分析计算编制成某流域的水文水资源预报方案。根据预报方案和实时采集的水文水资源及水利工程运用信息，经科学分析和计算作出较准确的洪水、墒情、水质等预报。

（1）水文情报，是指水文测站向各级人民政府防汛抗旱机构和水行政主管部门报告雨情、水情、墒情、地下水、水质、蒸发等水文信息。

（2）水文预报，是指水行政主体根据实测和调查所得的资料，在研究过去水文现象变化规律的基础上，预报未来短期内或中长期，如几天、几个月内的水文情势，为党政军领导机关的防汛抗旱决策和水利工程与其他工程项目的施工、管理运用提供依据。

（3）水文情报预报，由各级人民政府防汛抗旱机构、水行政主管部门或其授权的水文机构负责向社会发布，其他部门和单位不得发布。

（4）水文水资源情报，是指对河流、湖泊、水库和其他水体的水文及有关要素（主要指降水量、水位、流量、泥沙、蒸发、墒情、水温、地下水、水质等）现时情势变化的及时报告。水文水资源预报是指根据前期或现时已出现的水文气象等信息，运用水文学、气象学、水力学的原理和方法，对河流、湖泊、水库等水体未来一定时段内的水文情势作出定量或定性的预报。水文管理机构应按照《水文测验规范》、《水文自动测报系统规范》、《水文情报预报规范》、《水文情报预报拍报办法》和《水环境监测规范》等有关技术标准要求，通过人工观测或水文自动测报系统及时准确地采集水文要素信息。水文水资源情报专指为防汛、抗旱等需要，按规定任务而有选择地收集、发送水文要素信息。从水文要素的范围和空间分布看，水文水资源情报只是整个水文信息的一部分。

《水文条例》第二十二条规定："水文情报预报由县级以上人民政府防汛抗旱指挥机构、水行政主管部门或者水文机构按照规定的权限向社会统一发布。禁止任何其他单位和个人向社会发布水文情报预报。

"广播、电视、报纸和网络等新闻媒体应当按照国家有关规定和防汛抗旱要求，及时播发、刊登水文情报预报，并标明发布机构和发布时间。"

这是《水文条例》对水文管理机构应当从事水文水资源情报预报工作的规定，并要求有关部门和单位应当及时向水文管理机构提供水文信息，同时对水文水资源情报预报发布制度进行了规范。本条第一款是对水文情报预报进行统一发布的规定。减轻洪涝、干旱灾害有两类措施，一类为工程措施，是按照人们的要求以修建工程的手段，如修建水库和蓄滞洪区、开挖河道和加固堤防、兴建塘坝等，称为改造自然措施；另一类是非工程措施，其中水文情报预报是一项非常重要的手段。力求改变灾害的影响，以达到减少灾害损失的目的，也可称之为适应自然的措施。第二款是对向社会传播水文情报预报的规定。防洪、抗旱关系到国民经济持续发展和人民生命财产的安全与社会的稳定。水文情报预报在抗洪抢险、抗旱、防治水污染工作中发挥着耳目和参谋作用。电视、电台、报纸、网站等传播媒体向社会公布水文情报预报时，应当使用县级以上人民政府防汛抗旱指挥机构、水行政主管部门或者其授权的水文管理机构统一发布的水文情报预报，并标明发布时间和发布主体，以免发生误传而造成不良的社会影响。鉴于水文情报预报的重要性、复杂性和极强的专业性，并且社会影响大，因此本条规定水文情报预报，除县级以上地方人民政府防汛抗旱机构、水行政主管部门或者其授权的水文管理机构，其他任何单位和个人不得向社会发布。

五、水文资料的汇交保管与使用

《水文条例》规定了水文监测资料的汇交、保管、公开、保密和使用制度。从事水文监测的单位应当向水文机构汇交监测资料。水文机构应当妥善存储、保管并加工整理监测资料。基本水文监测资料应当依法公开。水文资料属于国家秘密的，对其密级的确定、变更、解密等依照国家有关规定执行。重要规划编制、重点项目建设、水资源管理等使用的监测资料应当经水文机构审查。

《水文条例》第二十五条规定："国家对水文监测资料实行统一汇交制度。从事地表水和地下水资源、水量、水质监测的单位以及其他从事水文监测的单位，应当按照资料管理权限向有关水文机构汇交监测资料。

"重要地下水源地、超采区的地下水资源监测资料和重要引(退)水口、在江河和湖泊设置的排污口、重要断面的监测资料，由从事水文监测的单位向流域管理机构或者省、自治区、直辖市人民政府水行政主管部门直属水文机构汇交。

"取用水工程的取(退)水、蓄(泄)水资料，由取用水工程管理单位向工程所在地水文机构汇交。"

水文资料整编，是指将测验、调查和室内分析所取得的各项原始资料，按照科学的方法、法定的技术标准、统一的格式，进行分析、推算、统计，提炼成为系统的便于使用的整编成果。水文资料整编依工作方式的不同通常有手算、电算两种，但是无论何种整编方式，都要经过测站整编、审查、复审、验收和汇刊五个工作阶段。

水文资料的整编成果，通常是以水文年鉴的形式表现出来的。而水文年鉴是一种逐年刊印的资料，是以统一的、科学的图表形式表达出来的整编成果。其内容主要是当年实测的、经过严格整编审查的、普遍需要的基本水文资料，以满足水利水电建设项目、国民经济的其他行业和科学研究部门使用。根据水文资料的来源、成果质量和使用价值的不同，可以分为"正文资料"和"附录资料"两个部分。正文资料是正规观测资料的加工成果，属于整编方法正确、质量可靠，具有普遍使用价值的资料，其具体内容包括：①主要列入基本站网包括河道、渠道、水库、堰闸、潮水河站等驻测、巡测以及间测的各项资料；②能够起控制站、区域代表站或基本雨量站作用的实验站、小河站及其配套雨量站，其资料可以比照基本站网同类站的刊印项目列入；③列入基本站网的气象台站的降水量资料，可以搜集列入；④凡对基本站网有重要补充作用、质量符合要求、系列比较完整的专用站(包括非水文部门设置的)的资料也可以列入。附录资料主要是简易观测和调查资料的推算成果，属于符合质量要求的、与正文资料配套的辅助性资料，其内容通常包括水库反推洪水资料、水量调查资料、平原水网资料、暴雨资料、洪水调查资料，以及与基本站网有补充作用的专用站资料、气温资料等。

为了保证水文资料的可靠性、代表性和权威性，促进水利水电工程建设项目、水事纠纷和水行政裁决、实施取水制度、进行水资源评价和水环境评价等水事活动正确引用水文资料,省(自治区、直辖市)水行政主体和各流域管理机构按照一定的技术要求、科学的方法,对其使用的水文资料进行审定。审定完毕后,应当对所使用的水文资料的可靠性、代表性和权威性进行综合评价,对存在问题的处理情况或者提出处理意见,即出具审定意见书。

本条第一款是对汇交资料的要求即按标准要求整编作出细化规定。水文监测资料是编制各类规划、建设涉水工程、加强水资源管理与保护不可缺少的基础技术资料。在各行政区域境内开展水文要素监测的水文测站所获取的水文资料,除满足自身的需要外,应当统一汇集保存,为国家经济建设和社会发展积累全面、系统、翔实的水文资料。负有水文水资源监测资料汇交义务的单位除水文管理机构外,还包括交通运输、国土资源、农业、环境保护等有关部门,以及水利水电工程管理机构、涉水工程建设机构、相关科学研究机构等单位。水文资料整编是指对原始的水文资料按科学方法和统一规格,分析、统计、审核、汇编、刊印或储存等工作的总称。负有汇交义务的单位应当根据《水文资料整编规范》(SL 247—2012)的规定,按照统一的标准和规格,对原始水文资料进行审核、查证,整理成系统的简明的图表,汇编成水文年鉴或其他形式,才能提供使用。此外,通过水文资料整编,还可以发现水文监测技术上存在的问题。基于以上考虑,本款规定水文监测资料应当按照国家水文技术标准整编后汇交。

《水文条例》第二十六条规定:"国家建立水文监测资料共享制度。水文机构应当妥善存储和保管水文监测资料,根据国民经济建设和社会发展需要对水文监测资料进行加工整理形成水文监测成果,予以刊印。国务院水行政主管部门直属的水文机构应当建立国家水文数据库。

"基本水文监测资料应当依法公开,水文监测资料属于国家秘密的,对其密级的确定、变更、解密以及对资料的使用、管理,依照国家有关规定执行。"

第一款是关于建立水文数据库的规定。水文数据库既是水文数据的集合,也是进行水文信息综合服务的重要基础平台。建成的水文数据库及各节点库为防汛抗旱、水资源管理、水利水电规划和科学研究等方面提供了大量的服务。我国水文数据库的建设与发展,大致经过了全国分布式水文数据库试点建设、水文数据库系统初步建成、水文数据库系统基本建成以及新技术应用与试点开发等几个阶段。由于不同历史时期技术与管理条件的制约,水文数据库在达到基本建成的相关技术要求后,出现了较长时间的停滞,存在着许多问题。随着水利信息化的快速推进和水文现代化的发展,这些问题不但没有缓解,反而日渐突出。存在的问题主要表现在各地建设进展不平衡、信息源种类不够丰富、需进一步整合、未能与其他系统互联并实现信息共享、提供服务的手段和能力还不够强,以及硬件设备和服务软件水平较低等。

编制重要规划、进行重点项目建设和水资源管理等使用的水文监测资料,应当经国务院水行政主管部门直属水文机构、流域管理机构或者省、自治区、直辖市人民政府水行政主管部门直属水文机构审查,确保其完整、可靠、一致。国家机关决策和防灾减灾、国防建设、公共安全、环境保护等公益事业需要使用水文监测资料和成果的,应当无偿提供。需要使用水文监测资料和成果的,按照国家有关规定收取费用,并实行收支两条线管理。因经营性活动需要提供水文专项咨询服务的，当事人双方应当签订有偿服务合同，明确双方的权利和义务。

六、水文、水资源调查评价

水文、水资源调查评价是指对地表水、地下水的水量与水质等项目的监测、水文调查、水文测量、水能勘测，水文水资源情报预报，水文测报系统工程的设计与实施，水文分析与计算以及对地表水、地下水的水资源调查和对水量、水质的评价等专业活动。从事水文水资源调查评价的单位，应当按照国家有关规定取得水文水资源调查评价机构资质。

《水文条例》第二十四条规定："县级以上人民政府水行政主管部门应当根据经济社会的发展要求，会同有关部门组织相关单位开展水资源调查评价工作。

"从事水文、水资源调查评价的单位，应当具备下列条件，并取得国务院水行政主管部门或者省、自治区、直辖市人民政府水行政主管部门颁发的资质证书：

"（一）具有法人资格和固定的工作场所；

"（二）具有与所从事水文活动相适应并经考试合格的专业技术人员；

"（三）具有与所从事水文活动相适应的专业技术装备；

"（四）具有健全的管理制度；

"（五）符合国务院水行政主管部门规定的其他条件。"

这是《水文条例》对从事水文水资源调查评价的单位，应当按照国家有关规定取得水文水资源调查评价机构资质的规定。水利部《水文水资源调查评价资质和建设项目水资源论证资质管理办法（试行）》（水利部令第17号）对水文水资源调查评价资质的申请、颁发和管理等作了具体规定。《国务院对确需保留的行政审批项目设定行政许可的决定》（国务院令第412号）对水文水资源评价机构资质认定这一行政许可项目予以保留，其实施机关为水利部和省级人民政府水行政主管部门。根据管理办法的规定，水文水资源调查评价资质按照申请单位的技术条件和承担业务范围不同，分为甲、乙两个等级。取得水文水资源调查评价甲级资质的单位，可以在全国范围内承担资质证书核准业务范围的各等级水文水资源调查评价工作。取得水文水资源调查评价乙级资质的单位，可以在全国范围内承担资质证书核准业务范围的水文水资源调查评价工作。其中全国性的水文水资源调查评价、国家确定的重要江河湖泊的水文水资源调查评价、跨省（自治区、直辖市）行政区域的水文水资源调查评价以及国际河流的水文水资源调查评价只能由取得甲级资质的单位承担。水文水资源调查评价资质甲级证书，由水利部审批和颁发，乙级证书由省（自治区、直辖市）人民政府水行政主管部门审批和颁发。未取得资质的，不得从事水文水资源调查评价工作。违反规定的，要承担相应的法律责任。

七、制定水文行业标准

水文资料必须真实可靠。基于此，国家颁布了一系列水文行业技术标准和规范，是在我国行政区域内从事水文工作所必须遵守的技术准则，是保证水文观测资料真实性、代表性、一致性最基本的技术要求。我国先后颁布了有关水文的国家和行业技术标准和规范已达110项，如《河流流量测验规范》、《水文站网规划技术导则》等。此外，国际标准化组织颁发的有关水文测验方面的国际标准达 68 项。这些水文技术标准和规范对水文工作各个方面的程序、步骤、环节都作了全面而细致的规定,包括各种水文观测场地的选定和技术要求,观测仪器的性能标准、使用、维护保养、鉴定,各种水文要素的观测时间、观测程序、观测方式、观测结果的不确定度、记录方式等。国家水文行业管理部门不断总结国内国际水文技术的研究成果、经验,对这些水文技术规范及时作出修订、补充,并报国家相关部门批准后发布实施。

《水文条例》第十八条规定:“从事水文监测活动应当遵守国家水文技术标准、规范和规程,保证监测质量。未经批准,不得中止水文监测。

“国家水文技术标准、规范和规程,由国务院水行政主管部门会同国务院标准化行政主管部门制定。”

这是《水文条例》对从事水文监测活动必须遵守国家水文技术标准、规范和规程的规定。

《水文条例》第十九条规定:“水文监测所使用的专用技术装备应当符合国务院水行政主管部门规定的技术要求。

“水文监测所使用的计量器具应当依法经检定合格。水文监测所使用的计量器具的检定规程,由国务院水行政主管部门制定,报国务院计量行政主管部门备案。”

本条是对从事水文监测活动所使用专用技术装备的规定。

为了加强对水文行业的管理,国家或省(自治区、直辖市)水行政主管部门或流域管理机构,可以根据实际情况制定水文技术标准,规范水文勘测、水文计算、水文情报预报、水文资料审定等行为。目前,我国已经颁布多项水文技术标准,涉及水文资料整编、流量、泥沙、仪器、测站规模等方面的内容。

八、从事水文科学研究

《水文条例》第五条规定:“国家鼓励和支持水文科学技术的研究、推广和应用,保护水文科技成果,培养水文科技人才,加强水文国际合作与交流。”本条是对国家鼓励和支持水文科学技术的研究的规定。

开展水文科学研究的目的是正确认识水资源,以便于人类更好地开发利用与保护水资源,促进国民经济和社会的可持续发展。水文科学研究的内容是地球上各种水体的形成、循环以及分布和某一具体流域的降水、泥沙等基本水文现象和要素。

开展水文科学研究,不但是贯彻党中央“科教兴国”方略的一个重要内容与形式,而且也是正确贯彻实施水事法律规范的内容。

第十一章　水利工程建设管理与保护制度

第一节　水利工程建设管理概述

水利工程作为基础设施项目，它不同于一般的建筑工程，它要经得起洪涝、台风、暴潮等灾害的侵袭和考验，事关人民群众生命财产安全和经济社会发展的全局。因此，保证质量和安全显得特别重要。从近年来的情况看，我国水利工程质量总体上是比较好的，但也存在一些不可忽视和亟待解决的问题。有的工程不按国家规定的基本建设程序报经有关部门批准，擅自立项开工建设；有的无证设计，前期工作深度不够，设计质量难以保证；有的施工队伍无水利资质，不懂或不依规范规程，盲目施工，工程质量低劣；有的主体工程分包或层层转包，偷工减料，唯利是图，事故频发；有的施工单位资信程度差，施工设备、技术力量严重不足；有的业主或建设单位不申请或回避质量监督机构的监督；有的在招标中违反公平、公正的原则，造成非正常中标或强行要求中标单位转包，致使工程质量无法保证。对此，水利部高度重视，依据国家有关法律法规，从加强水利建设市场管理，进一步规范水利工程建设程序出发，先后制定了《水利工程质量管理规定》（水利部令第7号）、《水利工程建设项目施工招标投标管理规定》（水利部水建〔1995〕130号）、《水利工程建设监理规定》（水利部水建〔1996〕396号）、《水利工程建设程序管理暂行规定》（水利部水建〔1998〕16号）、《水利工程建设项目报建管理办法》（水利部水建〔1998〕275号）等规章及规范性文件，对水利工程的建设程序、项目法人制、招标投标制、建设监理制的落实以及工程质量的监督作出了具体规定。

一、基本建设程序

（一）基本建设程序的含义

建设程序是指从建设项目的投资意向和投资机会选择、项目决策、设计、施工到项目竣工验收、投入生产阶段的整个过程，是工程建设客观规律的反映，反映了建设项目发展的内部联系和过程，是不可随意改变的。

水利工程项目，包括由国家投资、中央和地方合资、企事业单位独资与合资、利用外资以及其他方式，兴建的防洪、除涝、灌溉、水力发电、供水、围垦等大中型新建、续建、改建、加固、修复工程建设项目的建设程序，根据《水利工程建设程序管理暂行规定》的规定，一般分为项目建议书、可行性研究报告、初步设计、施工准备（包括招标设计）、建设实施、生产准备、竣工验收、后评价等阶段。

（二）水利工程基本建设程序

1. 项目建议书

项目建议书是根据国民经济和社会发展长远规划、流域综合规划、区域综合规划、专业规划以及国家产业政策与有关投资建设方针，一般由政府委托有相应资格的设计单位按照《水利水电工程项目建议书编制暂行规定》(水利部水规计〔1996〕608号)编制，并按国家规定的权限向主管部门申报审批的水利基本建设的第一个程序。

项目建议书被批准后，由政府向社会公布，若有投资建设意向，应及时组建项目法人筹备机构，开展下一建设程序的工作。

2. 可行性研究报告

可行性研究报告是对建设项目进行方案比较，即就技术上是否可行和经济上是否合理进行科学的分析与论证，其编制工作由项目法人(或筹备机构)按照《水利水电工程可行性研究报告编制规程》(电力部、水利部电办〔1993〕112号)进行。

申报可行性研究报告必须同时提出项目法人组建方案及运行机制、资金筹措方案、资金结构及回收资金的办法，并依照有关规定附具有管辖权的水行政主管部门或流域管理机构签署的规划同意书和对取水许可申请的书面审查意见。

审批部门要委托有相应资格的工程咨询机构对可行性研究报告进行评估，并综合行业归口主管部门、投资机构(公司)、项目法人(或项目法人筹备机构)等方面的意见后审批。项目可行性研究报告批准后，不得随意修改和变更，在主要内容上有重要变动，应经原批准机关复审同意。经过批准的可行性研究报告是项目决策和进行初步设计的依据。

3. 初步设计

初步设计是根据批准的可行性研究报告和必要的、准确的设计资料，对设计对象进行整体研究，以阐明拟建工程在技术上的可行性和经济上的合理性，并确定项目的各项基本技术参数和编制项目的总概算，其编制工作应选择有项目相应资格的设计单位按照《水利水电工程初步设计报告编制规程》(电力部、水利部电办〔1993〕113号)进行。

初步设计报告报批前，一般须由项目法人委托有相应资格的工程咨询机构或组织行业各方面(包括管理、设计、施工、咨询等方面)的专家，对初步设计中的重大问题进行咨询论证。设计单位根据咨询论证意见，对初步设计文件进行补充、修改、优化。初步设计由项目法人组织审查后，按国家现行规定权限向主管部门申报审批。初步设计文件经批准后，主要内容不得随意修改、变更，并作为项目建设实施的技术文件基础。如有重要修改、变更，须经原审批机关复审同意。

4. 施工准备

在施工准备阶段，项目法人或其代理机构须按照《水利工程建设项目管理规定(试行)》(水利部水建〔1995〕128号)中"管理体制和职责"明确的分级管理权限，向水行政主管部门办理报建手续，并交验工程建设项目的有关批准文件。同时，在具备初步设计已批准、项目法人已经建立、项目已列入国家或地方水利建设投资计划、筹资方案已经确定、有关土地使用权已经批准的条件下，方可组织施工准备工作，主要内容包括：①施工现场的征地、拆迁；②完成施工用水、用电、通信、道路和场地平整等工程；③必需的生产、生活临时建筑工程；④组织招标设计、咨询、设备和物资采购等服务；⑤组织建设监理和主体工程招标投标，并择优选定建设监理单位和施工承包队伍。

5. 建设实施

建设实施阶段主要是主体工程的建设实施，即项目法人按照批准的建设文件，组织工程建设,保证项目建设目标的实现。在进入建设实施阶段前,项目法人或其代理机构必须按审批权限,向主管部门提出主体工程开工申请报告,经批准后方能正式开工。

主体工程的开工必须具备《水利工程建设项目管理规定(试行)》中明确的条件:①前期工程各阶段文件已按规定批准,施工详图设计可以满足初期主体工程施工的需要;②建设项目已列入国家或地方水利建设投资年度计划,年度建设资金已落实;③主体工程招标已经决标,工程承包合同已经签订,并得到主管部门同意;④现场施工准备和征地移民等建设外部条件能够满足主体工程开工需要。

同时,随着社会主义市场经济体制的建立,主体工程开工前还须具备其他有关条件:①建设管理模式已经确定,投资主体与项目主体的管理关系已经理顺;②项目建设所需全部投资来源已经明确,且投资结构合理;③项目产品的销售,已有用户承诺,并确定了定价原则。

6. 生产准备

生产准备阶段是建设阶段转入生产经营的必要条件,是项目投产前所要进行的一项重要工作。它要求项目法人按照建管结合和项目法人责任制的要求,根据不同类型的工程做好有关生产准备工作,主要包括生活组织准备、招收和培训人员、生产技术准备、生产物资准备、正常生活福利设施准备等。

7. 竣工验收

竣工验收是工程完成建设目标的标志,是全面考核基本建设成果、检验设计和工程质量的重要程序。它要求建设项目在建设内容完成,经过工程验收(包括工程档案资料的验收),符合设计要求,并按《水利基本建设项目(工程)档案资料管理暂行规定》(水利部水办〔1997〕275 号)的要求完成了档案资料的整理工作、竣工报告、竣工决算(须经审计机关竣工审计)等必需文件后,由项目法人按《水利工程建设项目管理规定(试行)》的规定,向验收主管部门提出申请,由验收主管部门根据国家和部颁验收规程组织验收。

工程规模较大、技术复杂的建设项目可先进行初步验收。不合格的工程不予验收;有遗留问题的项目,对遗留问题必须有具体处理意见,且有限期处理的明确要求并落实责任人。

8. 项目后评价

建设项目竣工投产后,一般经过 1 ~ 2 年生产运营后,需进行一次系统的项目后评价。后评价主要包括三方面的评价:①影响评价,项目投产后对各方面的影响进行评价;②经济效益评价,对项目投资、国民经济效益、财务效益、技术进步和规模效益、可行性研究深度等进行评价;③过程评价,对项目的立项、设计施工、建设管理、竣工投产、生产运营等全过程进行评价。

项目后评价工作必须遵循客观、公正、科学的原则,做到分析合理、评价公正,以达到肯定成绩、总结经验、研究问题、吸取教训、提出建议、改进工作,不断提高项目决策水平和投资效果的目的。

项目后评价一般按三个层次实施,即项目法人的自我评价、项目行业的评价、计划部门(或主要投资方)的评价。

二、建设项目法人制

建设项目法人制是指由项目法人对项目的策划、资金筹措、建设实施、生产经营、债务偿还和资产的保值增值实行全过程负责的一种管理模式。其目的是加强公益性水利工程建设管理，进一步明确水利工程建设的项目法人及各个环节的责任，提高水利工程建设的效率与质量。

（一）水利工程建设项目分类

按照《水利产业政策》，根据作用和受益范围，水利工程建设项目划分为中央项目和地方项目。项目的类别在审批项目建议书或可行性研究报告时确定。

中央项目是指跨省、自治区、直辖市的重大水利项目及大江大河的骨干治理工程项目，以及跨省、自治区、直辖市，跨流域的引水和国际河流工程项目及水资源综合利用等对国民经济全局有重大影响的项目，由水利部（或流域机构）负责组织建设并承担相应责任。

地方项目是指局部受益的防洪除涝、灌溉排水、河道整治、蓄滞洪区建设、水土保持、水资源保护等项目，由地方人民政府组织建设并承担相应责任。

（二）项目法人的组建

项目主管部门应在可行性研究报告批复后，施工准备工作开工前完成项目法人的组建。

组建项目法人要按照项目的管理权限报上级主管部门审批和备案：中央项目由水利部（或流域机构）负责组建项目法人（即项目责任主体），任命法人代表；流域机构负责组建项目法人的报水利部备案；地方项目由县级以上人民政府或其委托的同级水行政主管部门负责组建项目法人，并报上级人民政府或其委托的水行政主管部门审批。其中，总投资在 2 亿元以上的地方大型水利工程项目由项目所在地的省（自治区、直辖市及计划单列市）人民政府或其委托的水行政主管部门负责组建项目法人，任命法定代表人。

此外，新建项目一般应按建管一体的原则组建项目法人；除险加固、续建配套、改建扩建等建设项目，原管理单位基本具备项目法人条件的，原则上由原管理单位作为项目法人或以其为基础组建项目法人；一、二级堤防工程的项目法人可承担多个子项目的建设管理，项目法人的组建应报项目所在流域的流域机构备案；长江重要堤防隐蔽工程按照有关规定执行。

（三）项目法人的职责

项目法人是项目建设的责任主体，对项目建设的工程质量、工程进度、资金管理和生产安全负总责，并对项目主管部门负责。

项目法人在建设阶段的主要职责是：①组织初步设计文件的编制、审核、申报等工作；②按照基本建设程序和批准的建设规模、内容、标准组织工程建设；③根据工程建设需要组建现场管理机构并负责任免其主要行政及技术、财务负责人；④负责办理工程质量监督、工程报建和主体工程开工报告报批手续；⑤负责与项目所在地地方人民政府及有关部门协调解决好工程建设外部条件；⑥依法对工程项目的勘察、设计、监理、施工和材料及设备等组织招标，并签订有关合同；⑦组织编制、审核、上报项目年度建设计划，落实年度工程建设资金,严格按照概算控制工程投资,用好、管好建设资金;⑧负责监督检查现场管理机构建设管理情况,包括工程投资、工期、质量、生产安全和工程建设责任制情况等;⑨负责组织制订、上报在建工程度汛计划、相应的安全度汛措施,并对在建工程安全度汛负责;⑩负责组织编制竣工决算、按照有关验收规程组织或参与验收工作、工程档案资料的管理等。

(四)项目法人的考核管理

项目主管部门应根据项目法定代表人、技术负责人和经济负责人等岗位的特点,负责对项目法人及其法定代表人和技术、经济负责人的考核管理工作,实行年度考核和任期考核,重点是考核工作业绩并建立业绩档案。

考核的主要内容包括:①遵守国家颁布的固定资产投资、资金管理与建设管理的法律、法规和规章的情况;②年度建设计划和批准的设计文件的执行情况;③建设工期、工程质量和生产安全情况;④概算控制、资金使用和工程组织管理情况;⑤生产能力和国有资产形成及投资效益情况;⑥土地、环境保护和国有资源利用情况;⑦精神文明建设情况;⑧信息管理、工程档案资料管理情况;⑨其他需考核的事项。

(五)奖惩制度

根据项目建设的考核情况,项目主管部门可在工程造价、工期和生产安全得到有效控制,工程质量优良的前提下,对为建设项目做出突出成绩的项目法定代表人及有关人员进行奖励,奖金可在工程建设结余中列支,对在项目建设中出现较大工程质量和生产安全事故的项目法定代表人及有关人员进行处罚。

三、招标投标制

我国自20世纪80年代中期开始实行工程项目招标投标制度。实行工程项目招标投标,可以建立公开、公正、公平的竞争机制,保护国家利益、社会公共利益和招标投标活动当事人的合法权益,保证工程质量。为了规范招标投标活动,1999年8月30日第九届全国人大常委会第十一次会议审议通过了《中华人民共和国招标投标法》,并于2000年1月1日正式施行,使社会主义市场经济中的招标投标活动有了明确的法律规范。水利部于2000年发布了《水利工程建设项目招标投标管理规定》(水利部令第14号),对水利工程建设项目招标投标提出了具体要求。

(一)含义

招标投标是在市场经济条件下进行工程建设、货物买卖、中介服务等经济活动的一种竞争形式和交易方式,是引入竞争机制订立合同(契约)的一种经济活动。

工程招标是指建设单位或者总承包单位根据拟建工程项目的内容、要求(如工期、质量、价格)等,通过发布招标公告或者向一定数量的特定勘察、设计、施工承包商发出招标邀请等方式招引或邀请承包商,利用报价手段从中择优选定承包商的行为。从实质上讲,招标就是通过建筑产品卖方市场,由买方(招标方)择优选取承包单位(投标方)的一种商品买卖行为。

工程投标是指获得投标资格的勘察、设计或施工单位,根据招标文件的要求和自身条件,向招标单位报价,请求承接勘察、设计或施工任务的行为。

（二）基本原则

《招标投标法》第五条规定："招标投标活动应当遵循公开、公平、公正和诚实信用的原则。"

公开原则，就是要求招标投标活动具有较高的透明度，实行招标信息、招标条件、招标程序、招标结果公开。

公平原则，就是要求给予所有投标人平等的机会，使其享有同等的权利并履行相应的义务，不得歧视任何一方。如水利部在《关于进一步整顿和规范水利建筑市场秩序的若干意见》中规定：提倡平等竞争，反对压价中标。招标人应给所有潜在投标人提供平等竞争的条件，不得将评标过程变为变相议标过程，不得要求投标人盲目压价，评标标准和方法以及中标条件不得含有任何地方保护及行业保护的内容。

公正原则，就是要求在招标投标活动中，按照同一标准实事求是地对待所有的投标人和中介机构。

诚实信用原则，就是要求招标投标当事人应以诚实无欺、善意守信的内心态度行使权利，履行义务，以维护双方的利益平衡，以及自身利益与社会利益的平衡，自觉维护市场经济的正常秩序。

（三）必须招标的范围

根据《招标投标法》、《水利工程建设项目招标投标管理规定》及《工程建设项目招标投标范围和规模标准规定》（2000 年 4 月 4 日经国务院批准，2000 年 5 月 1 日国家发展计划委员会第 3 号令发布），属于下列工程建设项目，包括项目的勘察、设计、施工和监理以及与工程建设项目有关的重要设备、材料等的采购，必须进行招标：

一是关系社会公共利益、公众安全的防洪、灌溉、排涝、水力发电、引（供）水、滩涂治理、水土保持、水资源保护等水利工程建设项目。

二是全部或者部分使用国有资金投资或者国家融资的水利工程建设项目。包括：①使用国有资金投资项目（如使用各级财政预算资金的项目）；②使用纳入财政管理的各种政府性专项建设基金的项目；③使用国有企业事业单位自有资金，并且国有资产投资者实际拥有控制权的项目；④国家融资项目（如使用国家发行债券所筹资金的项目）；⑤使用国家对外借款或者担保所筹资金的项目；⑥使用国家政策性贷款的项目；⑦国家授权投资主体融资的项目；⑧国家特许的融资项目。

三是使用国际组织或者外国政府贷款、援助资金的水利工程建设项目。包括：①使用世界银行、亚洲开发银行等国际组织贷款资金的项目；②使用外国政府及其机构贷款资金的项目和使用国际组织或者外国政府援助资金的项目。同时，凡属此类工程建设项目的勘察、设计、施工、监理以及与工程建设有关的重要设备、材料等的采购，达到标准之一的必须进行招标：①施工单项合同估算价在 200 万元人民币以上的；②重要设备、材料等货物的采购，单项合同估算价在 100 万元人民币以上的；③勘察、设计、监理等服务的采购，单项合同估算价在 50 万元人民币以上的；④单项合同估算价低于①、②项规定的标准，但项目总投资额在 3 000 万元人民币以上的。

此外，根据水利部《关于进一步整顿和规范水利建筑市场秩序的若干意见》（水建〔2001〕248 号）的规定，凡达到国家规定规模标准的工程项目的施工、重要设备和主要材料的采购,必须依法招标。

(四)不实行招标的范围

《水利工程建设项目招标投标管理规定》第十二条规定:①涉及国家安全、国家秘密的项目;②应急防汛、抗旱、抢险、救灾项目;③项目中经批准使用农民投工、投劳施工的部分(不包括该部分中勘察设计、监理和重要设备、材料采购);④不具备招标条件的公益性水利工程建设项目的项目建议书和可行性研究报告;⑤采用特定专利技术或特有技术的项目;⑥其他特殊项目。

上述不进行招标的项目必须经项目主管部门批准。

(五)招标投标的方式、程序和要求

1. 招标投标的方式

招标分为公开招标和邀请招标。

公开招标是指招标人以招标公告的方式邀请不特定的法人或者其他组织投标;邀请招标是指招标人以招标邀请书的方式邀请特定的法人或者其他组织投标。

一般情况下,国家重点水利项目、地方重点水利项目及全部使用国有资金投资或者国有资金投资占控股或者主导地位的项目应当采用公开招标。但在某些特定情况下,如由于项目技术复杂或有特殊要求,涉及专利权保护,受自然资源或环境限制,新技术或技术规格事先难以确定、应急度汛以及其他特殊项目等,可以采用邀请招标的方式。

采用邀请招标的国家重点水利项目,须经水利部初审后,报国家发展和改革委员会批准;其他中央项目报水利部或其委托的流域管理机构批准;地方重点水利项目经省、自治区、直辖市人民政府水行政主管部门会同同级发展和改革主管部门审核后,报本级人民政府批准;其他地方项目报省、自治区、直辖市人民政府水行政主管部门批准。

2. 招标投标的程序

招标的一般程序主要包括:招标前,按项目管理权限向水行政主管部门提交招标报告备案,报告具体内容应当包括招标已具备的条件、招标方式、分标方案、招标计划安排、投标人资质(资格)条件、评标方法、评标委员会组建方案以及开标、评标的工作具体安排等;设立招标组织或者委托招标代理人;编制招标文件;发布招标公告或者发出投标邀请书、发售资格预审文件;按规定时间接受并组织审核潜在投标人编制的资格预审文件;向资格预审合格的潜在投标人发售招标文件和有关资料;组织购买招标文件的潜在投标人现场踏勘;接受投标人对招标文件有关问题要求澄清的函件,对问题进行澄清,并书面通知所有潜在投标人;组织成立评标委员会,并在中标结果确定前保密;在规定时间和地点接受符合招标文件要求的投标文件;组织开标评标会;在评标委员会推荐的中标候选人中确定中标人;向水行政主管部门提交招标投标情况的书面总结报告;发中标通知书,并将中标结果通知所有投标人;进行合同谈判,并与中标人订立书面合同。

投标的一般程序主要包括:向招标人申报资格审查,提供有关文件资料;购领招标文件和有关资料,缴纳投标保证金;组织投标班子,委托投标代理人;参加现场踏勘和投标预备会;编制、递送投标书;接受评标组织就投标文件中不清楚的问题进行的询问,举行澄清会谈;接受中标通知书,签订合同,提供履约担保,分送合同副本。

3. 招标活动的要求

《招标投标法》、《水利工程建设项目招标投标管理规定》和水利部《关于进一步整顿和规范水利建筑市场秩序的若干意见》对招标活动提出了具体要求。

(1)公开招标方式的项目,招标人应当在国家发展和改革委员会指定的媒介发布招标公告,其中大型水利工程建设项目以及国家重点项目、中央项目、地方重点项目同时还应当在《中国水利报》发布招标公告;采用邀请招标方式的项目,招标人应当向3个以上有投标资格的法人或其他组织发出投标邀请书,投标人少于3个的,招标人应当按规定重新招标。

招标公告正式发布至发售资格预审文件(或招标文件)的时间间隔一般不少于10日,招标人应当对招标公告的真实性负责,招标公告不得限制潜在投标人的数量。

(2)招标设计必须按照国家和部有关规定,结合项目特点和需要编制。水利工程施工招标宜设置标底,标底应由水利工程造价专业持证人员编制,严禁标底编制偏低现象,要加强对标底编制的监督检查。

(3)项目法人应建立审查责任制,严格资质审查。

(4)评标标准和方法必须在招标文件中公开载明,在评标时不得另行制定或随意更改、补充。招标人在一个项目中,对所有投标人的评标标准和方法必须相同。

(5)评标工作由评标委员会负责,评标专家的选择应当采取随机的方式抽取。根据工程特殊专业技术需要,经水行政主管部门批准,招标人可以指定部分评标专家,但不得超过专家人数的1/3。评标委员会成员不得与投标人有利害关系。评标委员会成员的名单应在招标结果确定前保密。

(6)评标委员会成员应当客观、公正地履行职务,遵守职业道德,不得透露对投标文件的评审和中标候选人的推荐情况以及与评标有关的其他情况,不得私下接触投标人和收受投标人的财物或者其他好处,并对所提出的评审意见承担个人责任。

(7)评标委员会要按招标文件公布的标准和方法对投标文件进行评审,推荐的中标候选人应当限定在1~3家,并标明排列顺序;项目法人原则上应尊重评标委员会的意见,确定中标单位。

(8)中标人的投标应当符合最大限度地满足招标文件中规定的各项综合评价标准和实质性要求,且经评审的投标价格合理最低,但不低于成本。

(9)项目法人要将评标报告及中标结果报有关水行政主管部门备案,对于违反国家有关规定的评标标准、方法以及中标结果,水行政主管部门要追究项目法人代表的责任。

(六)招标投标当事人的权利和义务

1. 招标人的权利和义务

招标人的权利主要有:①自行组织招标或者委托招标;②对投标人进行资格审查;③要求投标人提供有关资质证明文件和业绩情况;④择优选定中标的方案、价格和中标人;⑤享有依法约定的其他各项权利。

招标人的义务主要有:①遵守法律、法规、规章和方针、政策;②接受招标投标管理机构的管理和监督;③不得侵犯投标人的合法权益;④委托代理招标时,向代理人提供招标所需资料、支付委托费用;⑤保守相关秘密,如标底等;⑥与中标人签订并履行合同;⑦承担依法约定的其他各项义务。

2. 投标人的权利和义务

投标人的权利主要有：①有权平等地获得招标信息；②有权按照招标文件的要求自主投标或组成联合体投标；③有权委托代理人进行投标；④有权要求招标人或招标代理人对招标文件中的有关问题作出解释；⑤有权确定自己的投标报价；⑥有权参与投标竞争或放弃参与竞争；⑦有权要求优质优价；⑧有权控告、检举招标过程中的违法、违规行为。

投标人的义务主要有：①遵守法律、法规、规章和方针、政策；②接受招标投标管理机构的监督管理；③保证所提供的投标文件的真实性，提供投标保证金或其他形式的担保；④根据招标人或招标代理人的要求对投标文件的有关问题进行答疑；⑤中标后，与招标人签订合同并履行合同，不得转包合同，未经招标人同意不得分包；⑥履行依法约定的其他各项义务。

（七）招标投标活动中的禁止行为

为严格建设工程招标投标活动，《招标投标法》明确规定了予以禁止的行为：①不按规定进行招标的；②进行部门、地区封锁的；③强行指定或委托招标代理机构的；④泄密与串通的；⑤行贿；⑥转让中标项目的；⑦不订立或不履行合同的。

（八）招标投标的管理与监督

《招标投标法》第七条规定："招标投标活动及其当事人应当接受依法实施的监督。有关行政监督部门依法对招标投标活动实施监督。依法查处招标投标活动中的违法行为。对招标投标活动的行政监督及有关部门的具体职权划分，由国务院规定"。《水利工程建设项目招标投标管理规定》对水利工程建设项目招标投标活动的管理也作了相应具体规定。

（九）法律责任

《招标投标法》对招标投标当事人及招标代理机构在建设工程招标投标活动中违反该法规定所应承担的法律责任作了具体规定（详见第四十九条至第六十四条的规定）。

四、建设监理制

建设监理是指监理单位受项目法人委托，依据国家有关工程建设的法律、法规及有关技术标准，经批准的项目建设文件、工程建设合同以及工程监理合同，综合运用法律、经济、行政和技术手段，对工程建设的参与者的行为所进行的监督、控制、评价和管理。它可以对工程建设的全过程进行监理，也可以分阶段进行设计监理、施工监理等。

建设监理制是我国工程建设领域中项目管理体制的重大改革举措之一，是与投资体制、承包经济责任制、招标投标制、项目法人制等相匹配的改革制度，其目的是提高工程建设项目管理的水平，改善和提高工程建设项目的投资效益，促进承包企业提高技术与管理水平。水利部在1996年印发了《水利工程建设监理规定》（水建〔1996〕396号），对水利工程建设监理的管理机构及职责、建设监理单位和监理工程师、建设监理合同和监理程序、外资和中外合资建设的水利工程建设监理以及法律责任等方面作了具体规定。

（一）适用范围

建设监理是一种中介服务活动，因此哪些工程建设需要监理应由项目法人自愿选择。

为了加强对涉及国计民生的建设项目的管理,1995 年 12 月 15 日建设部、国家计委联合发布了《工程建设监理规定》,对实行强制监理的建筑工程范围作出了具体规定:大中型工程项目;市政、公用工程项目;政府投资兴建和开发建设的办公楼、社会发展事业项目和住宅工程项目;外资、中外合资、国外贷款、赠款、捐款建设的工程项目。

对水利工程建设项目,《水利工程建设监理规定》第二条规定:在我国境内的大中型水利工程建设项目,必须实施建设监理,小型水利工程建设项目也应逐步实施建设监理。其中,水利工程包括防洪除涝工程、灌溉排水工程、水力发电工程、乡镇供水工程、给排水工程、水土保持工程、环境水利工程、水利系统的地方电力工程及其配套和附属工程,以及外资、中外合资兴建的水利工程。

(二)建设监理单位和监理工程师

为加强对水利工程建设监理单位和监理工程师的管理,依法开展监理业务,促进水利工程建设监理工作健康发展,水利部以水建〔1996〕397 号发布了《水利工程建设监理单位管理办法》和《水利工程建设监理工程师管理办法》,对监理单位和监理工程师的资格审批与管理作了明确规定。

1. 含义

水利工程建设监理单位是指取得水利工程建设监理资格等级证书、具有从事工程建设监理业务法人资格的单位。

水利工程建设监理工程师系岗位职务,指经全国水利工程建设监理资格统一考试合格,经批准获得《水利工程建设监理工程师资格证书》,并经注册取得《水利工程建设监理工程师岗位证书》的工程建设监理人员。

2. 监理单位

监理单位的资格等级分为甲级、乙级和丙级。

不同等级监理单位的业务范围有所不同:甲级单位可以承担各类水利工程建设监理业务;乙级单位可以承担大(二)型及其以下各类水利工程建设监理业务;丙级单位可以承担中小型水利工程建设监理业务。

监理单位的资格管理:申请水利工程建设监理单位资格的单位将《水利工程建设监理单位资格等级申请表》及必须出具的证明材料,按隶属关系送流域机构或省、自治区、直辖市水利(水务)厅(局),经其初审后报送水利部,水利部水利工程建设监理资格评审委员会负责审定申请单位的业务范围和资格等级,合格的由水利部颁发《水利工程建设监理单位资格等级证书》。

水利工程建设监理单位资格等级每两年复查一次。甲级监理单位及水利部直属监理单位资格等级的复查工作由水利部负责;乙、丙级监理单位资格等级的复查工作由各流域机构或省、自治区、直辖市水利(水务)厅(局)负责,复查结果报水利部备案。凡执业成绩优异,获得良好社会信誉,经审查达到上一资格等级的监理单位,可按有关规定办理升级手续;凡复查时被核定降级的监理单位,由水利部收缴原资格证书,并核发新的资格证书。

监理单位分立或合并,应向水利部交回《水利工程建设监理单位资格等级证书》和《水利工程建设监理单位监理业务手册》,经重新审查核定资格等级并取得相应的《水利工程建设监理单位资格等级证书》后,方可从事监理业务;监理单位名称或法人代表、技术负责人发生变更的,需到水利部办理变更手续;监理单位终止监理业务,应报水利部备案并交回《水利工程建设监理单位资格等级证书》和《水利工程建设监理单位监理业务手册》。

监理单位跨地区承担工程监理业务时,应持《水利工程建设监理单位资格等级证书》向项目的行政主管部门(水利部、流域机构或省级水行政主管部门)备案。

3. 监理工程师

1)资格的审批与注册管理机构

根据有关规定,水利部负责全国水利工程建设监理工程师资格考试、审批和注册管理工作,各流域机构负责组织本流域机构下属单位的监理工程师的资格考试、资格初审和注册管理工作;各省、自治区、直辖市水利(水务)厅(局)负责组织本行政区域内监理工程师的资格考试、资格初审和注册管理工作;水利部建设监理资格评审委员会是负责全国水利工程建设监理资格评审的机构(下设办公室,负责监理工程师资格评审的日常工作)。

2)资格的评审与发证

参加监理工程师资格评审的必须先进行考试,同时还应具备具有高级专业技术职称或取得中级专业技术职称后具有 3 年以上水利工程建设实践经验、经过水利部认定的监理工程师培训班培训合格并取得结业证书的条件。

监理工程师资格考试合格者,由水利部建设监理资格评审委员会进行评审,提出符合监理工程师资格者名单,报水利部批准后核发《水利工程建设监理工程师资格证书》。

3)注册管理

水利部是全国水利工程建设监理工程师注册管理机关,水利部建设管理司是部属监理单位监理工程师的注册机关。各流域机构是本流域机构所属监理单位监理工程师的注册机关。各省、自治区、直辖市水利(水务)厅(局)是本行政区所属监理单位监理工程师的注册机关。

申请注册监理工程师的,需由申请者填写《水利工程建设监理工程师注册申请表》,由监理单位按隶属关系向注册机关提出申请,监理工程师注册机关收到申请后依照有关规定进行审查,对符合条件者予以注册并颁发《水利工程建设监理工程师岗位证书》,向监理单位颁发《水利工程建设监理工程师注册批准书》,并报水利部备案。

监理工程师只能在一个监理单位注册并在该单位承接的监理项目中工作,并不得以个人名义私自承接工程建设监理业务。

注册机关每两年对《水利工程建设监理工程师岗位证书》持有者复查一次,对不符合条件者核销注册并收回《水利工程建设监理工程师岗位证书》,复查结果报水利部备案。监理工程师退出、调出所在的监理单位或被解聘,须向原注册机关交回其《水利工程建设监理工程师岗位证书》;核销注册,如再从事监理业务须重新申请注册。

国家行政机关和具有行政职能的事业单位的现职工作人员不得申请监理工程师注册。

(三)建设监理的一般程序

《水利工程建设监理规定》(水建管〔1999〕637 号)第二十三条对水利工程建设监理程序作出了规定:①编制工程建设监理规划;②按工程建设进度,分专业编制工程建设监理细则;③按照建设监理细则实施建设监理;④建设监理业务完成后,向项目法人提交工程建设监理工作总结报告和档案资料。

1. 编制监理规划

监理规划是监理单位根据项目法人与其签订的监理委托合同确定的监理范围,并根据该项目的特点而编写的实施监理的工作计划,是开展项目监理活动的纲领性文件。监理规划是在项目总监理工程师的主持下,根据项目法人提出的监理要求,在详细了解监理项目有关资料的基础上,结合监理的具体条件编制而成的。

2. 编制监理细则

监理细则是专业监理工程师根据工程建设进度,针对各专业的具体情况制定更具有实施性和可操作性的业务文件,是监理规划的补充和完善。

3. 建设监理的实施

监理单位及其项目监理组织应当根据制订的监理规划和细则,规范地开展监理工作。项目法人在监理单位实施监理前,必须将委托的监理单位、监理的内容、总监理工程师姓名及所赋予的权限书面通知施工单位,并报上级主管部门备案;总监理工程师应当将其实施工程监理的管理办法书面通知施工单位;监理单位应当在其资格等级许可的监理范围内承担工程监理业务。

4. 监理工作总结

监理工作总结包括两部分内容:一部分是向项目法人提交的监理工作总结,内容有监理委托合同履行情况概述、监理任务或监理目标完成情况的评分、由项目法人提供的供监理活动使用的办公用房(车辆)等清单、表明监理工作终结的说明等;另一部分是向监理单位提交的监理工作总结,包括监理工作的各类经验等。

(四)涉外水利工程建设的监理

国外公司、社团组织在中国境内独立投资的水利工程建设项目,需要委托国外监理单位承担建设监理业务时,必须遵守中国的法律、法规,并接受水行政主管部门的管理和监督。中外合资兴建的水利工程项目,应当委托中国水利工程建设监理单位进行监理。国外贷款和赠款的水利工程项目,应由中国水利工程建设监理单位负责建设监理。

(五)法律责任

项目法人违反《水利工程建设监理规定》的,由项目主管部门给予警告。

监理单位有未经批准擅自开业、聘用无《水利工程建设监理工程师岗位证书》人员从事监理工程师业务或者超出批准的业务范围从事工程建设监理活动、转让或分包监理业务,以及承包所监理工程的施工或经营与所监理工程有关的建筑材料、构配件和建筑机械、设备,或者故意损害项目法人或被监理方的利益,因工作失误造成重大事故等行为之一的,由监理主管部门给予警告,情节严重的取消其水利工程建设监理单位资格,收缴其《水利工程建设监理工程师岗位证书》。

监理工程师有未经注册且以监理工程师名义从事监理业务、一人在两个或两个以上监理单位申请注册、以监理工程师个人名义承接监理业务,或者出卖、出借、转让、涂改或以不正当手段取得《水利工程建设监理工程师资格证书》或《水利工程建设监理工程师岗位证书》,在影响公正执行监理业务的单位兼职的行为之一的,由监理主管部门给予警告,情节严重者取消其监理工程师资格,收缴其《水利工程建设监理工程师资格证书》或《水利工程建设监理工程师岗位证书》。

渎职或者与承包商勾结瞒报、虚报、偷工减料,造成严重经济损失和严重后果,构成犯罪的,移送司法机关依法处理。

五、工程质量监督

水利工程质量管理是工程建设过程中永恒的话题。工程建设质量的水平如何,质量效果如何,直接关系到一定时期我国水利工程建设的发展水平,直接关系到国民经济的发展和人民生命财产的安全。因此,加强建设工程的质量管理是一个十分重要的问题。

国务院于2000年1月30日颁布《建设工程质量管理条例》(国务院令第279号),水利部于1997年发布了《水利工程质量管理规定》(水利部令第7号)和《水利工程质量监督管理规定》(水建〔1997〕339号),明确国家对工程质量实行监督管理制度,水利工程按照分级管理的原则由相应水行政主管部门授权的质量监督机构实施质量监督,进一步规范了工程质量管理行为,促进了我国水利工程建设质量的提高。

(一)工程质量监督管理与工程监理的区别

水利工程质量监督管理是指水行政主管部门及其授权机构依法对建设工程质量进行的监督和管理,与工程监理有着明显的区别:

(1)范畴不同。工程监理是项目法人委托具有法人资格、独立经营的监理机构对建设项目实施全过程的监督,是为项目法人服务的,项目法人对监理单位有选择权,它是履行"契约型"合同的一种社会监督手段;监督管理是国家管理部门对建设项目的各个环节进行的监督检查,属于行政管理范畴,是政府加强对建设市场综合管理的一种措施,项目法人不能选择质量监督机构,完全按照规定的职责权限,由相应的质量监督机构实施监管。

(2)工作方式不同。工程监理一般由项目监理组织现场监督;监督管理既有平时经常性的巡回监督,又有必要时派出的监督检查组突击抽查。

(3)业务范围不同。工程监理的业务范围是项目法人与施工单位双方签订的合同中规定的有关技术、经济条款,其职权由项目法人与施工单位商定;监督管理的职责范围是根据派出部门的授权而定的。

(4)监管重点不同。工程监理的重点是检查施工单位工作质量和工程质量,核实建设进度及资金使用情况,其驻现场的人员不仅要有足够的数量,而且要有工程技术与经济管理工作经验;监督管理重点是以宏观决策为主,职责主要是协调项目管理、勘察设计、工程施工以及监理单位之间发生的问题,及时向派出的单位提供项目实施中的各类信息。

(二)机构设置

水利工程质量监督机构经省级以上水行政主管部门资质审查合格,方可承担水利工程的质量监督工作。水利部主管全国水利工程质量监督工作,水利工程质量监督机构按总站、中心站、站三级设置,隶属于同级水行政主管部门,业务上接受上一级质量监督机构的指导。

质量监督机构可聘任符合条件的工程技术人员作为工程项目的兼职质量监督员。为保证质量监督工作的公正性、权威性，凡从事该工程监理、设计、施工、设备制造的人员不得担任该工程的兼职质量监督员。

（三）职责

《水利工程质量监督管理规定》对各级水利工程质量监督机构的职责作了明确规定：①贯彻执行有关工程建设质量管理的方针、政策；②管理辖区内水利工程的质量监督工作，负责监督设计、监理、施工单位在其资质允许范围内从事水利工程建设的质量工作，负责检查、督促建设、监理、设计、施工单位建立质量体系；③监督受监督水利工程质量事故的处理；④参加受监督水利工程的阶段验收和竣工验收；⑤掌握辖区内水利工程质量动态和质量监督工作情况，定期报告；⑥组织质量监督员培训，开展质量检查活动，组织交流工作经验。

（四）水利工程质量监督

水利工程建设项目法人应在工程开工前到相应的水利工程质量监督机构办理监督手续，签订《水利工程质量监督书》，并按规定缴纳质量监督费。质量监督机构根据受监督工程的规模、重要性等，制订质量监督计划，确定质量监督的组织形式。

1. 监督方式

水利工程建设项目质量监督方式以抽查为主，大型水利工程应建立质量监督项目站，中、小型水利工程可根据需要建立质量监督项目站（组）进行巡回监督。

2. 监督期

水利工程建设项目质量监督期从工程开工前办理质量监督手续始，到工程竣工验收委员会同意交付使用止。

3. 监督的主要内容

水利工程建设项目质量监督的主要内容包括：①对监理、设计、施工和有关产品制作单位的资质进行复核；②对建设、监理单位的质量检查体系和施工单位的质量保证体系以及设计单位现场服务等实施监督检查；③对工程项目的单位工程、分部工程、单元工程的划分进行监督检查；④监督检查技术规程、规范和质量标准的执行情况；⑤检查施工单位和建设、监理单位对工程质量检验与质量评定的情况；⑥在工程竣工验收前，对工程质量进行等级核定，编制工程质量评定报告，并向工程竣工验收委员会提出质量等级的建议。

4. 监督权限

水利工程建设项目法人的监督权限包括：①对监理、设计、施工等单位的资质等级、经营范围进行核查，发现越级承包工程等不符合规定要求的，责成建设单位限期改正，并向水行政主管部门报告；②对工程有关部位进行检查，调阅建设、监理单位和施工单位的检测试验成果、检查记录和施工记录；③对违反技术规程、规范、质量标准或设计文件的施工单位，通知建设、监理单位采取纠正措施，问题严重时，可向水行政主管部门提出整顿的建议；④对使用未经检验或检验不合格的建筑材料、构配件及设备等，责成建设单位采取措施纠正；⑤提请有关部门奖励先进质量管理单位及个人；⑥提请有关部门或司法机关追究造成重大工程质量事故的单位和个人的行政、经济、刑事责任。

5. 质量检测

工程质量检测是工程质量监督和质量检查的重要手段。质量监督机构根据需要，可委托经省级以上质量认证合格的检测单位,对水利工程有关部位以及所采用的建筑材料和工程设备进行抽样检测。

水利部水利工程质量监督机构认定的水利工程质量检测机构出具的检测数据是全国水利系统的最终检测,各省级水利工程质量监督机构认定的水利工程质量检测机构出具的检测数据是本行政区域内水利系统的最高检测。

(五)法律责任

《水利工程质量监督管理规定》对质量监督活动中违反有关规定应追究的法律责任作了规定:①项目法人在工程开工前,未按规定要求,办理质量监督手续的,水行政主管部门依据《中华人民共和国行政处罚法》对建设单位进行处罚,并责令限期改正或按有关规定处理;②质量检测单位仿造检测数据、检测结论的,视情节轻重,报上级水行政主管部门对责任单位和责任人按有关规定进行处理,构成犯罪的由司法机关依法追究其刑事责任;③质量监督员滥用职权、玩忽职守、循私舞弊的,由质量监督机构提交水行政主管部门视情节轻重给予行政处分,构成犯罪的由司法机关依法追究其刑事责任;④对不认真履行水利工程质量监督职责的质量监督机构,由相应水行政主管部门或其上一级水利工程质量监督机构给予通报批评、撤换负责人或撤销授权并进行机构改组;⑤从事工程质量监督的工作人员执法不严、违法不究或者滥用职权、贪污受贿,由其所在单位或上级主管部门给予行政处分,构成犯罪的,依法追究刑事责任。

第二节　水工程管理和保护法律制度

水工程具有防洪、挡潮、排涝、供水、灌溉、水运、水力发电等功能,是经济社会可持续发展的基础设施,因此历朝历代都非常重视水工程的建设,以减少洪涝干旱灾害对人类的损害。与此同时,为确保水工程的安全运行,防止人为活动对水工程的损坏,历朝都制定了各种规定,以加强水工程的管理和保护。唐代的《永徽律》、《唐六典》、《水部式》及《贞观律》等都有对水工程管理方面的规定,特别是《水部式》更是我国古代比较系统的水利工程管理方面的专门法典,其内容包括了闸门、堰坝、灌溉渠道等工程的管理。新中国成立以来,我国相继颁布施行了《河道堤防工程管理通则》、《水库工程管理通则》、《水闸工程管理通则》、《水利水电工程管理条例》、《水法》、《水库大坝安全管理条例》等法律法规及规范性文件。

一、水工程管理和保护概述

(一)水工程管理范围与保护范围的概念及划定依据

1. 概念

水工程管理范围是指为了直接维持水工程的安全和正常运行,依照法律规定在水工程周围划定的一定范围,是保障水管单位对水工程管理和正常运用所必须划定的范围。

水工程保护范围是指为了保证水工程和防洪安全在水工程管理范围以外划定的一定区域。根据《确定土地所有权和使用权的若干规定》(国家土地管理局〔1995〕国土〔籍〕字第26号),对于国家所有的水工程,其管理范围和保护范围内的土地,属于国家所有,如有未经征用的农民集体土地仍属农民集体所有。

2. 划定依据

《水法》第四十三条规定:“国家对水工程实施保护。国家所有的水工程,应当按照国务院的规定划定工程管理和保护范围”,“国务院水行政主管部门或者流域管理机构管理的水工程,由主管部门或者流域管理机构商有关省、自治区、直辖市人民政府划定工程管理和保护范围”,“前款规定以外的水工程,应当依照省、自治区、直辖市人民政府的规定,划定工程保护范围和保护职责”。《水库大坝安全管理条例》第十条规定:“兴建大坝时,建设单位应当按照批准的设计,提请县级以上人民政府依照国家规定划定管理和保护范围,树立标志。已建大坝尚未划定管理和保护范围的,大坝主管部门应当根据安全管理的需要,提请县级以上人民政府划定”。

(二)水工程保护

我国现有法律、行政法规对水工程的保护作了相应具体规定。《水法》规定:单位和个人有保护水工程的义务,不得侵占、毁坏堤防、护岸、防汛、水文监测、水文地质监测等工程设施;在水工程保护范围内,禁止从事影响水工程运行和危害水工程安全的爆破、打井、采石、取土等活动。

《水库大坝安全管理条例》规定:大坝及其设施受国家保护,任何单位和个人不得侵占、毁坏;禁止在大坝管理和保护范围内进行爆破、打井、采石、取土、采矿、挖砂、修坟等危害大坝安全的活动;非大坝管理人员不得操作大坝的泄洪闸门、输水闸门以及其他设施,大坝管理人员操作时应当遵守有关的规章制度;禁止任何单位和个人干扰大坝的正常管理工作;禁止在大坝的集水区域内乱伐林木、陡坡开荒等导致水库淤积的活动;禁止在库区内围垦和进行采石、取土等危及山体的活动;禁止在坝体修建码头、渠道,堆放杂物、晾晒粮草;在大坝管理和保护范围内修建码头、鱼塘的,须经大坝主管部门批准,并与坝脚和泄水、输水建筑物保持一定距离,不得影响大坝安全、工程管理和抢险工作。

《水利水电工程管理条例》规定,为保护水工程及其附属设施和设备,禁止有关活动:①损毁堤坝、电站、渠道、水闸等水利水电工程建筑物及其观测、水文、通信、输变电、交通等附属设施;②在堤坝、渠道上垦植、铲草及滥伐防护林木;③设置有害堤坝安全的建筑物;④盗用、挪用水利、水电物资、器材、设备;⑤在水域炸鱼、毒鱼和滥用电力捕鱼;⑥在坝顶、堤顶、水闸交通桥行驶履带拖拉机、硬轮车和超重车辆,在没有路面的坝顶、堤顶雨后行车;⑦在工程管理单位的通信、报汛线路上挂广播线;⑧在保护范围内爆破打井、埋坟、采石、取土、挖砂、建筑、滥伐林木以及其他危及工程安全的活动。

二、水库大坝管理

目前,我国已兴建各类水库8.4万座,其中大型水库420座、中型水库2 744座、小型水库8.09万座,这些工程为防汛减灾、充分发挥水资源的各种功能、促进经济社会的发展具有积极的作用。但在水库建设的同时,也伴随着潜在的威胁,因为水库大坝拦蓄的水量犹如核能的集聚,如果管理不善,一旦出险,将直接危及下游人民生命财产的安全。据统计,1954~2001年间,全国共有3 459座水库发生垮坝事故,其中小型水库多达3 434座,占垮坝总数的99.28%,平均每年近73座,因此加强水库大坝的安全管理事关重大。为此,1991 年 3 月 22 日国务院颁布了《水库大坝安全管理条例》(国务院令第 77 号),水利部相继制定了《水库大坝安全鉴定办法》(水管〔1995〕86 号)、《水库大坝注册登记办法》(水管〔1995〕290 号)、《综合利用水库调度通则》(水管〔1993〕61 号)等规范性文件,对水库大坝建设、大坝管理、安全鉴定、险坝处理、水库调度等作了明确的规定,为确保水库大坝的安全运行提供了法律依据。

(一)水库大坝管理

水库大坝的管理责任重大,专业性极强。现行的管理状况是,大部分由水利部门管理,其他根据投资主体的不同或者发电、供水、旅游等服务功能的不同,分别由能源、建设、旅游等部门管理。此外,农村集体经济组织土地上的小型水库,其大坝一般由农村集体经济组织管理或承包、租赁人员管理。

为确保大坝安全运行,须加强水库大坝的统一管理,理顺部门关系,加强协调,明确责任。《水库大坝安全管理条例》规定:"国务院水行政主管部门会同国务院有关主管部门对全国的大坝安全实施监督。县级以上地方人民政府水行政主管部门会同有关主管部门对本行政区域内的大坝安全实施监督。各级水利、能源、建设、交通、农业等有关部门,是其所管辖的大坝的主管部门","各级人民政府及其大坝主管部门对其所管辖的大坝的安全实行行政领导负责制"。

(二)大坝建设

科学设计、严格施工是水库大坝安全运行的基础。

《水库大坝安全管理条例》规定:兴建大坝必须符合国务院水行政主管部门会同有关大坝主管部门制定的大坝安全技术标准;大坝的工程设计(包括工程观测、通信、动力、照明、交通、消防等管理设施)和大坝施工必须由具有相应资格证书的单位承担;大坝施工必须严格按照承包合同规定的设计文件、图纸要求和有关技术标准进行,建设单位和设计单位应当派驻代表,对施工质量进行监督检查;质量不符合设计要求的,必须返工或者采取补救措施;大坝开工后,大坝主管部门应当组建大坝管理单位,由其按照工程基本建设验收规程参与质量检查以及大坝分部、分项验收和蓄水验收工作;大坝竣工后,建设单位应当申请大坝主管部门组织验收。

(三)大坝管理

依法管理是水库大坝安全运行的保障。根据《水库大坝安全管理条例》的有关规定,大坝主管部门及其管理单位应当配备具有相应业务知识的安全管理人员,建立健全大坝定期安全检查、鉴定制度,大坝按期登记制度等安全管理规章制度。

大坝管理单位及其工作人员要有对人民高度负责的精神,严格按照有关技术标准,对大坝进行安全监测和检查;对监测资料应当及时整理分析,随时掌握大坝运行状况,如发现异常现象和不安全因素,应立即报告大坝主管部门,及时采取措施。大坝的运行必须在保证安全的前提下,发挥综合效益。

大坝管理单位应当根据批准的计划和大坝主管部门的指令进行水库的调度运用。在汛期,综合利用的水库,其调度运用必须服从防汛指挥机构的统一指挥;以发电为主的水库,其汛限水位以上的防洪库容及其洪水调度运用,必须服从防汛指挥机构的统一指挥。如位于浙江省境内的新安江电站,在汛限水位以下时,其调度运用由华东电管局负责,而到了汛限水位以上的洪水调度运用就由浙江省防汛指挥部统一指挥。在汛前、汛后以及暴风、暴雨、特大洪水或者强烈地震发生后，大坝主管部门应当组织对其所管辖的大坝的安全进行检查。大坝出现险情征兆时，大坝管理单位应当立即报告大坝主管部门和上级防汛指挥机构，并采取抢救措施；有垮坝危险时，应当采取一切措施向预计的垮坝淹没地区发出警报，做好转移工作。针对我国数量庞大的小型水库（占水库总数的96.2%）不同程度地存在着安全责任不到位、管理粗放、带病带险运行等问题，水利部颁布了《关于加强小型水库安全管理工作意见》，规定了6项措施：①明确安全主体，落实安全责任，小型水库安全管理实行政府行政领导负责制，每座水库都要确定一名相应的政府行政领导为安全责任人；②健全管理机构，落实管理经费；③加强培训，提高管理素质，小型水库管理人员逐步实行持证上岗制度；④加快除险加固；⑤加强安全检查，推进规范管理；⑥积极推行水库降等运行与报废制度。

（四）大坝安全鉴定

大坝建成投入运行后，应在初次蓄水后的2~5年内组织首次安全鉴定。运行期间的大坝，原则上每隔6~10年组织一次安全鉴定，运行中遭遇特大洪水、强烈地震、工程发生重大事故或影响安全的异常现象后，应组织专门的安全鉴定。

大坝安全鉴定工作通常包括对大坝的实际状况进行安全性的分析评价和现场安全检查。鉴定工作由组织鉴定的主管部门负责主持，聘请大坝主管部门的技术负责人、大坝运行管理单位的技术负责人和有关运行管理单位的专家、设计和施工部门的专家、科研单位或高等院校的专家组成专家组进行。主要工作内容包括大坝洪水标准复核、抗震复核、质量分析评价、大坝结构稳定和渗流稳定分析、大坝运行情况分析以及大坝安全综合分析，提出大坝安全论证总报告。鉴定工作的程序和要求按照《水库大坝安全鉴定办法》执行。大坝安全鉴定过程中，发现尚需对工程补作探查或试验以进一步了解情况作出判断时，鉴定主管部门应根据议定的探查试验项目及其要求和时限，组织力量或委托有关单位进行。受委托单位应按照要求提交探查、试验成果报告。大坝安全鉴定工作结束后，鉴定主管部门应及时进行总结，并将总结和安全鉴定报告书报上级主管部门审查备案。

（五）险坝处理

险坝是防汛工作的心腹大患，一日不除，无一日安宁。据最近水利部组织编制的《全国病险水库、水闸除险加固专项规划》统计，目前全国三类坝病险水库中，大型143座，占大型水库的42%；中型1 092座，占中型水库的41%；小型29 146座，占小型水库的36%。对此，各级政府领导高度重视，纷纷签订水库除险加固责任状，由水库大坝所在地的政府负责人为责任人，明确期限，加快除险。各级水行政主管部门切实从重建轻管向建管并重转变，牢固树立“建设是管理的开始，管理是建设的延续，管理是永恒的主题”的管理思想，在水库大坝的安全管理上，既重视技术管理，又重视依法管理。

为规范大坝除险加固行为，确保险坝安全度汛，《水库大坝安全管理条例》和《水库大坝安全鉴定办法》规定：大坝主管部门和管理单位应根据安全鉴定结果，采取相应的运行意见和有关措施，对实际抗御洪水标准低于部颁水利枢纽除险加固近期非常运用洪水标准，或者工程存在较严重的质量问题影响大坝安全，不能正常运行的大坝，应当及时立项，优先安排所需资金和物料，进行除险加固、限期脱险；在险坝加固前，大坝管理单位应当组织有关单位,对险坝可能出现的垮坝方式、淹没范围作出估计,并制订保坝应急方案,报防汛指挥机构批准;经论证必须改变原设计运行方式的,应当报请大坝主管部门审批;除险加固必须由具有相应资格证书的单位作出加固设计,经审批后组织实施;险坝加固工程竣工后,由大坝主管部门组织验收。

确因病险严重或功能基本丧失须报废的水库大坝,其主管部门应按《水库大坝注册登记办法》有关规定办理报废手续。

(六)水库大坝注册登记

为掌握水库大坝的安全状况,加强水库大坝的安全管理和监督,水库大坝实行注册登记制度。

根据《水库大坝注册登记办法》规定,县级以上水库大坝主管部门是注册登记的主管部门,水库大坝注册登记实行分部门分级负责制:国务院水行政主管部门负责全国水库大坝注册登记的汇总工作,国务院各大坝主管部门和各省、自治区、直辖市水行政主管部门负责所管辖水库大坝注册登记的汇总工作,并报国务院水行政主管部门备案;已建成的水库大坝应在6个月内申报登记,已注册登记的大坝完成扩建、改建的,或经批准升、降级的,或大坝隶属关系发生变化的,应在此后3个月内向登记机构办理变更事项登记;大坝失事后,应立即向主管部门和登记机构报告;经安全鉴定的大坝应在3个月内将安全鉴定情况和安全类别报登记机构;注册登记机构每隔5年应对大坝管理单位的登记事项普遍复查一次。对经批准报废的水库大坝,其管理单位在撤销前,应向注册登记机构申请注销。

(七)法律责任

对违反大坝安全管理的行为,由大坝主管部门责令其停止违法行为,赔偿损失,采取补救措施,可以并处罚款;应当给予治安管理处罚的,由公安机关依照《中华人民共和国治安管理处罚法》的规定处罚;构成犯罪的,依法追究刑事责任:①毁坏大坝或者其观测、通信、动力、照明、交通、消防等管理设施的;②在大坝管理和保护范围内进行爆破、打井、采石、采矿、取土、挖砂、修坟等危害大坝安全活动的;③擅自操作大坝的泄洪闸门、输水闸门以及其他设施,破坏大坝正常运行的;④在库区内围垦的;⑤在坝体修建码头、渠道或者堆放杂物、晾晒粮草的;⑥擅自在大坝管理和保护范围内修建码头、鱼塘的。盗窃或者抢夺大坝工程设施、器材的,依照刑法规定追究刑事责任。

由于勘测设计失误、施工质量低劣、调度运用不当以及无正当理由不按期对水库大坝进行安全鉴定、已建水库大坝不及时申报等滥用职权、玩忽职守行为,导致大坝事故的,由其所在单位或者上级主管部门对责任人员给予行政处分;构成犯罪的,依法追究刑事责任。

经发现已登记的大坝有关安全的数据和情况发生变更而未及时申报换证或在具体事项办理中有弄虚作假行为,注册登记机构有权视情节轻重,处以警告、罚款,或报请大坝主管部门给有关人员以行政处分。

三、灌排工程的管理与保护

灌排工程即农田水利工程,是发展农业生产的重要基础设施。我国是世界上农业生产发展最早的国家之一，农田水利建设有其悠久的历史，如引泾水灌溉的郑国渠，宁夏的秦渠、汉渠，浙江的镜湖灌溉区等都是古代较大的灌溉设施。新中国成立后，国家对农田水利建设非常重视，花了大量人力、物力和财力，加上群众投工投劳，修建了大量的灌排工程设施，为农业稳产高产打下了一定的基础。

但是，我国农田水利建设还远远不能满足农业现代化的需要，不能适应效益农业的发展。特别是在农田水利的管理方面还存在很多薄弱环节，农田水利设施被任意侵占、破坏等情况时有发生，农村集体经济组织和农民群众的合法权益受到了侵害。

为了加强对农业灌排工程设施的管理和保护，保障灌排面积的稳定和发展，维护国家、集体和个人管理、经营灌排工程设施的合法权益，早在1980年和1981年水利部就发布了《机电灌排站经营管理暂行办法》、《灌区管理暂行办法》、《农田水利工程建设和管理暂行规定》等规范性文件；1995年水利部、财政部、国家计委联合发布了《占用农业灌溉水源、灌排工程设施补偿办法》（水政资〔1995〕457号），对灌排工程设施的保护与补偿作出了具体规定。2002年8月29日九届全国人大常委会第二十九次会议修订通过了新《水法》，其中第三十五条明确规定："从事工程建设，占用农业灌溉水源、灌排工程设施，或者对原有灌溉用水、供水水源有不利影响的，建设单位应当采取相应的补救措施；造成损失的，依法给予补偿"。

（一）占用农业灌溉水源、灌排工程设施的补偿

1. 适用范围

凡占用国家所有的农业灌溉水源、灌排工程设施，或人为造成农业灌溉水源水量减少和灌排工程报废或失去部分功能的行为，均适用。劳改、农垦等其他部门因被占用农业灌溉水源、灌排工程设施核收开发补偿费，参照执行。

2. 占用灌排工程设施的程序和要求

任何单位或个人占用农业灌溉水源、灌排工程设施必须事先向有权的流域机构或水行政主管部门提出申请，并提交有关文件资料，经审查批准后，发给同意占用的文件，并报上一级水行政主管部门备案。

占用跨省级行政区受益的农业灌溉水源、灌排工程设施，并涉及相邻省级行政区利害关系的，应当由占用行政区的水行政主管部门在事先征求相邻行政区水行政主管部门的意见后，报所在流域机构审批；重大项目经流域机构审查后，报国务院水行政主管部门审批。

对3年以下临时占用期满的，占用者必须负责恢复工程被占用前的原貌，经原批准占用的水行政主管部门和有关部门验收合格后，方可办理交接手续。

3. 具体补偿办法

国家对占用农业灌溉水源、灌排工程设施或人为造成农业灌溉水量减少和灌排工程设施报废或失去部分功能的，实行有偿占用与等效替代相结合的原则。

占用农业灌溉水源、灌排工程设施3年以上的（含3年），占用者应当负责兴建与被占用的农业灌溉水源工程、灌排工程设施效益相当的替代工程；无条件兴建替代工程的，占用者应当按照新建被占用等量等效工程设施的总投资额缴纳开发补偿费。具体补偿数额，由被占用工程的管理单位编制提出占用补偿方案，经法定的评估机构评定后，由管辖被占用农业灌溉水源、灌排工程设施的水行政主管部门审核后，报同级物价、财政部门审定。

由国家财政投资建设的项目，需占用农业灌溉水源、灌排工程设施的，按照水利工程的现值，由占用单位负责补偿。

凡占用农业灌溉水源、灌排工程设施给工程管理单位造成的经济损失，经法定评估机构评定后，报相应的水行政主管部门和同级物价、财政部门核准，由占用者交付给被占用的水源工程、灌排工程设施管理单位，用于弥补损失，不得挪用。

4. 开发补偿费的管理与使用

占用农业灌溉水源、灌排工程设施计收的开发补偿费，由县以上各级水行政主管部门会同财政部门依照管辖权限核收，纳入同级财政预算管理，专款专用。

由国务院水行政主管部门及其所属流域机构审批的占用农业灌溉水源、灌排工程设施计收的开发补偿费，由占用者就地交入中央金库，并由国务院水行政主管部门及其所属流域机构负责监交。

开发补偿费专项用于占用农业灌溉水源工程、灌排工程开发项目和灌排技术设备改造。使用时，由水行政主管部门编制项目计划，报同级财政部门核准后列支。对于没有开发条件的地区，应当将核收的开发补偿费交上一级财政部门统一使用。

（二）灌区管理

1. 管理体制

灌区管理实行按渠系统一管理、分级负责的原则，采取专业管理机构和群众性管理组织相结合的办法进行管理。国家管理的灌区，属哪一级行政单位领导，即由哪一级人民政府负责建立专管机构，根据灌区规模，分别设管理局、处或所；集体管理的灌区，由镇村设专管机构或专人管理。

灌区可成立由灌区管理单位和受益地区有关负责同志组成的灌区委员会，对灌区实行民主管理。其主要职责是：审查灌区管理单位的工作计划和总结；制定和修改灌区管理的规章制度；研究管理工作中的重大问题。

2. 灌区工程管理范围

灌区工程的保护，应根据管理工作的需要，结合自然地理条件、历史情况和社会经济的具体情况，在灌区各种建筑物周围划定管理范围，在渠道及渠堤两侧划定护渠地。保护范围已划定并征用的土地，由灌区管理单位管理；未划定的由灌区管理单位报请当地政府划定，并明确边界，树立标志，发给证明。

3. 灌区工程的保护

为保护灌区工程及其附属设施和设备，任何单位和个人不得任意在各级渠道上增建建筑物、增设提水站，需要增建或改变原有建筑物时，必须向灌区管理单位提出申请，经审核同意后才能进行；不得毁坏灌排渠道、建筑物和观测、通信、交通等附属设施；禁止在渠道上垦植、铲草及滥伐渠林；禁止在保护范围内埋坟、取土、挖砂；不得向渠道内倒垃圾、灰渣，不得在排水渠道内设障堵截。

（三）农田水利工程产权制度改革

《水利产业政策实施细则》（水利部水政法〔1999〕311号）第三十四条规定，产权明晰的国家和集体所有的小水库、小塘坝、蓄水池、机电井、小型抽水站(简称“五小”)等小型水利工程可实行承包经营、租赁、股份合作和拍卖,其收入应用于农田水利设施建设和维护,不得挪作他用。

“五小”水利工程产权制度改革,是适应市场经济发展的新举措,对进一步深化水利改革,促进水利良性发展,加强农业基础设施建设和推动农村经济发展起到了重要作用。

1. 改革的意义

“五小”水利工程产权制度改革推动了传统水利向现代水利的转变,使水利走向市场,实现供水商品化、水利产业化。同时,通过产权制度的改革,实现了责、权、利三者的统一,较好地解决了小型水利工程建设与管理方面存在的问题,拓宽了资金投入渠道,形成了多渠道、多层次、多元化投资水利的新机制,增强了工程管理者的责任心和自觉性,工程得到了良好的维护,效益得到了充分发挥。

2. 改革的形式

目前,“五小”水利工程产权制度改革的形式主要有承包、租赁、股份合作制、拍卖等,其中承包和租赁是一种过渡形式,也是现阶段适用的比较多的形式。

承包是指在所有权不变的前提下,承包方按照发包方的要求,在一定期限内承包“五小”工程的管理、养护、维修和灌溉、排水及防汛任务;租赁是指租赁者通过交付租金,可在一定时期内取得“五小”工程或设备的使用权和收益权;股份合作制是指入股方按照章程或协议,以资金或资源、技术、劳力、实物折价入股作为股份,自愿组织起来,依法从事兴修、管理、使用“五小”工程及设施;拍卖有两种形式,一种是拍卖“五小”工程的使用权与经营权,另一种是将国家和集体所有的“五小”工程设施拍卖给个人或其他组织。

3. 改革的原则

在实施“五小”工程产权制度改革时应当把握这样的原则:一是防止国有资产流失。在国有资产价值评估中,力求做到价格合理,所得资金再用于发展水利建设,避免造成国有资产的流失;二是充分依靠农民群众,发挥他们的主体作用;三是解放思想,提高认识,正确引导,强化服务,切实以解决农民群众的实际困难为重点;四是坚持实事求是,分类指导,切忌伤害群众的积极性和创造性;五是力求公平、公开、公正,建立完备的合同手续。

(四)法律责任

由于现行灌排工程管理和保护方面的规定都是规范性文件,没有对法律责任作出具体的规定。因此,对违反灌排工程管理和保护方面规定的行为,应当由县级以上水行政主管部门依照有关法律法规,如《河道管理条例》等的规定追究其法律责任。

四、水闸管理与保护

水闸根据其功能不同,可分为挡水闸、排水闸、进水闸、分水闸、节制闸、船闸等类型,分别承担挡潮、降低内河水位、取水、分水控制水位、通航等任务,为防汛抗旱、水量分配、污水防治以及航运事业发挥着重要作用。为了对水闸工程进行科学管理、正确运用,确保工程完整、安全,充分发挥工程效益,更好地促进工农业生产和国民经济的发展,1981 年 3 月 1 日水利部颁布了《水闸工程管理通则》(SLJ 704—81),对水闸管理单位的管理职责、检查观测、养护修理、控制运用、科技革新、经营管理、安全保卫、奖惩措施等作了具体规定，是水闸工程管理、运行的基本规范。

（一）水闸管理单位的管理职责

1. 水闸管理机构和职责

水闸工程竣工验收后，有关的水行政主管部门应按规定尽快组建水闸管理单位，其主要职责是：确保工程完整、安全，合理利用水利资源，充分发挥工程效益；在管好用好工程的前提下，开展综合经营；积累资料，总结经验，不断提高管理工作水平。

2. 工作制度

水闸管理单位应在岗位责任制的基础上，建立健全计划管理制度、技术管理制度、经营管理制度、水质监测制度、安全生产和安全保卫制度、请示报告和工程总结制度、财务制度、器材管理制度、事故处理报告制度以及考核奖惩制度等工作制度。

（二）水闸工程的检查观测

1. 检查观测的任务

水闸工程检查观测的任务主要有：①监视水情和水流状态、工程状态变化和工作情况，掌握水情、工程状态变化的规律，为管理运用提供科学依据；②及时发现异常迹象，分析原因，采取措施，防止发生事故，保证工程安全；③通过原形观测，对建筑物设计理论、计算方法和设计指标进行验证；④根据水质变化动态，作出水质恶化预报。

2. 检查的方式

水闸工程检查可分为经常检查、定期检查、特别检查和安全鉴定。

经常检查是对建筑物各部位、闸门和启闭机械、动力设备、通信设备、管理范围内的堤防和水流情况等的检查；定期检查是对每年汛前的岁修工程完成情况以及各项防汛准备工作情况的检查、汛后工程变化和损坏情况的检查、冰冻严重地区防冻措施和冰凌压力对建筑物影响的检查；特别检查是指当发生特大洪水、暴雨、暴风、强烈地震和重大工程事故时所进行的检查；安全鉴定是指每隔一定时期（运行头3～5年，以后每隔6～10年）对工程的一次安全鉴定。

各种检查、鉴定都必须认真进行，详细记载，存入技术档案。定期检查、特别检查和安全鉴定均应作出检查、鉴定分析报告，报上级主管部门，大型水闸的安全鉴定报告应报流域机构和水利部。

3. 检查的内容

根据建筑物不同类别，主要检查水工建筑物、圬工建筑物、混凝土和钢筋混凝土建筑物、闸门和启闭机械、水流流态以及附属设施是否完好等。

4. 观测的基本要求

水闸工程观测的基本要求是：①应进行全面的观测，相互关联的项目应配合进行，观测工作应保持系统性与连续性，按规定的项目、测次和时间进行；②掌握特征测值和有代表性的测值，研究工程运转情况是否正常，了解工程重要部位和薄弱部位的变化情况；③观测成果要真实、准确，精度要符合规定；④对观测成果应及时进行整理分析，并定期做好观测资料的整编工作。

（三）水闸工程的控制运用

水闸管理单位应根据运用指标，结合工程具体情况和有关部门的合理要求，参照历史水文规律和工程运用经验以及当年水情预报等，制订年度控制运用计划，报上级主管部门批准后执行。

1. 控制运用的原则

(1) 必须在保证工程安全的条件下，合理地综合利用水资源，充分发挥工程效益，当兴利与防洪有矛盾时，兴利应当服从防洪的需要。

(2) 按照有关规定和协议以及上级主管部门的指令，合理分配水量，定额配水，经济用水，在分配水量时一般应照顾下游和原有用水户。

(3) 水闸工程的运用必须上下游工程相配合，并与河道堤防的防洪能力或上下游排水、蓄水能力相适应。

2. 控制运用的依据

所有水闸工程均应明确规定作为控制运用依据的指标，主要有：①上、下游最高水位和最低水位；②最大过闸流量与相应单宽流量；③最大水位差及相应的上、下游水位；④上、下游河道的安全水位和流量；⑤兴利水位及兴利引水流量。

（四）法律责任

《水闸工程管理通则》规定："凡是污染水质损害水利工程设施，或工作不负责任，违章运行、违反操作规程，擅离职守，虚报情况、伪造资料、偷盗物料等，使人民生命和国家财产造成损失的，均应根据其性质、情节、损失大小，分别给予行政处分、经济处罚，触犯法律的，依法追究相应的法律责任；水闸管理单位和职工，对一切损害水利工程的行为有权监督、检举和控告，并受法律保护"。

五、水文设施管理与保护

水文工作是为防汛抗旱、合理开发利用水资源、保护水环境提供水文信息服务的基础工作。新中国成立以来，特别是改革开放以来，我国的水文事业有了很大的发展，建立各类水文监测站 3 万多处，布设水情报汛站 8 500 多处、水文预报站 1 万多处，形成了比较完整的水文站网，水文水资源监测、水文情报预报、水资源调查评价、水环境影响评价的服务体系，为国民经济建设提供了准确可靠的决策依据。

水文资料具有连续性、完整性、长期性、统一性、及时性和准确性的特点，水文设施一旦遭受破坏，就会影响水文资料收集的完整性，难以发挥站网的整体功能。因此，加强水文设施的管理与保护十分重要。为此，《水法》第十六条规定："县级以上人民政府应当加强水文、水资源信息系统建设"，第四十一条规定："单位和个人有保护水工程的义务。不得侵占、毁坏堤防、护岸、防汛、水文监测、水文地质监测等工程设施"。2007 年 4 月 25 日国务院第 496 号令颁布的《中华人民共和国水文条例》第五章、2011 年 2 月 18 日水利部令第 43 号《水文监测环境和设施保护办法》对水文设施的管理和保护作出了具体规定。

（一）水文监测环境范围的划定

《水文条例》第三十一条规定："县级人民政府应当按照国务院水行政主管部门确定的标准划定水文监测环境保护范围，并在保护范围边界设立地面标志"。《水文监测环境和设施保护办法》第四条规定："水文监测环境保护范围应当因地制宜，符合有关技术标准，一般按照以下标准划定：(一) 水文监测河段周围环境保护范围：沿河纵向以水文基本监测断面上下游各一定距离为边界,不小于五百米,不大于一千米;沿河横向以水文监测过河索道两岸固定建筑物外二十米为边界,或者根据河道管理范围确定。(二)水文监测设施周围环境保护范围:以监测场地周围三十米、其他监测设施周围二十米为边界"。第五条规定:"有关流域管理机构或者水行政主管部门应当根据管理权限并按照本办法第四条规定的标准拟定水文监测环境保护范围,报水文监测环境保护范围所在地县级人民政府划定,并在划定的保护范围边界设立地面标志。"

如《江苏省水文条例》第三十条规定:"水文监测环境保护范围按照不小于以下标准的原则划定:(一)测验河段:省管以上河道的水文测验断面上、下游各一千米,其他河道的水文测验断面上、下游各五百米;(二)测验设施:测验操作室、自记水位计台、过河缆道的支架(柱)及锚锭等周边以外二十米;(三)水文观测场:水文观测场地周边以外十米,观测场周边十米以外有障碍物的,障碍物与观测仪器的距离不得少于障碍物顶部与仪器口高差二倍。"

(二)水文监测环境和设施的保护

《水文条例》规定:"国家依法保护水文监测环境。任何单位和个人都有保护水文监测环境的义务。国家依法保护水文监测设施。任何单位和个人不得侵占、毁坏、擅自移动或者擅自使用水文监测设施,不得干扰水文监测"。《水文监测环境和设施保护办法》第七条规定:"国家依法保护水文监测设施。任何单位和个人不得侵占、毁坏、擅自移动或者擅自使用水文监测设施,不得使用水文通信设施进行与水文监测无关的活动。"

对水文监测环境内的活动进行了限制与禁止。《水文条例》第三十二条规定:"禁止在水文监测环境保护范围内从事下列活动:(一)种植高秆作物、堆放物料、修建建筑物、停靠船只;(二)取土、挖砂、采石、淘金、爆破和倾倒废弃物;(三)在监测断面取水、排污或者在过河设备、气象观测场、监测断面的上空架设线路;(四)其他对水文监测有影响的活动"。《水文监测环境和设施保护办法》第六条规定:"禁止在水文监测环境保护范围内从事下列活动:(一)种植树木、高秆作物,堆放物料,修建建筑物,停靠船只;(二)取土、挖砂、采石、淘金、爆破、倾倒废弃物;(三)在监测断面取水、排污,在过河设备、气象观测场、监测断面的上空架设线路;(四)埋设管线,设置障碍物,设置渔具、锚锭、锚链,在水尺(桩)上拴系牲畜;(五)网箱养殖,水生植物种植,烧荒、烧窑、熏肥;(六)其他危害水文监测设施安全、干扰水文监测设施运行、影响水文监测结果的活动。"

对在保护区内的水文设施建立后设置的妨碍水文测验及管理的障碍物,按照《中华人民共和国河道管理条例》第三十六条关于清除河道管理范围内阻水障碍物的有关规定处理。在通航河道中进行水文测验作业时,应设置警示标志,除测验作业船只外的其他船只应减速绕道行驶。

(三)水文设施的迁移

《水文条例》第三十条规定:"未经批准,任何单位和个人不得迁移国家基本水文测站;因重大工程建设确需迁移的,建设单位应当在建设项目立项前,报请对该站有管理权限的水行政主管部门批准,所需费用由建设单位承担"。《水文监测环境和设施保护办法》第八条规定:"未经批准,任何单位和个人不得迁移水文测站。因重大工程建设确需迁移的,建设单位应当在建设项目立项前,报请对该水文测站有管理权限的流域管理机构或者水行政主管部门批准，所需费用由建设单位承担”。

（四）水文测站上下游建设工程对水文监测影响的管理

《水文条例》第三十三条规定：“在国家基本水文测站上下游建设影响水文监测的工程，建设单位应当采取相应措施，在征得对该站有管理权限的水行政主管部门同意后方可建设。因工程建设致使水文测站改建的，所需费用由建设单位承担”。《水文监测环境和设施保护办法》第九条规定：“在水文测站上下游各二十公里（平原河网区上下游各十公里）河道管理范围内，新建、改建、扩建下列工程影响水文监测的，建设单位应当采取相应措施，在征得对该水文测站有管理权限的流域管理机构或者水行政主管部门同意后方可建设：（一）水工程；（二）桥梁、码头和其他拦河、跨河、临河建筑物、构筑物，或者铺设跨河管道、电缆；（三）取水、排污等其他可能影响水文监测的工程。因工程建设致使水文测站改建的，所需费用由建设单位承担，水文测站改建后应不低于原标准”。第十条规定：“建设本办法第九条规定的工程，建设单位应当向有关流域管理机构或者水行政主管部门提出申请，并提交下列材料：（一）在水文测站上下游建设影响水文监测工程申请书；（二）具有相应等级水文水资源调查评价资质的单位编制的建设工程对水文监测影响程度的分析评价报告；（三）补救措施和费用估算；（四）工程施工计划；（五）审批机关要求的其他材料”。第十一条规定：“有关流域管理机构或者水行政主管部门对受理的在水文测站上下游建设影响水文监测工程的申请，应当依据有关法律、法规以及技术标准进行审查，自受理申请之日起二十日内作出行政许可决定。对符合下列条件的，作出同意的决定，向建设单位颁发审查同意文件：（一）对水文监测影响程度的分析评价真实、准确；（二）建设单位采取的措施切实可行；（三）工程对水文监测的影响较小或者可以通过建设单位采取的措施补救。”

第十二章　水政监察制度

第一节　水政监察制度概述

一、水行政执法机构和执法人员

执法机构和执法人员是行政执法的组织保证，尤其是对于一个长期以来建设任务繁重、技术力量较强、行政管理相对较弱的水利部门来说更为重要。从目前来看，从事水行政执法工作的机构主要有水政（水政水资源）机构或法制工作机构（以下统称水政机构）以及水政监察队伍。

（一）水政机构的性质和任务

1988 年《水法》颁布以后，各级人民政府相继确立各级水利部门为同级政府的水行政主管部门，并在水利部门内部增设了水政机构。

1. 性质

根据 1989 年 6 月水利部发出的《关于建立水利执法体系的通知》精神，水政机构为水行政执法的综合职能部门（即水行政主管部门的法制工作机构）。

2. 基本任务

水政机构的基本任务包括：①在水行政立法方面，牵头组织拟定水行政法规、规章或规范性文件，负责与有关部门的联系、协商和协调；②在水行政执法方面，代表水行政主管部门查处水事违法案件，实施行政处罚，监督检查水法规遵守和执行情况，负责与司法、公安部门在执法中的联系，对水政监察组织的执法行为进行督导；③归口管理水事违法案件的行政复议，协同调处水事纠纷，参与水行政诉讼；④在水行政保障方面，综合管理水法规的宣传普及，对下级水政机构工作人员、水政监察员进行培训，进行水行政政策和对策研究等。

水政机构的职责，在不同层级有不同的侧重。一般情况下，越往上宏观管理的内容越多，越往下微观管理的任务越重，但万变不离其宗，各级水政机构都具有各自部门“法制工作机构”这一共同的属性。

需要说明的是：①水政机构是水行政管理的法制工作机构，与各级政府的法制工作机构相对应，与林业行政管理的林政、渔业行政管理的渔政等相类似。因此，它在接受同级水行政主管部门领导的同时，还要接受同级政府法制工作机构的业务指导。②水政机构是综合协调、归口管理水行政法制建设的职能机构，但并不包揽所有的水行政执法工作，也不包括其他职能机构的法制工作。

由于水政机构是水行政主管部门内设的法制工作办事机构，所以其作出的水行政法律行为（如行政处罚、行政处理、行政强制措施、行政复议决定、水事纠纷的调处等）必须以水行政主管部门的名义行使。水政机构在履行水行政主管部门法定职责时起到一个参谋、助手和执行者的作用。

3. 水政机构与水利部门内其他有关职能机构的关系

水政机构与水利部门内其他有关职能机构(如水资源、管理、水土保持、工程管理、河道管理、水文管理等)的关系应该是相互配合、相互协作的关系。水政机构作为水行政主管部门内设的法制工作综合职能机构,主要负责归口管理水利法制工作,协调涉及各个机构的行政管理活动,对他们作出的行政管理决定或规定,从法律、法规角度进行审查。与此同时,由于水行政执法活动有时涉及有关职能机构的专业业务,各有关职能机构可发挥其熟悉专业的优势,对有关的水行政执法活动从专业角度予以协助、配合和支持。

(二)水政监察队伍的性质和职责

水政监察是我国行政执法体系的组成部分。早在1994年以前,水政监察主要是以水政监察员个人作为水行政主管部门行使执法权的代表的身份来进行,水政监察队伍只是水政监察员的集合,而非实体组织。随着水利基础地位的确立、水利改革的深化以及社会主义市场经济体制的不断完善,建立一支专职的水政监察队伍势在必行。1994年7月,江苏省水利厅率先提出在全省范围内建立专职水政监察队伍,并取得了显著的效果。1995年12月,水利部在总结江苏省建立专职水政监察队伍经验的基础上,决定在全国水利系统开展水政监察规范化建设,组建一支关系协调、组织严密、纪律严明、运行有力的专职执法队伍,并统一名称,即省、市、县三级分别设立水政监察总队、水政监察支队、水政监察大队。1997年12月26日和2000年5月15日,水利部分别发布了《水行政处罚实施办法》(水利部令第8号)和《水政监察工作章程》(水利部令第13号),对水政监察队伍的性质、职责、人员的任命与管理,以及水政监察队伍和水政监察员在实施水行政处罚中的地位、权限作了具体规定。

1. 水政监察队伍的性质

《水政监察工作章程》第二条规定:"县级以上人民政府水行政主管部门、水利部所属的流域管理机构或者法律法规授权的组织应当组建水政监察队伍,配备水政监察人员,建立水政监察制度,依法实施水政监察";第三条规定:"水利部组织、指导全国的水政监察工作。水利部所属的流域管理机构负责法律、法规、规章授权范围内的水政监察工作。县级以上地方人民政府水行政主管部门按照管理权限负责本行政区域内的水政监察工作";《水行政处罚实施办法》第十条规定:"县级以上人民政府水行政主管部门可以在其法定权限内委托符合本办法第十一条规定条件的水政监察专职执法队伍或者其他组织实施水行政处罚"。由此可见,水政监察队伍是受水行政主管部门委托行使水行政执法权的事业单位,它必须在水行政主管部门委托的权限范围内,以水行政主管部门的名义作出行政行为,超越委托权限即为违法。

2. 水政监察队伍的职责

根据《水政监察工作章程》规定,水政监察队伍的主要职责有:①宣传贯彻《水法》、《水土保持法》、《防洪法》等水法规;②保护水资源、水域、水工程、水土保持、生态环境、防汛防旱和水文监测等有关设施;③依法对水事活动进行监督检查,维护正常的水事秩序,对公民、法人或其他组织违反水法规的行为实施行政处罚或者采取其他行政措施;④配合和协助公安、司法机关查处水事治安和刑事案件；⑤对下级水政监察队伍进行指导和监督；⑥受水行政执法机关委托，办理行政许可和征收行政事业性规费等有关事宜。

3. 水政机构与水政监察队伍的关系

《水政监察工作章程》第十条规定："水行政执法机关的法制工作机构负责管理同级水政监察队伍。水政监察队伍的主要负责人由同级水行政执法机关的法制工作机构的负责人兼任"。这是因为水政机构是水行政主管部门内设的行政职能机构，其履行的职责由各级人民政府批准的"三定"规定赋予，它所做的一切行为都代表水行政主管部门。水政监察队伍则是根据规章规定设立的事业单位，其行使的职权来自于水行政主管部门的委托，有很大的限制性。从水行政主管部门来讲，它委托水政监察队伍的各项职权，都必须加以监督、管理、指导，而这项职能只能赋予水政机构。

二、水行政执法制度建设

制度建设是加强水行政执法工作的基本要素之一，只有制度健全，才能建立水行政执法良性运行机制，规范行政行为，树立执法权威。对此，《水政监察工作章程》明确规定："水政监察队伍实行执法责任制和评议考核制"，"水政监察队伍应当建立和完善执法责任分解制度、水政监察巡查制度、错案责任追究制度、执法统计制度、执法责任追究制度以及水行政执法案件的登记、立案、审批、审核及目标管理等水政监察工作制度"，"每年年底水行政执法机关的法制机构和上一级水政监察队伍负责对水政监察队伍执法责任制的执行情况进行考核"。据此，各级水政监察队伍围绕水利部提出的水政监察规范化建设的要求，相继制定了工作制度，为水政监察工作的顺利进行提供了制度保障。

（一）水行政执法责任制

水行政执法责任制是指以各级水行政主管部门为主实施和配合实施的法律、法规及法律、法规确定的权利和义务，层层分解细化，落实到执法机构、执法岗位和执法人员，明确执法责任、执法标准和执法程序，建立和完善执法监督机制，保证水行政执法活动制度化、规范化运行。

1. 建立水行政执法责任制的意义

第一，实行水行政执法责任制是贯彻邓小平民主法制思想和党中央关于"依法治国、建设社会主义法治国家"方针的重要举措。依法治国最主要的是依法决策、依法行政、依法办事，其中依法行政是依法治国的重要环节。依法行政要求政府行政管理部门依法管理经济、文化和社会事务，把本部门工作纳入法制轨道。

第二，实行水行政执法责任制是建立和完善社会主义市场经济的客观需要。市场经济是以法治为基础的经济。江泽民同志指出："社会主义市场经济体制的建立和完善，必须有法制作保障，全党都要高度重视法制。法制制定以后，必须严格遵守和执行"。围绕建立社会主义市场经济体制实行国家机关部门行政执法责任制，是从制度上有效地约束执法部门与执法人员严格遵守和执行法律、法规，运用法律手段管理经济、管理各项社会事务的重大措施，从而为市场经济的发展提供良好的法制环境。水资源是重要的自然资源，是人们赖以生存的物质基础。实行取水许可制度和水资源的有偿使用制度，是整个经济体制改革的重要组成部分。因此，实行水行政执法责任制，规范水行政执法行为也是建立和完善社会主义市场经济体制的一项重要内容。

第三,实行水行政执法责任制是落实党的“十五大”提出的依法治国基本方略,加强社会主义精神文明建设的重要环节。它有利于行政机关严格按照法律和制度办事,提高行政机关执法水平和工作效率;有利于强化监督制约机制,有效防范以权谋私等腐败现象;有利于加强机关职工道德建设,提高全心全意为人民服务的意识,从而推进社会主义精神文明建设。

第四,实行水行政执法责任制,是加大水行政执法力度,全面贯彻落实水法规的重要保证。

目前,水利法制建设的主要问题不再是“无法可依”,而主要是“有法不依、执法不严、违法不究”。这些问题的存在,不仅损害了法律的尊严,侵害了公民、法人和其他组织的合法权益。同时,也影响了国家和行政机关的声誉,损害了党和政府与人民群众之间的关系,危害很大。究其原因,除法制观念和管理体制等方面的因素外,与执法缺乏规范化、制度化,缺乏对行政执法的监督制约有直接的关系。实行水行政执法责任制,对解决上述问题,确保水法规的正确实施有很强的针对性。

2. 建立水行政执法责任制的基本目标

通过建立和实施水行政执法责任制,使全体水利干部熟悉掌握本部门所执行的法律、法规、规章,做到不越权、不失职,使水行政执法活动达到执法权限法定化、执法管理目标化、执法行为合法化、执法文书标准化、执法制度规范化、执法统计制度化、执法监督经常化。

3. 水行政执法责任的分解

水行政执法责任的分解即将以水行政主管部门为主实施和配合其他部门实施的法律、法规所规定的权利义务,层层分解到各个岗位和具体的责任人(具体分解略)。

4. 建立水行政执法责任制的具体要求与措施

为保障水行政执法责任制管理目标的实现,首先必须加强领导,统一思想,提高认识,增强实施水行政执法责任制的紧迫感和责任感;其次是健全组织,落实责任,明确任务,水行政主管部门应当建立实行水行政执法责任制领导小组,下设办公室,具体负责检查各项法定责任的落实情况;再次是加强学习,提高素质,适应水行政执法岗位的需要;最后是加强监督,完善制度,严格考核,使水行政执法责任制工作年年有检查,年年有总结,年年有提高。

(二)水行政执法巡查制度

水行政执法巡查制度是强化水行政执法,实施水行政日常监督管理的重要环节,也是实现水利执法由静态管理转向动态管理的有效途径,对贯彻执行水法规,保护水、水域和水工程,维护正常水事秩序有着重要意义。

1. 主要任务

巡查就是依法对辖区内各项水事活动进行巡逻检查和监督管理。其主要任务有:①监视辖区内的水、水域、水工程及其他设施的变化状况,特别是检查在水工程管理及保护范围内有无从事爆破、打井、采石、取土等危害水工程安全的行为;在行洪河道内有无设置拦河障碍物,向河道、湖泊倾倒废土、垃圾等行为;有无侵占水工程设施及其管理范围,损毁防汛、水文、水土保持等工程设施的行为；河道管理范围内有无违法采砂等行为；排污口的设置或扩大以及重点排污单位的排污情况等。②检查正在实施的涉河（包括跨河、穿河、临河、穿堤）建设项目，了解有无未经批准或不按批准的要求实施；开发性建设项目水土保持设施"三同时"执行情况；省、市、县际边界河道水工程的建设等。③检查取水单位的取水情况，包括取水口的设置或扩大、取水计量设施的安装及运行情况、退水水质变化情况等。④检查"四荒"开发、陡坡地开垦以及水土流失防治等情况。⑤巡查水事纠纷易发地区水事情况。

2. 主要方式

根据水行政执法的特点和水事违法案件的成因，巡查活动可采取：①定期巡查，适用于河道、水工程等一般性的例行检查。②突击巡查，针对时间紧、活动性强，后果严重的违法案件现场所进行的检查。③专项巡查，针对特定的对象、特定的目的所组织的专门巡查。④重点巡查，主要是指对水事违法案件多发地区进行的巡查或对举报的重大典型违法案件的巡查。⑤联合巡查，针对涉及面广、情况复杂的现场，由上下级水行政主管部门联合或者有关部门联合所进行的巡查。

3. 组织实施

巡查由各级水政监察队伍负责实施，实行队长负责制。执行巡查任务时，必须有2名以上水政监察员参加，统一着水政监察服，持"水政监察证"和"水土保持监督检查证"。巡查活动应当建立记录制度，参加巡查的水政监察人员应按照《水政监察巡查记录本》的要求，每次巡查应当有详细的文字记录，经巡查人员和队长签名后归档。必要时，可通过绘图、摄影或录像等方式收集现场证据。

以浙江省为例，省水政监察总队负责全省水行政执法巡查工作，提出年度巡查工作计划和重点，组织有关市、县水政监察队伍对省级审批的重点工程项目及省级重要河段、跨市（地）行政区域边界河段等重点区域进行巡查；市水政监察支队负责本辖区内水行政执法巡查工作，提出年度巡查工作计划和重点，组织对辖区内省、市两级审批的重点工程项目及市级重要河段、跨县级行政区域边界河段等重点区域进行巡查；县（市、区）水政监察大队负责本辖区内水行政执法巡查工作，提出年度巡查工作计划和重点，建立健全巡查网络，充分发挥兼职水政监察人员和乡镇协管员的作用，按照巡查制度规定的巡查任务，开展全方位的巡查工作。

4. 监督与管理

水行政执法巡查活动实行层级监督制度，各级水政监察队伍对同级水行政主管部门负责，并接受上一级水政监察队伍的指导、监督。上级水政监察队伍根据对下级水政监察队伍巡查工作的检查，对其工作进行考核。对于重大水事纠纷和水事违法案件，应按规定将巡查情况逐级上报。

5. 保障措施

各级水行政主管部门应当加强水行政执法巡查工作，按照水利部有关水政监察执法装备配备标准的通知，配备水行政执法必需的交通、通信、勘察等装备，并给予巡查人员相应的执法津贴和人身保险。

6. 巡查结果的处理

水行政执法巡查实行报告制度。对巡查中发现的问题,应当分轻重缓急,按照职权及时提出处理意见。对于违法事实确凿但情节轻微的行为,可根据《行政处罚法》简易程序当场处理,并在5日内将处理决定报本级水行政主管部门备案;其他违法行为,应按一般程序立案查处。重大水事违法案件,应按规定上报省级水政监察总队备案。

(三)水行政执法过错责任追究制度

水行政执法过错责任是指水行政主管部门(包括水政监察队伍和其他具有行政职能的管理机构)及其行政执法人员,由于故意或重大过失,违法行使职权(包括行政审批、许可、处罚、收费等),侵犯了国家、公民、法人或其他组织的合法权益并造成后果,经有权机关、复议机关、人民法院,通过监督检查、行政复议或行政诉讼等方式,发现、撤销或变更其行政行为时所应承担的行政、经济责任。

1. 法律依据

《国家赔偿法》第十四条规定:"赔偿义务机关赔偿损失后,应当责令有故意或重大过失的工作人员或者受委托的组织或个人承担部分或者全部赔偿费用。对有故意或者重大过失的责任人员,有关机关应当依法给予行政处分;构成犯罪的,应当依法追究刑事责任"。《行政处罚法》及相关水法规都规定了执法人员玩忽职守、滥用职权,徇私舞弊的,由其所在单位或上级主管机关给予行政处分;对公共财产、国家和人民利益造成重大损失的,依照刑法规定追究刑事责任。

2. 原则

过错责任追究应坚持实事求是、有错必纠、责任自负、过罚相当、教育与处分相结合的原则。

3. 过错责任追究的条件与情形

过错责任追究的条件是:①必须有违法的具体行政行为;②有明确的损害后果及受害人;③具体行政行为必须是水行政主管部门及其工作人员行使职权所为。

过错责任追究的情形主要有:①违法实施罚款、吊销许可证、责令停产停业、没收财物等行政处罚的;②违法对当事人的财产采取查封、扣押等行政强制措施的;③对符合法定条件申请颁发取水许可证、滩涂围垦许可证、河道采砂许可证等,超过法定期限不予颁发或者不予答复的;④对不符合法定条件申请颁发许可证,予以办理的;⑤违反国家有关规定,征收财物、摊派各种费用或违法造成公民人身损害的;⑥对符合法定年检年审条件而不予年检年审或对不符合法定年检年审条件而予以年检年审的;⑦超越职权,导致行政执法行为过错的;⑧违反法定程序,导致行政执法行为过错的;⑨其他应当追究的水行政执法过错行为。

对于因当事人的责任造成执法过错、行政机关工作人员与行政职权无关的个人行为以及其他不应追究的情形,应当另行处理。

4. 过错责任的界定

过错有多种多样,其责任的界定有所不同:①对于作出具体行政行为过错应承担责任的,由作出具体行政行为的单位主要负责人承担主要责任,有关人员负次要责任;②对于承办人员汇报事实有误,隐匿证据、提供虚假证据,导致行政首长或上级机关决策错误,造成行政执法过错的，由案件承办人员承担全部责任；③对于应当经过审批审核而未经审批审核作出的行政行为造成的过错，由直接责任人员承担全部责任；④因审核机构在审核过程中，改变具体行政行为而造成行政行为过错的，由审核机构承担改变部分的责任；⑤对于经审批审核过的具体行政行为造成过错的，由审批审核（人）与承办单位（人）共同承担责任；⑥对于经复议的具体行政行为，复议机关改变原具体行政行为造成行政执法过错的，由复议机关承担其改变部分的责任。

5. 过错责任追究的实施主体

过错责任的追究，由同级水行政主管部门设立的责任追究委员会管辖，提出立案建议，报主要负责人批准。应当给予政纪、党纪处分的，按照干部管理权限办理。但如遇到本级水行政主管部门主要领导为过错责任人，或本级水行政主管部门难以认定，或其他需要上一级水行政主管部门办理的，由上一级水行政主管部门办理。

6. 过错责任追究的方式

对过错责任机关或责任人，应根据不同情况和对象，可以给予责令检查、通报批评、扣发奖金、取消评选先进资格、依法追偿相应的费用、行政处分等方式处理。

7. 过错责任追究处理决定

经批准立案的过错责任追究案件，由过错责任追究委员会组织有关处室人员开展调查，收集必要的证据。案件调查结束后，应写出书面调查终结报告，内容包括被调查人的基本情况、行政执法过错事实、案件的性质、责任的分担、追究责任的依据、追究责任的形式建议等。《水行政执法过错责任追究决定书》由行政执法责任制工作领导小组集体讨论决定。决定书的内容应包括错案责任人的基本情况、行政执法过错事实、案件性质、追究责任的依据、追究责任的形式以及追究责任的时间和要求等。决定书应以行政机关的名义作出，直接送达过错责任人。

8. 过错责任追究的执行

责任人对处理决定不服的，可以按照有关规定申请复查或复核。作出决定的机关或上一级主管机关在接到过错责任人申诉书后，应在30日内予以复查或复核。过错责任人需承担赔偿金的，水行政主管部门可责令责任人限期履行，也可在其工资、福利、奖金中一次或分批扣除。过错责任人需向当事人赔礼道歉的，应由其主管领导等人共同出面，向当事人赔礼道歉。

第二节　水事纠纷的预防和处理

一、概述

防治水害和开发水利，是人类社会改造自然的伟大实践。由于水利事业涉及面广，在水资源开发利用中，上下游、左右岸之间以及防洪、治涝、灌溉、排水、供水、水运、水能利用、水环境保护等各项涉水事业之间，往往存在着不同的要求和需要，存在着相互作用、错综复杂的利害关系。这些水事利害关系如果处理不得当，就会引起水事纠纷。

我国历史上水旱灾害频繁，从4 000年前大禹治水开始，历代封建王朝，都把兴修水利作为治国安邦的大事。据大量的史料和地方志记载,历史上水事纠纷层出不穷,遍及全国各地。解决水事纠纷的协议,可以追溯到春秋时期,公元前651年中原各诸侯签订的葵丘会盟盟约中,就包括处理边界水事纠纷的条文,约定诸侯各国边界河道不准曲为堤防、壅高河水。在西汉的灌溉法规中,就规定将水源分配协议刻成石碑,供各方共同恪守,以防止争水纠纷。新中国成立后,在党和政府的领导下,开展了大规模的水利建设,取得了举世瞩目的成就,对我国的社会主义现代化建设作出巨大贡献。全国人民发扬团结治水的精神,为妥善解决水事纠纷提供了有利的条件,许多复杂的和历史遗留的水事纠纷都得到了妥善解决。

水事纠纷事关社会稳定大局,引水、排水、灌溉、治河造地、护地、水能利用等水事纠纷,其实质是权益争端,容易引起群众集体上访、械斗、破坏水利工程,甚至引发爆炸、炮击等严重影响社会稳定、危害人民生命财产安全的恶性事件。水事纠纷事关群众切身利益,在水事纠纷中,受损害最直接、最严重的是纠纷各方的人民群众。任何形式的水事纠纷,都将在一定程度上影响社会安定和经济发展,造成消极后果。

1988年《水法》总结了新中国成立以来调处水事纠纷的经验,确立了互谅互让、团结协作、协商处理水事纠纷的精神,规范了水资源开发利用和防治水害活动,对预防和调处水事纠纷发挥了积极作用。据不完全统计,1991~2001年,我国共发生水事纠纷11.1万起,造成直接经济损失6.5亿元(按当年价格计算),调处水事纠纷10.1万起,调处率92.3%,其中75%通过双方协商解决,一些重要的水事纠纷如黄河小北干流、漳河、邳苍郯新地区等水事纠纷得到调处;水事纠纷的发生数量也呈现逐年递减的趋势,从1991年的1.8万起减少到2001年的6 200余起。但是,随着人口的增长、经济社会的快速发展和改善生态环境的需要,水资源日益成为经济社会可持续发展的制约因素,自然和人为因素引发的水事纠纷仍然时有发生,有的还相当尖锐。所以,新《水法》把积极预防和依法处理水事纠纷作为一项重要的内容予以了明确规范。

二、水事纠纷的类型

水事纠纷是指公民、法人或其他社会组织在开发利用水资源和防治水害过程中,因权益争端而引起的民事纠纷或行政争端。

根据《水法》第五十六条、五十七条的规定,水事纠纷分为两种类型:一种是不同行政区域之间发生的水事纠纷,属行政争端性质纠纷,受行政法律规范调整;另一种是单位之间、个人之间、单位与个人之间发生的水事纠纷,属于民事性质的纠纷,既受水事法律规范调整,也受民事法律规范调整。

三、水事纠纷成因的变化趋势

随着人口的增长和经济社会的快速发展,我国的水资源状况发生了重大变化。水资源短缺的矛盾已经充分暴露出来,在某些地区已经成为严重阻碍经济发展的主要问题。同时,日趋严重的水污染不仅破坏了生态环境,而且进一步加剧了本来就十分严重的水资源短缺矛盾,引发水事纠纷的因素发生了新的变化:20世纪80年代以前,主要是平原地区排涝纠纷,其影响主要是农业生产;20世纪80年代以后,随着经济的发展和人口的增长，由排水矛盾造成的水事纠纷呈下降趋势，而由于争水、争地、水污染、水资源开发利用等矛盾造成的水事纠纷逐年上升，其影响已经扩展到社会生活的各个方面。

如海河流域漳河上游地区由于争水、争地而引发的水事纠纷。河南、河北两岸群众为争夺水源和河滩地，多次发生群众械斗、爆炸、炮击事件，造成人员伤亡和重大经济损失，特别是20世纪80年代以后，纠纷逐步升级，先后发生了河南红旗渠、河北大跃峰渠被炸，沿河村庄遭炮击及械斗、流血事件30余起，严重影响了这一地区的经济发展和社会稳定。又如浙江省嘉兴市因长期接纳上游江苏省苏州市盛泽镇排放的污水，曾多次造成死鱼事件，使当地农民养殖业损失惨重，导致2001年11月嘉兴市数百群众动用机械在麻溪塘上筑坝封堵河道而引发了江浙水事纠纷，就是因为严重的水污染长期未能得到有效治理造成的，水污染已经严重影响到这一区域广大人民群众的生产、生活和经济发展。

目前，严峻的水资源形势必将对水事纠纷的发生、发展、预防和处理产生重大影响，也要求我们在总结经验的基础上，密切关注水事纠纷成因的变化趋势，用新思路寻求有效的解决途径。可以预见，今后水事纠纷将具有涉及面更广、矛盾更复杂和影响更大的特点。

四、处理水事纠纷的原则

团结治水是调处水事纠纷的基本原则。水事纠纷发生后，纠纷各方应本着互谅互让、团结协作、协商处理的精神，在处理水事纠纷中遵循并贯彻以下重要原则。

（一）局部利益服从全局利益的原则

一切水事活动都必须从全局出发，树立大局观念。在不损害大局的前提下，人民政府及其授权的部门有责任保护地区、单位和个人的合法权益。对于为顾全大局而牺牲局部利益的一方，国家或受益一方，应当给予适当补偿。

（二）统筹兼顾、协调发展的原则

由于水资源是有机整体，同时又是可再生的动态资源，各项水事活动相互影响，在处理上下游、左右岸、干支流与防洪、治涝、灌溉、排水、供水、水运、水电、水产、环境保护等各项事业之间的水事关系时，必须统一规划、统筹兼顾、协调发展。

（三）尊重历史、面对现实、着眼未来的原则

尊重历史，是指在调处水事纠纷时，对水事纠纷的历史情况进行调查，对历史上处理过的协议给予充分考虑；面对现实，即从实际出发，在尊重历史的基础上，根据当前的现实情况，依法作出调整，维护有关各方的合法权益；着眼未来，要求有关各方以发展的眼光、新的思路来解决纠纷。

（四）维持现状的原则

《水法》第五十六条、第五十七条规定，在水事纠纷解决前，未经各方达成协议或者协商不成，当事各方不得单方面改变现状。这是禁止性规定，是为了防止纠纷激化、事态扩大，也是为了解决水事纠纷赢得时间和良好的社会环境。

（五）强调组织的原则

处理不同行政区域之间的水事纠纷，应当强调组织原则。水事纠纷发生后，首先当事双方必须采取措施，防止事态扩大、矛盾激化。其次应当发扬团结治水的精神，力争协商一致；在协商不成时，依法提请上级主管机关处理，一经裁决，双方必须服从，不能久拖

不决。

五、水事纠纷的预防

解决水事纠纷，必须以预防为主、未雨绸缪、防患于未然，把矛盾化解在基层、消灭在萌芽阶段。

（一）加强水利规划与规划实施工作

水利是一个庞大的、多元的、多层次的系统工程，矛盾错综复杂。因此，开发利用水资源与防治水害，必须首先从全局和宏观上、从战略布局上进行统筹安排，才能做到全局上合理，又兼顾局部的利益和要求，形成和谐的水事秩序，这样就能预防和避免或者最大限度地减少水事纠纷的发生。

多年来的实践经验表明，凡是规划比较合理并能按照规划实施的工程项目，效益都比较好，纠纷也比较少；凡是缺乏统一规划，或者虽有规划但调控措施不力或未按规划要求实施，在宏观失控下修建的工程，往往带来难以处理的后遗症，形成引发水事纠纷的隐患或者酿成水事纠纷。在水事关系复杂、水事纠纷多发地区，只有通过制订规划，才能统一认识、协调矛盾。近年来妥善处理水事纠纷的经验充分说明，凡是按“统一规划，统一治理”的原则处理的水利矛盾，均得到解决，取得了十分显著的效果。如漳河水事纠纷，通过加强河道和流域水资源的统一规划、统一管理、统一调度、统一治理，各级地方政府及其有关部门积极支持和配合河道治理，实现了由河堤乱修、乱建到统一治理的转变，争地矛盾基本解决。

《水法》第四条“开发、利用、节约、保护水资源和防治水害，应当全面规划、统筹兼顾、标本兼治、综合利用、讲求效益，发挥水资源的多种功能，协调好生活、生产经营和生态环境用水”，第十八条“规划一经批准，必须严格执行”的规定，明确了经批准的水利规划既是水利建设的依据，同时也是水行政管理、处理水事纠纷的具有法律效力的科学依据和准则。因此，全面贯彻这条重要的法律规范，才能有效地预防水事纠纷，妥善地处理已发生的水事纠纷。

（二）依法对水资源开发利用实施有效管理

按照《水法》等有关水法规的规定，依法对水资源开发利用实施有效管理，对预防水事纠纷的发生有着不可替代的积极作用。如《水法》第二十条规定：“开发利用水资源，应当坚持兴利与除害相结合，兼顾上下游、左右岸和有关地区之间的利益，充分发挥水资源的综合效益，并服从防洪的总体安排”，第二十八条规定：“任何单位和个人引水、截（蓄）水、排水，不得损害公共利益和他人的合法权益”，并且在第二十一条规定了用水优先顺序，即“开发、利用水资源，应当首先满足城乡居民生活用水，并兼顾农业、工业、生态用水以及航运等需要”，同时对灌溉、排水、水土保持、水能利用、水力发电、水运、水产、竹木流放等方面，规定了相应的法律规范。

（三）依法对涉水工程建设实施有效管理

《水法》第三十八条规定，在河道管理范围内建设桥梁、码头和其他拦河、跨河、临河建筑物，铺设跨河管道、电缆，工程建设方案应当依照《防洪法》的有关规定报经有关水行政主管部门审查同意，并对工程建设中有关损害赔偿事项也作了原则规定；《水法》第三十四条、第三十五条对新建、改建或者扩大排污口及占用农业灌溉水源、排灌工程设施的行为作出了规定。《防洪法》规定，修建整治河道等水工程，应该按照规划治导线实施。据此，在不同行政区域之间的边界河道和跨不同行政区域的边界河道上兴建水工程，应当经过双方协商同意，编制防洪规划，并经过有管辖权的主管机关批准；对于其他涉水工程，应编报洪水影响评价报告，并经过有管辖权的主管机关批准，以避免水事纠纷的发生。

（四）依法对水资源配置和节约使用实施管理

在水资源供需矛盾日益突出，各地区各部门竞相开发利用的形势下，水资源开发利用纠纷必然增多。要避免纠纷，就必须加强水资源的统一管理、统一调度和分配。水资源是有机整体，上下游、左右岸、干支流之间的开发利用相互影响，对水的问题必须统筹考虑、全面安排。在水资源开发中从各自利益出发引水、排水和排污，只顾一点不及其余，各自为政、自行其是，往往损害对方的利益，必然会引发水事纠纷。水事纠纷实质上是利益之争，因此只有实行流域水资源统一管理，统筹考虑上下游、左右岸的关系，合理规划和配置水资源，才能有效地防止水事纠纷。为此，《水法》从宏观的水量分配、调蓄径流、总量控制、水功能区划到取水许可、定额管理、计划用水和节约用水、水源保护区、地下水管理等方面，都作了实体性规定。实践经验说明，只有依法加强对水资源配置的管理，才能预防和减少水事纠纷，妥善处理水事纠纷。

（五）探索处理水事纠纷的有效运行机制

1998 年大水以后，水利系统认真学习贯彻落实党中央、国务院关于水利工作的要求和指导方针，总结治水经验，坚定不移地按照可持续发展的要求，积极探索并形成新的治水思路，即从传统水利向现代水利、可持续发展水利转变，通过水资源的优化配置，满足经济社会发展的需求，以水资源的可持续利用支持经济社会的可持续发展。在对水资源开发、利用、治理的同时，特别强调对水资源的配置、节约、保护；对水多、水少、水脏等问题统筹考虑，综合治理；工程措施与非工程措施并重，加强科学管理。当前水利发展面临着洪涝威胁、干旱缺水和水污染严重等严峻挑战。在新时期水利工作面临的新形势、新任务下，水事纠纷的发生、发展必然呈现新的特点，必将对水事纠纷预防和处理产生重大影响。因此，预防和处理水事纠纷，还应按照新的治水思路，在总结经验的基础上，针对不同类型水事矛盾，积极研究和探索处理水事纠纷的有效运行机制，推进水事纠纷的预防和调处工作的法制化、科学化、制度化的进程。

如 2001 年春季，华北地区干旱少雨，海河流域漳河上游沿河村庄和四大灌区用水十分困难，争水纠纷一触即发，而此时漳河上游山西省境内水库存有汛限以上蓄水。海河水利委员会漳河上游管理局以水权水市场理论为指导，转变观念，由过去坐等来水、被动分水，转变为主动运用市场机制合理配置水资源，提出了跨省有偿调水的思路，在河南、河北、山西三省各级政府和水利部门的支持下，成功实施调水，探索了一条解决漳河上游水事纠纷的新路子。

（六）建立行政边界地区自我监督约束机制

预防和处理不同行政区域之间的水事纠纷，还应建立行政边界地区自我监督约束机制，保障行政边界地区团结稳定的大局。如 1994 年淮河水利委员会组织淮河流域四省签订的《淮河流域省际边界水事协调工作规约》，成为淮河流域省际边界水事协调工作的规范。该规约规定:省际边界地区的水利建设与管理,必须遵循《水法》、《防洪法》等水法律、法规,依照流域或水系的统一规划,在边界双方协商一致的基础上进行,防止和避免水事纠纷;建立省际边界双方县(市)之间相互交流、统一规划、共同发展的边界水利协商机制,逐步建立和完善规范化的边界水利契约制度;严格执行《水法》、《防洪法》等法律法规,积极协调水事矛盾,公正处理水事纠纷,促进边界地区团结治水。多年的实践证明,该规约的签订对预防和处理淮河流域省际边界水事纠纷起到了积极的作用。

六、水事纠纷的处理程序

水事纠纷处理的程序性规范,集中表述于《水法》第五十六条、第五十七条和第五十八条。

(一)不同行政区域之间的水事纠纷的处理

不同行政区域之间的水事纠纷的双方当事人都是行政区域的代表,涉及地区之间的水事权益,不是一般的民事纠纷,而是属于行政争端,属于行政法律关系,因此应按照行政管理的组织原则,首先由当事双方本着团结协作、互谅互让的精神主动协商;协商不成的,由上一级人民政府裁决;上一级人民政府在裁决前,可以组织或者其授权主管部门组织双方协商解决。上一级政府的裁决为最终裁决,有关各方必须遵照执行,且不得提起行政诉讼。

这里需要说明的是,按照水利部和水利部所属流域机构的"三定"规定,水利部负责协调并仲裁省际间水事纠纷,这应该理解为国务院将对水事纠纷的裁决权授予了水利部,但是重大的省际间水事纠纷仍然应该报国务院裁决;流域机构负有协调和处理省际间水事纠纷的职责。

《水法》第五十六条关于"在水事纠纷解决之间,未经各方达成协议或者共同的上一级人民政府批准,在行政区域交界线两侧一定范围内,任何一方不得修建排水、阻水、引水和截(蓄)水工程,不得单方面改变水的现状"的规定,起源于20世纪60年代党中央和国务院有关处理平原地区边界水事纠纷的文件中,为解决当时的水事纠纷创造了条件。《河道管理条例》第十九条对此规定进一步细化,即"省、自治区、直辖市以河道为边界的,在河道两岸外侧各十公里范围之内,以及跨省、自治区、直辖市的河道,未经双方协商达成协议或者国务院水利行政主管部门批准,禁止单方面修建排水、阻水、引水、蓄水工程以及河道整治工程"。因此,在协调和处理不同行政区域之间的水事纠纷时,除执行《水法》的有关规定外,还应当结合《河道管理条例》第十九条的规定,共同维护边界地区的水利秩序。

(二)单位之间、个人之间、单位与个人之间的水事纠纷的处理

单位之间、个人之间、单位与个人之间的水事纠纷是属于民事性质的纠纷,这类水事纠纷既受水事法律规范调整,也受民事法律规范调整。按照处理民事关系的法律规范,首先由当事双方协商,当事人不愿协商或者协商不成的,可以申请地方人民政府或者授权部门调解(调解不同于协商,也不同于行政裁决,它必须由当事双方认可才能生效);当事人不愿协商或者协商与调解不成的,当事人都可以向人民法院提起诉讼。

这里所指的诉讼,是民事诉讼,不是行政诉讼,被告是当事的另一方而不是调处水事

纠纷的政府或者其授权部门。

（三）授权性规定

为了防止水事纠纷激化，事态扩大，造成更大损失，《水法》第五十八条专门作出了授权性规定，即“县级以上人民政府或者其授权的部门在处理水事纠纷时，有权采取临时处置措施，有关各方或者当事人必须服从”。

七、法律责任

对违反水事纠纷处理规定的，《水法》第七十四条、第七十五条和第七十六条规定了应承担的法律责任。

（一）追究刑事责任或承担行政责任的行为

对在水事纠纷发生及其处理过程中煽动闹事、结伙斗殴、抢夺或者损坏公私财物、非法限制他人人身自由的违法行为，《水法》第七十四条规定：“构成犯罪的，依照刑法的有关规定追究刑事责任；尚不够刑事处罚的，由公安机关依法给予治安管理处罚”。

对触犯刑律的违法行为，依照《刑法》关于妨害公务罪、煽动暴力抗拒法律实施罪、聚众扰乱社会秩序罪、聚众斗殴罪、抢夺罪、故意毁坏财物罪或者非法拘禁罪的规定，依法追究刑事责任。

如果水事纠纷发生地的当地政府和有关部门的工作人员不履行自己职责，玩忽职守，不采取防止扩大事态的切实措施，听任矛盾激化，甚至放任纵容过激行为，酿成聚众闹事、械斗事件，情节严重，造成重大损失的，可按照《水法》第六十四条的规定追究刑事责任或者给予行政处分。

（二）给予行政纪律处分的违法行为

《水法》第七十五条规定：“不同行政区域之间发生水事纠纷，有下列行为之一的，对负有责任的主管人员和其他直接责任人员依法给予行政处分：（一）拒不执行水量分配方案和水量调度预案的；（二）拒不服从水量统一调度的；（三）拒不执行上一级人民政府的裁决；（四）在水事纠纷解决前，未经各方达成协议或者上一级人民政府批准，单方面改变水的现状的”。

（三）承担民事责任的违法行为

《水法》第七十六条规定：“取水、截（蓄）水、排水，损害公共利益或者他人合法权益的，依法承担民事责任”，即损害公共利益或者他人合法权益的应当停止侵害，并承担赔偿损失等民事责任。

第三节　水行政执法

一、水行政执法概述

水行政执法是指各级水行政主管部门依照水法规的规定，在社会水事管理活动中对水行政管理相对人采取的直接影响其权利义务，或者对其权利的行使或义务履行情况进行直接监督检查的具体行政行为。

(一)特征

水行政执法具有这样的特征:①水行政执法是围绕调整社会水事关系而实施的行政执法,其行政主体为各级水行政主管部门,这一特征区别于其他的行政执法;②水行政执法是水行政主管部门依照水法规对水行政管理相对人实施的具体行政行为,对特定人具有特定的拘束力而无普遍适用性和向后拘束力,这一特征区别于水行政立法或抽象水行政行为;③水行政执法的客体并非解决水行政管理相对人之间的水事纠纷,也不是解决水行政管理相对人与水行政主管部门之间的水行政争议,这一特征区别于水行政司法;④水行政执法是水行政主管部门单方实施的行政行为,不受水行政管理相对人的意志影响,这一特征区别于水行政合同行为。

(二)生效要件

水行政执法必须符合一定的生效要件才能成立,缺少其中任何一项要件,该行政行为就是无效的、可撤销的。

1. 主体合法

主体合法即实施水行政执法行为的主体必须具有合法的地位。它包括:①根据现行法律法规规定,作出水行政执法行为的主体身份必须是具有水行政执法权的各级水行政主管部门、流域管理机构以及地方人民政府设立的水土保持机构和地方性法规授权的水利管理单位;②各级水政监察队伍必须在同级水行政主管部门委托的权限内,以委托者的名义实施行政执法权。

2. 权限合法

权限合法即水行政执法必须在水法规规定的职权范围内作为。它包括:①执法行为必须有法律、法规、规章明确规定;②不得超越职权;③符合地域管辖和级别管辖的规定;④属于水行政管理职权范围。

3. 行为真实

行为真实即水行政执法行为必须意思表示真实。它包括:①执法人员在未被胁迫的情况下而为;②执法人员在未被欺诈的情况下而为;③执法人员自身意志清楚。

4. 内容合法

内容合法即水行政执法行为的内容必须既符合水法规规定,又符合其他法律法规规定。它包括:①内容符合法律规定,符合实际,切实可行,如对未满 14 周岁的相对人就不能科以行政处罚,对已作为屋基的护坡块石就不能作出返还原物的决定;②执法对象和标的物明确;③执法公正,正确掌握自由裁量权;④执法内容具有可操作性。

5. 执法程序合法

执法程序合法即水行政执法必须符合法定程序(具体程序见本章相关内容)。

6. 执法行为符合法定形式

执法行为符合法定形式即水行政执法凡属要式行为,必须符合法定形式。如征收水资源费必须使用水资源费专用票据,批准取水许可申请必须发放《中华人民共和国取水许可证》,对违反水法规的行为实施行政处罚必须送达行政处罚决定书等。

(三)主要内容

在水行政执法中,各级水利部门作为同级政府的水行政主管部门和国有水资源的产权代表,有其法定的职权,因此水行政执法内容极其广泛,但最主要的是监督检查和对违法案件的查处。

二、水行政监督检查

当前,政府行政职能正逐步由微观管理转向宏观管理,表现为一方面是对相对人从事某项经济或其他社会事务活动的法定资格条件的审查;另一方面是对相对人是否遵守法律规范要求所进行的监督检查,以及对不履行有关法定义务的强制执行。所以,行政监督检查权的行使作为行政主体实现行政职能的法律手段之一,表现出了越发突出的地位和作用,成为行政管理过程中的一个重要环节。水行政监督检查权也是如此。

(一)概念与含义

水行政监督检查是指具有水行政监督检查职能的水行政主体,依据法定的监督检查职权,对一定范围内的行政相对人是否遵守法律、法规和规章,以及是否执行有关行政决定、命令等情况,进行能够影响相对人权益的检查了解行为。

水行政监督检查的概念包括了这样几层含义:①水行政监督检查权的行使是权力主体所实施的行为,除此之外,其他任何组织或个人都不具有水行政监督检查主体的资格。②水行政监督检查权的行使属于水行政职权职责行为。水行政监督检查所具有的监督检查功能,表明水行政监督检查本身也属于一种水行政职能,特别是随着市场经济的建立而使政府职能得到了较大转变的情况下,水行政监督检查本身已成为水行政机关社会管理职能的一部分,表现在法律上,水行政监督检查既是权力主体的法定职权,也是法定职责,必须依法行使和实施。一方面,这种行为具有权力的命令、强制、执行等属性;另一方面,又具有法律上的职责和义务的内容要求。权力主体应当依法进行监督检查而不监督检查的,则是不履行法定职责的行为,构成失职,将被追究法律责任。同时,权利主体履行监督检查职责,也应当依法行使其监督检查权和实施监督检查行为,应当受法定职权范围、对象、方式、程序等约束,不得违背,否则也要承担相应的法律责任。③水行政监督检查的对象是作为行政相对人的公民、法人和其他组织。④水行政监督检查权的行使依据是规定监督检查职权的法律规范和行政相对人应当遵守的法律规范或应当执行的行政决定、命令等。规定水行政监督检查职权的法律规范是权力主体能否行使监督检查权和以哪些方式、程序行使监督检查权的根据,而行政相对人应当遵守的法律规范或行政决定、命令等,是权力主体对行政相对人是否守法或履行义务的情况实施监督检查的根据。⑤水行政监督检查的内容是对行政相对人一定情况的强制性监督检查与了解。监督检查具有迫使相对人服从的强制性效力,行政相对人不得拒绝或阻挠,因此水行政监督检查影响行政相对人的权益。

依照新《水法》的规定,水行政监督检查权是针对相对人违反新《水法》的行为进行的。从广义上来说,水行政监督检查权并不仅局限于违反新《水法》规定的行为,对违反《防洪法》、《水土保持法》等水事法律法规的行为,具有水行政监督检查权的主体也应当依法行使水行政监督检查权。

(二)分类

水行政监督检查作为水行政执法的基本手段和方法之一,广泛存在于水行政主管部门的执法活动中,具体可分以下三类。

1. 普通水行政监督检查与特定水行政监督检查

这是依检查对象的特定性所作的分类。普通水行政监督检查是指水行政主管部门对不确定的管理相对人是否遵守水法规所作的检查,例如水行政主管部门在汛前对河道设障情况进行的检查。特定水行政监督检查是指水行政主管部门对特定相对人的检查,如水行政主管部门对某取水单位的取水情况所作的检查。

2. 依职权的水行政监督检查与依授权的水行政监督检查

这是依监督检查与职权的关系所作的分类。依职权的水行政监督检查是指水行政主管部门根据自身的职责权限,对相对人所作的检查。依授权的水行政监督检查是指从事水行政监督检查的单位和个人,并非依据本身的职责权限,而是由有关法律法规授予监督检查的权利或者水行政主管部门依法授予的检查权。

3. 事先水行政监督检查与事后水行政监督检查

这是依检查的时间阶段所作的分类。事先水行政监督检查是指对相对人从事某一行为之前所作的监督检查,如对河道采砂户在正式采砂之前,对其采砂作业的工具、作业的范围所进行的检查。事后水行政监督检查是指对相对人某一行为完成后所作的检查,如在山区、丘陵区修建公路,进行水土保持工程"三同时"的检查。

(三)监督检查的方法

1. 实地检查

实地检查是指执法人员直接进入现场进行的检查,它是最常用、最直观的检查方法之一。实地检查的方式很多,从范围来说有专门检查、抽样检查、全面检查,从时间来说有定期检查、突击(临时)检查。

2. 书面检查

书面检查是指通过查阅有关书面材料、审批文件、平面布置图、统计表等对相对人进行的检查。

3. 专项检查

专项检查是指对某项特定的工作所作的监督检查,如定期或不定期地由水政监察员对取水单位的退水水质进行的检查。

4. 自查

自查是指水行政主管部门要求相对人对自身的守法情况自行作出检查,并向水行政主管部门报告自查结果的检查。如节水情况的自查。

(四)监督检查的内容

水行政监督检查的内容广泛,凡涉及水法规明确规定的事项,都可纳入水行政监督检查的范围。

1. 水资源管理方面

重点检查取水许可制度的落实情况,包括取水量、退水水质、计量设施;检查取水单位水资源费的缴纳情况;检查城市和农村节约用水情况;检查向河道、湖泊、水库、渠道、运河等水域设置或扩大排污口的情况等。

2. 河道管理方面

重点检查涉河建设项目是否办理审批手续，是否按照审批意见采取补救措施，是否在规定的界线和位置上实施，是否缴纳占用水源、水域补偿费；检查河道采砂是否办理许可手续，是否按照规定的作业方式和作业范围采砂，是否按规定存放废弃石渣；检查河道设障情况，主要检查在堤防及护堤地范围内，有无建房、放牧、开渠、打井、挖窑、葬坟、晒粮、存放物料、开采地下资源、进行考古发掘及开展集市贸易活动等。

3. 水土保持方面

重点检查开发性建设项目水土保持方案的编报和"三同时"实施情况；检查25°陡坡地有无开垦种植；检查开垦禁垦坡度以下、5°以上荒坡地，是否经县级人民政府水行政主管部门批准；检查有无毁林开荒、烧山开荒和在陡坡地、干旱地区铲草皮、挖树蔸的情况；检查水土保持设施补偿费和水土流失防治费的缴纳及使用情况等。

4. 防汛方面

重点检查防洪规划保留区内非防洪工程的建设情况；检查兴建防洪工程和其他水工程、水电站是否符合防洪规划（即防洪规划同意书的实施情况）；检查防洪工程设施保护范围内有无危害防洪工程安全的行为等。

5. 水工程管理方面

重点检查水工程管理范围和保护范围内有无危害水工程安全的活动，检查水工程遭破坏情况等。

除以上几方面的检查内容外，还有很多是工作制度落实情况的检查，如检查防洪规划的编制情况、防御洪水方案的制订、在建工程的质量、施工安全等，由于其监督检查的客体不是水行政管理相对人，故不列入水行政监督检查的范围，而只能列入行政监督的范围。

（五）监督检查的权限

根据《水法》第六十条的规定，县级以上人民政府水行政主管部门、流域管理机构及其水政监督检查人员在履行监督检查职责时，有权采取的措施有：①要求被检查单位提供有关文件、证照、资料；②要求被检查单位就执行本法的有关问题作出说明；③进入被检查单位的生产场所进行调查；④责令被检查单位停止违反本法的行为，履行法定义务。

三、案件查处（水行政处罚）

案件查处是指县级以上人民政府水行政主管部门依据水法规的规定，对违反水法规的行为所作出的处理或处罚。根据《行政处罚法》和《水行政处罚实施办法》的规定，案件的查处适用简易程序或一般程序。

（一）简易程序

简易程序又称当场处罚程序，是指水行政机关对案情简单、处罚较轻的水事违法案件给予当场处罚的步骤、方法和时限，它是在一般程序基础上的简化。

1. 适用范围

《行政处罚法》第三十三条、《水行政处罚实施办法》第二十二条规定：对违法事实确凿并有法定依据，对公民处以50元以下，对法人或者其他组织处以1 000元以下罚款或者警告的，可以当场作出行政处罚决定。这一规定包括以下两个方面的内容：

一是从案件范围来看,可以适用简易程序进行处罚的案件,是违法事实确凿并有法定依据的处罚轻微的简单的案件。所谓违法事实确凿,是指违法行为人对违法事实供认不讳,且执法人员发现或证人指证的证据可靠,水行政处罚机关不需要进行大量的调查取证工作,就能查清事实,得出符合客观实际的结论;所谓有法定依据,是指违法当事人所实施的违法行为,违背了具体的实体法的规定,即有关的法律法规对该行为明确规定了处罚的种类和幅度;处罚轻微,是指对违法当事人轻微的违法行为,只能给予较轻的行政处罚。这三者是互相联系、不可分割的,是构成适用简易程序处罚的简单案件的必备条件。

二是从违法当事人来看,适用简易程序的是将给予50元以下罚款或者警告的公民和将给予1 000元以下罚款或者警告的法人或其他组织。

需要指出的是:根据《行政处罚法》的规定,水行政处罚机关在查处简单的水事违法案件时,只是"可以"适用简易程序,而不是"必须"、"应当"适用。也就是说,即便是属于简单的水事违法案件,如果水行政处罚机关认为有必要,也可以适用一般程序处理。

2. 简易程序的适用

应用简易程序处理违法案件,一般都是执法人员发现违法事实后,直接出具罚款单或作出处罚决定书。实践中,对于笔录的制作、告知并听取当事人申辩、告之诉权等程序很少进行,由此容易造成事后争议。

对此,《水行政处罚实施办法》对简易程序的适用作了明确规定:①向当事人出示水政监察证件;②口头告知当事人违法事实、处罚理由和依据,并告知当事人依法享有陈述和申辩的权利;③听取当事人的陈述和申辩,对当事人提出的事实、理由和证据进行复核(当事人放弃陈述或者申辩权利的除外);④填写预定格式、编有号码的水行政处罚决定书;⑤将行政处罚决定书当场交当事人;⑥在5日内(在水上当场处罚,自抵岸之日起5日内)将水行政处罚决定报所属水行政处罚机关备案。

此外,还规定当场作出的水行政处罚决定书须载明:①当事人的姓名或者名称;②违法事实;③水行政处罚的种类、罚款数额和依据;④罚款的履行方式和期限;⑤不服水行政处罚决定,申请行政复议或者提起行政诉讼的途径和期限;⑥水政监察人员的签名或者盖章;⑦作出水行政处罚决定的日期、地点和水行政处罚机关名称。

3. 当场收缴

《水行政处罚实施办法》对当场收缴罚款的情况作了规定:一是给予20元以下罚款或者不当场收缴罚款事后难以执行的,水政监察人员可以当场收缴罚款;二是在边远、水上、交通不便地区,水行政处罚机关及其水政监察人员依法作出罚款的决定后,当事人向指定银行缴纳罚款确有困难,经当事人提出,水行政处罚机关及其水政监察人员可以当场收缴罚款。

水行政处罚机关及其执法人员当场收缴罚款的,必须向当事人出具省、自治区、直辖市财政部门统一制发的罚款收据,否则当事人有权拒绝缴纳罚款。执法人员收缴的罚款,应当自收缴罚款之日起2日内,交至水行政主管机关。在水上当场收缴的罚款,应当自抵岸之日起2日内交至水行政机关。水行政主管部门应当在2日内将罚款交付指定银行。

除上述可当场收缴罚款的情况外,其他适用简易程序作出的罚款仍应按罚款与收缴相分离的原则执行。

（二）一般程序

《水行政处罚实施办法》规定，一般程序主要有立案、调查取证、告知或听证、作出处罚（处理）决定、送达、执行、结案等几个步骤。如被查处的当事人不服水行政主管部门的处罚（处理）决定，还可提起行政复议或行政诉讼。

1. 立案

立案是案件调查处理活动的开始，是行政处罚过程中的一个重要程序。水事违法案件立案，是指水行政主管部门对控告、举报、自行发现、其他部门移送、上级交办以及下级报送的材料进行审查，认为有违反水法规的事实并需追究法律责任时，依法决定展开调查处理的行政行为。

水事违法案件的立案条件为：①违反水法规的事实存在；②根据现行水法规规定，应当追究其法律责任的；③属于水行政主管部门管辖和职责范围内处理的；④符合法定2年有效追溯期限（但仅作出行政处理决定的案件除外）。

根据行政处罚的基本原则和有关规定，不追究法律责任的情况有：①虽有违法行为，但有依法不予以处罚的情节。如精神病人或不满14周岁的人违法，违法行为轻微并及时纠正，没有造成危害后果的，可不立案处罚；②违法相对人撤销或者死亡的；③违法行为的社会危害超过了应受行政处罚的限度，即构成犯罪行为的；④超过追溯期限的。如《行政处罚法》规定，违法行为在2年内未被发现的，不再给予行政处罚。但实践中，对于2年以外发现的水事违法案件，我们可根据其危害后果分别作出限期清除、责令采取补救措施、责令纠正违法行为等处理决定，而不再给予行政处罚。

2. 调查取证

调查是水行政主管部门运用法律、法规和规章规定的各种专门方法与有关措施，发现和收集证据，揭露和查明水事违法事实，查获水事违法行为人，并防止其逃避管理和处罚的活动。专门方法是指围绕案件事实而进行的各项调查工作，包括询问当事人、询问证人、勘验检查、鉴定以及提取其他证据等。有关措施是指为确保专门调查工作的顺利进行，所采取的一些相应的行政强制措施，如暂扣作业工具、抽样取证、登记保存等措施。证据是指用来证明案件真实情况的一切事实。它包括书证、物证、证人证言、被害人陈述、当事人陈述、勘验检查笔录、鉴定结论、视听资料等。

收集证据是案件查处过程中最艰苦、最细致的工作，也是一个案件能否有效、及时查处的关键。因此，调查取证工作必须做到：①依据《行政处罚法》和《水行政处罚实施办法》规定的程序和要求进行，调查人员应当两人以上，且不得与本案有利害关系，不得采取威胁、引诱、欺骗等不合法的手段；②有目的、有计划地进行，以便提高取证工作效率；③按照证据的本来面目客观、全面地加以收集；④主动出击、及时取证，防止证据被损毁、藏匿和灭失；⑤深入、细致，力求尽可能多地收集各种证据，以便相互印证，取得真实、可靠的证据；⑥依靠群众，让广大群众更多地了解违法行为的违法所在及危害后果，从而自觉地维护正常的水事秩序。

调查取证工作结束后，办案人员应当就案件的事实、证据、处罚依据和处罚意见等向水行政主管部门提出《案情调查终结报告》。调查终结报告分两种情况：一是对经调查认为当事人的行为已违反水法规的，应写出追究其法律责任的报告，其中对于情节复杂或者对公民处以超过3 000元罚款、对法人或者其他组织处以超过30 000元罚款、吊销许可证的案件,应由水行政主管部门负责人集体讨论决定;二是对经调查发现当事人的行为不构成违法行为或者情节显著轻微的,写出不应追究法律责任的报告。

3.告知

告知是指行政处罚机关在行政处罚决定作出之前,将拟作出行政处罚决定的事实、理由、依据及当事人依法享有的权利和义务告诉当事人,并听取当事人对案件处理的陈述和申辩的过程,它是行政处罚的必经程序。其目的是通过给当事人陈述、申辩的机会,再次澄清案件事实,有助于正确适用法律,作出公正的处理,同时也有利于当事人得到法制教育,服从正确的处罚决定,减少行政诉讼,促进民主与法制建设进程。

告知的内容包括四个方面:①作出行政处罚决定的事实、理由和依据;②当事人应当享有的权利;③当事人应当履行的义务;④应注意的事项,包括告知当事人申请回避应注意提供必要的证据、申请复议时应采取何种方式及在何时提出等。

当事人进行的陈述和申辩,行政机关必须充分听取,对当事人提出的事实、理由和证据,应当进行复核;当事人提出的事实、理由或者证据成立的,行政机关应当采纳。行政机关不得因当事人申辩而加重处罚。

4.听证

听证是指行政机关在作出行政处罚之前,为利害关系人提供机会,对特定的问题进行论证、辩驳的过程。它之所以被各国视为基础的、核心的行政程序,是因为它反映了现代民主制度公开、公正、公平的要求。

水事违法案件适用听证程序的范围,《水行政处罚实施办法》第三十四条规定,水行政处罚机关作出对公民处以超过5 000元、对法人或者其他组织处以超过50 000元罚款以及吊销许可证等行政处罚之前,应当告知当事人有要求举行听证的权利;当事人要求听证的,水行政处罚机关应当组织听证。有的省级人民政府根据《行政处罚法》第四十二条规定,已对较大数额罚款作出规定,且与水利部规定不一致的,应选择数额小的为准,以切实维护公民、法人或其他组织的合法权益。

听证前的准备:①当事人要求听证的,应当在收到行政机关听证告知书后3日内提出。②行政机关应当在举行听证的7日前,通知当事人举行听证的时间、地点,并在听证的3日前,将听证的内容、时间以及有关事项予以公告。③听证除涉及国家秘密、商业秘密或者个人隐私外,应当公开举行。④听证由行政机关指定非本案调查人员主持,当事人对主持人有异议的,有权申请回避。⑤当事人可以亲自参加听证,也可以委托一至二人代理。

听证的步骤:①听证主持人(由水行政处罚机关指定水政机构非本案调查人员担任)宣布听证事由和听证纪律。②听证主持人核对案件调查人和当事人身份。③听证主持人宣布听证组成人员,告知当事人在听证中的权利和义务,询问当事人是否申请回避。如当事人申请听证主持人回避的,听证主持人应当宣布暂停听证,报请水行政处罚机关负责人决定是否回避;申请其他人员回避的,由听证主持人当场决定;如无须回避,则宣布听证开始。④由案件调查人提出当事人违法的事实、证据和拟作出的行政处罚(处理)决定的建议及理由。⑤当事人及其委托代理人对指控事实及相关问题进行陈述、申辩和质证。

⑥听证主持人就案件事实、证据和法律依据进行询问。⑦案件调查人、当事人作最后陈述。⑧听证主持人宣布听证结束。

听证应当制作笔录。主要内容包括：①案由；②当事人的姓名或者名称、法定代理人及委托代理人、案件调查人的姓名；③听证主持人、听证员、听证记录人姓名；④举行听证的时间、地点和方式；⑤案件调查人提出的事实、证据、法律依据和水行政处罚建议；⑥当事人陈述、申辩和质证的内容；⑦其他需要载明的事项。听证笔录应当交当事人和调查人员审核无误后签名或者盖章，其中证人证言部分应当经证人核对后签名或者盖章，最后由听证主持人审核后与听证员、听证记录员一起签名或者盖章。听证结束后，听证主持人应及时写出听证报告（或书面意见），连同听证笔录一并上报本机关负责人。听证报告应当包括：听证案由，听证主持人、听证员和书记员姓名，听证的时间、地点，听证基本情况，听证主持人意见，所附证据材料清单等。

5. 作出水行政处罚（处理）决定

对于已调查终结，并经告知或听证程序的案件，应及时进行审查，制作行政处罚（处理）决定书，报主管领导批准及送达当事人。

行政处罚（处理）决定书的主要内容包括：①当事人的姓名或者名称、地址；②违反水法规的事实和证据；③行政处罚（处理）的种类和依据；④行政处罚（处理）的履行方式和期限；⑤不服行政处罚决定申请行政复议或者提起行政诉讼的途径和期限；⑥作出行政处罚决定的行政机关的名称和作出决定的日期。

水行政处罚（处理）决定书是水行政主管部门作出行政处罚（处理）决定的书面形式，必须做到执法主体要合法、事实表述要清楚、法律依据要正确、处罚内容要适当、权利义务要明确等五点基本要求。

6. 送达

送达是指水行政主管部门依照法定的程序和方式将水行政处罚（处理）决定书及其他有关法律文书送交当事人的行为。它是水行政处罚法律文书得以生效的必经程序，也是行政处罚决定发生法律效力的基本前提。根据《水行政处罚实施办法》规定，水行政处罚决定书制成后，应当通知当事人到水行政主管部门受领或由水政监察员直接送到当事人的住所或工作单位，向当事人宣读，并在宣读后当场交付当事人；宣告时当事人不在场的，水行政主管部门应当在7日内将水行政处罚决定书依照民事诉讼法的有关规定送达当事人。

水行政处罚法律文书送达的方式，通常包括直接送达、留置送达、委托送达、转交送达、邮寄送达、公告送达六种。

7. 执行

行政处罚的执行，是指违法当事人对水行政主管部门依法作出的具体行政行为所设定的义务逾期不履行时由作出该具体行政行为的水行政主管部门依法强制执行或申请人民法院强制执行，以迫使其履行义务。

执行不同于履行，履行是当事人自动完成义务的行为，它具有自愿性。执行是水行政主管部门或人民法院运用国家强制力强制义务人完成义务的活动，具有明显的强制性。根据《行政处罚法》的规定，按照执行机关的不同，行政处罚的执行可分为行政强制执行和司法强制执行两种。

行政强制执行是指水行政主管部门依法对行政管理相对人在不履行法定义务时所采取的必要措施,强制其履行义务。它具有三个特点:①主体的特定性。即执行的主体必须是水行政主管部门,其他任何机关非经法律法规授权不得行使,被执行人是水行政管理相对人,即负有法定的义务而不履行的公民、法人或其他组织。如《防洪法》规定,未经水行政主管部门审查同意或未按照有关水行政主管部门审查批准的位置、界限,兴建工程设施,严重影响防洪的,由水行政主管部门责令限期拆除,逾期不拆除的,强行拆除,所需费用由建设单位承担。②执行的强制性。③执行的合法性。

司法强制执行是指人民法院根据水行政主管部门的申请,对拒不履行已经发生法律效力的行政处罚决定的公民、法人或者其他组织所进行的强制执行。它具有几个特点:①执行的主体只能是人民法院;②执行的前提是作出处罚(处理)决定的水行政主管部门在法定期限内的申请;③执行的范围以法律、法规明确规定可以申请人民法院强制执行的行政处罚(处理)决定,且以该决定的内容为限;④执行的措施主要以直接强制措施为主;⑤执行的程序适用于司法程序。

8. 结案

承办人员在案件执行完毕后,应及时填写《水行政处罚案件结案报告》,经主管领导批准结案后,由承办人员将案件有关材料编目装订、立卷归档。案情重大和情况复杂的案件,还要写出查处情况的专门报告;对上级交办的案件,结案后应当报所交办的上级主管部门备案。案件档案是水行政主管部门在办理水事违法案件过程中形成的,经过整理立卷归档保存的文书材料,是一种专业档案。案件档案的管理有着十分重要的法律意义和作用,它与案件质量有着直接的关系。如果一个案卷的文书残缺不全、装订次序混乱,不仅失去了案卷应有的作用,而且有的还会影响到案件查处工作的顺利进行。

实践证明,案件档案具有三方面的作用:①案件档案能够具体地反映案件查处的全部过程的真实面貌,它是水行政主管部门在查处案件过程中执行法律、法规和规章的具体反映。一个案件要经得起历史的检验,则应把案卷整理保管好,便于长期备用和复查。同时,它也是积累办案经验、总结教训的重要材料来源。②案件档案是水行政处罚(处理)机关依据有关法律、法规和规章规定给予违法当事人行政处罚(处理)的基本条件之一。因为案件档案是案件的基本反映,一起水事违法案件的成立,必须有确实、充分的违法行为的证据材料加以证实才能成立。而反映和保全水事违法案件的只能是案件档案。③案件档案也是办案人员业务水平、工作作风的直接反映。

第四节　水行政执法文书

一、水行政执法文书概述

(一)水行政执法文书的概念

法律文书的概念十分广泛,从严格意义上讲,法律文书包括规范性法律文书和非规范性法律文书。规范性法律文书是指国家机关制定的要求人们普遍遵守的行为准则的文书,它是法律规范的表现形式,具有普遍约束力,是国家权力机关立法活动的结果。而非规范性法律文书是指国家机关或公民、法人或其他组织,就特定的事和人所发布或制作的书面文书,不具有普遍约束力。非规范性法律文书按其性质可分为:一是由公民、法人或其他组织制作的,用于向特定国家机关提出特定请求的法律文书;二是国家行政机关在其职权范围内制作的,对特定的人和事具有法律约束力,属于公文性质的文书,如行政处罚决定书。

水行政执法文书是指国家水行政主管部门应用有关水利法律、法规、规章和其他规范性文件处理水利违法案件过程中依法制作的具有法律效力或法律意义的文书的总称。这个概念包含以下几层含义:一是执法文书的制作主体是水行政主管部门这一特定的国家机关;二是执法文书的适用范围是在具体的行政执法活动中;三是执法文书的制作必须严格遵循国家有关法律、法规规定及水利部或省级政府制定的文书格式和要求,不得有违反;四是执法文书必须具有法律效力或法律意义。

法律效力和法律意义是两个不同的概念。具有法律效力,一定具有法律意义;反之,只具有法律意义,却并不一定具有法律效力。如行政处罚决定书,具有法律效力,亦即具有法律意义上的约束力,受国家法律规范强制性作用的指引;而听证申请书、送达回证等,则只具有一定法律意义即提出或证明某种要求的法律意义。

(二)水行政执法文书分类

1. 内部文书和外部文书

内部文书是指在水利执法活动过程中执法机关为行政管理活动需要而制作的在行政机关内部运转的书面文件,如立案审批表、案件处理意见书、听证会报告书、结案报告等。

外部文书是指执法机关在具体执法活动中制作的涉及当事人权利、义务关系或调查取证过程中有行政机关以外的人员、组织参与的文书,如询问笔录、行政处罚决定书、勘验检查笔录等。

2. 书写式、填写式和笔录式等

按照《水利行政处罚程序规定》第五十九条的规定,水利执法文书主要以填写式为主,同时也有书写式执法文书和笔录式执法文书。

书写式执法文书主要是以有叙有议为内容的文书,主要有普通程序中适用的行政处罚决定书,执法机关制作的行政处罚决定书,要根据规定的格式,拟出文稿后,由执法机关负责人审核后,经过打印校对而成。

填写式执法文书是事先就印制好的文书,只将空白处根据实际情况填写而成,包括表格式文书,主要形式就是填空,如行政处罚(当场)决定书、立案审批表、抽样取证凭证、鉴定意见书、证据登记保存清单、案件处理意见书、违法行为处理通知书、行政处罚听证会通知书、行政处罚听证会报告书、处罚文书送达回证、行政处罚结案报告、案件移送函、强制执行申请书等。笔录式执法文书事先只印笔录头部,其余均为横格,使用时只记录问答内容,如询问笔录、勘验检查笔录。

3. 行政处罚文书、行政许可证明文书等

本章主要是讲解行政处罚文书,对行政许可证明文书等涉及较少。

二、水行政执法文书的特点

执法文书是行政机关在履行法律赋予的职权，查处违法案件时制作或填写的法律性很强的特种书面文件，具有以下特点。

（一）制作程序合法

这是指必须按法律、法规或规章及其他规范性文件规定的文种、时限、步骤、方法等要求来制作。如《水利行政处罚程序规定》第三十二条规定："水利行政处罚机关负责人对《案件处罚意见书》审核后，应当给予行政处罚的，水利行政处罚机关应当制作《违法行为处理通知书》，送达当事人，告知拟给的行政处罚内容及其事实、理由和依据，并告知当事人可以在收到通知书之日起3日内，进行陈述和申辩，符合听证条件的，可以要求水利行政处罚机关按照本章第三节的规定组织听证。"这个规定，说明制作《违法行为处理通知书》是为了告诉当事人的权利；否则，程序不合法，当事人可以申请撤销处罚决定。

（二）内容体现法律规定

这就是说，执法文书的内容所反映和体现的是国家法律、法规规定，具体地体现实体法律规范所确定的权利义务关系和程序法律规范所规定的行为人享有权利、履行义务的方式、方法、步骤等。例如，行政处罚决定书是根据行政相对人的违法事实、违法情节、社会危害性，并具体地适用相关法律、法规规定，处以行政制裁的具体法律适用过程。因此，执法文书是形式，是外壳，法律规范才是内容，是内核。执法文书离开了法律规定，就成为无源之水、无本之木，就根本谈不上执法文书。

（三）执法文书形式规范化

这是指执法文书的格式、内部结构都要求规范化。执法文书是一种高度程序化的书面文件，其形式结构、内容要素都有严格要求。表现为：

一是结构固定，即每种执法文书的结构都分为首部、正文、尾部等三个部分，对每一部分都有各自的要求。首部一般应写明以下内容：执法机关名称、执法文书种类名称、文书编号、当事人的身份事项等；正文主要包括案件事实、理由和处理结果；尾部一般应由执法机关及其工作人员署名、盖章，注明文书制作的时间等。有的执法文书还有备注，如鉴定意见书、行政处罚结案报告。当然，有的执法文书尽管在形式上没有严格地划分为以上三个部分，但其具体内部仍与上述三部分内容存在内在联系，如水利行政处罚基本文书格式皆以表格形式存在，有的文书就很难区分首部、正文、尾部，因为整个文书就是一张简明的、内容固定的表格，但是每一部分所要填写的具体事项，虽有繁简，仍可归类于上述三个部分。

二是执法文书事项固定。不同种类的执法文书具体事项有不同的规定和要求，并且固定不变，甚至有的事项的每一个要素数量不能任意增减，顺序不能随意颠倒。例如，当事人的身份事项一栏，对自然人，一般要求写明姓名、性别、年龄、民族、籍贯、职业、住址；对法人或其他组织，则要求写明单位名称、法人代表人或单位负责人、住址等事项。

三是用语固定，如行政处罚决定书中交待救济权利，均书写为"当事人对本处罚决定不服的，可以在收到本处罚决定书之日起向处罚机关的上一级机关申请行政复议或者向人民法院起诉。当事人逾期不申请复议或起诉，也不履行义务的，本机关将申请人民法院强制执行或依法强制执行”。

（四）语言表达力求准确

执法文书是十分庄重严肃的书面文件，在语言文字的运用上，必须严格要求，不能模棱两可，似是而非，任意夸大或缩小事实真相。它要求用词准确、精练、言简意赅、通俗易懂，不能用方言土话，不用冷僻古奥难懂词语，不得随意简化汉字，不得有错别字；遣词造句要规范，句子结构完整，不得随意简省；文风鲜明朴实，平易严肃；专业术语准确、完整；标点符号正确等。

（五）具有法律上的确定力

这是指执法文书一经制作完毕并送达当事人，非经法定程序不得变更或撤销。执法文书是国家行政机关具体适用法律的书面表现形式，一旦发生法律效力，就不得以其他文书代替，其执行就具有国家强制力的保证。如果要改变或撤销，只能由司法机关依照法定程序进行，其他任何机关、团体或个人都无权予以认定和变更或撤销它。

三、水行政执法文书的作用

执法文书的根本作用在于保证法律的具体实施。执法人员必须按照法律规定的程序、方式、步骤和格式等要求来制作执法文书，准确无误地适用法律，使法律规定切实地得以实现。因此，执法文书的主要作用体现在以下几方面。

（一）执法文书是实施法律的重要手段

国家行政机关或法律、法规授权的组织或依法受委托的事业单位，通过在具体的行政执法活动中，依法制作相应的执法文书，把法律规定适用于五花八门的具体案件，这就是具体实施法律。因此，执法文书是具体实施法律的重要手段或不可或缺的工具。例如，农药行政处罚决定书具体地反映国家有关农药管理的法规及规章等的规定，确认行政相对人的违法性行为，制裁违法行为，维护农药生产、经营管理秩序。又如，强制执行申请书就是执法机关申请人民法院实施国家强制力，保证具有法律效力的行政执法决定得以实现。

（二）执法文书是办案活动的记录和凭证

执法人员在办理各种具体案件中，每一个步骤或环节都要制作相应的执法文书，如实地记录办案活动。可以这么认为，执法文书是执法活动的一步一个脚印，不可缺少。例如，适用一般程序的行政处罚案件从立案、调查取证、听证、决定处罚到决定的执行，每一个环节都有相应的执法文书。它既是对本阶段执法活动的忠实记录，又是进行下一步执法活动的文字依据和前提条件。

（三）执法文书是考察执法人员素质的重要尺度

执法文书可以反映执法人员办案质量的优劣，而办案质量又是执法人员素质的真实反映。办案质量如何，是执法人员素质的综合反映。执法人员的素质包括思想政治、法律知识、专业知识、道德品质、文化修养和工作能力等多方面。这些素质如何，其制作的执法文书就是充分的反映。因此，执法文书的质量问题就绝不仅仅是一个驾驭语言文字的水平问题，而是全面反映执法人员观察问题、分析问题、解决问题的能力，以及思想作风和业务水平高低的问题，从而为考察执法人员的素质提供了依据。因此，每个执法人员必须认真对待、重视执法文书的学习与制作。

（四）执法文书是法制宣传教育的生动教材

行政执法机关及其工作人员的具体执法活动，在法制宣传教育方面的作用，比任何法学课本或普法读物都要大，而其制作的执法文书就是这种生动活泼的法制宣传教育的活教材，它具体生动，使人印象深刻。

（五）执法文书是国家的重要档案

执法文书是反映社会的一面镜子，它真实地反映了当时的各种社会关系、国家政策法律执行情况等。执法文书应作为重要档案保存。同时，执法文书所确立的典型案例，对今后同类案件的处理具有一定的参考价值，在一定程度上带有判例法的作用。

四、水行政执法文书的制作要求

（一）基本原则

制作执法文书，一般应遵循以下基本原则：

(1)态度要严肃。执法文书是行政执法机关具体运用法律处理违法案件的重要工具，制作执法文书必须持十分严肃认真的态度，不得等闲视之。

(2)以事实为依据。在制作执法文书中，许多文书都要求写明案件事实。在执法文书中叙述案件事实必须忠于事实真相，以客观事实为依据，坚持实事求是的精神。

(3)以法律为准绳。制作执法文书，首先必须符合程序法的有关规定，要按照程序法要求的时限、步骤、方式、方法和规定的内容制作。其次，执法文书中涉及案件实体内容的，必须严格遵守有关实体法的规定，依法制作，并在执法文书中准确地引用法律条文。比如对水利水文管理规定的行政相对人，其行为性质认定、处罚等方面的内容，都必须以水法、水文条例的有关条文的规定为依据。

(4)要讲求效率。法律对各种执法文书制作，虽无明确规定严格的时限，但是对执法机关立案审查、调查取证、处罚决定、处罚决定的执行、文书送达等行政执法行为却有明确的时限规定。而这些时限规定实际上就是执法机关制作某些重要执法文书的时限要求。如《水利行政处罚程序规定》第二十二条规定，"符合下列条件的，应在七日内予以立案"，这就是说，执法人员在发现违法案件后，应当在7日内制作填写《行政处罚立案审批表》。

(5)文书规范化。制作执法文书要规范化，从文书的纸张、格式、事项、内容、文字表达、签名等都必须遵循统一严格的规范。

（二）制作执法文书的基本要求

一般而言，制作执法文书应注意以下几个基本事项：

(1)符合格式要求。《水利行政处罚程序规定》要求的16种基本文书格式中，绝大部分是程序化的表格文书，有较为固定化的格式，制作执法文书时，必须按要求填写。以一般程序中适用的行政处罚决定书为例，执法文书的结构一般可划分为首部、正文、尾部三部分。

首部：制作机关、文书名称、编号、当事人的身份事项，案由、案件来源等。

正文：案件事实，处罚理由及处罚依据，处罚决定。

尾部：交代有关事项、处罚机关印章、日期，附注说明事项。

(2)中心思想明确。制作执法文书时，必须有明确的目的和中心思想。中心思想是解决执法活动中某一具体问题的根据和意见。首先,中心思想必须统领一份执法文书的全文,成为一份执法文书的灵魂。例如,制作兽药违法行为处理意见书,制作的目的在于对违反兽药监督管理的行政相对人予以处罚,其中心思想就是以行政相对人构成违法行为的真实证据,用《兽药管理条例》及其他有关规定加以衡量,提出明确的处理意见,报处罚机关负责人审核,并作出最后决定。这样,制作执法文书的目的和具体的处理意见就成为统领全文的中心思想。其次,中心思想必须正确,要保证做到正确,就必须保证执法活动按照正确的指导原则进行,若执法活动本身不是依法正确进行的,则执法文书的中心思想就不可能正确。再次,中心思想必须集中。

执法文书都有明确的、单一的制作目的,执法活动处在什么阶段就要求制作什么文书,这是由执法文书是为了解决执法活动中的个体问题而制作的特点决定的。而一份执法文书的中心思想,实际上是解决问题的具体意见,自然更必须鲜明突出,观点集中。

(3)严格选择事实材料。在制作执法文书中,某一案件涉及的事实比较复杂,选材时要严格把握,一是所选材料必须是客观事实。二是必须紧紧围绕执法文书的中心思想去选择材料。每一个案件的事实材料很多,在制作执法文书时,不能一一罗列,而是应该有所取舍。取舍的标准就是必须足以说明和论证执法文书的中心思想。三是所选择的材料必须能说明问题的性质,是经过查证属实的、具体的事实材料,对那些尚未查证属实只有口供或笼统抽象的事实材料,在制作执法文书时不能用。

(4)叙事清楚。多数执法文书都要求写清案件事实。因为案情事实是制作执法文书的基础。在叙述案情时,一要写清事实要素,主要包括行政相对人实施违法行为的时间、地点、目的、动机、情节、手段、危害后果、证据及调查取证过程中的态度或辩解。二要写清关键情节。所谓关键情节,主要是指决定或影响案件决定性的情节,涉及当事人法律责任的情节和影响严重程序的情节,这些情节在执法文书中必须叙述清楚。三要写清主要证据,特别要写清足以证明事实的主要证据。

(5)说理要充分。执法文书中的理由包括认定事实的理由和适用法律的理由两个组成部分。首先,对事实的认定,要以证据来支撑。其次,分析理由要有针对性。无论是认定事实的理由还是适用法律的理由,都必须遵循"以事实为依据,以法律为准绳"的原则。再次,适用法律准确。法律规定是执法文书中阐明理由和作出处理决定的准绳,在说理部分必须注意准确地适用法律规范。引证法律条文时要力求明确具体。若法律条文分款分项,则应有针对性地引用某条款某项,在不影响文字表述的前提下,应尽可能将法律条文的原文引出或写出原条文第×条第×款第(×)项,以达到表意完整、阐述有力的目的。此外,还应注意引证法律条文的次序。一般先引法律规定,再引法规规定,最后引规章规定;先引定性规定,再引处罚性规定。最后,论证要前后一致。执法文书要有较严密的逻辑联系,必须做到首尾一致。

(6)说明性文字要准确。水利行政执法文书中,说明性文字比较多。比如勘验检查笔录、技术鉴定结论中,关于鉴定过程和鉴定内容的说明,处罚决定书中对处理决定的说明等。从总体上看,说明性文字应如实、有序、具体、明确。

(7)统一执法文书的技术要求。包括以下几方面内容:一是纸张规格要整齐划一。水利行政执法中的基本文书格式由水利部统一制定,由地方省级水利主管部门统一制发。

这样在一个省级行政区域内,水利执法文书就有了统一的纸张印制规格,做到了整齐划一。这样既显示出执法文书的庄重性,又利于归档管理。二是执法文书的印章要合乎规范。加盖在执法机关名称和发文日期之上,即所谓的"压年盖月",务求做到"朱在墨上"的法定要求。三是数字书写要统一。执法文书中的数字书写,应参照国家行政公文对数字书写的要求,即"综合文编号,统计表、计划表、序号专用术语和其他必须用阿拉伯数字者外,一般用汉字书写"。因为用阿拉伯数字容易同某些汉字相混淆,以至于产生歧义。如"2"易与"工"字相混,"3"易与"了"字相混。同时,数字的书写也应前后一致,千万不要前面用阿拉伯数字,而后面又用汉字,这也极易造成混乱或令人阅读困难。而且,在执法文书中,量词使用也比较多,应尽量使用普通话中的量词,避免方言土语。如拖拉机的量词,在普通话中为"台",若在执法文书中使用"部、挂、辆"等,就不规范了,应尽力避免。四是认真校对,防止错漏。认真校对打印出来的执法文书非常重要,特别是要向当事人公布的执法文书则更应格外注意校对,防止任何疏漏出现。

(三)执法文书的语言要求

执法文书是行政执法机关依照法律法规规定对违反行政管理程序的相对人作出的给予某种行政制裁或查明某项事情的书面文件,对其语言文字要求比较高,应做到准确确切,语义单一;既符合法律规定,又符合语言规律;语句既要完整规范,又要转折自然、文义连贯;修辞妥帖,语言庄重、言简意赅;章法多样、逻辑严密。简述如下:

(1)语言准确。执法文书语言准确,达意清晰。应注意以下几个问题:一是语义要单一,排除任何易生歧义的语言文字。在执法文书中,绝对排斥"大概"、"也许"、"可能"之类的词语。二是专业术语要确切,力戒生造。三是称谓要恰当。四是执法文书里的数量词要确切,避免含混不清。在执法文书中,切忌出现"若干"、"左右"、"余"等词语,对数字的个、十、百、千、万甚至小数点后的数都要写清楚、写确切;对量词要使用普通话中通用的量词,且前后要一致。

(2)句式要规范。执法文书中的语言属于规范化的书面语言,语句要力求完整,凡涉及当事人称谓的词语,尽量少用省略句式,以免混淆。

(3)修辞妥帖,文风朴实,语言庄重,言简意赅。执法文书的语言应该是言辞刚健,不尚雕饰,文意切实,事理明确,语言简要,叙事清楚。执法文书中的语言重在如实反映,对当事人的行为事实,只是用直接平实的语言予以陈述,而不需要作全盘修饰内容。

(4)推理合理,合乎逻辑。推理是在运用概念、判断的基础上,进行更加复杂的思维活动形式。如《水法》第六十七条第二款规定:"未经水行政主管部门或者流域管理机构审查同意,擅自在江河、湖泊新建、改建或者扩大排污口的,由县级以上人民政府水行政主管部门或者流域管理机构依据职权,责令停止违法行为,限期恢复原状,处五万元以上十万元以下的罚款。"某县水利局发现某企业擅自扩大排污口,对此违法行为该企业供认不讳,水利局要求其停止违法行为、限期恢复原状,而该企业在规定时间内没有停止违法行为,因此水利局就推定其没有恢复原状,按照"处五万元以上十万元以下的罚款规定"给予八万元的罚款处罚。它就是一个逻辑合理的推理过程。其逻辑结构为:

法律规定(大前提):责令停止违法行为,恢复原状,并处五万元以上十万元以下的罚款。

查证属实(小前提):没有停止违法行为,认定没有恢复原状。

处理结果(结论):罚款八万元。

因此,执法文书的语言文字形式逻辑关系密切。在制作文书中,必须正确地使用概念、判断和推理形式,做到概念准确,前后一致;判断正确,切忌武断;推理合理,合乎逻辑;来龙去脉,符合事理。

第十三章　水利立法技术

第一节　水利立法概述

一、水利立法含义

水利立法是指各级水行政主管部门或者流域管理机构依据法定权限和程序，起草、参与起草和制定关系到开发、利用、节约、保护、管理水资源以及防治水害等水事活动的法律、行政法规、地方性法规、规章和规范性文件（通称法案）及相关文件的编制的活动。

二、水利立法原则

开展水利立法，应遵循以下原则。

（一）法制统一

法制统一原则是现代社会法治国家所共同提倡和遵守的一个重要原则。我国是单一制的社会主义国家，必须维护国家法制统一。在我国，法制统一原则首先见于我国《宪法》，其第五条明确规定“国家维护社会主义法制的统一与尊严”。因此，在开展水利立法时，应将维护法制统一贯穿于水利立法活动的全过程。

（二）民主立法

在我国，民主立法原则主要表现为：一是立法以保护和促进公民权益为出发点和归宿。因为民主在内容上的含义就是对大多数人的权益的实质代表，所以民主立法在内容上必然体现为对最广大人民的根本利益的维护。二是在立法程序上，应当使公民充分参与。民主最初的含义是程序上的，即允许最广泛的参与、最广泛的意见表达。只有让利益相关者的意志得到充分的表达，立法才能在程序上说是民主的。三是在开展水利立法时要开门立法，走群众路线，经过认真调查研究和充分的民主讨论。水利立法项目是否能真实地反映广大人民的意志和利益，所规定的具体措施是否符合实际，是否为最佳选择方案，立法技术是否符合要求，等等，都要在起草前后广泛征求人民群众的意见。

（三）权责统一

权责统一原则要求享有水利立法的主体在履行水利立法职权时，同时要承担相应的责任。具体而言，权责统一原则包括以下内容：第一，有权必有责。试想，如果享有水利立法的主体只有权力而没有责任，结果只能是立法权力被滥用，成为谋取私利的工具。因此，对于享有水利立法的主体一定要增强责任意识，明白权力是人民给的，行使权力是有责任的。就现行法律制度来讲，我国法律对行政机关确立了国家赔偿责任、依法补偿责任（补偿范围有限）、监督检查责任和其他违法责任制度、国家赔偿追偿责任等，可以说，我国行政法对行政机关及其执法人员的法律责任规定已日趋完善。第二，权责必须对称统一。即有多大的权力,就必须承担多大的责任。否则,如果权力过大、责任过小,则虽有责任但不足以约束权力,反之责任过大、权力过小,则导致人人都不愿涉足管理,公共利益将无法得到有效保障。水利立法要着力解决当前执法实践中存在的突出问题就是职责权不对称,存在有职无权、有权无责的普遍现象,通过立法努力做到职责权对称统一。第三,用权受监督。杰斐逊说:"在权力问题上,不要谈论对人的信任,而是要用锁链限制他们,防止他们作出伤害人的事情。"这表明对权力实施监督的重要性。没有监督的权力,即使法律责任设定得尽善尽美,也将导致腐败。第四,违法立法要追责。

(四)现实需要与前瞻性相结合

在开展水利立法活动中,既要有对我们的现实实践的总结,又要兼顾我们的长远需求,避免将来"无法可依"。亦即现实需要与前瞻性的有机结合。

(五)符合立法权限和立法程序

开展水利立法,不同的立法主体享有的立法权限不同,所经过的立法程序也不尽相同。因此,开展水利立法必须按照《立法法》和有关立法的规定,对各自权限范围内的事项,按照上位法的规定,并履行相应的立法程序。

(六)可操作性

可操作性是指通过水利立法活动指定的规范性文件不能成为摆设,能够运用于实践,真正实现"有法可依"。

三、水利立法分类

水利立法按照权限与内容分为水法律、水行政法规、地方性水法规、水利部规章、地方政府水规章、水规范性文件等。

(一)水法律

水法律是指由全国人大常委会审议通过的,以国家主席令形式发布的,规定涉水事务的法律规范,例如《水法》、《防洪法》、《水土保持法》和《水污染防治法》。

根据《立法法》水法律的设定权限:一是确立有关涉水事务的基本制度及其相关重要制度;二是设定涉水事务的各类行政许可、行政处罚等。

(二)水行政法规

水行政法规是指由国务院常务会议审议通过的,以国务院令形式发布的,规定涉水事务的法律规范。例如《河道管理条例》、《水土保持法实施条例》等。

根据《立法法》,水行政法规的设定权限:一是执行法律的规定需要制定行政法规的事项;二是行使《宪法》第八十九条规定的国务院涉水行政管理职权的事项;三是应当由全国人民代表大会及其常务委员会制定法律的事项,国务院可以根据全国人民代表大会及其常务委员会的授权决定先制定行政法规,经过实践检验,制定法律的条件成熟时,由国务院及时提请全国人民代表大会及其常务委员会制定法律;四是尚未制定法律的,行政法规可以设定行政许可;法律已经设定行政许可的,行政法规可以在法律设定的行政许可事项范围内,对实施该行政许可作出具体规定;对行政许可条件作出的具体规定,不得增设违反法律的其他条件;五是设定除限制人身自由外的各种行政处罚,具体包括:警告,罚款,没收违法所得、没收非法财物,责令停产停业,暂扣或者吊销许可证、暂扣或者吊销执照;六是法律对违法行为已经作出行政处罚规定,行政法规作出具体规定的,必须在法律规定的给予行政处罚的行为、种类和幅度的范围内规定。

(三)地方性水法规

地方性水法规是指省、自治区、直辖市的人民代表大会及其常务委员会,在不与宪法、法律、行政法规相抵触的前提下,根据本行政区域的具体情况及实际需要,按照法定程序制定的有关涉水事务的法律规范,以及省、自治区的人民政府所在地的市,经济特区所在地的市和经国务院批准的较大的市的人民代表大会及其常务委员会,在不与宪法、法律、行政法规和本省、自治区的地方性法规相抵触的前提下,或者按照全国人民代表大会的授权决定,根据本行政区域的具体情况和实际需要制定的,经省、自治区、直辖市的人民代表大会常务委员会批准的有关涉水事务的法律规范。

根据《立法法》,地方性水法规的设定权限:一是为执行法律、行政法规的规定,需要根据本行政区域的实际情况作具体规定的事项;二是属于地方性事务需要制定地方性法规的事项;三是除专属法律规定的事项外,其他事项国家尚未制定法律或者行政法规的,省、自治区、直辖市和较大的市根据本地方的具体情况及实际需要,可以先制定地方性法规。在国家制定的法律或者行政法规生效后,地方性法规同法律或者行政法规相抵触的规定无效,制定机关应当及时予以修改或者废止;四是尚未制定法律、行政法规的,地方性法规可以设定行政许可,但不得设定应当由国家统一确定的公民、法人或者其他组织的资格、资质的行政许可;其设定的行政许可,不得限制其他地区的个人或者企业到本地区从事生产经营和提供服务,不得限制其他地区的商品进入本地区市场。可以在法律、行政法规设定的行政许可事项范围内,对实施该行政许可作出具体规定,但对行政许可条件作出的具体规定, 不得增设违反法律、行政法规的其他条件; 五是可以设定警告, 罚款, 没收违法所得、没收非法财物等行政处罚, 但不得设定限制人身自由、吊销企业营业执照的行政处罚。法律、行政法规对违法行为已经作出行政处罚规定, 地方性法规需要作出具体规定的, 应当在法律、行政法规规定的给予处罚的行为、种类和幅度的范围内规定。

(四)水利部规章

水利部规章是指由水利部根据法律和国务院的行政法规、决定、命令,在本部门的权限范围内制定的,由部务会议审议通过的,以水利部令形式发布的有关涉水事务的法律规范。水利部联合国务院其他部门制定的规章,由联合制定的部门首长共同署名公布,使用水利部的命令序号。国务院其他部门联合水利部制定的规章,由联合制定的部门首长共同署名公布,使用其他部门的命令序号。

根据《立法法》,水利部规章的设定权限:一是规定属于执行法律或者国务院的行政法规、决定、命令的事项。二是不得设定行政许可,但是可以在法律、行政法规设定的行政许可事项范围内,对实施该行政许可作出具体规定;对行政许可条件作出的具体规定,不得增设违反法律、行政法规的其他条件。对法律、行政法规设定的行政许可事项,可以对行政许可实施机关在其法定职权范围内是否可以委托其他行政机关实施行政许可作出规定。三是可以在法律、行政法规规定的给予行政处罚的行为、种类和幅度的范围内作出具体规定。尚未制定法律、行政法规的,对违反行政管理秩序的行为,可以设定警告或者一定限额的罚款。对非经营活动中的违法行为设定罚款不得超过 1 000 元；对经营活动中的违法行为，有违法所得的，设定罚款不得超过违法所得的 3 倍，但是最高不得超过 30 000元，没有违法所得的，设定罚款不得超过 10 000 元；超过上述限额的，应当报国务院批准。

（五）地方政府水规章

地方政府水规章是指省、自治区、直辖市和较大的市的人民政府根据法律、行政法规和本省、自治区、直辖市的地方性法规，经政府常务会议或者全体会议决定的，以省、自治区、直辖市和较大的市人民政府令的形式发布的有关涉水事务的法律规范。

根据《立法法》，地方政府水规章的设定权限：一是为执行法律、行政法规、地方性法规的规定需要制定规章的事项。二是属于本行政区域的具体行政管理事项。三是尚未制定法律、行政法规和地方性法规的，因管理需要，确需立即实施行政许可的，省、自治区、直辖市人民政府规章可以设定临时性的行政许可。但不得设定应当由国家统一确定的公民、法人或者其他组织的资格、资质的行政许可。其设定的临时性行政许可，不得限制其他地区的个人或者企业到本地区从事生产经营和提供服务，不得限制其他地区的商品进入本地区市场。临时性的行政许可实施满一年需要继续实施的，应当提请本级人民代表大会及其常务委员会制定地方性法规。四是在法律、行政法规、地方性法规设定的行政许可事项范围内，对实施该行政许可作出具体规定。对实施上位法设定的行政许可作出的具体规定，不得增设行政许可；对行政许可条件作出的具体规定，不得增设违反上位法的其他条件；对法律、行政法规设定的行政许可事项，可以对行政许可实施机关在其法定职权范围内是否可以委托其他行政机关实施行政许可作出规定。五是可以在法律、法规规定的给予行政处罚的行为、种类和幅度的范围内作出具体规定。尚未制定法律、法规的，规章对违反行政管理秩序的行为，可以设定警告或者一定数量罚款的行政处罚。罚款的限额由省、自治区、直辖市人民代表大会常务委员会规定。

（六）水规范性文件

水规范性文件是指各级人民政府及其水行政主管部门或者水行政主管部门联合其他部门依据法定职权和程序制定的，除上述水法律、水行政法规、地方性水法规、水规章外的，对公民、法人或者其他组织能够反复适用的、具有普遍约束力的规范性文件。

根据《立法法》，水规范性文件的设定权限：一是对实施法律、法规、规章作出具体规定，但不得增设公民、法人或者其他组织的义务，不得限制公民、法人或者其他组织的权利；二是对法律、法规、规章规定的行政许可事项作出可操作性的规定，但是不得新设行政许可事项、行政处罚事项以及应当由法律、法规、规章规定的其他事项，不得增设实施行政许可的条件，不得增设行政处罚的种类，不得超越上位法规定的行政处罚的幅度。

第二节　法案结构

法案包括法案的名称和法案正文。有的法案还有附件。法案的结构包括形式结构和内容结构。

一、法案的形式结构

法案的形式结构是法案构成的外在表现形式，是指编、章、节、条、款、项、目结构单位的设置与排列。

(1)编。我国立法实践中使用的最高层次的结构单位，在内容复杂、层次多的法案中使用。例如《刑法》。

(2)章。次于编的常用结构单位。章在内容较多而且划分层次时使用。法案的各章之间应有内在的联系，以序数形式排列，序数后应有能概括本章内容的名称。每章的篇幅根据内容确定。

(3)节。次于章且隶属于章的结构单位。为了使一章的内容和结构更加清晰，便于理解，可以设节。但是，节只能在设有章的法案中才允许出现。每节应按章内的不同层次，将相关条款集中，形成相对独立的内容，并且各节之间也应当存在内在联系，按照一定的逻辑顺序排列。节与节之间按照序数形式排列。设节应根据需要，不必每章都设。规章不宜设节。

(4)条。次于章或者节的必备结构单位。每条的内容应当具有相对的独立性和完整性。条与条之间应当有内在联系，所有条文统一连贯，按照序数形式排列。

(5)款。次于条且隶属于条的结构单位，使用频率仅次于条。款在条中以自然段的形式出现，在内容和篇幅等方面与条的规则要求基本相同，不采用序数形式排列。

(6)项。次于款的一个单位。当条或者款的内容包括许多项目，需要区分排列以便更加清晰时，可以分项。项的内容不具有相对的独立性和完整性。项可以隶属于款，也可以直接隶属于条。项的顺序采用中文数字加括号依次表述的形式，以分号分隔。

(7)目。次于项且隶属于项的结构单位，是我国目前立法中使用的最低层次的单位。目只在项的内容、层次较复杂时使用，目的内容不具有相对的独立性和完整性。目的表述形式是以阿拉伯数字加点依次表述。

二、法案的内容结构

法案的内容结构，是指法案内容在逻辑上的构成和排列顺序。法案的内容结构应当为先总后分，先概括后详细。法案的内容结构包括总体结构和条文结构。

法案内容总体的构成和排列顺序为：总则、分则、附则、附件。

（一）总则

总则位于法案的开端部分。总则规定法案的基本原则与制度，对整个法案具有统领性。

(1)总则的内容包括立法宗旨、立法依据、适用范围、基本原则与指导方针、基本制度、主管部门等。这些内容可以根据具体需要选择确定。

(2)总则法条的排列顺序为：目的法条(含依据)、适用范围法条、原则法条、方针法条、管理体制法条等。

(3)在设编或者设章的法案中，以总则作为第一编或者第一章的名称，称为明示总则。未设章的法案，虽然有总则性质的条文，但是没有以“总则”的字样予以明示，称为非明示总则。

(二)分则

分则是法案的主要构成部分,规定具体的行为规则,是执法、守法最直接的根据。

分则内容的结构处理分递进式和平行式两大类。

(1)递进式的排列方式是按照事物的内在发展进程排列各章节的顺序,例如《行政许可法》。

(2)平行式的排列方式是按照一定的逻辑顺序,分别表达,以相平行的方式排列各个章节的顺序,例如《刑法》。

(3)分则法条的排列顺序为:实体法条、执行法条、责任法条、程序法条、救济法条等。

(4)分则在设编的法案中以明示方式出现。其他情况下以非明示方式出现,是所有法案必备的内容。

(三)附则

附则是法案的构成部分,位于总则和分则内容之后,作为总则和分则辅助性内容的规则。

(1)附则的内容包括名词、术语的解释,与相关法规的关系,施行和废止时间的规定。

(2)附则法条的排列顺序为:保留法条、定义法条、施行时间法条等。

(3)法案的解释权,由法案的制定机关行使,所以法案不宜就解释权作出规定。

(四)附件

附件是法案的构成部分。设于条文之外,附在法案正文之后,以表、目录等形式列出收费标准、详细的管理事项等内容。

三、法案的条文结构

法案的条文结构是指条文内容的组成和排列。法案条文是行为规则的载体,行为规则在内容上由一定法律条件下的行为模式和行为所要承担的法律后果组成,在形式上可在同一条文中表述。也可在几个相关的条文中表述。例如,《水法》第五十三条第一款:"新建、扩建、改建建设项目,应当制订节水措施方案,配套建设节水设施。节水设施应当与主体工程同时设计、同时施工、同时投产。"《水法》第七十一条:"建设项目的节水设施没有建成或者没有达到国家规定的要求,擅自投入使用的,由县级以上人民政府有关部门或者流域管理机构依据职权,责令停止使用,限期改正,处五万元以上十万元以下的罚款。"

四、法案条文的形式

以设定权利和义务为例:

(1)一个条文只对一种行为设定权利和义务,不在同一条文中设定几种不同性质与种类的权利和义务。

例如,《水利工程供水价格管理办法》第二十二条:"供水经营者与用水户应根据国家有关法律、法规和水价政策,签订供用水合同。除无法抗拒的自然因素外,供水经营者未按合同规定正常供水,造成用水户损失的,应当承担赔偿责任。"

(2)当需要在同一条文中设定几种相关联的权利和义务时,应当分款或者分项逐一表述。

例如,《长江河道采砂管理条例》第十二条:“从事长江采砂活动的单位和个人应当按照河道采砂许可证的规定进行开采。有关县级以上地方人民政府水行政主管部门和长江水利委员会应当按照职责划分对其加强监督检查。

“从事长江采砂活动的单位和个人需要改变河道采砂许可证规定的事项和内容的,应当重新办理河道采砂许可证。

“禁止伪造、涂改或者买卖、出租、出借或者以其他方式转让河道采砂许可证。”

再如,《河道管理条例》第二十五条:“在河道管理范围内进行下列活动,必须报经河道主管机关批准;涉及其他部门的,由河道主管机关会同有关部门批准:

“(一)采砂、取土、淘金、弃置砂石或者淤泥;

“(二)爆破、钻探、挖筑鱼塘;

“(三)在河道滩地存放物料、修建厂房或者其他建筑设施;

“(四)在河道滩地开采地下资源及进行考古发掘。”

第三节　法案的表述

一、名称的表述

法案的名称通常由三个部分构成:第一部分反映适用区域或者制定机关;第二部分反映规范的事项;第三部分反映效力等级和体例,例如《水法》。

法案名称的表述应当做到完整、精练、概括、规范,不宜过长或者过短,应当准确表述调整对象和基本内容,力求简明扼要。确定法案名称时,除上位法的“实施细则”、“实施办法”需要出现书名号外,名称中不应当出现其他标点符号。通常法律,使用“××法”作名称;法规,使用“条例”、“规定”、“办法”等名称;规章,使用“办法”、“规定”、“实施细则”等名称,但是不得使用“条例”;规范性文件,使用“办法”、“规定”、“细则”、“决定”、“通告”等。

法规、规章在使用“条例”、“规定”和“办法”时的区别:对涉水事项作全面、系统的规定时,使用“条例”,例如《河道管理条例》;对涉水行政管理工作的某一方面作部分规定时,使用“规定”;对特定事项作出针对性较强的专项规定时,使用“若干规定”,例如《取水许可申请审批程序规定》;对某一项水行政管理工作作比较具体、详细规定或者实际需要设定若干创制性规范时,使用“办法”,例如《建设项目水资源论证管理办法》。

法规、规章、规范性文件的暂行或者试行:对于必须立法作出明确规定,但是对其规定尚需要实践检验的涉水事项,可以制定“暂行”或者“试行”法规、规章、规范性文件;对于临时或者短期适用的法规、规章、规范性文件,在法规、规章、规范性文件反映效力等级和体例的词汇前加“暂行”,例如《淮河流域水污染防治暂行条例》;对于必须立法作出明确规定,但是要在执行中征求意见的法规、规章、规范性文件命名时,在法规、规章、规范性文件反映效力等级和体例的词汇后加“(试行)”,示例:……办法(试行)。

二、立法宗旨和依据的表述

立法宗旨和依据在第一条中作出规定,示例:为了……,根据……,制定本××。

阐述立法宗旨时,应当直接明了,突出重点。需要详尽说明时,应当按照从具体到抽象、直接到间接、微观到宏观的顺序依次表述。例如,《中华人民共和国防洪法》第一条:“为了防治洪水,防御、减轻洪涝灾害,维护人民的生命和财产安全,保障社会主义现代化建设顺利进行,制定本法。”

对于实施类的立法,可以不再阐述立法宗旨,例如,《中华人民共和国水土保持法实施条例》第一条:“根据《中华人民共和国水土保持法》的规定,制定本条例。”

立法依据包括法律依据和实践依据。法律依据指比自身效力等级高的直接上位法,在表述时,只需要列举对本法案内容起直接指导作用的主要上位法;无直接上位法依据的表述,示例:为了……,结合……实际情况,制定本××;其他起直接指导作用的上位法的表述,示例:……等有关法律、法规;实践依据主要指本地区的实际情况,示例:根据《中华人民共和国××法》,结合……实际情况,制定本××。

三、适用范围的表述

适用范围规定法案调整对象的内涵或者外延,明确与其他法的界限,在法案的第二条表述,示例1:本××适用于……;示例2:……适用本××;示例3:……应当遵守本××。

适用范围是指法案适用的地域、主体和行为:地域,是指特定的行政区域、行政管辖范围;主体,是指特定的人或者组织,表述为“公民、法人、其他组织”或者“单位和个人”;行为,是指法案调整的行为。有的表述是地域、主体和行为的组合表述,有的表述只是对部分内容作出规定,有的不直接表明适用范围,应当视具体需要确定。

另外“参照执行”、“比照执行”的范围通常在附则中规定。

四、主管部门的表述

以确定的水行政机关作为行政主管部门的表述,示例1:……水行政主管部门是……(范围、事项或者活动)的行政主管部门,并负责本××(法案的名称)的组织实施;示例2:……水行政主管部门对……(范围、事项或者活动)实施管理。

以不确定的水行政机关作为行政主管部门的表述,示例:县级以上水行政主管部门或者具有管辖权的水行政主管部门是……(范围、事项或者活动)的行政主管部门,并负责本行政区域内……(按实际管理职责表述)。

因不写明机关名称可能使社会公众产生误解或者难以确认主管部门时,可以直接写明该主管部门的具体名称,示例:……水利局(水务局)是……(范围、事项或者活动)的主管部门,负责本××(法案的名称)的组织实施。

法律、法规、规章、规范性文件,不宜写内设机构。

法律、法规授予具有管理公共事务职能的组织实施行政许可主体资格时的表述,示例1:……(被授权的组织或者机构的名称)负责……(一定的范围或方面)……(某项行政许可事项的名称)的实施和监督检查;示例2:……(一定的范围或方面)……(某项行政许可事项的名称）由……（被授权的组织或者机构）组织实施。

委托实施行政许可时的表述：第一次规定委托的主体、受委托的主体和委托的范围、权限、事项的表述，示例：对……（一定范围、方面、权限）……（某项行政许可事项的名称），由……（实施委托的行政机关）委托……（受委托的行政机关）组织实施。在第一次表述之后的条文中，规定受委托行政机关的权利义务的表述，示例：……（行政许可申请人）应当向……（受委托的行政机关）提出……（某项行政许可事项的名称）的申请，由……（受委托的行政机关）……（具体的行政管理行为）。

五、权利义务主体行为模式的表述

在法案中，权利和义务主体的行为规定分为可为模式、应为模式和勿为模式。

可为模式又称授权模式，规定人们在一定的限度内可以作出一定的行为、要求他人作出或者不作出某种行为，示例1：可以……；示例2：有权……；示例3：有……权利；示例4：不受……干涉；示例5：不受……侵犯。

应为模式又称义务模式，要求人们在一定的条件下应当作出某种行为，对此，行为人无权选择为或者不为，示例1：应当……；示例2：有义务……；示例3：有……的义务；示例4：有责任……。

勿为模式又称禁止模式，要求人们在一定的情况下不得（或者禁止）作出某种行为，示例1：禁止……；示例2：不得……；示例3：严禁……；示例4：不应当……。

可为模式和应为模式共同存在的表述，示例：由……负责。

六、法律责任的表述

追究行政管理机构及其行政管理人员法律责任的表述。行政管理机构（含执法机构）的法律责任的表述，示例：……（指行政机关和被授权组织）……（违法行为）的，由其上级主管部门或者有关主管部门对直接负责的主管人员和其他直接责任人员依法给予行政处分；构成犯罪的，依法追究刑事责任。行政管理人员（含执法监督检查人员）的法律责任的表述，示例：……（指行政机关和被授权组织）行政管理人员（含执法监督检查人员）……（违法行为）的，由其所在单位或者上级主管部门对直接负责的主管人员和其他直接责任人员依法给予行政处分；构成犯罪的，依法追究刑事责任。

行政处罚的表述方式有：条文对应表述法、归纳表述法、条文对应和归纳综合表述法。

条文对应表述法，是指处罚条（款）与设定违法行为的有关条（款）一一对应的表述，示例1：违反本××第×条规定的，由……（指实施处罚的主体）处以……（指某种行政处罚）；示例2：对……，处……（指某种行政处罚）；示例3：对……，……（指某种行政强制措施或者行政处罚），并处……（设定的第二种处罚）。

归纳表述法，是指按照实施行政处罚的主体、违法行为和处罚种类、幅度的异同进行归纳表述，以简化表述。对多个条款规定的数种违法行为，由同一个处罚主体给予相同种类、幅度的处罚的表述，示例1：违反本××第×条、第×条、第×条规定的，由……（指实施处罚的主体）处以……（指某种行政处罚）；示例2：违反本××规定，有下列情形之一的，由……（指实施处罚的主体）处以……（指某种行政处罚）：（一）……的（指违法行为);(二)……的(指违法行为)。对不同的违法行为,由同一主体实施处罚,处罚种类、幅度各不相同的表述,示例:违反本××规定,有下列情形之一的,由……(指实施处罚的主体)按下列规定予以处罚:(一)……的(指违法行为),处以……A(指某种行政处罚);(二)……的(指违法行为),处以……B(指某种行政处罚)。对不同的违法行为,由不同的主体实施处罚,且处罚种类、幅度较复杂的表述,示例:违反本××规定,按下列规定予以处罚:(一)……的(指违法行为),由A(指实施处罚的主体)处以……(指某种行政处罚);(二)……的(指违法行为),由B(指实施处罚的主体)处以……(指某种行政处罚)。

当需要对某项违法行为给予特别处罚的,可以另立一款表述,示例:违反本××规定,有下列情形之一的,由……(指实施处罚的主体)处以……(指某种行政处罚):(一)……的;(二)……的。前款所列行为(或者第×款第×项所列行为),情节严重的,处以(或者并处以)……(指行政处罚)。

条文对应和归纳综合表述法的表述,示例:违反本××第×条、第×条规定,有……(指某种违法行为)的,由……(指实施处罚的主体)处以……(指行政处罚,可以统一集中表述,也可以分项对应表述)。

当行政处罚涉及其他相关法律和相关管理部门职责时表述,示例1:违反本××规定,由……(指实施处罚的主体)处……(指设定的某种行政处罚)。法律、法规另有规定的,从其规定;示例2:违反本××规定,属于……(指其他相关管理部门)管理职责的,由……(指前述相关管理部门)依照相关法律、法规的规定予以处罚;示例3:违反本××的规定,由……行政主管部门予以……(指某种种类、幅度的处罚)。

实施行政处罚主体的表述:法律、法规授予具有管理公共事务职能的组织实施行政处罚主体资格的表述,示例1:……(指被授权的组织的名称)负责……(指某方面的具体管理工作),并按照本××的授权实施行政处罚;示例2:……(指被授权的组织或者机构的名称)按照本××的授权,负责……(指某项行政管理工作),并实施行政处罚;示例3:违反本××第×条规定,由……(指被授权的组织或者机构的名称)予以……(指某种种类、幅度的处罚)。

委托实施行政处罚主体的表述,示例1:违反本××的规定,由……(指实施委托的行政机关)委托的(指受委托的组织)实施行政处罚;示例2:违反本××的规定,由……(指受委托组织的名称)予以……(指某种种类、幅度的处罚)。

对违法行为实施处罚和行政强制措施的表述:违法行为应当先予纠正的,在实施行政处罚之前,由实施处罚的主体"责令限期改正"或者"责令停止违法行为",示例1:由……(指实施处罚的主体)责令限期改正,……(指某种行政处罚);示例2:由……(指实施处罚的主体)责令停止违法行为,限期采取补救措施,……(指某种行政处罚);示例3:由……(指实施处罚的主体)责令停止违法行为,限期改正;逾期不改正的,……(某种行政强制措施和行政处罚)。

违法行为造成他人损失承担法律后果的表述,示例:……(指违法行为),给他人造成损失的,应当依法承担赔偿责任。

违法行为涉及违反刑法或者治安管理的规定的法律责任的表述,示例1:……,构成犯罪的,依法追究刑事责任;示例2:……,违反治安管理法律、法规的规定的,依法给予治安管理处罚；示例3：……，构成犯罪的，依法追究刑事责任；尚不构成犯罪的，依法给予治安管理处罚。

如果违法行为涉及违反刑法、治安管理法律法规的规定以及水行政管理的法律法规的规定，同时还涉及民事责任，在表述时，宜先规定民事责任，再规定治安管理处罚、行政处罚，后规定刑事责任。

七、名词、术语的表述

解释专业名词、术语定义的表述，示例1："……，是指……"；示例2："本××所称……，是指……"；示例3："下列用语的含义是：(一)……，是指……；(二)……，是指……。"

专业名词、术语的定义，应当在附则中作出解释；个别情况下，可以紧跟在名词、术语之后作出解释，例如，《中华人民共和国水法》第七十九条："本法所称水工程，是指在江河、湖泊和地下水源上开发、利用、控制、调配和保护水资源的各类工程"；《中华人民共和国水法》第十四条："前款所称综合规划，是指……"。但法案基本概念和贯穿始终的概念，应当在总则中作出解释，例如，《水土保持法》第二条："本法所称水土保持，是指对自然因素和人为活动造成水土流失所采取的预防和治理措施"。

八、制定实施细则的授权表述

对需要规范的事项，法案应当直接作出具体、明确的规定。确需作进一步规定时，法案可以授权制定实施细则或者配套性文件。授权时，应当明确授权对象及责任，可以在需要规范的事项后直接规定，也可以在附则中作出相应规定，示例1：本××的实施办法(细则、规定)由……(指被授权的制定机关)制定；示例2：关于××(指某项制度)的办法(细则、规定)由……(指被授权的制定机关)制定；示例3：关于××的办法(细则、规定)由……(指被授权的制定机关)制定，报……批准后执行(施行)；示例4：关于××的办法(细则、规定)由……(指被授权的主要制定机关)会同……(指被授权的配合制定机关)制定。

九、法案施行日期的表述

施行时间是法案的必备内容。从公布到施行，需要1~3个月的施行准备期。施行的起始日宜规定为公布日后1~3个月之后的某年某月的1日或者15日，在法案的最后作出表述，示例：本××自×年×月×日起施行。

当法案的施行较为紧迫时，可以将施行日期确定为公布之日，示例：本××自公布之日起施行。

十、废止法案的表述

采用废旧立新的方式制定新法案的，应当在新法案的最后或者附则中明确本法案与其他相关法案的关系，作出废止原法案的规定，在法案施行日期之后表述，示例1：本××施行前公布的有关规定与本××不一致的，以本××的规定为准；示例2：本××自×年

×月×日起施行。×年×月×日通过的××同时废止。

新法案只能废止效力等级相同或者低一等级的同一内容的法案。

当被废止的法案与新法案名称相同时,应当注明被废止的法案的制定机关和通过日期;被废止的法案与新法案名称不相同或者不尽相同时,只需要注明被废止法案的名称。

第四节 法案的语言

一、立法语言的一般要求

(1)明确、准确。同一概念使用同一用语表述,避免产生歧义。不使用“约”、“近”、“左右”等表示近似数的词。能量化的指标,应当尽可能量化。

(2)周密、严谨。应使用固定化、标准化的句式和词语,示例:使用双音节结构词“可以”、“应当”、“或者”、“如果”、“按照”,不使用“可”、“应”、“或”、“如”、“按”。

(3)平实、顺畅。避免使用生僻字词,专业术语要准确精当,避免不必要的修饰,不使用带有感情色彩的词语。

二、常用句式结构

(1)“的”字结构,指结构助词“的”附着在名词、代词、形容词或者动宾词组之后的一种无主语句式,用以指代某种行为或者管理相对人,以简化表述。例如,《水法》第三十五条:“从事工程建设,占用农业灌溉水源、灌排工程设施,或者对原有灌排用水、供水水源有不利影响的,建设单位应当采取相应的补救措施;造成损失的,依法给予补偿。”

(2)“但书”。指条文中在列举某一类情形后,通过转折连词“但”或者“但是”,指明例外、除外、限制、说明补充或者附加条件的一种句式,例如,《水法》第七条:“国家对水资源依法实行取水许可制度和有偿使用制度。但是,农村集体经济组织及其成员使用本集体经济组织的水塘、水库中的水的除外。”当设定的行为规范可能与其上位法或者其他相关法律、法规有交叉,为了不产生抵触,往往作“但书”表述,示例:……,但法律、行政法规另有规定的除外。

(3)列举。列举句式分为单列句式列举和列项句式列举。采用统一的逻辑标准,应当做到形式一致、列举详尽,不宜使用兜底条款。单列句式列举是指列举的内容与它所要说明的概念或者内容构成一个完整的句子,所列举的内容用顿号或者逗号隔开的句式,例如,《水法》第五十七条:“单位之间、个人之间、单位与个人之间发生水事纠纷的,应当……”列项句式列举是指列举的内容用列项的形式排列,用分号隔开的列举,例如,《水土保持法实施条例》第二条:“一切单位和个人都有权对下列破坏水土资源、造成水土流失的行为之一的单位和个人,向县级以上人民政府水行政主管部门或者其他有关部门进行检举:(一)违法毁林或者毁草场开荒,破坏植被的;(二)违法开垦荒坡地的;……”

三、特殊词语的使用

指示代词的使用:指代人或者物,使用“其他”,不用“其它、他、她、他的、她的”。行为主体表述宜实写，需要指代时，以指示代词“其”表示，例如，《中华人民共和国水法》第五十八条：“县级以上人民政府或者其授权的部门在处理水事纠纷时，有权采取临时处置措施，有关各方或者当事人必须服从。”

关联词语的使用：表示并列关系时，使用连词“和”、“及”，例如，《水法》第二条：“本法所称水资源，包括地表水和地下水”；《水法》第六十条：“……水行政主管部门、流域管理机构及其水政监督检查人员……”。

表示递进关系时，使用连词“并”、“特别是”，例如，《水法》第四十二条：“县级以上地方人民政府应当采取措施，保障本行政区域内水工程，特别是水坝和堤防的安全，限期消除险情。水行政主管部门应当加强对水工程安全的监督管理。”

表示选择关系时，使用连词“或者”，例如，《水法》第三十五条：“从事工程建设，占用农业灌溉水源、灌排工程设施，或者对原有灌溉用水、供水水源有不利影响的，建设单位应当采取相应的补救措施；造成损失的，依法给予补偿。”

“可以”、“应当”、“必须”的使用：当赋予某项选择性权利时，使用“可以”，例如，《水法》第五十七条：“……，当事人可以向人民法院提起民事诉讼。”当设定某项义务或者因某项义务承担相应的责任时，使用“应当”；“必须”，与“应当”语义相近，只是语气更强烈，法案中不采用。

“依照”、“按照”、“参照”的使用：以上位法作依据时，使用“依照”；表示应当遵守或者遵循某项规定时，使用“按照”；“参照”指以某一规定或者标准作为参照物，以其作为处理事务的重要参考，但不必严格遵循。在适用范围延伸时使用。

四、数字的使用

法案条文中，除施行日期使用阿拉伯数字表示外，其他需要使用数字表示的序数、分数、百分数、多位数，使用中文小写数字表示，小数应当折换成分数表示，示例：第三条、(三)、五分之三、百分之三、千分之三、三万元以上。

法案的附件中的数字可以使用阿拉伯数字表示，也可以使用中文小写数字表示。

在法案发布文件中，法案的审议通过日期、施行的日期、发布的日期和发布文号，使用阿拉伯数字表示；审议通过法案的会议的届次和法律的发布序号使用中文小写数字表示。

在使用数字表示幅度、范围、期限时，当表述为“……以上”、“……以下”、“……以内”或者“从……起”时，基数本数包括在幅度、范围、期限内。当表述为“……以外”或者“不满……”时，幅度、范围、期限不包括本数，示例1：“处以二万元以上的罚款”，包括可以处二万元的罚款；示例2：“违法所得不满二万元的，处……”，不包括二万元。

五、符号的使用

标点符号：法案应当按照从小到大、从部分到整体、从分到总的原则使用顿号(、)、逗号(，)、分号(；)、句号(。)，款之间使用句号分隔，项之间使用分号分隔。

法案不使用问号、省略号、感叹号。

书名号在法案的名称和条文中使用。但是，法案的名称除书名号外不使用其他符号。在条文中表述实施办法类配套性法案的全名时，对法案的全名使用双书名号，对该法案依据的上位法使用单书名号,示例:《……〈××〉……》。

冒号具有提示、说明的作用,是法案常用的标点符号,例如,《中华人民共和国水法》第六十条:"县级以上人民政府水行政主管部门、流域管理机构及其水政监督检查人员履行本法规定的监督检查职责时,有权采取下列措施:(一)……;(二)……。"

特殊符号:法案中的长度、面积、体积、质量等数量单位使用中文公制单位表述。应当使用"千米"、"平方米"、"立方米"、"千克",不使用"km"、"m^2"、"m^3"、"kg"。但是,在附件中无此限制。

六、时间的表述

时间单位统一使用年、月、日。日指自然日,不使用"天"。特殊情况下需要用"工作日"表述的,在同一法案中,应当统一使用工作日进行表述。

第五节　法案相关文件

一、法案发布文书的表述

未经发布的法案,不具有法律效力。发布文书是一个法案的重要组成部分。发布文书由发布文书名称、发布文号、发布文稿、签发人和发布日期组成。示例:

水利部令第17号

《水文水资源和建设项目水资源论证资质管理办法(试行)》已经2003年1月2日水利部部务会议审议通过,现予发布,自2003年5月1日起施行。

部长　汪恕诚

2003年2月21日

发布文号的表述,示例:第×(阿拉伯数字)号。

发布文书的名称,由发布机关和文体组成,例如,《中华人民共和国水法》的发布文书名称是:"中华人民共和国主席令"。

发布文稿,由法案名称、制定机关、审议通过的形式和日期以及决定的施行日期组成,示例:

××(指法案的名称)已经……(指制定机关)×年×月×日……(指审议会议的类型)审议通过,自×年×月×日起施行。

发布机关负责人……(签发人)

×年×月×日(发布日期)

二、法案起草说明

起草说明包括名称、说明报告的正文。

起草说明的名称应当包括法案名称及法案处于不同立法阶段过程的名称,依次为讨论稿、征求意见稿、报批稿、送审稿、草案等名称,示例:关于《××××(送审稿)》的说明。

起草说明正文的基本内容包括:立法的必要性;立法的依据(法律依据、政策依据和实践依据)；起草过程及协调工作情况；立法的指导思想、调整对象和规范的主要内容；需要说明的有关问题，主要包括：决策理由，作出授权性规定的理由和可行性，确立的管理制度、重要许可事项的依据、理由和可行性，设定数额较大的罚款或者实施处罚时给予较大自由裁量权的依据和合理性，对未采纳意见的说明等。

三、修订类法案及其起草说明的制作

对水法律、法规、规章和规范性文件进行修订，分为修订案和修正案两种情况。

(一)“修订案”的主要特征及制作

“修订案”是对法案条文进行全面修改(包括实质性内容和非实质性内容的修改)，修改量较大，有时名称和体例也需作相应变动。审议通过后的法案取代原法案，原法案自动失效。除名称有变化外，修订后不需对原法案作出专门的废止表述。

修订案制作的技术规范与原草案制作的要求相同。为了便于修订案提交后的修改、审议工作，应当制作修订案与原法案的条文对照表。

示例：《×××》修订前后条文对照表

《×××》	《×××(修订案)》	简述修订依据及理由
第×条……	第×条……	
第×条……	第×条……	

(二)“修正案”的主要特征及制作

“修正案”是对法案的部分内容作实质性的修改，但是名称和体例不作变动，修改重点突出、修改量比较小。原条文不作修改的部分仍然有效，施行日期不变。制定机关就修改的部分，明确规定施行日期，一般以发布之日为施行日期。“修正案”一般以“修正决定”的形式发布实施。原法案需要根据“修改决定”修正后重新公布全文。

修正决定的格式。修正决定的名称，示例：《×××(修正案)》。修正决定的内容应当依次列举有关条款的修改、补充情况。

示例：

一、将第×条“……”修改为“……”。

二、将第×条中的“……”修改为“……”。

三、将第×条第×款“……”修改为“……”。

四、增加一条作为第×条“……”。

五、删去第×条(第×款)。

六、将第A条第B款、第C条第D款、第E条第F款中的“……”均修改为“……”.

经上述条文增删后，其余条文的顺序作相应调整。

本修正案通过后自×年×月×日起施行。

《×××》根据本修正案作相应修正后重新公布。

为了便于修正案提交后的修改、审议工作,需要制作修正案与原法案的条文对照表。
示例:《×××》修改前后条文对照表

《×××》	《×××(修正案)》	备注
第A条……		删除
第B条……	第B条……	修改
	第C条……	增加

(三)修订案和修正案的起草说明

修订案和修正案的起草说明,在格式上与原法案的要求相同,示例1:关于《×××(修订案)》的说明;示例2:关于《×××(修正案)》的说明。

说明正文的基本内容:对现行法案实施情况的基本评价;修改的必要性和可行性;修改的主要依据和起草协调情况;修改的主要内容和理由。

四、废止法律、法规、规章、规范性文件的有关文件

法案应当予以废止的几种情况:①法案的基本原则或者主要内容与新制定或者修订后的直接上位法相抵触;②法案的基本内容已经被新制定或者修订后的直接上位法所涵盖;③法案已经被新制定的同位阶同类法案所取代;④法案的调整对象或者主要规范事项已经不存在;⑤法案的基本内容已经完全不适应经济和社会发展的新情况。

提请废止法案的请示,示例:

关于提请审议废止《×××条例》的请示

……(指法案制定机关):

……(指提案人)提请废止×年×月×日由……(指法案制定机关)第……会议审议通过的《×××条例》。现将本议案及《关于废止〈×××条例〉的说明》一并报上,请予审议。

……(指提案人)
×年×月×日

废止法案的说明与修订法案的要求基本相同,简述该法案的制定、修改情况及其发挥的积极作用,说明提请废止该法案的理由。

示例:关于提请废止《×××条例》的说明。

五、法规、规章、规范性文件的备案

备案程序。水行政法规、地方性水法规、水规章、水规范性文件应当在公布后的30日内依照下列规定报有关机关备案:水行政法规报全国人民代表大会常务委员会备案;省、自治区、直辖市的人民代表大会及其常务委员会制定的地方性水法规,报全国人民代表大会常务委员会和国务院备案;较大的市的人民代表大会及其常务委员会制定的地方性水

法规,由省、自治区的人民代表大会常务委员会报全国人民代表大会常务委员会和国务院备案;水利部规章和地方政府水规章报国务院备案;地方政府水规章应当同时报本级人民代表大会常务委员会备案;较大的市的人民政府制定的地方水规章应当同时报省、自治区的人民代表大会常务委员会和人民政府备案,并同时报本级人民代表大会常务委员会备案;根据授权制定的水法规应当报授权机关备案;水规范性文件应当报同级人民政府和上一级水行政主管部门备案。

备案报告,包括呈报单位名称、备案报告字号、报告正文、附件。

示例1:

××(呈报单位名称)

××(机关代号)备字〔××〕(年份)×号

关于报送《×××》备案的报告

主报机关:

《×××》已经×年×月×日……(法案制定机关)……(会议类型)会议审议通过,于×年×月×日以……水利(务)(部、厅、局、委、办)××〔××〕第×号发布,自×年×月×日起施行,并于×年×月×日通过政府网站(××报、政府公报、公示栏公布等)公布。现报送正本及说明一式十份备案,请查收。

附件:1. 相关依据(上位法律、法规,相关规定);

2. 有关参考资料(兄弟省区材料、司法解释、国外资料);

3. 其他(调研报告等)。

××(呈报单位)(印章)

×年×月×日

示例2:

××(呈报单位名称)

××(机关代号)备字〔××〕(年份)×号

关于报送《×××》备案的报告

主报机关:

现将我部×年×月×日公布的《×××》及说明一式十份报请备案。

附件:1.《×××》;

2. 关于《×××》的说明。

××(呈报单位)(印章)

×年×月×日

六、法案条文的解释

法案条文的解释,由法案实施机关就法案实施中存在的需要予以解释的问题,向法案制定机关提出请示,由法案制定机关以批复、通知或者决定等文书形式予以答复和解释,其解释与法案具有同等的效力。

第六节　水利立法技术

一、立法技术

广义的立法技术是指立法活动中的所有规则，包括立法机关设立的规则，立法程序的规则，标准化法律文体、名称、结构、文法的规则，法律分类及修改、废止的规则等。狭义的立法技术是指立法活动中关于法律表述形式与表述逻辑的规则。后者更强调立法活动在法律制作阶段的技术特性和规律，有利于将法律内外部结构、文体形式、表达文法、新旧循环等问题系统化。

综合而言，立法技术是立法主体在立法过程中将法律思想转化为书面形式的规则与方法。

二、立法技术中的表述技术

立法技术既然是立法主体在立法过程中将法律思想转化为书面形式的规则与方法，那么它就是一种内容与形式的关系处理问题。在这一处理过程中，必然有一个核心。找准核心，便能较好地把握规律。

立法技术的核心在于表述，围绕表述问题而形成一整套立法技术的内容和规则。逻辑构成、行文规范、语言表达以及贯穿于其中的必须遵循的原则，都是由要把法律的实质内容表述为语言文字的外部物质形态这个核心内容而直接派生的。反言之，逻辑构成、文体规范、语言表达及原则相辅相成，共同为表述的完成而服务。并且它们组成了一个有机的整体。

可见，立法表述技术囊括的是一个系统的有关语言如何与所承载内容契合的过程。

三、立法技术中分类语言的地位

语言是立法技术的必然要素，立法语言是实现立法技术目标的必然路径。

文体规范解决的是行文形式、体裁名称的协调及标准化问题，在某种程度上属写作体裁学的范畴。它重在使法律思想找到最佳的表现形式，全面、彻底、有层次地传达出来。因此，作为载体的文体样式就必须是最适合法律规范表达的形式，外部形态、结构布局均须合理，不仅要有利于表述，而且还要便于接受，从而使执行行为顺畅下去。

语言表达涉及的是法律规范运用语言的规则。立法要使用规范的书面语言，而立法书面语言又是一种专业化的、确定群体使用的语言体系。在这个体系中，立法语言只是一个组成部分。因而它自身的规则和特点是相对独立的。在立法表述中，运用怎样的表达方式，形成怎样的语体风格，词句使用怎样构成规律，这些都是立法书面语言表达的重要环节。

由此，在很大程度上可以说，立法技术实质上就是立法的表述技术。

四、立法语言是法律语言的核心

根据法律工作的运作规律，法律语言的实用系统可分为立法语言、学理语言及执法司法语言三大类。

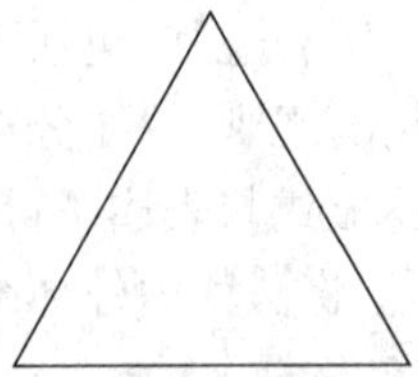

立法语言自身有完备的语用功能，有一系列的构成规律，可以说是一种最基本的实用形态，也是法律语言整体系统中的最稳固的部分。因为是经过立法确定的，所以从法律效力、语言规则、用语标准等多方面综合地看，立法语言处于一个核心的地位。

立法语言体现为规范的法律文本，句法、章法及风格上都形成了稳定的特点和规律。立法语言中的语词包括被法律所使用的专业术语和基本用语。由于出现在立法这一特定的阶段，因而具有区别于其他法律行为阶段的特性。

五、立法语言的要点问题

（一）法律术语和法律基本用语的选用

法律术语是具有法学专门含义的语词。

术语在人类思维和创造的发展进程中，起着重要的集合表意作用。如果没有术语，我们的思维将变得繁重而庞杂；有了术语，我们在进行思维和将思维外化为语言的时候，就可以只用术语，而不必将术语所包含的内容都说出来。在任何的学科体系中，专业术语都应当是其必然的组成部分。法律术语更不例外，在法律表达当中不可或缺。

从法理学上讲，法律术语是法的构成要素之一。法律的特定抽象思维以及法律的物态化理念，其核心部分都是以术语的形式存在的。专业术语密度之大、数量之大，都是法律领域的显著特点。因此，对法律术语含义的界定及对法律术语源流、构成、特征等问题的研究，成为法律语言体系的重要组成部分。

现代科学的各个学科都不可避免地收用外来语词，因为语词是随它所承载的理念同体存在的。法律术语的外来成分同样也具有与理念同体跟进的典型性，并且在量上和面上都较为突出。

法律基本用语是指从全民语言中借用而来的，在法律领域中较高频率使用并且用法相对固定的语词。法律基本用语不是因法律的存在而缔造出来的语词，而是全民共同语中已存在的一部分语词。法律领域因自身表述需要较为固定、较高频率地使用这些语词，使之呈常用的状态。

法律术语和法律基本用语的选用标准如下：

第一，单义性。

单义性是指一个语词应当只有一个义项，而不能有两种或多种含义。通用语言的语词其生命力往往是以义项的多寡为标准之一的，义项少在一定程度上意味着运用率低。立法表述中的语词则强调单一的含义，更不能含有引申、隐性的含义。

第二，稳定性。

稳定性是指语词基本上不具有可替代性，不以同义的或近义的语词变换替代。被立法采用的法律术语，由于法律效力的控制力，使其具有了先天的稳定性。法律基本用语通常选定一个便固定使用，并且不忌重复。

由于法律语词总体上都具有稳定性，因而在法律语词内部，稳定性是相对而言的。如行政法上的"具体行政行为"与"抽象行政行为"原本只是理论分类而产生的一组概念，后由于立法表述采用了前者，使之具备了立法语言意义上的稳定性，而与其相对的"抽象行政行为"则只用于学术范畴的表述，具有普通意义上的稳定性。

第三，群组性。

部门法理论是法学成熟和丰富的一个标志，每一门独立的法学分支学科都会形成自己的语词部族，因而构成语词的群组性。当然部门法是随着法学的发展不断调整的；同时，各部族的语词群也有跨部门相互借用的部分。但是，这些因素都不影响法律语词的群组特点。

（二）核心语词

核心语词是法律文本中有统帅作用的语词，核心语词承载法律价值观。

用于赋予权利、规定权力的核心语词，其词频最高、最为稳定的主要是："可以"、"有权"、"享有"。

用于规定义务的核心语词以"应当"、"必须"为主。

用于限制行为的核心语词是："禁止"、"不得"、"严禁"。

（三）语句规则及模式

语句的习惯性规则以简化、增量、拆分为主。

立法表述中的简化和增量常常同体存在。

例：

禁止对任何民族的歧视和压迫，禁止破坏民族团结和制造民族分裂的行为。

（《宪法》第四条）

立法表述中的拆分，是将整句拆成散句，本位成分外置。拆分的句子并不意味着被拆乱，其实它也是另一种方式的聚合。

例：

承担民事责任的方式主要有：

（一）停止侵害；

（二）排除妨碍；

（三）消除危险；

（四）返还财产；

（五）恢复原状；

（六）修理、重作、更换；

（七）赔偿损失；

（八）支付违约金；

（九）消除影响、恢复名誉；

（十）赔礼道歉。

（《民法通则》第一百三十四条）

主要语句模式：

●“的”字短语

●但书

●“或者”句

●“对于”句

●“是”字句

●“以下”（“下列”、“如下”）句

●反义表述

（四）语体风格

立法文本的行文模式和行文姿态，以及它所承载的内容和要达到的目的，决定了其基本风格的形成。

1. 威严冷峻

法律以底线的手段实现积极的目的，设立行为标准，严格性、强制性决定了行文风格的威严。语言威严的风格包含着郑重、严肃、严谨、有力度等内容。

2. 理性化

语体风格的前提即立法表述的社会语境，立法是要保证一个理性的、秩序的社会，为人们提供可遵守的行为准则。由此而决定了法律文本是纯理性的，其所包含的规范是硬性的，其整体的风格也是完全理性化的。

3.“黑白”化

从语言色彩角度讲，如果说文学语言是五彩缤纷的，生命科学的语言是绿色的，那么，法律文本就是黑白的。立法文本的语言表述属于消极修辞的范畴，它冷静地传达立法思想，不显现语言的激情，也没有积极修辞手段的任何渲染。

立法技术是立法活动中所遵循的用以促使立法臻于科学化的方法和操作技巧，只有掌握了立法技术，才能把握水利立法活动中带有规律性的东西，更好地通过立法记载和反映客观实际情况，提高立法水平。

当前，在水利立法上存在的主要问题：一是体例的内部结构大求全，地方法规规章搞“大而全”，动辄“章、节、条、款、项”一应俱全；二是抄袭现象较为普遍，直接照抄、简单拼凑其他立法条款的现象尤为突出和严重，导致内容过于原则，特点不突出，缺乏可操作性；三是立法用语不规范，简化词、口语、双关语影响了对法律条款的理解和法律严肃性。如在地方立法多指为实施法律、行政法规，根据本行政区域的实际情况作具体规定的立法。其功能定位主要是对“中央立法的细化”。因此，地方立法要坚持“不抵触、有特色、可操作”的原则，把握立法的必要性，提高立法技术和水平。一是明确法律、行政法规是否授权，是否在地方立法的权限范围之内，避免越权违法立法；二是坚持突出地方特色，将法律配套规定的制定与突出地方特色结合起来，不强调体系的完备，不强求每立一部法试图解决所有问题,不搞"大而全"、不凑数,注重少而精,成熟几条搞几条,需要几条搞几条;三是坚持实用和可操作,具体条款应针对性地解决地方的具体问题,避免照抄照搬上位法导致的地方法内容过于冗长、重点不突出、立法解释权错位、解决问题的办法不具可操作性等;四是重视部门法制机构在立法技术审查中的作用,加强对立法技术的培训和学习,提高立法用语的规范性和逻辑结构的严密性。

第十四章　规章规范性文件的备案审查

第一节　规章规范性文件的备案概述

一、规范性文件备案的概念

规范性文件备案，是指规范性文件制定机关将所制定规范性文件报送有关机关备案（报备），有关机关接受备案（收备）并进行审查，经审查未发现问题的予以登记备案，经审查发现问题的责令制定机关纠正或者直接予以纠正。

国务院各部、各委员会、各直属机构，各省、自治区、直辖市人民政府，较大的市人民政府，在其职权范围内，依照《立法法》和《规章制定程序条例》的规定制定规章。各级人民政府及其部门依照法定权限和程序制定发布的，涉及或者影响公民、法人和其他组织权利、义务，在一定时期内反复适用，具有普遍约束力的规定、办法、规则、实施细则、决定、命令等对社会实施行政管理的文件，是规范性文件。规章规范性文件应当依法报送备案，备案机关应当严格审查，并依法纠正存在的问题，以维护社会主义法制的统一和尊严。

规章规范性文件备案制度，既是立法制度的重要组成部分，又是行政机关内部层级监督制度和人大监督等外部监督制度的组成部分。本章重点从行政机关内部层级监督的角度进行介绍和阐述。

二、规章规范性文件备案制度建立与发展

我国于 1987 年开始实行规章备案。2001 年 12 月 17 日国务院发布《法规规章备案条例》，在对法规规章备案作出规定的同时，规定各省、自治区、直辖市人民政府要依法加强对下级行政机关发布的规章和规范性文件的监督，建立相关的备案审查制度。如内蒙古自治区人民政府办公厅于 1990 年 4 月 7 日下发了《关于做好规范性文件备案工作的通知》；2001 年 12 月 24 日内蒙古自治区政府第 17 次常务会议通过《内蒙古自治区规范性文件备案审查规定》；2004 年 8 月 17 日，内蒙古自治区人民政府发布《内蒙古自治区规范性文件制定和备案审查办法》，对规范性文件的制定和备案审查作出了系统、明确、具体的规定。目前，该区的规范性文件制定备案体制已经建立，对规章规范性文件的监督正在逐步加强，以做到有件必备、有备必审、有错必纠。其他各省（自治区、直辖市）都相继完善了规章规范性文件备案制度。

第二节　规章规范性文件备案

一、规章规范性文件的报备义务机关

规章规范性文件的制定机关,是规章规范性文件的报备义务机关。由两个或者两个以上机关联合制定的规章规范性文件,报备义务机关是制定该规章规范性文件的主办机关。

二、规章规范性文件的备案管辖

(一)规章的备案管辖

国务院部门规章的备案管辖机关是国务院。省级政府规章的备案管辖机关是国务院和省、自治区、直辖市人大常委会。较大市政府规章的备案管辖机关是国务院、省(自治区)人大常委会、省(自治区)人民政府、本市人大常委会。

(二)规范性文件的备案管辖

各级人民政府规范性文件,备案管辖机关是上一级人民政府。政府部门规范性文件,备案管辖机关是本级人民政府。垂直领导部门规范性文件,备案管辖机关是上一级主管部门,但须同时抄送本级人民政府。同级政府部门与垂直领导部门联合制定的规范性文件,由本级政府部门主办的,备案管辖机关是本级人民政府;由垂直领导部门主办的,备案管辖机关是主办部门的上一级主管部门,但须同时抄送本级人民政府。隶属于政府部门的法律法规授权管理某一方面行政事务的行政机构或者事业组织(以下简称法律法规授权组织),其规范性文件应当同时报送本级人民政府和主管部门备案。

三、规章规范性文件的报备规范

(一)规章规范性文件的报备时间

规章应当自公布之日起30日内报送备案。规范性文件应当自公布之日起15日内报送备案。

规章规范性文件应当在行政首长签署的当日印发公布。印发日期与签署日期不一致的,以印发日期为公布日期。

(二)规章规范性文件的报备格式

报备规章规范性文件,应当同时报送备案报告、规章规范性文件正式文本、制定说明、依据、审查意见。备案报告应当是报备机关的正式上行文。报备规章规范性文件,应当报送正式文本,不能是复印件、复制件、下载打印件、手抄件。制定说明应当说明制定该规章规范性文件的必要性,所依据的法律、法规、规章、上位规范性文件的名称和规定,所要解决的主要问题,所规定的主要政策措施及其依据,以及制定过程中听取和采纳意见的情况、矛盾协调的情况。报备义务机关应当将上述材料按照备案报告、规章规范性文件正式文本、制定说明的顺序,装订成册,报送一式10份。

第三节 规章规范性文件审查

一、规章规范性文件审查的内容

法制机构收到报备机关报备的规章规范性文件,应当首先进行形式审查,并根据情况,分别作出如下处理:制定主体不合法的,责令制定机关自行撤销或者直接予以撤销;制定程序不合法的,责令制定机关补正程序或者予以撤销;报送的材料不齐的,通知制定机关限期补充缺少的材料;不符合报备格式的,通知制定机关限期补正或者按照规定格式重报。主体、程序合法,且符合报备规范(或者按照要求补正、补报或者重报后符合报备规范)的,予以登记备案。

完成形式审查后,应当进行实质审查。实质审查的内容如下。

(一)合法性

对规章规范性文件合法性的审查,应注意以下问题:

(1)对规章规范性文件权限的一般限制:外交、国防、外汇、关税、国家安全等事项,只能由中央规定,地方不得作出规定。根据世界贸易组织协定不能限制的事项,规章规范性文件均不得作出限制性规定。不得作出地方保护、部门保护、行业垄断、行政垄断的规定。不得设定行政许可收费。

(2)对规章权限的特别限制:不得作出限制人身自由、没收财物、责令停产停业、暂扣或者吊销证照的规定。对非法经营活动中的违法行为设定罚款最高不得超过 1 000 元,对经营活动中的违法行为设定罚款,没有违法所得的不得超过 1 万元,有违法所得的不得超过违法所得的 3 倍、最高不得超过 3 万元。对上位法设定的行政处罚作出具体规定时,不得超出上位法规定的行为、种类、范围、幅度。部门规章、较大的市的政府规章不得设定行政许可。规章对上位法设定的行政许可作出具体规定时,不得增设行政许可,不得增加违反上位法规定的条件。

(3)对规范性文件权限的特别限制:不得创设行政许可、行政处罚、行政强制、行政事业性收费。不得创设限制甚至剥夺公民、法人和其他组织权利的规定。不得创设增加公民、法人和其他组织义务的规定。为实施法律、法规、规章作出的具体规定,不得超越法律、法规、规章规定的范围。不得作出自我授权或者规避本机关、本部门义务的规定。

(4)法律、法规作出了规定的事项,规章不得作出与法律、法规不一致的规定。法律、法规、规章作出了规定的事项,规范性文件不得作出与法律、法规、规章不一致的规定。上位规范性文件作出了规定的事项,下位规范性文件不得作出与上位规范性文件相抵触的规定。

(二)适当性

对规章规范性文件适当性的审查,主要审查三个方面:

(1)目的合法。即制定规章规范性文件及其所规定的现状措施,是为了实现法定的行政目的。

(2)措施必要。即规章规范性文件所制定的行政措施,是实现法定行政目的的所必需且对公众利益不会造成损害或者损害最小的。

(3)措施与目的相称,即规章规范性文件所制定的行政措施,与所达到的法定行政目的之间保持价值上的均衡。

(三)协调性

不同的机关制定的规章规范性文件,对同一事项的规定,应当协调一致。即较大市的政府规章与自治区政府规章对同一事项的规定应当一致;下级人民政府规范性文件与上级人民政府或者上级人民政府部门规范性文件对同一事项的规定应当一致;同级人民政府不同部门规范性文件相互之间对同一事项的规定应当一致;下级人民政府部门规范性文件与上级人民政府其他部门规范性文件对同一事项的规定应当一致。

(四)规范性

《立法法》、《规章制定程序条例》以及《内蒙古自治区规范性文件制定和备案审查办法》,确定了一系列规章制定技术规范。制定规章,必须遵守法定的技术规范。《国家行政机关公文处理办法》对行政机关公文处理作了系统规定,制定发布规范性文件,如文种应用、行文方向、文件格式、语言文字、时间标注、签发、缮印、用印、分发等,都必须遵守本办法的规定。

二、规章规范性文件审查的方法

(一)完善审查方式

备案机关法制机构应当建立备案审查工作人员初审、备案审查处(科、股)长复核、法制机构负责人审定的三级审查把关制度。应当建立内设各处(科、股、室)协助审查的机制,形成备案审查工作合力。规章规范性文件的内容涉及制定机关以外的其他部门的职责的,应当组织有关部门协助审查。对规章、规范性文件中的复杂、疑难问题,应当采取论证会、听证会等方式进行审查,或者聘请专家协助审查,对公众利益有重大影响的规章规范性文件,可以动员公众参与审查。

(二)拓宽发现问题的渠道

备案机关法制机构应当建立健全公众启动规章规范性文件审查程序的机制,鼓励公众提出审查建议或者举报投诉“问题文件”。凡公民、法人或者其他组织提出审查建议或者举报投诉的,法制机构应当积极受理、及时审查、依法处理,并将审查处理结果告知建议(举报投诉)人。要明确各级行政机关都有维护社会主义法制统一和尊严的义务,发现存在问题的规章规范性文件时,应当向法制机构提出审查建议。其他行政机关提出审查建议的,法制机构应当及时审查、依法处理,并向提出建议的机关反馈审查处理结果。要充分利用行政复议的“申请一并审查”机制启动审查程序,行政复议申请人申请一并审查规章规范性文件的,复议机关法制机构应当及时依法进行审查。

三、对规章规范性文件存在问题的处理

(一)对违法、不适当问题的处理

(1)建议纠正。负责审查的法制机构发现规章规范性文件违法或者不适当的,应当向制定机关提出纠正建议。纠正建议应当包括两项内容:一是停止执行原规章或者规范

性文件,二是对原规章或者规范性文件进行修改或者予以废止。制定机关应当根据法制机构的建议自行纠正,并于接到建议之日起30日内书面报告处理结果。

(2)直接纠正。制定机关逾期不自行纠正的,由负责审查的法制机构提出处理意见报本级政府批准后予以变更或者撤销,或者经本级人民政府授权后,由法制机构决定变更或者撤销。

(二)对不协调问题的处理

规章规范性文件对同一事项的规定相互不一致的,由负责审查的法制机构进行协调。经协调达成一致意见的,相关部门和地方应当执行;经协调不能达成一致意见的,由法制机构提出处理意见报本级人民政府决定并通知制定机关。

(三)对不规范问题的处理

规章规范性文件不符合制定技术规范的,法制机构可以提出处理意见,由制定机关自行处理。

第四节 备案监督管理

一、备案监督管理制度

(一)备案检查制度

县级以上人民政府法制机构应当建立备案检查制度,经常监督检查下级政府和本级各部门履行报备义务的情况。要定期、不定期地核查制定机关的发文登记簿,并督促制定机关于每年1月报送上年度规章规范性文件目录,核对是否有漏报的规章规范性文件。要鼓励公民、法人和其他组织举报“有件不备”现象,发现不依法履行报备义务的,应及时通知制定机关限期报备;逾期仍不报备的,予以通报批评。

上级政府法制机构应当加强对下级政府和本级垂直领导部门法制机构审查、纠错工作的监督检查。要加强日常检查,对不依法履行审查、纠错职责的,责令限期改正,逾期不改正的依法追究责任。

(二)督办落实制度

法制机构建议制定机关自行纠正错误的,应当对制定机关落实纠正建议的情况进行跟踪指导和督促。发现制定机关逾期不纠正的,应当及时提出处理意见,报本级人民政府批准变更或者撤销原规章规范性文件,或者经本级人民政府授权后直接决定变更或者撤销原规章规范性文件。

(三)统计通报制度

各级人民政府、政府各部门、法律法规授权的组织,应当定期统计并向备案机关报送本机关制定的规章规范性文件数、已经报备的规章规范性文件数、尚未报备的规章规范性文件数。下级备案机关法制机构应当定期统计并向上一级备案机关法制机构报送本机关收备规章规范性文件数、审查的规章规范性文件数、查出问题的规章规范性文件数、纠正有问题的规章规范性文件数。各级备案机关法制机构应当逐级汇总、上报和通报本行政区域的上述两方面数据。

（四）工作报告制度

上级政府法制机构要督促下级政府和本级垂直领导部门法制机构于每年3月底前，向本级政府和上一级政府法制机构报告上一年度备案审查工作情况。

（五）评议考核制度

县级以上人民政府及其法制机构应当将备案审查工作列入依法行政考核内容，定期评议考核和奖惩。

二、违反备案制度的责任追究

（一）对备案义务机关的责任追究

规章规范性文件制定机关不依法报备，不执行法制机构提出纠正建议，不书面报告处理结果，不依法报送上一年度规范性文件目录的，由政府法制机构责令限期改正；逾期不改正的，给予通报批评；情节严重，造成严重损害管理相对人合法权益的，向有关行政机关提出对直接负责的主管人员和其他直接责任人员给予行政处分的建议，有关行政机关应当依法作出处理。

（二）对政府法制机构的责任追究

政府法制机构不履行备案审查职责的，由本级人民政府或者上级政府法制机构责令改正；逾期不改正的，给予通报批评。造成严重后果的，应当提请有关行政机关对主管人员和其他直接责任人员给予行政处分。

参 考 文 献

[1] 王珉灿. 行政法概论[M]. 北京:法律出版社,1987.
[2] 王化云. 我的治河实践[M]. 郑州:河南科学技术出版社,1989.
[3]《水法与水政概论》编写组. 水法与水政概论[M]. 北京:法律出版社,1992.
[4] 胡宝林,湛中乐. 环境行政法[M]. 北京:中国人事出版社,1993.
[5] 罗豪才. 行政法学[M]. 北京:北京大学出版社,1996.
[6] 张春生. 行政处罚法释解[M]. 北京:中国社会出版社,1996.
[7] 薛建民,张松. 黄河水文行业管理——法规　政策　实践[M]. 郑州:黄河水利出版社,1997.
[8] 曹康泰. 中华人民共和国防洪法释义[M]. 北京:中国法制出版社,1998.
[9] 任顺平,张松,薛建民. 水法学概论[M]. 郑州:黄河水利出版社,1999.
[10] 布小林. 综合行政执法教材[M]. 呼和浩特:内蒙古人民出版社,2002.
[11] 水利部政策法规司、水法研究会. 中华人民共和国水法讲话[M]. 北京:中国水利电力出版社,2002.
[12] 朱白丹. 行政执法程序及文书制作[M]. 北京:中国文联出版社,2003.
[13] 黄建初. 中华人民共和国水法释义[M]. 北京:法律出版社,2003.
[14] 韩洪建. 水法学基础[M]. 北京:中国水利电力出版社,2004.
[15] 吴爱英. 干部法律知识读本[M]. 北京:法律出版社,2006.
[16] 吴志忠. 行政执法人员资格培训教材[M]. 呼和浩特:内蒙古人民出版社,2006.
[17] 孙振雷. 行政法原理[M]. 郑州:河南人民出版社,2006.
[18] 取水许可和水资源费征收管理条例[S]. 北京:中国水利水电出版社,2006.
[19] SL 333—2005 水利立法技术规范[S]. 北京:中国水利电力出版社,2006.
[20] 中华人民共和国水文条例[S]. 北京:中国水利电力出版社,2007.
[21] 中华人民共和国水污染防治法[S]. 北京:中国法制出版社,2008.
[22] 孙佑海. 中华人民共和国水污染防治法解读[M]. 北京:中国法制出版社,2009.
[23] 何铁军. 水政监察执法与水事违法查处指导手册[M]. 北京:中国水利电力出版社,2009.
[24] 水利部关于印发《水法规体系总体规划》的通知. 水利部文件水政法〔2013〕28 号.